U0210066

主体功能区遥感监测方法与应用

周 艺　王世新　朱金峰　王丽涛　刘文亮 等 著

科学出版社

北 京

内 容 简 介

本书基于我国高分辨率对地观测系统重大专项高分遥感数据，紧密结合我国主体功能区规划、战略、制度三个重大部署，首先阐述了主体功能区规划的背景、概念与类型、主要内容及重要意义；其次构建了主体功能区遥感监测的理论基础、指标体系及遥感监测与评价方法；最后介绍了国家优化开发区、重点开发区、限制开发区、禁止开发区四类主体功能区以及省级主体功能区遥感监测应用示范成果。

本书可供从事主体功能区规划、监测、评价的科研人员，国家和省级发展和改革委员会等相关行业部门人员，以及遥感应用方向学生的参考书。

审图号：GS（2018）5172 号

图书在版编目（CIP）数据

主体功能区遥感监测方法与应用/周艺等著. —北京：科学出版社，2018.12
ISBN 978-7-03-059519-5

Ⅰ. ①主…　Ⅱ. ①周…　Ⅲ. ①遥感技术–应用–区域规划–研究
Ⅳ. ①TU982

中国版本图书馆 CIP 数据核字(2018)第 258350 号

责任编辑：朱海燕　丁传标 / 责任校对：何艳萍
责任印制：肖　兴 / 封面设计：图阅社

科学出版社 出版

北京东黄城根北街 16 号
邮政编码：100717
http://www.sciencep.com

三河市春园印刷有限公司 印刷

科学出版社发行　　各地新华书店经销

*

2018 年 12 月第 一 版　　开本：787×1092　1/16
2018 年 12 月第一次印刷　　印张：30
字数：700 000

定价：299.00 元
（如有印装质量问题，我社负责调换）

项 目 资 助

本专著由下列项目资助：

- 高分辨率对地观测系统重大专项（民用部分）："高分国家主体功能区遥感监测评价应用示范系统（一期）（00-Y30B14-9001-14/16）"
- 高分辨率对地观测系统重大专项（民用部分）："高分国家主体功能区遥感监测评价应用示范系统先期攻关（00-Y30A01-9001-12/13）"
- 国家科技支撑计划课题："主体功能区动态监测评价系统研究（2008BAH31B03）"
- 国家发展和改革委员会发展规划项目："全国主体功能区规划遥感地理信息支撑系统研究"
- 国家发展和改革委员会电子政务项目："全国主体功能区定制库建设"
- 中国科学院遥感与数字地球研究所"一三五"规划重大突破项目："全国环境资源空间信息系统"

前　言

《中华人民共和国国民经济和社会发展第十一个五年规划纲要》明确提出了主体功能区的概念，要求"根据资源环境承载能力、现有开发密度和发展潜力，统筹考虑未来我国人口分布、经济布局、国土利用和城镇化格局，将国土空间划分为优化开发、重点开发、限制开发和禁止开发四类主体功能区，按照主体功能定位调整完善区域政策和绩效评价，规范空间开发秩序，形成合理的空间开发结构。"党的十七大报告强调，要"加强国土规划，按照形成主体功能区的要求，完善区域政策，调整经济布局，推进区域协调发展。"党的十八大报告要求，要"加快实施主体功能区战略，推动各地区严格按照主体功能定位发展，构建科学合理的城镇化格局、农业发展格局、生态安全格局。"党的十八届三中全会指出，要"坚定不移实施主体功能区制度，建立国土空间开发保护制度，严格按照主体功能区定位推动发展"，将主体功能区战略提升到国家制度层面。《中华人民共和国国民经济和社会发展第十三个五年规划纲要》提出"加快建设主体功能区"，"强化主体功能区作为国土空间开发保护基础制度的作用，加快完善主体功能区政策体系，推动各地区依据主体功能定位发展。"党的十九大报告提出，"构建国土空间开发保护制度，完善主体功能区配套政策，建立以国家公园为主体的自然保护地体系。"这是针对我国国土空间开发利用的基本特征和区域发展的关键问题确立的新的开发理念和重大举措。

在主体功能区规划实施过程中，遥感和地理空间信息技术在主体功能区监测、评估和绩效评价中具有不可替代的作用，特别是在主体功能区监测指标信息提取、动态监测评价以及空间分析辅助决策等方面具有巨大应用价值和深远意义，被列为国家科技重大专项"高分辨率对地观测系统（民用部分）"19个行业应用之一。本书的研究与编著，既将遥感技术应用到主体功能区规划实施的基本格局、空间部署及监测、评估等各方面，进一步全面实时掌握主体功能区规划实施状况和空间动态变化信息；又通过主体功能区遥感监测，进一步扩展遥感技术应用范围，深化遥感技术应用层次，提高遥感技术应用水平，从两方面支撑主体功能区规划的有效推进和贯彻实施，为国务院有关部门和地方政府进行宏观决策提供信息支撑。

本书针对主体功能区遥感监测指标体系、遥感数据处理、主体功能要素提取、实施效果定量评价以及动态监测方法，系统总结了作者近十年来在主体功能区遥感监测方面的研究成果。全书注重方法与应用的有机结合，共分16章。

第1章绪论，阐述了主体功能区规划的背景、概念与类型，主体功能区遥感监测的主要内容及重要意义，主体功能区遥感信息特征、数据源及遥感监测的基本依据。第2章分析了主体功能区遥感监测指标体系，包括建立指标体系的科学依据、全国主体功能区遥感监测指标体系、各类型主体功能区遥感监测指标体系。第3~11章，阐述了主体功能区指标遥感监测与评价方法，分别为可利用土地资源遥感监测与评价、可利用水资源遥感监测与评价、环境容量遥感监测与评价、自然灾害危险性遥感监测与评价、生态系统脆弱性遥感监测与评价、生态重要性遥感监测与评价、人口集聚度遥感监测与评价、经济发展水平遥感监测与评价、交通优势度遥感监测与评价。第 12～15 章，介绍了四类主体功能区遥感监测应用示范成果，分别为国家优化开发区遥感监测应用示范、国家重点开发区遥感监测应用示范、国家限制开发区遥感监测应用示范、国家禁止开发区遥感监测应用示范。第 16 章以海南省为例，介绍了省级主体功能区遥感监测应用示范成果。

全书由周艺、王世新、朱金峰、王丽涛、刘文亮确定撰写大纲，第 1～11 章由周艺、王世新、朱金峰等撰写，第 12～16 章由王世新、周艺、王丽涛、刘文亮等撰写，全书的图由朱金峰、王丽涛、刘文亮制作。中国科学院遥感与数字地球研究所人居环境遥感应用技术研究室阎福礼、杜聪、王福涛、赵清、侯艳芳、王峰撰写了部分章节。博士研究生杨眉、韩向娣、姚尧、郭兵、韩昱、李文俊、徐聪、杨光、刘雄飞、田野、林晨曦、尚明、涂明广、杨宝林、张锐、赵菲、胡桥、张嘉蓁、常颖、王宏杰，硕士研究生曾垂卿、程维芳、谢光磊、秦善善、李恺、章恒、徐晨娜、王利双、李书明、顾鹏程、李舒婷、邹艺昭等进行了数据采集、处理和分析，整理了部分章节内容。全书最后由周艺、王世新、朱金峰、王丽涛、刘文亮统稿。通稿后全书内审、内校由尤笛完成。

本书得到了高分辨率对地观测系统重大专项（民用部分）："高分国家主体功能区遥感监测评价应用示范系统先期攻关（00-Y30A01-9001-12/13）"、高分辨率对地观测系统重大专项（民用部分）："高分国家主体功能区遥感监测评价应用示范系统（一期）（00-Y30B14-9001-14/16）"、国家科技支撑计划课题："主体功能区动态监测评价系统研究（2008BAH31B03）"等项目资助。

鉴于作者水平有限，书中不足之处在所难免，敬请各位专家、同行批评指正。

周　艺

2018 年 7 月

目　　录

第1章 绪 论

1.1 主体功能区规划背景

1.1.1 主体功能区是我国国土空间开发保护的重大战略决策

主体功能区规划是我国面向新时期进行国土空间开发和管制而开创性提出的空间统筹协调发展的重大战略部署，是第一次打破行政区划限制按照科学发展观而制定的新型规划。主体功能区规划经历了长期论证与检验的过程。2006年，《中华人民共和国国民经济和社会发展第十一个五年规划纲要》（以下简称"十一五"规划）（国务院，2006）首次明确提出了主体功能区的概念，要求"根据资源环境承载能力、现有开发密度和发展潜力，统筹考虑未来我国人口分布、经济布局、国土利用和城镇化格局，将国土空间划分为优化开发、重点开发、限制开发和禁止开发四类主体功能区，按照主体功能定位调整完善区域政策和绩效评价，规范空间开发秩序，形成合理的空间开发结构。"主体功能区成为我国促进区域协调发展的新理念。党的十七大报告强调，要"加强国土规划，按照形成主体功能区的要求，完善区域政策，调整经济布局，推进区域协调发展。"《中华人民共和国国民经济和社会发展第十二个五年规划纲要》（以下简称"十二五"规划）（国务院，2011）提出"实施主体功能区战略"，"按照全国经济合理布局的要求，规范开发秩序，控制开发强度，形成高效、协调、可持续的国土空间开发格局"，将主体功能区上升到国家战略层面。党的十八大报告要求，要"加快实施主体功能区战略，推动各地区严格按照主体功能定位发展，构建科学合理的城市化格局、农业发展格局、生态安全格局"。党的十八届三中全会指出，要"坚定不移实施主体功能区制度，建立国土空间开发保护制度，严格按照主体功能区定位推动发展"，将实施主体功能区战略提升到国家制度层面。《中华人民共和国国民经济和社会发展第十三个五年规划纲要》（以下简称"十三五"规划）（国务院，2016）提出"加快建设主体功能区"，"强化主体功能区作为国土空间开发保护基础制度的作用，加快完善主体功能区政策体系，推动各地区依据主体功能定位发展。"党的十九大报告提出，"构建国土空间开发保护制度，完善主体功能区配套政策，建立以国家公园为主体的自然保护地体系。"这是针对我国国土空间开发利用保护的基本特征和区域发展的关键问题而确立的新的开发理念和重大举措。

在"十一五"规划颁布之后，各级政府都非常重视主体功能区建设工作。国务院办公厅于2006年下发了《国务院办公厅关于开展全国主体功能区划规划编制工作的通知》（国办发〔2006〕85号），明确全国主体功能区规划分为国家和省级两个层级。选择湖北、河南、重庆、浙江、江苏、辽宁、云南和新疆8个省（自治区、直辖市）为主体功能区划分试点省份。2007年5月，国家发展和改革委员会组织召开全国主体功能区规划编制工作座谈会，对全国主体功能区规划工作进行了初步部署。同年 7 月，国务院下发了《国务院关于编制全国主体功能区规划的意见》（国发〔2007〕21 号）。2010 年 12 月，国务院颁发了《国务院关于印发全国主体功能区规划的通知》（国发〔2010〕46 号）（以下简称《规划》）（国务院，2010）。《规划》中对我国主体功能区建设的背景、指导思想、目标意义、开发原则等进行了明确阐述，对国家层面主体功能区划做了详细空间部署(图 1.1)，并要求各省、自治区、直辖市人民政府尽快组织完成省级主体功能区规划编制工作，调整完善财政、投资、产业、土地、农业、人口、环境等相关规划和政策法规，建立健全绩效考核评价体系，加强组织协调和监督检查，全面做好《规划》实施的各项工作。全国省级主体功能区规划编制工作正式进入实质性推进阶段。截至 2014 年底，全国 31 个省级行政区（不含港、澳、台）和新疆生产建设兵团陆续制定并出台了各省、自治区、直辖市主体功能区规划，这标志着省级层面主体功能区规划实施工作全面展开。

1.1.2 主体功能区遥感监测是主体功能区规划的重要组成部分

遥感（remote sensing，RS）是 20 世纪后半时期逐步发展起来的一项高新技术学科，通过跨平台多载荷遥感器接收的影像数据，表达和揭示地球表层自然、人文环境的分布与变迁（赵英时，2003）。遥感科学与技术发展近半个世纪以来，在遥感器研制与发展、遥感数据处理分析方法、遥感定量反演方法研究、遥感实时动态监测、目标自动识别等各方面技术中取得了长足进展，在资源、环境、国土、农业、林业、灾害、大气等各方面应用中发挥了巨大作用，推动了地球信息科学技术在国民经济、社会发展、科学研究中的广泛应用，并取得了巨大社会效益（陈述彭，1995）。遥感影像数据大覆盖、高时效、超光谱等技术特点，使遥感技术成为国土空间监测、重大自然灾害监测、国家空间基础信息库建设、土地调查、重大设施空间监测等国家发展的重大项目、设施、规划、战略的常用科学方法。

自《规划》颁布以来，国家以及省级主体功能区规划实施步步推进。利用遥感技术与方法，对规划实施效果进行动态监测，为规划提供空间决策依据，已经成为不可或缺的科学技术手段（国务院，2010），是主体功能区规划的重要组成部分。围绕主体功能区遥感监测技术，已开展了一系列深入研究。"十一五"国家科技支撑计划重点项目"全国主体功能区规划遥感地理信息支撑系统关键技术研究"在 2008～2011 年间，对地域主体功能识别、主体功能区划分、主体功能区动态监测评价、主体功能区规划实施等方面的空间分析模型和辅助决策系统以及支撑主体功能区规划和动态管理等关键技术问题开展了深入研究①。高分辨率对地观测系统重大专项（民用部分）"高分国家主体功能区遥感监测评价应用示范系统"从 2012 年开始，围绕主体功能区高分监测指标体系、功能要素高分提取技术、主体功能区动态监测技术和国家、省级主体功能区监测示范开展研究工作，并研制了全国和省级主体功能区高分遥感监测系统。国家自然科学基金项目也对主体功能区规划中关于实施方法、综合评价等问题进行了相关支撑研究，其中以"主体功能区"为主题的项目合计共 12 项（截至 2013 年 12 月）（国家自然科学基金委员会，2014）。

---

① 国家科技支撑计划重点项目"全国主体功能区规划遥感地理信息支撑系统关键技术研究"申报指南。

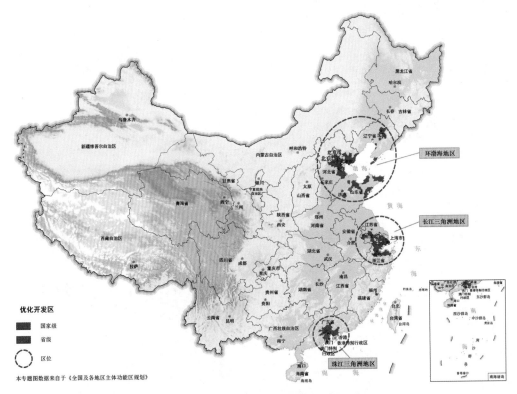

（a）国家优化开发区

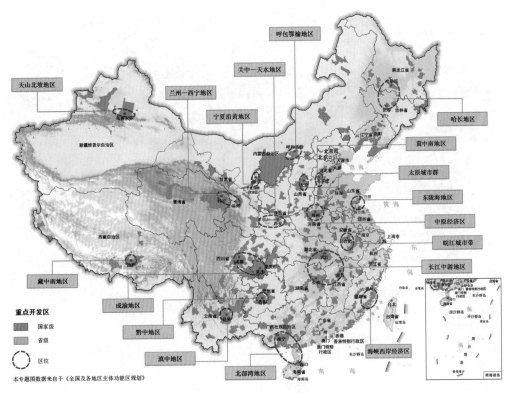

（b）国家重点开发区

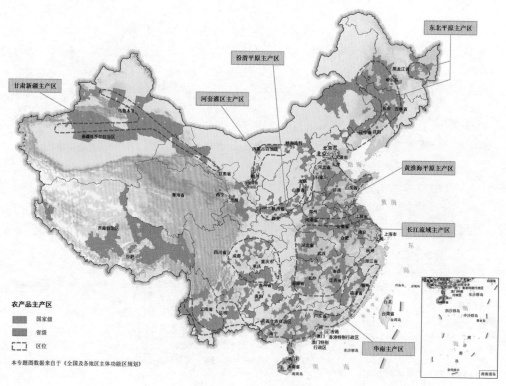

（c-1）国家限制开发的农产品主产区

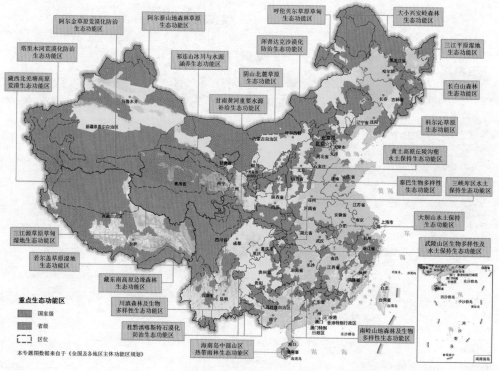

（c-2）国家限制开发的重点生态功能区

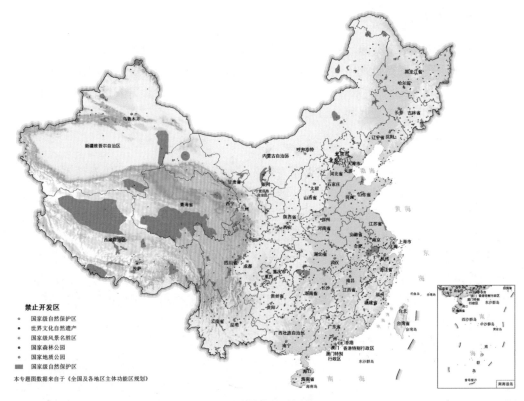

（d）国家禁止开发区

图1.1 国家优化开发区、国家重点开发区、国家限制开发区和国家禁止
开发区四类主体功能区空间分布格局

资料来源：周艺等，2017

从上述背景可知，遥感和地理信息等地球信息科学技术在主体功能区监测指标信息提取、动态监测评价以及空间分析辅助决策系统等方面具有巨大应用价值和深远意义，深入研究上述问题是进一步推进主体功能区战略实施的重要科学技术保障。

1.2　主体功能区类型

"十一五"规划指出："根据资源环境承载能力、现有开发密度和发展潜力，统筹考虑未来我国人口分布、经济布局、国土利用和城镇化格局，将国土空间划分为优化开发、重点开发、限制开发和禁止开发四类主体功能区"（国务院，2006）。四类主体功能区含义如下所述（国务院，2010）。

1. 优化开发区

优化开发区域是指国土开发密度已经较高、资源环境承载能力开始减弱的区域。要改变依靠大量占用土地、大量消耗资源和大量排放污染实现经济较快增长的模式，把提高增长质量和效益放在首位，提升参与全球分工与竞争的层次，继续成为带动全国经济社会发展的龙头和我国参与经济全球化的主体区域。

2. 重点开发区

重点开发区域是指资源环境承载能力较强、经济和人口集聚条件较好的区域。要充实基础设施，改善投资创业环境，促进产业集群发展，壮大经济规模，加快工业化和城镇化，承接优化开发区域的产业转移，承接限制开发区域和禁止开发区域的人口转移，逐步成为支撑全国经济发展和人口集聚的重要载体。

3. 限制开发区

限制开发区域是指资源环境承载能力较弱、大规模集聚经济和人口条件不够好并关系到全国或较大区域范围生态安全的区域。要坚持保护优先、适度开发、点状发展，因地制宜发展资源环境可承载的特色产业，加强生态修复和环境保护，引导超载人口逐步有序转移，逐步成为全国或区域性的重要生态功能区。

限制开发区域包含限制开发的农产品主产区和重点生态功能区。限制开发的农产品主产区是指具备较好的农业生产条件，以提供农产品为主体功能，以提供生态产品、服务产品和工业品为其他功能，需要在国土空间开发中限制进行大规模高强度工业化城镇化开发，以保持并提高农产品生产能力的区域。

限制开发的重点生态功能区是指生态系统十分重要，关系全国或较大范围区域的生态安全，目前生态系统有所退化，需要在国土空间开发中限制进行大规模高强度工业化城镇化开发，以保持并提高生态产品供给能力的区域。国家重点生态功能区的功能定位是：保障国家生态安全的重要区域，人与自然和谐相处的示范区。国家重点生态功能区分为水源涵养型、水土保持型、防风固沙型和生物多样性维护型4种。

4. 禁止开发区

禁止开发区域是指依法设立的各类自然保护区域，主要包括世界文化自然遗产、国家级自然保护区、国家重点风景名胜区、国家地质公园以及国家森林公园等。禁止开发区域要依据法律法规规定和相关规划实行强制性保护，控制人为因素对自然生态的干扰，严禁不符合主体功能定位的开发活动。

1.3　主体功能区遥感监测意义及内容

1.3.1　主体功能区遥感监测重要意义

建立覆盖全国、统一协调、更新及时、反应迅速、功能完善的国土空间动态监测管理技术手段，对主体功能区规划实施情况进行全面监测、分析和评估，需要遥感与地理信息技术的有效支撑。特别是主体功能区实施推进的关键时期，更加需要以遥感为主的高新空间信息技术来解决和突破实际中遇到的关键技术问题。因此，主体功能区遥感监测是从国家主体功能区规划实施的实际需求出发，为主体功能区战略进一步推进提供科学技术方法，具有重要现实需求和重大科学意义。

1. 定量评估主体功能区实施效果，动态监管国土空间开发状况

主体功能区遥感监测有助于全面掌握主体功能区规划实施状况。国土空间动态监测以国土空间为管理对象，主要监测城市建设、项目开工、耕地占用、地下水和矿产资源开采等各类开发行为对国土空间的影响，以及水面、湿地、林地、草地、海洋、自然保护区、蓄滞洪区的变化情况等。主体功能区遥感监测有助于为规划实施提供空间动态变化信息，为规划修编和改进提供空间信息支撑。利用多实相遥感影像数据，监测主体功能区指标动态变化，对比分析各时期主体功能区遥感监测结果之间的变化，阐述主体功能区指标变化的状况、空间格局与特征，形成主体功能区指标变化空间趋势图，为主体功能区规划提供空间动态变化信息支撑。

2. 服务主体功能区绩效评价，提供科学评估数据

主体功能区遥感监测有助于为《规划》实施的绩效评价提供科学参考依据。《规划》强调："建立健全符合科学发展观并有利于推进形成主体功能区的绩效考核评价体系。增加开发强度、耕地保有量、环境质量、社会保障覆盖面等评价指标。在此基础上，按照不同区域的主体功能定位，实行各有侧重的绩效考核评价办法，并强化考核结果运用，有效引导各地区推进形成主体功能区。"可以看出，遥感技术在监测国土开发状况、耕地保护、环境监测等方面将对主体功能区绩效考核评价提供重要的参考意义。

3. 促进遥感科学发展，服务国家重大战略

主体功能区遥感监测有助于深化遥感技术应用层次，提高遥感技术应用水平。对国土空间进行全覆盖监测，对国家优化开发、重点开发、限制开发和禁止开发区域进行动态监测，客观上对遥感技术发展提出了新的要求。一方面需要构建航天遥感、航空遥感和地面调查相结合的一体化对地观测体系，全面提升对国土空间数据的获取能力；另一方面需要建立科学有效的监测指标体系、监测技术体系、遥感应用方法，切实加强对国土空间监测的业务能力。因此，主体功能区遥感监测将有助于促进遥感应用技术进一步发展与完善。

1.3.2 主体功能区遥感监测主要内容

主体功能区遥感监测是主体功能区规划的重要组成部分。《规划》指出，"建立覆盖全国、统一协调、更新及时、反应迅速、功能完善的国土空间动态监测管理系统，对规划实施情况进行全面监测、分析和评估。""开展国土空间监测管理的目的是检查落实各地区主体功能定位和实施情况，包括城市化地区的城市规模、农产品主产区基本农田的保护、重点生态功能区生态环境改善等情况。"主体功能区遥感监测可为主体功能区规划实施动态监测与评估提供直接的数据与成果，从而全面实时掌握规划实施状况和进展，为规划实施提供空间信息支撑。从主体功能区内涵、类型和规划目标分析，主体功能区遥感监测主要内容包括以下几点。

1. 主体功能区监测指标体系

依据《规划》，建立国家主体功能区监测指标体系。针对优化开发区、重点开发区、限制开发区和禁止开发区四类主体功能区不同的功能定位和规划目标，参照已有的关于城市化水平、发展潜力、生态系统功能、景观规划等研究方法和成果，研究建立不同功能区具有目标导向的监测指标体系，为主体功能区遥感监测、分析和评估提供方法基础，并使之应用于具体区域的监测、分析和评价研究中。

2. 优化开发区遥感监测

针对优化开发区的功能定位和规划目标，参照城市化水平、人口、产业布局、城市生态环境等研究方法和成果，建立以城市化及其生态环境效应为目标导向的优化开发区监测指标体系。在此基础上，利用主体功能区遥感监测技术和方法体系，对优化开发区进行监测，分析优化开发区城市化水平、生态环境因子的空间格局，探讨城市发展与生态环境的变化趋势及其相互作用关系，并对区域主体功能区规划实施效果进行评价，形成优化开发区遥感监测与应用示范体系。

3. 重点开发区遥感监测

针对重点开发区的功能定位和规划目标，参照城市化水平、区域发展潜力、资源环境承载力等研究方法和成果，建立以城市化及其空间发展潜力为目标导向的重点开发区监测指标体系。在此基础上，利用主体功能区遥感监测技术和方法体系，对重点开发区进行监测，分析重点开发区城市化水平、区域空间发展潜力格局及其变化、区域城市化生态环境效应，并对区域主体功能区规划实施效果进行评价，形成重点开发区遥感监测与应用示范体系。

4. 农产品主产区遥感监测

针对限制开发区——农产品主产区的功能定位和规划目标，参照农业规划和农业现代化等研究方法和成果，建立以农产品资源和农业生产环境水平为目标导向的农产品主产区监测指标体系。在此基础上，利用主体功能区遥感监测技术和方法体系，对农产品主产区进行监测，分析农产品主产区农产品资源和农业生产环境水平及其变化，并对区域主体功能区规划实施效果进行评价，形成农产品主产区遥感监测与应用示范体系。

5. 重点生态功能区遥感监测

针对限制开发区——重点生态功能区的功能定位和规划目标，分别参照水源涵养型、水土保持型、防风固沙型和生物多样性维护型4种生态系统及其功能等研究方法和成果，建立以生态系统服务功能为目标导向的重点生态功能区监测指标体系。利用主体功能区遥感监测技术和方法体系，对重点生态功能区进行监测，分析重点生态功能区生态系统服务功能空间格局，探讨生态系统服务功能的变化趋势及其驱动机制，并对区域主体功能区规划实施效果进行评价，形成限制开发区重点生态功能区遥感监测与应用示范体系。

6. 禁止开发区遥感监测

针对禁止开发区的功能定位和规划目标，参照世界文化自然遗产、国家级自然保护区、国家重点风景名胜区、国家地质公园以及国家森林公园等规划成果，建立以自然景观保护水平、景区设施开发水平为目标导向的禁止开发区监测指标体系。利用主体功能区遥感监测技术和方法体系，对禁止开发区进行监测，分析禁止开发区自然生态环境水平及其变化，自然景观保护水平、开发水平空间格局及其变化趋势进行监测分析，并对区域主体功能区规划实施效果进行评价，形成禁止开发区遥感监测与应用示范体系。

7. 主体功能区变化分析

利用多实相遥感影像数据，监测主体功能区指标动态变化。基于差值变换、趋势分析、转移矩阵等方法，对比分析各时期主体功能区遥感监测结果之间的变化，阐述主体功能区指标变化的状况、空间格局与特征，形成主体功能区指标变化空间趋势图，为主体功能区规划提供空间动态变化信息支撑。

1.4　主体功能区遥感监测基础

1.4.1　主体功能区遥感信息特征

主体功能区遥感监测以主体功能区内典型地物遥感信息为基础。遥感影像所记载的是地物对电磁波的反射以及地物自身的辐射信息，地物遥感信息特征则是地物电磁辐射差异在遥感影像上的典型反映，表现为影像中地物的形（形状、大小）、色（色调、颜色）、位（位置、空间关系）等特征，其中最主要的特征为几何形状、光谱色调以及空间位置（梅安新等，2001）。表 1.1 对主体功能区遥感信息特征进行了总结，具体可分为各类型主体功能区进行描述。

1. 优化开发区以城镇为核心的遥感信息特征

优化开发区是全国核心城市分布区域，是以城镇为核心的地理空间单元。其开发特征为：国土开发密度已经较高、资源环境承载能力开始减弱；其主体功能为：优化产业、人口、城镇空间布局，协调基础设施布局和生态系统格局。从地物组成上分析，优化开发区地表以人类活动为主，分布有建筑物、道路、绿地、水域等。这些地物在遥感影像上表现出详细的形态、色调和空间位置关系特征。例如，建筑物呈规则的几何形态、高反射表现出的亮色调（可见光波段）以及和道路相邻的空间位置关系等特征。在高分辨率影像上，区域地表地物信息多以纯像元记录；在中低分辨率影像上，大多数像元一般是由建筑物、道路、绿地以及阴影等所组成的混合像元。

2. 重点开发区以城镇为主、城乡结合的遥感信息特征

重点开发区是全国重点城市分布区域，是城镇为主、城乡结合的地理空间单元。其开发特征为：资源环境承载能力较强、经济和人口集聚条件较好；其主体功能为：促进

表 1.1　主体功能区遥感信息特征

主体功能区	主体功能	地表景观特征	遥感影像特征	监测尺度	典型地区影像
优化开发区	优化产业、人口、城镇空间布局，协调基础设施布局和生态系统格局	地表以人类活动为主，分布有建筑物、道路、绿地、水域，是全国核心城市分布区域	形状：呈大斑块状、规则、边界清晰；色调：灰色、白色等；空间关系：在边缘区域城镇与农田等相连	范围：市域；分辨率：10-30m；比例尺：1:10万~1:5万	京津冀地区 GF1 影像
重点开发区	促进产业、人口、城镇快速发展，落实发展总体战略，促进区域协调发展	地表以人类活动为主，分布有建筑物、道路、绿地、水域、农田、裸土地，是全国重点城市重点分布区域	形状：呈大斑块状、规则、边界清晰；色调：灰色、白色等；空间关系：在边缘区域城镇与农田等相连	范围：市域、省域；分辨率：10-30m；比例尺：1:10万~1:5万	中原经济区 GF1 影像
限制开发的农产品主产区	发展农业，提供农产品，改善农村生活环境	地表以人类活动为主，有耕地、水田、草地、农村居民地等，进行农、渔产品生产，是全国重点农产品分布区域	形状：呈连续块状分布、规则、边界清晰；色调：浅绿色，呈季节性变化；空间关系：农田与农村居民点等相连	范围：省域、区域；分辨率：30-250m；比例尺：1:50万~1:10万	黄淮海平原主产区 OLI 影像
限制开发的重点生态功能区	水源涵养功能	地表以自然环境为主，主要地表覆被类型包括森林、灌丛、草原、冰川、河流、湖泊、沼泽等	形状：呈连续面状分布；色调：深绿色，呈季节性变化；空间关系：河流、湖泊、沼泽等与绿色植被交错分布	范围：省域；分辨率：30~1000m；比例尺：1:10万~1:100万	三江源地区 GF2 影像

续表

主体功能区	主体功能	地表景观特征	遥感影像特征	监测尺度	典型地区影像
	水土保持功能	地表以自然环境为主，主要地表覆被类型包括灌丛、草原、河流、沼泽等	形状：呈连续块状分布，边界不清晰，呈季节性变化；色调：浅绿色、灰色；空间关系：林草地等与裸土、裸岩相接	范围：省域；分辨率：30~1000m；比例尺：1:10万~1:100万	 黄土高原丘坡沟壑水土保持生态功能区 OLI 影像
限制开发的重点生态功能区	防风固沙功能	地表以自然环境为主，主要地表覆被类型包括灌丛、草原、戈壁、沙地、盐碱地、河流、沼泽、绿洲等	形状：呈连续面状分布，边界较清晰；色调：沙地呈灰白色、灰褐色；空间关系：戈壁、沙地等与绿洲、湖泊相连	范围：省域；分辨率：30~1000m；比例尺：1:10万~1:100万	 塔里木河荒漠化防治生态功能区 OLI 影像
	生物多样性维护功能	地表以自然环境为主，主要地表覆被类型包括森林、灌丛、草原、冰川、河流、湖泊、沼泽等	形状：呈条状、块状分布，边界较清晰；色调：深绿色，呈季节性变化；空间关系：植被、山地等与水域相连	范围：省域；分辨率：30~1000m；比例尺：1:10万~1:100万	 秦巴生物多样性生态功能区 OLI 影像
禁止开发区	保护自然文化资源，珍稀动植物基因资源等	地表以自然景观为主，伴有少量人类活动，自然景观如原生动植物、历史遗迹等	形状：不规则，边界较清晰；色调：绿色、蓝色等；空间关系：植被、山地等与水域相连	范围：县/区域；分辨率：2~10m；比例尺：1:1万~1:5万	 太湖风景名胜区 GF2 影像

产业、人口、城镇快速发展，落实区域发展总体战略，促进区域协调发展。从地物组成上看，重点开发区与优化开发区较相似，地表以人类活动为主，除了分布有建筑物、道路、绿地、水域等之外，农田和裸土在城镇边缘区域有较多分布。与优化开发区相比，重点开发区遥感影像更多记录了非城镇用地信息。在一些地区，存在重点开发区与其他类型主体功能区重叠现象，如中原经济区既是重点开发区又是黄淮海主产区的重要区域，这些地区遥感影像信息则更加多样与复杂。

3. 农产品主产区以农业为主的遥感信息特征

农产品主产区是全国种植业、畜牧业、渔业等生产区域，是以农业生产、农村发展为核心的地理空间单元。其开发特征为：资源环境承载能力较弱、大规模集聚经济和人口条件不够好；其主体功能为：发展农业、提供农产品、改善农村生活环境。从地物组成上分析，农产品主产区地表以人类活动为主，分布有旱地、水田、草地、水域、农村居民地、裸土等。在作物生长季节，旱地、水田的遥感信息以植被特有的光谱特征表现出来；农村居民地在空间位置上一般呈现被耕地包围的特征；区域内河流、水渠、坑塘等水域地表有较多分布。

4. 重点生态功能区以自然地表覆被为主的遥感信息特征

重点生态功能区是全国生态安全的重要屏障，是以自然地表覆被为主的地理空间单元。其主体功能为：水源涵养、水土保持、防风固沙、生物多样性维护。从地物组成上分析，重点生态功能区地表以自然环境为主，分布有林地、草地、水域、荒漠化土地、冰雪、裸土、裸岩等地物。其中，水源涵养型生态功能区内冰川/积雪、河流、湖泊、沼泽等水域分布相对较多，水土保持型生态功能区内灌丛、草原、裸土、河流等为主要地物类型，防风固沙型生态功能区内以沙地、盐碱地、裸岩等地类为主，生物多样性维护型生态功能区内以森林、灌丛、草原、冰川、河流、湖泊、沼泽等植被和水域分布较多。相对于以人类活动为主的区域，自然地表覆被区域地物反映在遥感影像上的信息一般较规则、均匀、简单。

5. 禁止开发区以自然景观为主的遥感信息特征

禁止开发区是全国各类自然保护区域，是以自然景观为主的地理空间单元。其主体功能为：保护自然文化资源、珍稀动植物基因资源等。从地物组成上分析，禁止开发区地表以自然景观为主，分布有林地、草地、水域等地物，如原生动植物、历史遗迹、自然水体等，此外还包括部分人工景观设施。单一自然景观保护区在影像上反映的信息均匀而连续，如以林地为主的森林公园；复合自然景观保护区在影像上的信息则多为林地、水体、人工景观设施等综合表现，如以旅游景点为主的风景名胜区。

1.4.2　主体功能区遥感数据源

主体功能区遥感数据源可根据监测范围、不同监测指标需求，依据遥感数据不同空间分辨率，分为小尺度、中尺度、大尺度数据源进行分析（表1.2）。

表 1.2　主体功能区遥感监测主要数据源分析

数据源		空间分辨率	主要监测指标	成图比例尺	尺度/范围
遥感影像数据	WorldView	多光谱 1.8 m 全色 0.5 m	优化/重点开发区建成区土地利用/覆被变化监测；禁止开发区保护区景观/资源监测	1:1 万~1:5 千	小尺度—街道/乡镇，区/县域
	QuickBird	多光谱 2.44 m 全色 0.61 m			
	GF2	多光谱 3.2 m 全色 0.8 m			
	IKONOS	多光谱 4 m 全色 1 m			
	GF1	多光谱 8/16 m 全色 2 m	优化/重点开发区建成区土地利用/覆被变化监测；生态功能区生态系统监测；禁止开发区保护区景观/资源监测	1:5 万~1:1 万	
	ZY3	多光谱 5.8 m 全色 2.1 m			
	SPOT5，SPOT6	多光谱 10/6 m 全色 2.5/1.5 m			
	ZY1-02C	多光谱 10 m 全色 5 m			
	Landsat 系列 TM/ETM+/OLI	多光谱 30 m 全色 15 m	优化/重点开发区城市土地利用/覆被变化监测；农产品主产区资源监测；生态功能区生态系统监测；禁止开发区保护区景观/资源监测	1:25 万~1:10 万	中尺度—市域，省域
	Terra/ASTER	可见光近红外 15 m			
	CBERS	CCD　20 m HR　2.36 m			
	HJ-1A，HJ-1B	30 mm			
	Terra/MODIS，Aqua/MODIS	250 m、1 km	农产品，NDVI，NPP	1:100 万~1:50 万	大尺度—省域，大型流域区域，全国
	DMSP/OLS	1 km	优化/重点开发区城市化		
	FY3/VIRR	1 km	生态功能区生态系统监测		
	NOAA/AVHRR	1.1 km、8 km	农产品，NDVI，NPP		
台站观测数据		10~100 km	降水量、气温、日照时数、台风、地震震级	<1:100 万	
调查数据		地理单元	土地资源、水资源、植被资源、土壤资源		
统计数据		区/县单元	人口统计、GDP 统计		

　　小尺度范围包括街道/乡镇、区/县域，主体功能区遥感数据源的空间分辨率通常小于 10 m，主要包括 GF2、WorldView、QuickBird、IKONOS 等亚米级影像和 GF1、ZY3、SPOT5/6、ZY1-02C 等高分辨率卫星遥感数据。这些数据可以提供地表空间细节信息，主要用于优化/重点开发区建成区建筑物（住宅、商业、工业、公共设施等）、交通道路（公路、铁路、水运等）、绿地（草地、林带等）、水域（河流、湖泊、水库、坑塘、湿地等）等土地利用/覆被变化监测以及人口密度、经济密度、交通密度等指标测算，禁止开发区内保护区自然景观、野生动植物资源变化监测，以及重点生态功能区内生态系统监测等。例如，Pu 和 Landry（2012）利用 WorldView2 数据监测绘制了城市林带及林种类别空间分布图；Laurent Durieux 等（2008）利用 SPOT5 影像监测了城市建筑物空间分布信息；Moran 等（2010）结合 QuickBird 数据的光谱、纹理和空间信息提取了城乡地表土地利用/覆被信息。

　　中尺度范围包括地级市、省域，主体功能区遥感数据源的空间分辨率通常在 10~100 m，主要包括 Landsat 系列 TM/ETM+/OLI、SPOT4、Terra/ASTER、CBERS/CCD、HJ-1A/CCD、HJ-1B/CCD 等卫星遥感数据。中分辨率遥感数据可主要用于优化/重点开发区城市耕地、建设用地、林草地、水域等土地利用/覆被变化监测；农产品主产区内农产品的种类、面积、产量等监测；重点生态功能区内植被生态系统、水土流失、荒漠化、物种多样性等监测；禁止开发区保护区自然景观宏观保护监测等。例如，张增祥等（2012）基于 Landsat 系列遥感数据研制了中国土地利用/覆被空间数据集，基于该数据集可对优化/重点开发区城市土地利用及其变化进行监测分析（牟凤云等，2007），可对农产品主产区内耕地面积变化进行监测（Liu et al.，2005），也可对重点生态功能区内植被覆盖、宏观生态格局进行监测（邵全琴等，2010）；此外，赵峰等（2011）利用 Landsat TM 影像对红树林湿地自然保护区监测的研究案例也表明了中分辨率遥感数据用于禁止开发区保护区自然景观保护监测的应用价值。

大尺度范围包括省域、大型流域区域或全国范围，主体功能区遥感数据源的空间分辨率通常在 100～1000 m，如 Terra/MODIS、Aqua/MODIS、DMSP/OLS、FY3/VIRR 卫星遥感数据及其产品；NOAA/AVHRR 8 km 产品也可适用于大尺度范围的监测。低分辨率遥感数据可主要用于优化/重点开发区域城市扩展、城镇体系宏观结构监测；农产品主产区内农产品的面积、产量等宏观周期性监测；重点生态功能区内植被生态系统、水土流失、荒漠化、物种多样性等宏观周期性监测。其中，MODIS 影像及其系列产品数据可长期广泛应用于作物产量（Doraiswamy et al.，2005）、植被生产力（Zhao et al.，2005）等监测；DMSP OLS 夜间灯光遥感数据结合人口经济统计数据可用于计算和绘制人口密度（卓莉等，2005；Zeng et al.，2011）、GDP 密度（韩向娣等，2012）空间分布图；基于 AVHRR 影像的 GIMMS NDVI 数据集（Tucker et al.，2004）在全国重点生态功能区植被覆盖度（张学珍和朱金峰，2013）、物种多样性等监测方面也是一个非常重要的数据源。

此外，主体功能区遥感监测还需要其他台站观测数据、调查与统计数据作为辅助数据，以便对气候环境、自然资源、社会经济等指标进行复合处理与空间化。其中，台站观测数据包括气象、地震等台站观测记录的降水量、气温、日照时数、台风、地震震级等参量，其观测数据在空间表达上以点状为主，空间尺度 10～100 km 不等；调查数据包括土地资源、水资源、植被资源、土壤资源等的调查数据，一般以某一自然地理区域为单元进行统计汇总；统计数据包括人口、GDP 等社会经济统计数据，一般以区/县为单元进行统计汇总。台站观测、调查与统计数据空间跨度大，一般适用于省域、地区和全国的大尺度监测。

1.4.3　主体功能区遥感监测基本依据

1. 主体功能区相关政策、规划文件

（1）《中华人民共和国国民经济和社会发展第十一个五年规划纲要》。

（2）《国家发展改革委办公厅关于委托开展全国主体功能区划规划重大课题研究的函》，2006。

（3）《国务院办公厅关于开展全国主体功能区划规划编制工作的通知》（国办发〔2006〕85 号）。

（4）《国务院关于编制全国主体功能区规划的意见》（国发〔2007〕21号）。

（5）《国务院关于印发全国主体功能区规划的通知》（国发〔2010〕46号）。

（6）《中华人民共和国国民经济和社会发展第十二个五年规划纲要》。

（7）《国家发展改革委贯彻落实主体功能区战略推进主体功能区建设若干政策的意见》（发改规划[2013]1154号）。

（8）《全国及各地区主体功能区规划》（国家发展和改革委员会，2015）。

（9）《中华人民共和国国民经济和社会发展第十三个五年规划纲要》。

2. 主体功能区遥感监测相关规范

（1）《国家主体功能区功能要素提取技术规范（试用）》（国家高分专项"国家主体功能区遥感监测评价应用示范系统"项目组，2016）。

（2）《省级主体功能区域划分技术规程（试用）》（国家科技支撑计划"全国主体功能区划方案及遥感地理信息支撑系统"项目组，2010）。

第2章 主体功能区遥感监测指标体系

2.1 主体功能区遥感监测指标体系建立依据

主体功能区遥感监测指标体系是主体功能区监测的基础，建立指标体系需要遵循一定的依据，主要有以下几点。

1. 反映主体功能区的功能定位、发展方向和规划目标

主体功能区遥感监测的根本目的是为评估规划实施有效性提供空间信息支撑，监测指标应能够体现和反映主体功能区的功能定位和规划目标。从《规划》中可知各类主体功能区的功能定位。

（1）优化开发区的功能定位是：提升国家竞争力的重要区域，带动全国经济社会发展的龙头，全国重要的创新区域，我国在更高层次上参与国际分工及有全球影响力的经济区，全国重要的人口和经济密集区；发展方向是优化空间结构、优化城镇布局、优化人口分布、优化产业结构、优化发展方式、优化基础设施布局和生态系统格局。可以看出，《规划》主要从城镇、人口、产业、基础设施、生态系统等方面阐述了优化开发区的发展方向，以实现提升国家竞争力和带动发展全国经济社会作为优化开发区的主体功能定位。

（2）重点开发区的功能定位是：支持全国经济增长的重要增长极，落实区域发展总体战略、促进区域协调发展的重要支撑点，全国重要的人口和经济密集区；发展方向是统筹规划国土空间、健全城市规模结构、促进人口加快集聚、形成现代产业体系、提高发展质量、完善基础设施、保护生态环境、把握开发时序。可以看出，《规划》主要从城市统筹规划、规模、人口、产业、基础设施、生态系统等方面阐述了重点开发区的发展方向，以实现支撑全国经济增长和促进区域协调发展作为重点开发区的主体功能定位。

（3）限制开发的农产品主产区的功能定位是：保障农产品供给安全的重要区域，农村居民安居乐业的美好家园，社会主义新农村建设的示范区；发展方向是加强土地整治、加强水利设施建设、优化农业生产布局和品种结构、提高生产能力、控制农产品主产区开发强度、加强农业基础设施建设等。可以看出，《规划》主要从农产品种类、产量以及土地、水利等农产品支撑条件等方面阐述了农产品主产区的发展方向，以实现农产品供给作为农产品主产区的主体功能定位。

（4）限制开发的重点生态功能区的功能定位是：保障国家生态安全的重要区域，人与自然和谐相处的示范区；规划目标主要是增强生态服务功能、改善生态环境质量，如地表水水质明显改善，主要河流径流量基本稳定并有所增加；水土流失和荒漠化得到有效控制，草原面积保持稳定，草原植被得到恢复；天然林面积扩大，森林覆盖率提高，

森林蓄积量增加；野生动植物物种得到恢复和增加；空气质量得到改善等。可以看出，《规划》主要从水体、土壤、植被等方面阐述了重点生态功能区的规划目标，以落实保障国家生态安全和人与自然和谐相处作为重点生态功能区的功能定位。

（5）禁止开发区的功能定位是：我国保护自然文化资源的重要区域，珍稀动植物基因资源保护地。禁止开发区域严格控制人为因素对自然生态和文化自然遗产原真性、完整性的干扰，严禁不符合主体功能定位的各类开发活动，强调了对区域的保护和管制。

2. 体现区域功能的主体性与重要性

主体功能区监测应当体现区域功能的主体性与重要性。优化开发区和重点开发区是我国社会经济发展的主要区域，具有促进区域协调发展、落实区域发展总体战略、提升国家竞争力、带动发展全国经济和影响全球经济等方面的主体性与重要性功能，主要通过区域城市发展、人口集聚、产业汇聚等因素反映；农产品主产区是我国提供农产品供给安全的重要区域，具有农产品供给、农村安居等方面的主体性与重要性功能，这些功能主要通过耕地、草地等农产品资源指标反映；重点生态功能区是我国生态安全的重要屏障，具有生态供给、调节、支持和生态文化等方面的主体性与重要性功能，这些功能主要通过区域水体、植被、土壤和气候等环境指标反映；禁止开发区域是我国各类自然保护区域，具有保护自然文化资源和珍稀动植物基因资源等方面的主体性与重要性功能，这些功能主要通过自然景观、物种等指标反映。

3. 以遥感数据为主、结合相关数据综合全面监测

主体功能区监测应当充分发挥光学、红外、微波等各波段，星载、机载平台遥感数据的优势，以遥感影像提取、反演的各类具有空间相关性的地表覆被面源指标为主要信息，实现主体功能区监测的周期性、高效性和准确性；同时，结合气象、水文等站点观测数据和社会、经济等统计数据，间接获取其他具有空间相关性的点源指标作为辅助信息，实现主体功能区监测的有效性、综合性和全面性。

4. 遵循长期性、规范性、可操作性与科学性

主体功能区监测是个漫长的过程，需要长期监测追踪区域主体功能变化轨迹，是形成有较强时空针对性的主体功能区规划建设策略的重要前提，需要逐渐形成规范化的监测体系和系统。计算监测指标的源数据应该是通过地面或遥感观测容易获取的，指标的计算或模拟所用的算法是国际通用流行的，同时也是可操作的。

2.2　全国主体功能区遥感监测指标体系

根据《规划》中关于国家主体功能区指标体系的说明与规定，国家主体功能区监测指标体系按照国土空间发展潜力、资源环境承载能力和开发密度 3 类因素进行一级指标划分，包含了 9 个二级指标，见表 2.1。每个二级指标的计算公式按照《省级主体功能区域划分技术规程（试用）》[①]，三级指标采用相应章节的算法。

---

① 全国主体功能区划方案及遥感地理信息支撑系统课题组. 2010. 省级主体功能区域划分技术规程（试用）。

表 2.1　全国主体功能区遥感监测指标体系

一级指标	二级指标	三级指标
1. 发展潜力	1.1 可利用土地资源	适宜建设用地面积
		已有建设用地面积
		基本农田面积
	1.2 可利用水资源	本地可开发利用水资源量
		开发利用水资源量
		可开发利用入境水资源量
	1.3 环境容量	大气环境容量（SO_2）
		水环境容量（COD）
	1.4 自然灾害危险性	洪涝灾害危险性
		地质灾害危险性
		地震灾害危险性
		热带风暴潮灾害危险性
2. 资源环境承载能力	2.1 生态系统脆弱性	土地沙漠化脆弱性
		土壤侵蚀脆弱性
		石漠化脆弱性
		土壤盐渍化脆弱性
	2.2 生态重要性	水源涵养重要性
		土壤保持重要性
		防风固沙重要性
		生物多样性维护重要性
		特殊生态系统重要性
3. 开发密度	3.1 人口集聚度	人口密度
		人口流动强度
	3.2 经济发展水平	人均 GDP
		GDP 增长率
	3.3 交通优势度	交通网络密度
		交通干线影响度
		区位优势度

2.3　全国主体功能区遥感监测指标可遥感性分析

2.3.1　国家优化开发区遥感监测指标含义及可遥感性分析

国家优化开发区遥感监测指标体系具体见表 2.2。

表 2.2　国家优化开发区遥感监测指标体系

主体功能区	一级监测指标	二级监测指标	可直接用遥感获取	可间接用遥感获取	其他
优化开发区	1. 城市化水平	1.1 人口规模		间接	
		1.2 经济规模		间接	
		1.3 空间规模	直接		
	2. 城市空间格局	2.1 建成区范围	直接		
		2.2 建成区面积	直接		

续表

主体功能区	一级监测指标	二级监测指标	可直接用遥感获取	可间接用遥感获取	其他
优化开发区	2. 城市空间格局	2.3 建成区形状	直接		
		2.4 建成区空间分布	直接		
		2.5 建成区扩展	直接		
	3. 城市空间结构	3.1 城市居住空间	直接		
		3.2 服务业空间	直接		
		3.3 交通空间	直接		
		3.4 公共设施空间	直接		
		3.5 绿色生态空间	直接		
		3.6 工矿建设空间	直接		
		3.7 农村生活空间	直接		
	4. 城镇体系	4.1 城镇体系等级规模		间接	
		4.2 城镇体系空间结构		间接	
		4.3 城镇体系集聚度		间接	
	5. 建设用地	5.1 城镇	直接		
		5.2 农村	直接		
		5.3 工矿	直接		
		5.4 交通	直接		
		5.5 水利电力	直接		
		5.6 其他	直接		
	6. 生态用地	6.1 耕地	直接		
		6.2 林地	直接		
		6.3 草地	直接		
		6.4 水体	直接		
		6.5 湿地	直接		
		6.6 绿色开敞空间	直接		
	7. 人口集聚	7.1 人口数量			统计
		7.2 人口密度		间接	
		7.3 人口千米格网		间接	
	8. 经济发展	8.1 GDP			统计
		8.2 人均 GDP			统计
		8.3 GDP 千米格网		间接	
	9. 产业结构	9.1 第一产业			统计
		9.2 第二产业			统计
		9.3 第三产业			统计
		9.4 第一产业千米格网		间接	
		9.5 第二产业千米格网		间接	
		9.6 第三产业千米格网		间接	
	10. 交通通达性	10.1 市内交通	直接		
		10.2 高速公路	直接		
		10.3 城际铁路	直接		

续表

主体功能区	一级监测指标	二级监测指标	可直接用遥感获取	可间接用遥感获取	其他
优化开发区	10. 交通通达性	10.4 高铁	直接		
		10.5 机场	直接		
		10.6 港口	直接		
		10.7 公路网密度		间接	
		10.8 交通干线影响度		间接	
		10.9 区位优势度		间接	
	11. 环境污染	11.1 固体废弃物堆积场	直接		
		11.2 大气气溶胶	直接		
		11.3 CO_2	直接		
		11.4 $PM_{2.5}$	直接		
		11.5 NO_2	直接		
		11.6 SO_2	直接		
		11.7 空气质量指数		间接	
		11.8 内陆水体悬浮物	直接		
		11.9 内陆水体叶绿素浓度	直接		
		11.10 近海水质	直接		
		11.11 近海赤潮	直接		
		11.12 近海浒苔	直接		
	12. 自然文化遗产	12.1 自然文化遗产数量	直接		
		12.2 自然文化遗产空间分布	直接		
		12.3 自然文化遗产变化	直接		

1. 城市化水平

城市化（或城镇化）是一个国家经济结构、社会结构和生产方式、生活方式的根本性转变，涉及产业的转型和新产业的成长、城乡的社会结构的全面调整以及庞大的基础设施的建设、资源、环境的支撑和大量的立法、管理、国民素质提高等方面，包括了人口城市化、经济城市化、土地城市化和社会城市化 4 个核心内容。城市化水平是基于人口规模、经济规模、空间规模等因素综合评价城市化程度的重要指标。其中，人口规模反映了人口城市化水平，经济规模反映了经济城市化水平，两者通过统计数据计算；空间规模是指建成区范围与面积，反映了土地城镇化水平，可通过遥感直接提取建成区信息。

2. 城市空间格局

城市空间格局是区域城市建成区在空间分布上的范围、面积、形状及其空间扩展变化的综合表现。通过遥感影像的波谱、纹理、对象特征等信息可直接提取建成区，计算建成区面积、空间形状特征；基于多期遥感影像和变化检测方法，可分析建成区空间扩展特征。

3. 城市空间结构

城市空间结构一般包含居住空间、商业（服务业）空间、工矿建设空间、交通空间、公共设施空间、绿色生态空间、农村生活空间等空间结构类型。在优化开发区，要求减少工矿建设空间和农村生活空间，适当扩大服务业空间、交通空间、城市居住空间、公共设施空间，扩大绿色生态空间。重点监测城市居住空间、服务业空间、交通空间、公共设施空间、绿色生态空间、工矿建设空间、农村生活空间等，基于遥感影像波谱、纹理、对象特征等信息，利用面向对象、目标决策、空间聚类等方法，直接提取各类城市空间结构信息。

4. 城镇体系

城镇体系是指在一个相对完整的区域以中心城市为核心，由一系列不同等级规模、不同职能分工、相互密切联系的城镇组成的系统，通过城镇体系等级规模、城镇体系空间结构、城镇体系集聚度综合体现。其中，城镇体系等级规模指城镇之间的松散程度、人口分布差异程度以及首位城市的优势性等；城镇体系空间结构指城镇体系空间分布的集中程度；城镇体系集聚度指城镇体系空间分布的均匀、离散、密集程度。基于遥感影像提取的建成区信息，辅以城市人口、空间位置等信息，间接监测城镇体系空间信息。

5. 建设用地

建设用地包括城镇建设用地、农村建设用地、工矿建设用地、交通建设用地、水利电力建设用地等，基于遥感影像波谱、纹理、对象特征等信息，利用面向对象、目标决策、空间聚类等方法，直接提取各类建设用地。

6. 生态用地

生态用地指在城市及其边缘地区具有生态环境保护、治理和修复功能的耕地、林地、草地、水体、湿地以及城市内部和城市之间的其他绿色开敞空间。这些生态用地在遥感影像上反映的波谱、纹理、对象特征信息清晰，可直接利用波段运算、空间聚类、目标决策等方法提取。

7. 人口集聚

人口集聚指一个地区现有人口的集聚状态，由人口数量、人口密度等指标构成，具体通过采用县域人口数量统计数据和县域区域面积计算得到人口密度，再通过土地利用数据、夜间灯光遥感数据建立人口密度模型，间接得到人口千米格网，进而分析人口集聚程度。

8. 经济发展

经济发展指一个地区的经济发展现状和增长活力，通过地区 GDP 反映，具体通过采用县域 GDP 统计数据和土地利用数据、夜间灯光遥感数据建立 GDP 空间化模型，间接得到 GDP 千米格网，进而分析经济发展程度。

9. 产业结构

产业结构指第一产业、第二产业、第三产业的总值及其结构，包括了第一产业、第二产业、第三产业、第一产业千米格网、第二产业千米格网、第三产业千米格网。其中，第一产业、第二产业、第三产业具体通过采用县域经济统计数据按县域单元空间化表达；在此基础上，通过建立县域第一产业、第二产业、第三产业统计数据和土地利用数据、夜间灯光遥感数据空间化模型，间接得到第一产业千米格网、第二产业千米格网、第三产业千米格网，进而分析产业结构特征。

10. 交通通达性

交通通达性指一个地区现有的通达水平，包含市内交通、高速公路、城际铁路、高铁、机场、港口等交通设施，以及公路网密度、交通干线影响度、区位优势度等综合性指标。其中，市内交通、高速公路、城际铁路、高铁、机场、港口等交通设施，基于遥感影像交通设施的形态、波谱、纹理、拓扑及上下文特征，采用面向对象的方法直接提取；公路网密度、交通干线影响度、区位优势度等综合性指标在交通设施遥感信息提取的基础上按照适当的模型间接计算获取。

11. 环境污染

环境污染包括对城市区域内陆地固体废弃物堆积场、大气气溶胶、CO_2、$PM_{2.5}$、NO_2、SO_2、空气质量指数、内陆水体水质监测（水源地、江、河、湖的悬浮物，叶绿素浓度），以及海岸带监测（近海水质、赤潮、浒苔）。基于遥感影像形态、波谱、纹理特征，直接提取固体废弃物堆积场信息；基于遥感大气辐射传输模型，选择特征波段，反演大气气溶胶、CO_2、$PM_{2.5}$、NO_2、SO_2；基于水体辐射特性，选择特征波段直接反演内陆水体水质，以及海岸带近海水质、赤潮、浒苔等信息。

12. 自然文化遗产

自然文化遗产包括城市区域自然文化遗产，反映城市自然文化保护状况，具体通过遥感影像形态、波谱、纹理特征，直接提取自然文化遗产信息，分析自然文化遗产现状与变化特征。

2.3.2　国家重点开发区遥感监测指标含义及可遥感性分析

国家重点开发区遥感监测指标体系具体见表 2.3。国家重点开发区遥感监测指标与国家优化开发区比较，相同的是城市化水平、城市空间格局、城市空间结构、城镇体系、人口集聚、经济发展、产业结构、交通通达性、环境污染、自然文化遗产，不同的是国家重点开发区更注重发展潜力，发展质量监测。

表 2.3　国家重点开发区遥感监测指标体系

主体功能区	一级监测指标	二级监测指标	可直接用遥感获取	可间接用遥感获取	其他
重点开发区	1. 城市化水平	1.1 人口规模		间接	
		1.2 经济规模		间接	
		1.3 空间规模	直接		
	2. 城市空间格局	2.1 建成区范围	直接		
		2.2 建成区面积	直接		
		2.3 建成区形状	直接		
		2.4 建成区空间分布	直接		
		2.5 建成区扩展	直接		
	3. 城市空间结构	3.1 城市居住空间	直接		
		3.2 制造服务业空间	直接		
		3.3 交通空间	直接		
		3.4 农村生活空间	直接		
		3.5 公共设施空间	直接		
		3.6 工矿建设空间	直接		
		3.7 绿色生态空间	直接		
	4. 城镇体系	4.1 城镇体系等级规模		间接	
		4.2 城镇体系空间结构		间接	
		4.3 城镇体系集聚度		间接	
	5. 发展潜力	5.1 适宜建设用地		间接	
		5.2 可利用土地资源		间接	
		5.3 自然灾害危险性		间接	
	6. 发展质量	6.1 工业园区和开发区建设水平		间接	
		6.2 污染物排放水平		间接	
		6.3 能源消耗水平		间接	
	7. 人口集聚	7.1 人口数量			统计
		7.2 人口密度			统计
		7.3 人口千米格网		间接	
	8. 经济发展	8.1 GDP			统计
		8.2 人均 GDP			统计
		8.3 GDP 千米格网		间接	
	9. 产业结构	9.1 第一产业			统计
		9.2 第二产业			统计
		9.3 第三产业			统计
		9.4 第一产业千米格网		间接	
		9.5 第二产业千米格网		间接	
		9.6 第三产业千米格网		间接	
	10. 交通通达性	10.1 市内交通	直接		
		10.2 公路	直接		
		10.3 铁路	直接		

主体功能区	一级监测指标	二级监测指标	可直接用遥感获取	可间接用遥感获取	其他
重点开发区	10. 交通通达性	10.4 高铁			
		10.5 机场	直接		
		10.6 港口	直接		
		10.7 公路网密度		间接	
		10.8 交通干线影响度		间接	
		10.9 区位优势度		间接	
	11. 环境污染	11.1 固体废弃物堆积场	直接		
		11.2 大气气溶胶	直接		
		11.3 CO_2	直接		
		11.4 $PM_{2.5}$	直接		
		11.5 NO_2	直接		
		11.6 SO_2	直接		
		11.7 空气质量指数		间接	
		11.8 内陆水体悬浮物	直接		
		11.9 内陆水体叶绿素浓度	直接		
		11.10 近海水质	直接		
		11.11 近海赤潮	直接		
		11.12 近海浒苔	直接		
	12. 自然文化遗产	12.1 自然文化遗产数量	直接		
		12.2 自然文化遗产空间分布	直接		
		12.3 自然文化遗产变化	直接		

1. 发展潜力

发展潜力指区域在维持可持续发展的前提下，其支撑体系所具有的潜在发展能力。重点开发区发展潜力包含了适宜建设用地、可利用土地资源、自然灾害危险性等指标。其中，适宜建设用地根据地形高程、坡度以及水域、林草地、沙漠戈壁、地质断层、保护区等分布特征综合生成获取；可利用土地资源是可被作为人口集聚、产业布局和城镇发展的后备适宜建设用地，通过适宜建设用地扣除已有建设用地和基本农田用地间接得到；自然灾害危险性指区域尺度自然灾害发生的可能性和危险程度，包括洪涝灾害危险性、地质灾害危险性、地震灾害危险性等指标，通过遥感影像监测各灾种的灾害面积、影响范围，结合历史灾害发生的频次、频率等数据，综合监测评价获取。

2. 发展质量

发展质量指区域在维持可持续发展的前提下，其要素发展的集约、节约、低耗程度。重点开发区发展质量包含了工业园区和开发区建设水平、污染物排放水平、能源消耗水平等指标。其中，工业园区和开发区建设水平通过遥感影像提取工业园、开发区等信息获取；污染物排放、能源消耗根据统计年鉴的相关统计数据，结合水质、空气质量遥感数据，综合监测评价获取。

2.3.3　国家限制开发的农产品主产区遥感监测指标含义及可遥感性分析

国家限制开发的农产品主产区遥感监测指标体系具体见表 2.4。

表 2.4　国家限制开发的农产品主产区遥感监测指标体系

主体功能区	一级监测指标	二级监测指标	可直接用遥感获取	可间接用遥感获取	其他
限制开发区的农产品主产区	1. 农产品资源	1.1 农产品种类	直接		
		1.2 农产品面积	直接		
		1.3 农产品产量	直接		
	2. 农业生产环境	2.1 土壤养分	直接		
		2.2 降水量			台站观测
		2.3 气温			台站观测
		2.4 太阳辐射	直接		
	3. 农业生产条件	3.1 耕地面积	直接		
		3.2 水利设施	直接		
	4. 农村国土空间	4.1 小城镇建设	直接		
		4.2 农村居民点	直接		
		4.3 农村基础设施建设	直接		
	5. 开发强度	5.1 农村建设用地	直接		
		5.2 撂荒地	直接		
		5.3 农业面源污染	直接		

1. 农产品资源

农产品资源指标包括农产品种类、农产品面积、农产品产量。基于遥感影像波谱、纹理、对象特征等信息，利用空间聚类、目标决策、面向对象等方法，直接提取各类农产品信息，计算农产品种植面积；基于遥感影像反演的农业植被净初级生产力与农产品产量统计数据，建立产量遥感估算模型，反演农产品产量。

2. 农业生产环境

农业生产环境指标包括土壤养分、降水量、气温、太阳辐射等与农产品生长相关的环境指标。其中，土壤养分、太阳辐射基于遥感影像波谱，选择特征波段，定量反演直接获取；降水量、气温指标基于气象站点观测数据空间插值间接获取。

3. 农业生产条件

农业生产条件指标包括耕地面积和水利设施。其中，耕地面积基于遥感影像分类信息提取，水利设施基于遥感影像波谱、纹理、对象特征等信息，进行目标识别获取。

4. 农村国土空间

农村国土空间指标包括小城镇、农村居民点、农村基础设施等指标，基于遥感影像波谱、纹理、对象特征等信息，利用面向对象、目标决策、空间聚类等方法，直接提取各类农村国土空间信息。

5. 开发强度

开发强度指标包括农村建设用地、撂荒地、农业面源污染等指标。基于遥感影像波谱、纹理、对象特征等信息，直接提取农村建设用地、撂荒地；农业面源污染是指由沉积物、农药、废料、致病菌等分散污染源引起的对水层、湖泊、河岸、滨岸、大气等生态系统的污染。基于遥感影像波谱特征，辅以农业污染统计数据，定量反演获取农业面源污染信息。

2.3.4 国家限制开发的重点生态功能区遥感监测 指标含义及可遥感性分析

国家限制开发的重点生态功能区遥感监测指标体系具体见表 2.5。

表 2.5 国家限制开发的重点生态功能区遥感监测指标体系

主体功能区	一级监测指标	二级监测指标	可直接用遥感获取	可间接用遥感获取	其他
限制开发区的重点生态功能区	1. 水源涵养	1.1 水网密度	直接		
		1.2 植被覆盖度	直接		
		1.3 净初级生产力	直接		
	2. 土壤保持	2.1 潜在土壤侵蚀		间接	
		2.2 现实土壤侵蚀		间接	
	3. 防风固沙	3.1 沙漠化	直接		
		3.2 石漠化		间接	
		3.3 盐渍化		间接	
	4. 生物多样性维护	4.1 森林覆盖类型	直接		
		4.2 森林覆盖率	直接		
		4.3 草地覆盖度	直接		
		4.4 湿地面积	直接		

1. 水源涵养

生态系统的水源涵养功能是指生态系统内多个水文过程及其水文效应的综合表现，如森林生态系统拦蓄降水或调节河川径流量的功能，包含水网密度、植被覆盖度、净初级生产力等指标。其中，水网密度遥感影像获取的地表水体信息计算获取，植被覆盖度、净初级生产力通过遥感影像波谱特征利用像元二分模型、光能利用模型等反演获取。

2. 土壤保持

生态系统的土壤保持功能是一项非常基本的陆地生态系统服务功能,应用通用土壤流失方程(universal soil loss equation,USLE)来估算潜在土壤侵蚀量和现实土壤侵蚀量,两者之差即为生态系统土壤保持量。基于遥感影像获取 USLE 中的地表覆盖、坡长坡度等参量,结合气象站点观测数据、土壤调查数据,综合获取潜在土壤侵蚀量和现实土壤侵蚀量。

3. 防风固沙

生态系统的防风固沙功能是指植被在陆表风蚀和沙尘过程中通过多种途径阻止或抑制地表土壤的大量搬运和堆积,从而对地表土壤形成保护,减少风蚀输沙量,包括沙漠化、石漠化、盐渍化等指标。通过遥感影像获取的沙地、基岩等信息,结合地形、地质数据,综合获取沙漠化、石漠化信息;应用综合指数法选取干燥度、坡度、地貌类型、土壤质地、植被盖度等指标综合计算盐渍化信息。

4. 生物多样性维护

生物多样性包含 3 个层次的含义:遗传多样性,即指所有遗传信息的总和,它包含在动植物和微生物个体的基因内;物种多样性,即生命机体的变化和多样化;生态系统多样性,即栖息地、生物群落和生物圈内生态过程的多样化。通过选取森林覆盖类型、森林覆盖率、草地覆盖度、湿地面积等指标,综合反映生物多样性维护状况。

2.3.5　国家禁止开发区遥感监测指标含义及可遥感性分析

国家禁止开发区遥感监测指标体系具体见表 2.6。

表 2.6　国家禁止开发区遥感监测指标体系

主体功能区	一级监测指标	二级监测指标	可直接用遥感获取	可间接用遥感获取	其他
禁止开发区	1. 国家级自然保护区	1.1 范围与面积	直接		
		1.2 物种多样性		间接	
		1.3 景观多样性		间接	
		1.4 植被覆盖度	直接		
		1.5 基础设施建设用地面积	直接		
	2. 世界文化自然遗产	2.1 范围与面积	直接		
		2.2 遗产完整性		间接	
	3. 国家级风景名胜区	3.1 范围与面积	直接		
		3.2 景观多样性		间接	
		3.3 植被覆盖度	直接		
		3.4 物种多样性		间接	
		3.5 基础设施建设用地面积	直接		

续表

主体功能区	一级监测指标	二级监测指标	可直接用遥感获取	可间接用遥感获取	其他
禁止开发区	4. 国家森林公园	4.1 范围与面积	直接		
		4.2 森林覆盖率	直接		
		4.3 物种多样性		间接	
		4.4 基础设施建设用地面积	直接		
	5. 国家地质公园	5.1 范围与面积	直接		
		5.2 景观完整性		间接	
		5.3 基础设施建设用地面积	直接		

1. 国家级自然保护区

该指标包括国家级自然保护区范围与面积、物种多样性、景观多样性、植被覆盖度、基础设施建设用地面积指标。基于遥感影像波谱、纹理、形状等信息,直接解译获取范围与面积信息;基于遥感获取的生态系统类型数据,通过物种多样性指数,间接获取物种多样性指标;基于遥感获取的地表景观类型数据,通过景观多样性指数,间接获取景观多样性指标;通过遥感影像波谱特征利用像元二分模型反演获取植被覆盖度;基于遥感影像波谱、纹理、对象特征等信息,利用空间聚类、目标决策、面向对象等方法,直接提取基础设施建设用地信息。

2. 世界文化自然遗产

该指标包括世界文化自然遗产范围与面积、遗产完整性指标。基于遥感影像波谱、纹理、形状等信息,直接解译获取范围与面积信息;遗产完整性指世界文化资产、自然遗产以及文化与自然双遗产地区的遗产保护的完整性与原真性,基于遗产地资料,结合高分辨率遥感影像纹理、对象特征信息,识别遗产地空间形状、面积、结构信息,间接获遗产完整性指标。

3. 国家级风景名胜区

该指标包括国家级风景名胜区范围与面积、景观多样性、植被覆盖度、物种多样性、基础设施建设用地面积指标。基于遥感影像波谱、纹理、形状等信息,直接解译获取范围与面积信息;基于遥感获取的生态系统类型数据,通过物种多样性指数,间接获取物种多样性指标;基于遥感获取的地表景观类型数据,通过景观多样性指数,间接获取景观多样性指标;通过遥感影像波谱特征利用像元二分模型反演获取植被覆盖度;基于遥感影像波谱、纹理、对象特征等信息,利用空间聚类、目标决策、面向对象等方法,直接提取基础设施建设用地信息。

4. 国家森林公园

该指标包括国家森林公园范围与面积、森林覆盖率、物种多样性、基础设施建设用地面积指标。基于遥感影像波谱、纹理、形状等信息,直接解译获取范围与面积信息;

结合森林普查数据，通过遥感影像波谱特征利用像元二分模型反演获取森林覆盖率；基于遥感获取的森林生态系统类型数据，通过物种多样性指数，间接获取物种多样性指标；基于遥感影像波谱、纹理、对象特征等信息，利用空间聚类、目标决策、面向对象等方法，直接提取基础设施建设用地信息。

5. 国家地质公园

该指标包括国家地质公园范围与面积、景观完整性、基础设施建设用地面积指标。基于遥感影像波谱、纹理、形状等信息，直接解译获取范围与面积信息；景观完整性指国家地质公园原始景观的完整性与原真性，基于地质历史资料，结合高分辨率遥感影像纹理、对象特征信息，识别地质公园空间形状、面积、结构信息，间接获取景观完整性指标；基于遥感影像波谱、纹理、对象特征等信息，利用空间聚类、目标决策、面向对象等方法，直接提取基础设施建设用地信息。

第 3 章　可利用土地资源遥感监测与评价

3.1　可利用土地资源概述

3.1.1　概念及研究进展

可利用土地资源是指可被作为人口集聚、产业布局和城镇发展的后备适宜建设用地，由后备适宜建设用地的数量、质量和空间分布状况 3 个要素构成，具体可通过人均可利用土地资源或可利用土地资源得到反映。设置可利用土地资源指标的主要目的是为了评价不同区域后备适宜建设用地对未来人口集聚、工业化和城镇化发展的承载能力。可利用土地资源在功能定位方面具有以下几个重要特点（徐勇等，2010）。

（1）可利用土地资源不同于通常所说的可利用后备土地资源，前者的评价对象是后备适宜建设用地，而后者是后备农林牧用地。因此，在实际评价中需要特别注意两者在内涵、用途、评价目标以及所涉及的评价因素、技术路线和方法等方面存在的巨大差异。

（2）强调可利用土地资源的建设用地功能，更突出了人口集聚、产业布局和城镇发展的土地适宜性目标特征，即在指标计算和结果评价时应尽可能多地考虑与人口、产业和城镇发展有关的因素。

（3）不仅强调可利用土地资源的数量和质量，也关注其空间分布的集中性和连片性状况，即数量大、质量好且集中连片的可利用土地资源更适合于作为人口集聚、产业布局和城镇发展的建设用地。

徐勇等（2010）曾借助 GIS 空间分析技术，根据可利用土地资源算法，利用数字地形高程图（DEM）、2000 年 TM 遥感影像解译土地利用图、县级行政区划图和国土部门土地利用变更数据，测算和评价了 2005 年全国分县可利用土地资源的面积和空间分布特征。周艺等（2016）基于 GIS 空间分析与统计数据定量分析，研究了丝绸之路经济带中国段各省份的后备可利用土地资源和水资源，并分析了人均后备可利用土地资源与水资源的分布匹配程度，以及区域人均后备可利用水土资源的空间分异规律。在省（直辖市）域层面上，张玮等（2009）对上海市可利用土地资源进行了评价，结果表明，全市适宜建设用地总量少，比例高，已有建设用地比例高，可利用土地资源总量较为贫乏，主要分布在远郊区。侯秀娟和王利（2009）结合辽宁省的实际情况对可利用土地资源算法做出一定的改进，以辽宁省各县市区为基本评价单元，借助 1 km^2 动态格网进行地形分析并提取各类土地利用类型的面积，以可利用土地资源和人均可利用土地资源为基础、土地利用综合程度指数为依据进行评价，为辽宁省主体功能区定位提供重要依据。张起明等（2011）根据 2005 年 TM 影像人机交互判读解译江西省土地利用数据并结合江西省 DEM 数据，分析得出江西省可利用土地资源数量和空间分布特征，并按照江西省级主体功能区划分技术规程，结合人口统计数据对全省 91 个县市分别进行可利用土地资源总量和人均可利用土地资源分级，得出贫乏、较贫乏、中等、较丰富、丰富 5 个等级，为县域进行可利用土地资源开发提供了基础。在市域层面上，方光亮和鲁成树（2012）对芜湖市可利用土地资源进行了计算，结果表明市区的后备建设用地很少，县区相对来说较为充裕，芜湖市三县之间的内部差距也较小。

3.1.2　监测评价方法

1. 方法

可利用土地资源监测评价方法如下：

$$人均可利用土地资源=可利用土地资源/常住人口 \tag{3.1}$$

$$可利用土地资源=适宜建设用地面积–已有建设用地面积–基本农田面积 \tag{3.2}$$

$$适宜建设用地面积=（地形坡度∩海拔高度）–所含河湖库等水域面积–所含林草地面积–所含沙漠戈壁面积 \tag{3.3}$$

$$已有建设用地面积=城镇用地面积+农村居民点用地面积+独立工矿用地面积+交通用地面积+特殊用地面积+水利设施建设用地面积 \tag{3.4}$$

$$基本农田面积=适宜建设用地面积内的耕地面积×\beta \tag{3.5}$$

式中，β 的取值范围为[0.8，1），国家级计算中的 β 取值为 0.85。

2. 技术流程

可利用土地资源遥感监测与评价技术路线如图 3.1 所示，具体如下。

（1）计算可利用土地资源需要的数据包括：多光谱遥感影像、土地利用现状图、数字高程模型（DEM）、地质图、各类保护区分布图、县级行政区划图等。

（2）DEM 按>3000 m、3000～2000 m、2000～1000 m、1000～500 m、<500 m 提取生成地形高程分级图；利用 DEM 生成坡度数据，并按<3°、3°～8°、8°～15°、15°～25°、>25°生成提取地形坡度分级图；土地利用现状图应包含有河流水系线画地物图层，以土地利用图中的河流、湖泊和水库为基准，按距离河岸 100 m、距离湖、库岸线 2000 m 分别划分出两个类区，并提取生成河湖库分级类区图；以地质图为底图提取断层线，按距离断层线 500 m 划分出两个类区，并提取生成地质断层分级类区图；以各类保护区图（合并在一幅图上）为底图，按距保护区界线 1000 m 划分出分级类区，并提取生成保护区分级类区图。

（3）计算适宜建设用地面积。按地形高程低于 2000 m 对应坡度取值小于 15°、地形高程在 2000～3000 m 对应坡度取值小于 8°、地形高程在 3000 m 以上对应坡度值小于 3°提取计算出全国各土地利用类型面积，在此基础上分别扣除河湖库等水域面积（包括距离河岸 100 m、距离湖、库岸线 2000 m 的土地面积）、林草地面积、沙漠戈壁面积、距离断层线 500 m 的土地面积、距保护区界线 1000 m 的土地面积，生成适宜建设用地面积数据。

（4）计算已有建设用地面积。根据多光谱遥感影像数据，提取已有建设用地信息，包括城镇用地、农村居民点用地、独立工矿用地、交通用地、特殊用地、水利设施建设用地，计算生成已有建设用地面积数据。

（5）计算基本农田面积。根据第一步计算的适宜建设用地面积，提取其中的耕地面积，再根据式（3.5）生成基本农田面积数据。

（6）计算可利用土地资源。根据式（3.1）、式（3.2），计算得到可利用土地资源和人均可利用土地资源面积。

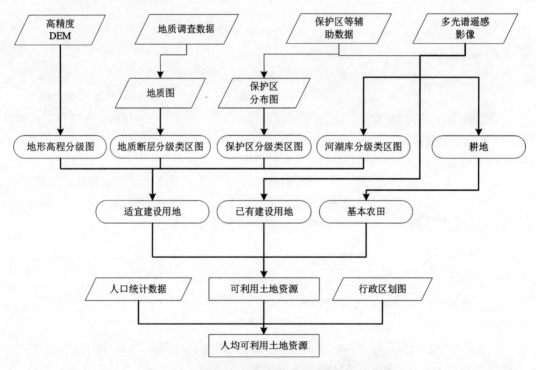

图 3.1　可利用土地资源遥感监测与评价技术路线

3.2　可利用土地资源遥感提取

3.2.1　适宜建设用地定量评价

1. 基于高程坡度的适宜性

根据式（3.3）和上述技术流程，以京津冀地区为例，利用 SRTM 90 m 分辨率 DEM 开展基于高程坡度的适宜性区域提取。按地形高程低于 2000 m 对应坡度取值小于 15°、地形高程在 2000～3000 m 对应坡度取值小于 8°、地形高程在 3000 m 以上对应坡度值小于 3°提取海拔坡度适宜性区域，结果如图 3.2 所示。从中可知，京津冀地区东南部、中部及西北部局部地区等均为高程坡度适宜的区域，而北部燕山地区、西部太行山均为高程坡度不适宜的区域。

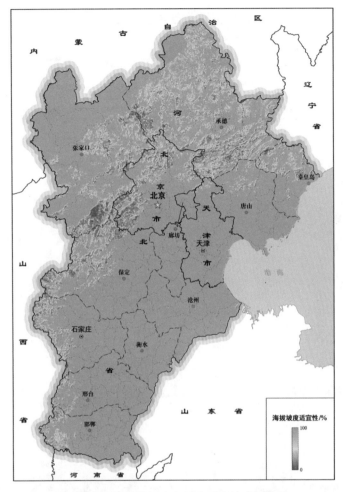

图 3.2　京津冀地区高程坡度适宜性空间分布

2. 非适宜建设用地

根据式（3.3），并参考徐勇等（2010）相关研究，非适宜建设用地包括林草地、河湖库等水域、沙漠戈壁、地质断层区域、各类自然保护区等。

（1）林草地：指林地（包括有林地、灌木林、疏林地、其他林地）、草地（包括高覆盖度草地、中覆盖度草地、低覆盖度草地）地区。

（2）河湖库等水域：指河流（包括三级及以上河流、四级河流、五级河流）、湖泊（包括常年湖泊、季节性湖泊）、沼泽、水库、坑塘等水域地区，还包括距离河岸 100 m、距离湖、库岸线 2000 m 的区域。

（3）沙漠戈壁：指沙漠、植被覆盖度在 5%以下的沙地、戈壁地区。

（4）地质断层：指距离地质断层线 500 m 的区域。

（5）保护区：指各类保护区（包括文化自然遗产、自然保护区、风景名胜区、地质公园、森林公园、湿地公园等），及距保护区界线 1000 m 的区域。

　　利用土地利用/覆被数据，提取京津冀地区林草地、河湖库等水域、沙漠戈壁等信息；利用地质断层数据，提取地质断层区域信息；利用各类保护区数据，提取保护区信息。京津冀地区各类非适宜建设用地计算结果如图3.3所示。

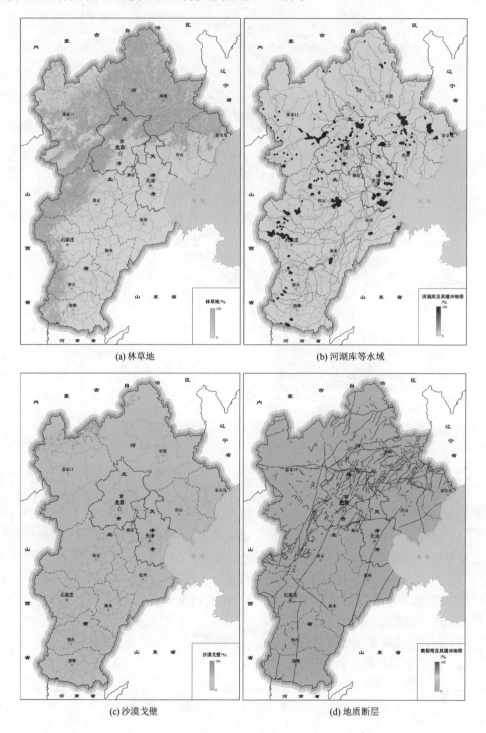

(a) 林草地

(b) 河湖库等水域

(c) 沙漠戈壁

(d) 地质断层

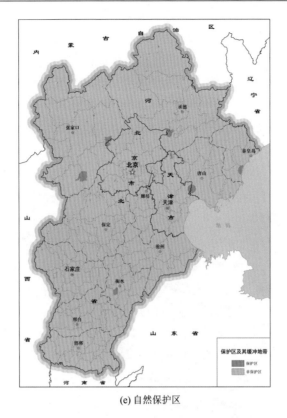

(e) 自然保护区

图 3.3　京津冀地区非适宜建设用地空间分布

3. 适宜建设用地

在高程坡度适宜性基础上，扣除林草地、河湖库等水域、沙漠戈壁、地质断层、保护区等各类非适宜建设用地，得到京津冀地区适宜建设用地，结果如图 3.4 所示。

3.2.2　已有建设用地遥感提取

建设用地包括城镇建设、独立工矿、农村居民点、交通、水利设施以及其他建设用地等空间。基于遥感影像的建设用地信息提取方法一般包括最大似然监督分类法、神经网络方法、支持向量机方法、面向对象方法。

利用多光谱遥感影像，采用面向对象和规则集协同的方法进行建设用地信息提取，主要包括多尺度分割、规则集建立、结果提取与精度分析等步骤。

1. 多尺度分割

多尺度分割算法采用的是异质性最小的区域合并算法，其中最下层的合并开始于像元层。先将不同的像元合并为较小的影像对象，然后将较小的对象逐渐合并成为较大的影像对象。异质性包括区域异质性、光谱异质性、形状异质性、合并对象的异质性等。

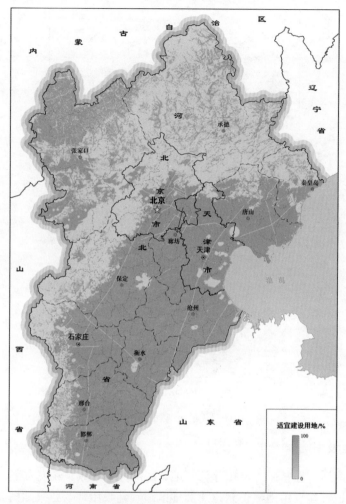

图 3.4　京津冀地区适宜建设用地空间分布

1）区域异质性

对象的内部差异主要考虑影像对象的形状和光谱特征。因此区域异质性包括形状异质性、光谱异质性两方面，具体的计算公式为

$$f = w_{color}h_{color} + (1 - w_{color})h_{shape}\qquad(3.6)$$

式中，w_{color} 为光谱异质性的权重；h_{color} 为影像对象的光谱异质性；h_{shape} 为影像对象的形状异质性；$1 - w_{color}$ 为形状异质性的权重。

2）光谱异质性

光谱异质性表示影像对象的内部像素间光谱差异性，通过影像对象的不同波段光谱值的标准差加权求和后得出。

$$h_{color} = \sum_{i=1}^{N} w_i \sigma_i\qquad(3.7)$$

式中，w_i 是第 i 波段的光谱权重；σ_i 是第 i 波段光谱值标准差。

3）形状异质性

形状异质性表示影像分割后得到的影像对象形状的差异性。描述分割后对象的形状特征采用光滑度和紧致度加权求和的方法。紧致度描述的是影像对象的饱满程度，即其接近圆形和正方形的程度。光滑度描述的是影像对象边界的破碎程度。一般情况下，颜色对于对象的创建提供了主要的信息，但是在一些特定的情况下，采用一定的形状信息，影像对象的提取质量会有所改进。

$$h_{shape} = w_{compactness} h_{compactness} + (1 - w_{compactness}) h_{smooth} \tag{3.8}$$

式中，$w_{compactness}$ 为紧致度权重；$h_{compactness}$ 为紧致度；$1 - w_{compactness}$ 为光滑度权重；h_{smooth} 为光滑度。紧致度、光滑度的计算公式如下：

$$h_{compactness} = E / \sqrt{n} \tag{3.9}$$

$$h_{smooth} = E / L \tag{3.10}$$

式中，E 为影像对象轮廓边界的长度；n 为对象包含的总像元数。$h_{compactness}$ 越小，则对象就越饱满，$h_{compactness}$ 越大，则对象就越狭长。L 为分割后对象的外接矩形总边长。h_{smooth} 表示的是边界的破碎程度，该值如果越大，则对象的边界就会越破碎。

4）合并对象的异质性

将两个影像对象合并后得到新的对象，需要计算新的对象的异质性。新对象的异质性是新对象的光谱异质性、形状异质性的加权求和。

$$f' = w_{color} h'_{color} + (1 - w_{color}) h'_{shape} \tag{3.11}$$

式中，w_{color} 为光谱权重；h'_{color}、h'_{shape} 为合并后新的对象的光谱异质性、形状异质性。

新对象的光谱异质性 h'_{color}、形状异质性 h'_{shape} 可由以下公式计算得到：

$$h'_{color} = \sum_{i=1}^{N} w_i \left[n'\sigma'_i - (n_1 \sigma_i^1 + n_2 \sigma_i^2) \right] \tag{3.12}$$

式中，w_i 为 i 波段的光谱权重；σ'_i、σ_i^1、σ_i^2 为 i 波段在合并后和合并前的对象的光谱值标准差；n'、n_1、n_2 为合并后和合并前对象包含的像元总数。

$$h'_{shape} = w_{compactness} h'_{compactness} + (1 - w_{compactness}) h'_{smooth} \tag{3.13}$$

式中，$w_{compactness}$ 为紧致度权重；$h'_{compactness}$、h'_{smooth} 为合并生成的新对象的紧致度和光滑度参数。

$$h'_{compactness} = n'E' / \sqrt{n'} - (n_1 E_1 / \sqrt{n_1} + n_2 E_2 / \sqrt{n_2}) \tag{3.14}$$

$$h'_{smooth} = n'E' / L' - (n_1 E_1 / L_1 + n_2 E_2 / L_2) \tag{3.15}$$

式中，E_1、E_2、E' 为合并前后对象的轮廓周长；n_1、n_2、n' 为合并前后对象包含的像元的总数；L_1、L_2、L' 是合并前后对象的外接矩形的周长。

多尺度分割的尺度参数是总结性的抽象概念，定义了影像对象结果的加权影像层的均一性准则的最大标准差。尺度参数值越大，影响对象结果越大。改变尺度参数，尺度参数越大，分割后对象的块越大。紧致性准则可以优化和紧致性有关的影像对象，在尺度参数和形状参数一定的情况下，紧致度越小，所分割的结果得到的形状越破碎（图 3.5）。

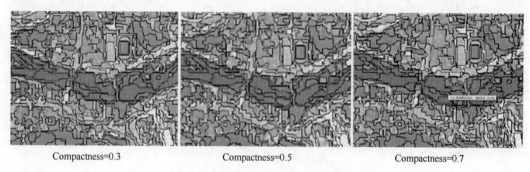

Compactness=0.3　　　　　　Compactness=0.5　　　　　　Compactness=0.7

图 3.5　不同紧致度指数分割效果图

形状参数可以改变着色和形状分割准则的关系，同时也定义了色彩准则。形状参数设置越大，所分割的结果的形状在大小上差异越小，显得越完整；形状参数设置越小，分割结果显得越分散。进行多尺度分割时，形状参数和颜色参数是相对的，两个参数值之和是 1。形状参数值变大时，颜色在分割时的权重就会变小，影响分割的结果与颜色的相关性就越小。在分割结果上表现为分割对象形状大小较规整，但是不能较好地反映地物的实际形状（图 3.6）。

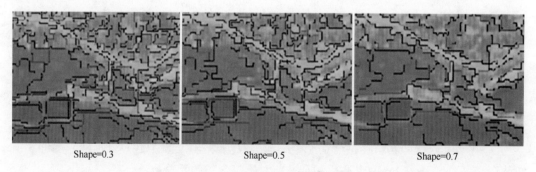

Shape=0.3　　　　　　　　Shape=0.5　　　　　　　　Shape=0.7

图 3.6　不同形状指数分割效果图

2. 规则集建立

对于面向对象的建设用地信息提取而言，对象特征规则的选择和建立非常关键。为了最精确地提取建设用地信息，研究选取了 NDVI、第 4 波段均值、第 4 波段最大值、第 1 波段标准差最大值、第 3 波段最小值、边缘指数（border index）最大值共 6 种特征规则来提取建设用地信息。

（1）规则 1。使用 NDVI 属性最大值和最小值建立规则 1，获取 NDVI 在最大值和最小值之间的对象作为规则 1 目标对象。将大部分植被元素和部分深颜色的水体剔除。

（2）规则 2。使用第 4 波段均值建立规则 2，获取第 4 波段光谱值大于最大值的对象作为规则 2 目标对象。将大部分水体剔除。

（3）规则 3。使用第 4 波段最大值建立规则 3，获取第 4 波段光谱值小于最小值的对象作为规则 3 的目标对象。将云和部分易混淆高亮田地剔除。

（4）规则 4。使用第 1 波段标准差最大值建立规则 4，获取第 1 波段标准差值小于最大值的对象作为规则 4 的目标对象。将较为平滑的易混淆田地地物剔除。

（5）规则 5。使用第 3 波段最小值建立规则 5，获取第 3 波段光谱值大于最小值的对象作为规则 5 的目标对象。将城市周边的易混淆裸地剔除掉。

（6）规则 6。使用边缘指数最大值建立规则 6，获取边缘指数小于最大值的对象作为规则 6 的目标对象。边缘指数用来描述对象形状的规整程度，越接近矩形的对象其边缘指数越接近于 1，形状越不规则其边缘指数越大。该规则将形状规则的易混淆旱田、水田地物剔除掉。

以规则 1 作为初始数据，将规则 2 到规则 6 分别进行交集运算、然后将所得结果剔除，得到最终结果，如图 3.7 所示。

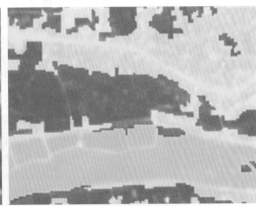

(a) 规则1提取效果图

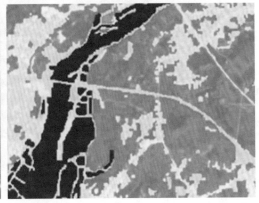

(b) 规则2提取效果图

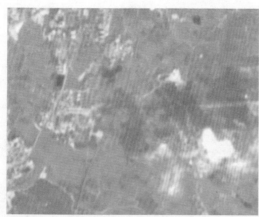

(c) 规则3提取效果图

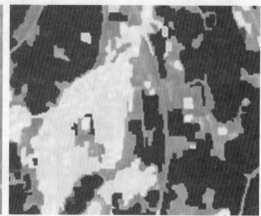

(d) 规则4提取效果图

(e) 规则5提取效果图

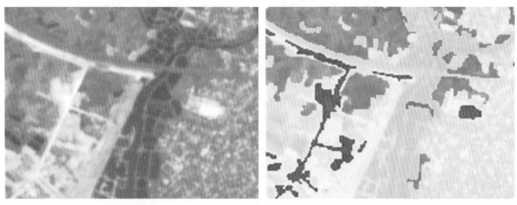

(f) 规则6提取效果图

(g) 最终提取效果图

图 3.7　规则集及建设用地提取结果

3. 结果与精度评价

将本研究方法与传统目视解译、最大似然监督分类法、神经网络方法、支持向量机方法、面向对象方法比较分析，各方法提取的实验区建设用地信息如图 3.8 所示。

表 3.1 为各方法的精度评价数值。由于建设用地与周边河流、农田等地物的光谱信息较类似，因此农田、河流将会是最具干扰性的主要目标地物。建成区边缘以及内部区域是分类过程中最容易出现错分、漏分情况的区域。通过对比研究发现，基于面向对象与规则集的方法可以较为完整地提取出大部分建设用地，能够较好地区分建设用地与水体、水田、云、林地等，但同时不可避免地存在城市内部破碎的问题。

3.2.3　耕地分布遥感提取

耕地是指种植农作物的土地，包括熟地，新开发、复垦、整理地，休闲地（含轮歇地、轮作地）；以种植农作物（含蔬菜）为主，间有零星果树、桑树或其他树木的土地；平均每年能保证收获一季的已垦滩地和海涂。耕地中包括南方宽度小于 1.0 m、北方宽度小于 2.0 m 固定的沟、渠、路和地坎（埂）；临时种植药材、草皮、花卉、苗木等的耕地，

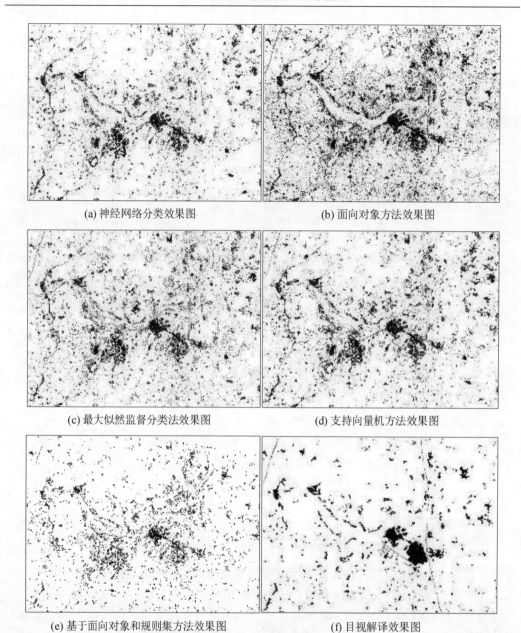

(a) 神经网络分类效果图   (b) 面向对象方法效果图

(c) 最大似然监督分类法效果图   (d) 支持向量机方法效果图

(e) 基于面向对象和规则集方法效果图   (f) 目视解译效果图

图 3.8   各方法提取的实验区建设用地信息

表 3.1   分类方法实验精度统计表

提取方法	用户精度/%	制图精度/%	总体精度/%
监督分类法	82.56	47.77	60.52
神经网络方法	78.88	55.59	65.71
SVM	84.09	62.79	71.90
面向对象方法	79.23	63.05	70.20
面向对象与规则集相结合方法	83.65	65.54	73.50

以及其他临时改变用途的耕地。耕地光谱在近红外波段能够与其他类别区分开，在红波段叶面密闭覆盖作物的耕地最容易提取，叶面中等覆盖作物的耕地、林地和阴影容易混淆，其余类别容易混淆（孙家波，2014）。

以北京市为例，基于 Landsat8 OLI 影像，采用面向对象和分层分类的方法，进行土地利用遥感分类。在此基础上，进行耕地信息特征分析与信息提取。北京市 Landsat8 OLI 影像如图 3.9 所示。

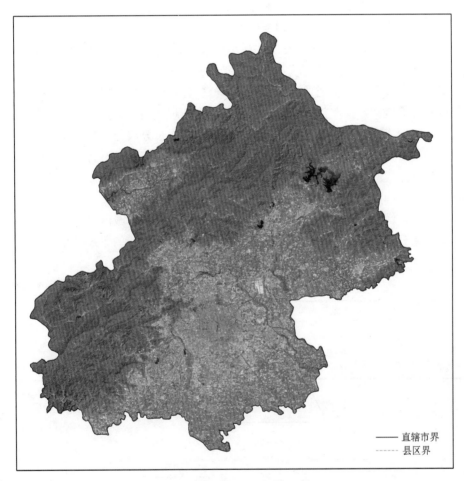

图 3.9　北京市 Landsat8 OLI 影像

1. 多尺度分割

多尺度分割算法采用的是异质性最小的区域合并算法，其中最下层的合并开始于像元层。先将不同的像元合并为较小的影像对象，然后将较小的对象逐渐合并成为较大的影像对象。

基于异质性的最小区域合并算法，采用的区域增长法是自下向上的，就是基于像素层，自下向上进行对象合并最终完成对象的提取。基本流程为：从像素层开始，将相邻的异质性在一定范围内的像素合并成小的影像对象，然后基于异质性最小的原则将这些小的对象合并成大的影像对象，每一次合并后都要计算合并后对象的异质性是否大于尺度，大于尺度则两个对象不进行合并，小于尺度则继续进行合并，生成更大的影像对象。每一次的对象合并都是在上一次的基础上进行的，最终直到合并后的对象异质性全部大于尺度或者对象都完成合并后就停止合并。

2. 分层分类

遵循"先整体后局部、先简单后复杂、先已知后未知"的分层分类原则进行分类。所谓分层分类是指模拟目视解译面对复杂影像的情况，进行多层次的分析判断——先把容易识别确定的地物目标提取出来，并利用掩膜法将这些地类所对应的影像区域掩膜掉，以消除对剩余地类提取的干扰；再针对彼此混淆的地类采用不同的判据进行区分。先易后难，由表及里，分层处理，逐步推进。分层分类法可以增强信息提取能力，提高分类精度和计算效率，且在数据分析和解译方法上表现出更大的灵活性，能在很大程度上可以避免"异物同谱"的地物被划归为一类；同时通过分层分类法，可以先将一些易于识别的地物区分出来，为后面的信息提取创造纯净的环境，对不易于分类的地物进行分类时，通过掩膜的运用，可以节省分类时间；在每层处理时，目标明确，只针对一类目标进行提取，问题相对简单，提高了每一类目标的提取精度。

（1）先将影像中的地物划分为（如果存在）山区、农村、城市3大景观区域，再针对每一类区域分别指定分类规则。由于每一种区域都有其独特的景观类型（表3.2），因而划分3大区域可以从宏观上有效地减少地类错分（图3.10）。

表 3.2　3大景观区域的土地覆盖类型

景观区域	主要类型	次要类型
山区	林地	裸露地、人工表面、湿地、草地、耕地
农村	耕地	人工表面、林地、湿地、裸露地、草地
城市	人工表面	林地、草地、湿地、裸露地

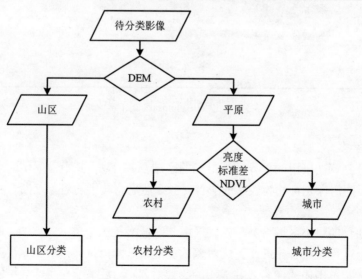

图 3.10　3大景观区域分类流程

（2）对每一类区域的分类，先选取适当特征，利用阈值法提取光谱较为均一的地物（如湿地等）；然后再通过人工采样，利用监督分类法（决策树、SVM 等）对剩下光谱信息较为复杂的地物进行分类。每分完一类或一大类，即采用掩膜法去除，避免了对剩余地物的影响。由于耕地分布在农村和山区，此处仅对农村和山区区域进行进一步的分类，农村区域的分类流程如图 3.11 所示，山区区域的分类流程如图 3.12 所示。

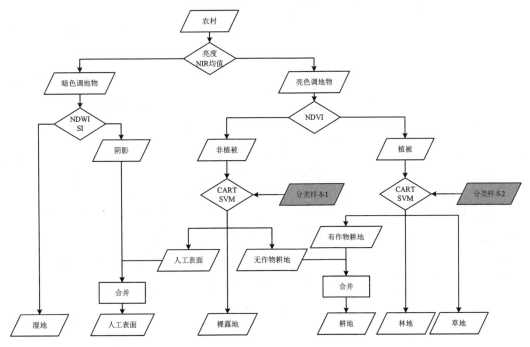

图 3.11　农村区域分类流程

3. 耕地提取结果与精度评价

基于 Landsat8 OLI 影像的北京市耕地信息提取结果如图 3.13（a）所示。采集验证样本对上述耕地信息提取结果精度验证，共采集了 604 个验证样本。采样时，样本位置分布尽可能均匀；样本量方面，样本数量与其实际地物对象总量相关。耕地验证样本如图 3.13（b）所示。精度验证结果如下：604 个验证样本中，90 个被错分，耕地制图精度为 85.1%。从耕地精度验证结果可知，耕地错分出现在耕地与林地、耕地与草地之间。其原因是耕地与林地、耕地与草地两两之间各种特征均存在较多相似性，"异物同谱"情况较为严重。

3.3　可利用土地资源监测评价结果

根据式（3.1）、式（3.2），计算可利用土地资源和人均可利用土地资源，并对可利用土地资源和人均可利用土地资源进行丰度分级，分为丰富、较丰富、中等、较缺乏、缺乏 5 个等级（表 3.3）。

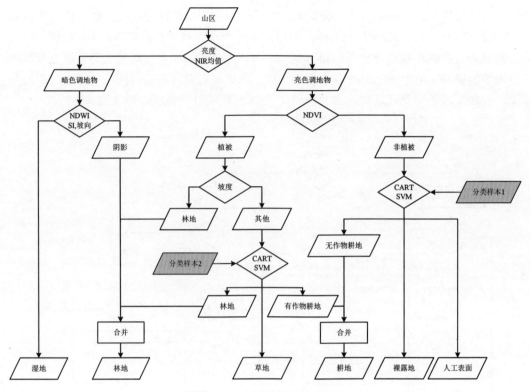

图 3.12 山区区域分类流程

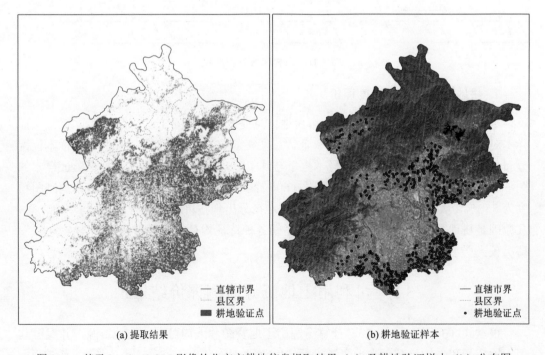

(a) 提取结果

(b) 耕地验证样本

图 3.13 基于 Landsat8 OLI 影像的北京市耕地信息提取结果（a）及耕地验证样本（b）分布图

表 3.3　可利用土地资源分级标准

分级	人均可利用土地资源面积 /（亩①/人）	可利用土地资源面积/km²
丰富	>2	>320
较丰富	2～0.8	320～150
中等	0.8～0.3	150～100
较缺乏	0.3～0.1	100～50
缺乏	<0.1	<50

　　京津冀地区可利用土地资源监测评价结果如图 3.14 所示。从结果可知，京津冀地区可利用土地资源相对短缺，2013 年可利用土地资源共 13419 km²，占区域面积 6.2%，主要分布在东南部平原地区和沿海地区。京津冀地区可利用土地资源空间分异性较大，北部县区可利用土地资源总量较丰富，中部和南部部分县区可利用土地资源总量相对缺乏。各市、县/区中，张家口等部分县区可利用土地资源总量丰富，面积较大，数量较多，北京、天津、石家庄等中心城市地区可利用土地资源总量缺乏，面积较小，数量较少。相对短缺的可利用土地资源严重制约区域经济、社会发展，构建集约节约的土地利用新模式势在必行。

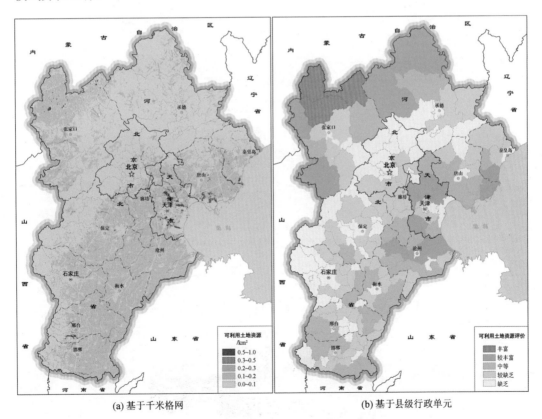

(a) 基于千米格网　　　　　　　　　　　(b) 基于县级行政单元

图 3.14　京津冀地区可利用土地资源监测评价结果

---

① 1 亩≈666.67 m²

　　全国可利用土地资源如图 3.15 所示。为了分析国家主体功能区可利用土地资源功能指标的状况，对全国可利用土地资源在县级单元层次上的数量做了统计（图 3.16），并统计了各省、自治区、直辖市内可利用土地资源在县级单元层次上的数量及其百分比（图 3.17、图 3.18）。综合图 3.15～图 3.18 可以得出以下几点。

　　（1）全国可利用土地资源空间分异性大，北方大部分地区可利用土地资源丰富，南方部分地区可利用土地资源相对较缺乏，青藏高原地处高寒冻土山地地区，可利用土地资源十分缺乏。

　　（2）全国 63 个县（区）可利用土地资源丰富，166 个县（区）可利用土地资源较丰富，672 个县（区）可利用土地资源一般，1197 个县（区）可利用土地资源较缺乏，277 个县（区）可利用土地资源缺乏。

图 3.15　全国可利用土地资源

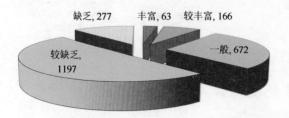

图 3.16　全国可利用土地资源数量统计（按县级行政单元）

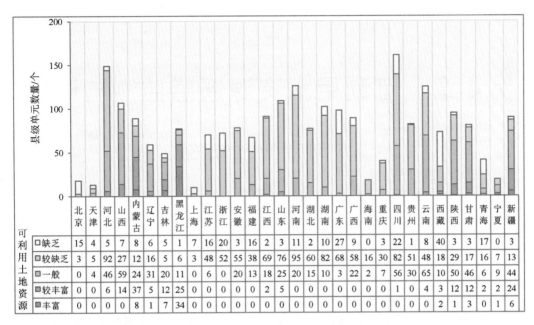

图 3.17　各省份可利用土地资源分类（按县级行政单元）

香港、澳门、台湾资料暂缺

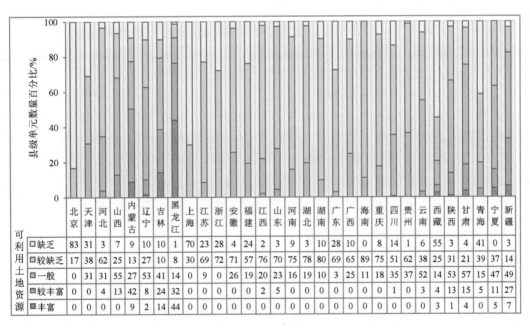

图 3.18　各省份可利用土地资源分类占比（按县级行政单元）

香港、澳门、台湾资料暂缺

（3）各省、自治区、直辖市中，黑龙江、吉林、辽宁、内蒙古、新疆等地区可利用土地资源丰富，面积较大，数量较多；北京、上海、浙江、广东等地区可利用土地资源缺乏，面积较小，数量较少。

第 4 章　可利用水资源遥感监测与评价

4.1　可利用水资源概述

4.1.1　概念及研究进展

可利用水资源是指一个地区剩余或潜在可利用水资源对未来社会经济发展的支撑能力，由水资源丰度、可利用数量及利用潜力 3 个要素构成，具体通过人均可利用水资源潜力数量来反映。设置可利用水资源指标的主要目的是为了评价一个地区剩余或潜在可利用水资源对未来社会经济发展的支撑能力。

从人类对水资源的开发利用来说，一个地区的后备可利用水资源潜力比水资源总量更具有实际应用意义（贾绍凤等，2004）。于君宝等（2003）在分析水资源现状基础上，详细探讨了长春市用水需求及可利用水资源潜力。周宏飞和张捷斌（2005）分析估算了新疆 4 个水资源分区的水资源总量、水资源可利用量以及水资源的利用现状、水资源的潜力及其承载能力。王建生等（2006）从阐述水资源可利用量的基本概念入手，提出了地表水资源可利用量和水资源可利用总量的计算方法，计算了全国及水资源一级区的可利用总量，同时分析了我国水资源开发利用的程度、限度和潜力。王启优等（2008）就甘肃省主体功能区规划中水资源可利用量指标测算中出现的问题进行了初步分析和探讨。王强等（2012）针对干旱区水资源耗散特点，以新疆为例，提出了基于绿洲的地均可利用水资源潜力指标，分析了新疆可利用水资源潜力空间分布特征，采用人均水资源潜力和绿洲地均水资源潜力指标评价了新疆可利用水资源潜力。

4.1.2　监测评价方法

1. 方法

可利用水资源监测评价方法如下：

$$人均可利用水资源潜力=可利用水资源潜力/常住人口 \tag{4.1}$$

$$可利用水资源潜力=本地可开发利用水资源量–已开发利用水资源量+可开发利用入境水资源量 \tag{4.2}$$

$$已开发利用水资源量=农业用水量+工业用水量+生活用水量+生态用水量 \tag{4.3}$$

$$可开发利用入境水资源量＝现状入境水资源量×\gamma \tag{4.4}$$

式中的 γ 分流域片取值范围为 0～5%。在国家级计算中，南方地区长江、东南诸河、珠江、西南诸河 4 大流域片取 5%，北方地区松花江、辽河、海河、黄河、淮河及内陆河流域片取 0。

本章内容将基于上述评价方法，在充分利用水资源统计资料基础之上，建立一种水资源空间分配方法，研究水资源的格网化，得到水资源的定量分布，打破以行政区或者流域界线为单元的统计方式，为水资源的配置利用决策者提供更加有力的科学依据。

2. 技术流程

可利用水资源遥感监测与评价技术路线如图 4.1 所示，具体如下。

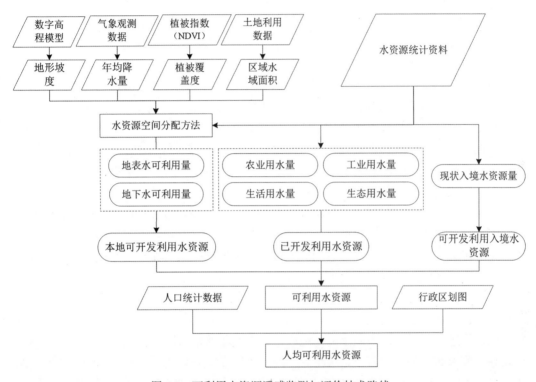

图 4.1　可利用水资源遥感监测与评价技术路线

（1）计算可利用水资源需要的数据包括：植被指数（NDVI）、土地利用数据、数字高程模型（DEM）、气象观测数据等。

（2）计算本地可开发利用水资源量。由地表水可利用量和地下水可利用量组成，通过研究基于遥感的水资源空间分配方法，建立水资源与年均降水量、植被覆盖度、区域水域面积，以及地形坡度之间的模型关系，以此获取可开发利用水资源量空间化结果。

（3）计算已开发利用水资源量。通过采集各级行政单元农业、工业、居民生活、城镇公共的实际用水量和生态用水量，计算得到已开发利用水资源量。

（4）计算入境可开发利用水资源潜力。通过统计各级行政单元的现状入境水资源量数据，并根据 μ 取值，计算得到入境可开发利用水资源潜力。

（5）计算后备可利用水资源量。根据式（4.1）、式（4.2），在可开发利用水资源量和入境可开发利用水资源潜力总量的基础上，扣除已开发利用水资源量，计算得到后备可利用水资源量和人均可利用水资源量。

4.2　水资源空间分配方法

4.2.1　水资源空间分配概述

水资源是人类赖以生存不可或缺的自然资源，了解水资源的空间分布、数量多寡、水资源需求量，等等，有助于帮助政府及相关部门制定相应的调水、用水政策，实现水资源的可持续发展利用。因此，掌握各地区水资源的空间定量分布特点，对指导我国区域水资源的合理调度，缓解水资源的供需矛盾，实现我国水资源的可持续开发和利用有非常重要的意义。而我国水资源的统计数据一般以行政区或以流域为单位进行发布。这些统计数据虽然体现了各行政区或各流域间的水资源类型及总量的差异，但是却无法体现行政区内部或流域内部的水资源总量空间分布差异（李雅箐，2011），难以为区域精细化的水资源分析提供实际价值；同时也由于空间统计单元的限制，无法与区域其他各种信息如经济统计数据、人口数据等有效集成。

因此，以国家公布的行政区和流域的水资源量统计数据为基础，实现区域水资源精细化空间分配，对于探索区域水资源空间定量分布特点以及与其他数据的集成使用具有重大现实意义，也将为水资源的合理配置利用、科学管理提供支撑。

区域水资源的空间分配是依据区域水资源的统计总量，通过分析影响水资源分布的影响因素，建立适当的分配模型，从而将水资源统计总量展布到每一块格网区域上的过程。关键在于分析影响水资源分布的影响因子以辅助建立水资源空间分配模型，以及根据模型将水资源统计总量进行格网化分配。

在水资源空间分布方面，刘洋等（2005）参考罗伦茨曲线构建原理及基尼系数测算方法，结合区域用水结构及水资源需求的空间分布与耕地、农业人口、城镇人口分布的相关性，构建出了区域水资源空间匹配模型。模型能够定量测算区域水资源与社会经济要素在空间分布上的差异程度，从而为区域水资源在空间上的合理与高效配置提供了基础信息。黄佩（2010）应用 ArcGIS 对四川省地表水资源的时空分布进行了可视化研究，建立了四川省地表水资源地理空间数据库，并分析了省内水资源的特征及其随时间变化的关系。段金龙（2013）以土壤多样性最新研究方法和理论为指导，选取案例，对地表水资源多样性格局和时空演变进行了探讨，探索了以水土资源为主的多种资源类型的空间分布离散性特征及多组资源类型间在地理分布上的内在联系。刘春梅（2013）以湖北省曾都区为例，采用 GIS 和 AHP 结合的方法实现了区域农业用水的空间量化表达，结果能直观的体现农业用水的空间定量分布，但在影响因子的选取上，没有考虑降水因素的季节性波动，也未考虑到植被对水资源的涵养能力，且模型适用性受区域限制。雷莹等（2007）选取了距离、坡度和土地利用类型作为影响因素，建立了水资源分布测算模型，实现了京津冀地区水资源在千米格网上的空间化，然而大尺度流域难以获得全面的 3 级流域统计数据，同时也难以进行计算结果的精度验证。

这些研究从不同角度和尺度上分析了我国不同地区的水资源空间（时空）分布现状，但是这种大尺度水资源分配研究往往无法直接利用在更小的尺度上，同时也不能定量的揭示区域水资源分布。

在水资源空间分布影响因素方面，奚秀梅（2006）在对塔里木胡杨林保护区水资源及植被分布关系研究中，对区域内水资源量与降水进行了定性的分析，结果表明，水资源量和降水量关系密切，存在明显的正相关关系；同时也对区域植被分布与水资源分布的关系进行了研究，将实验区划分为 30 个子区，应用数理统计的方法，对水资源与植被进行了回归分析，并建立了回归模型；从定性与定量两方面研究水资源与植被分布的关系并采用回归分析法对两者之间的关系进行了定量研究。徐雨清等（2000）在研究黄土高原半干旱地区降雨与径流关系模拟中，对集水面积、径流量、降水量和植被绿度值数据进行了多元回归分析，得到了径流量与其他几种相关要素的指数模型。模型对该地区模拟效果较好，但是受到了地区限制。王启优等（2008）在省级主体功能区规划可利用量水资源指标测算讨论中，从水资源开发、水资源潜力和水资源利用 3 个角度，提出了 6 项指标。水资源开发包括人均和亩均已开发的水资源量，水资源潜力包括人均和亩均水资源开发潜力，水资源利用层面包括利用程度和每产生万元国民生产总值所需要的用水量，根据流域内差异和 3 大流域的主导因素，确定 6 项指标的权重，最后综合确定水资源可利用量的丰欠程度赋予不同权重，计算了甘肃省 87 个区县水资源可利用数量。冯平等（2013）和魏兆珍等（2014）等以下垫面条件和气候特征作为要素，包括地形地貌、植被、地表透水率等遥感数据对海河流域进行水文类型分区。

从上述研究可以看出，针对水资源量分布及要素与水资源量关系的研究中，少有针对水资源格网化进行研究，但是对水资源量与气候因素及下垫面因素的关系研究却较为透彻。另外，在国家主体功能区涉及的水资源的测算，计算主要包括人均可利用水资源、水资源密度等级分布、水资源开发强度分布、人均水资源潜力等级分布、地下水超采程度、水资源利用率、多年平均降水量等指标。但在这些指标中的前 4 种均是定性结果，按照等级或者程度标定，很少使用定量计算，得不到精确的数据结果。

为了更合理高效的利用有限的水资源，水资源在空间上的优化配置应该成为人类追求的长期目标。对水资源的供需在空间上的匹配情况进行较为准确的评价与把握，是区域水资源空间优化配置的前提与基础。研究水资源的格网化，得到水资源的定量分布，打破以行政区或者流域界线为单元的统计方式，揭示区域水资源量空间定量差异，可为水资源的配置利用决策者提供更加有力的科学依据。

4.2.2　水资源空间分配方法

1. 水资源空间分配模型基本原理

水资源的空间分配，是根据水资源的统计总量，反演出水资源在一定时间和地理范围内的空间定量分布状态的过程。区域水资源量的分布受到各种指标因子的影响（包括气候因素、下垫面条件和人类活动），建立适当模型，可以将水资源展布到千米格网上（雷莹等，2007）。本书主要考虑区域水资源的自然禀赋条件，不涉及人类活动，通过选取合适的气候因素和下垫面因子，进行一级流域的水资源的空间分配。

模型参数输出为千米格网上的水资源量，输入参数为流域水资源总量、影响因子数据以及影响因子权重数据。设某一级流域范围内的水资源总量为 S，对该流域进行千米格网化后的格网总数为 m，每个格网空间分配后的水资源量为 S_j，格网的水资源空间分配影响因子归一化值和权重分别为 A_{ij} 和 w_i，考虑的影响因子数量为 n，其中 $1 \leq j \leq m$、$1 \leq i \leq n$。那么每个千米格网空间分配后的水资源量 S_j 可用下式表示：

$$S_j = S * \frac{\sum_{i=1}^{n} A_{ij} w_i}{\sum_{j=1}^{m} \sum_{i=1}^{n} A_{ij} w_i} \tag{4.5}$$

为了更好地理解，模型也可描述成如下：

$$P_j = P * \frac{W_j}{\sum_{j=1}^{m} W_j} \tag{4.6}$$

$$W_j = \sum_{i=1}^{n} A_{ij} D_i \tag{4.7}$$

式中，P 为统计单元水资源总量；P_j 为单个栅格 j 上分配得到的水资源量；W_j 为栅格 j 上影响因子综合值；m 为区域千米格网化后的格网总数；A_{ij} 为因子 i 在栅格 j 上的数据值；D_i 影响因子 i 的权重值。

2. 模型精度验证

不论如何离散，各流域区域内所有单元的水资源总量应为区域水资源量的统计值。本模型假设每一种影响因子对水资源的分布是均匀影响，所以水资源空间分配数据的区域统计值与统计资料的水资源量值必然会存在偏差。为了验证以上模型水资源空间分配方法和结果的科学性，需要通过空间统计检验模型处理结果与原始统计数据的数量关系，从而验证结果的准确性和可靠性。本书通过计算一级流域下的各个二级流域范围内的格网水资源的总和，并与对应二级流域水资源的实际统计数据 S' 进行比较。则对于每个二级流域，模型的水资源空间分配精度计算公式如下：

$$\varepsilon = 1 - \left| \frac{S' - \sum S_j}{S'} \right| \tag{4.8}$$

从上述模型的建立可以看出，合理的选择水资源分配模型的影响因子，并为对应的影响因子设定恰当的权重是保证模型正确性和精确性的基础。

3. 影响水资源分布因素

区域水资源总量是由降水形成的地表和地下产水量，即地表径流量与降水入渗补给量之和，是当地自产水资源量，未包括入境水量。水资源总量是一个地区水资源状况的直接反应，其计算方法如下式所示（井涌，2008）：

$$W_R = Q_s + P_r - D \tag{4.9}$$

式中，W_R 为水资源总量；Q_s 为河川径流量；P_r 为降水入渗形成的地下水量；D 为计算重复的量。

　　河川径流量主要是指河流、湖泊、冰川等地表水体逐年更新的动态水量。对河川径流量和地下水资源的影响，直接影响着区域水资源总量。影响地表水水资源量的因素主要有气候因素如降水、蒸发、气温等，以及下垫面因素如地质、地形、土壤、植被等；影响地下水资源量的因素有降水量大小和强度、地表水体的特征如湖泊、河流集水面积等。可见，区域水资源的空间分配，受到多领域、多因素的影响。为了使得建立的模型具有合理代表性，影响因素的选择必须遵循一定原则进行。

　　（1）完整性，影响因素要能反映气象条件、下垫面条件、地表水体特征。

　　（2）简明性，影响因素概念明确，数据可获得且易于量化。

　　（3）代表性原则，影响因素反映区域水资源分布代表性好，针对性强。

　　（4）空间性，即选择的指标能够体现区域内部空间分布差异的数据。

　　综合以上影响因素分析和影响因素选取的原则探讨，本书考虑自然因素对区域水资源分配的影响，在对区域水资源总量进行空间分配时，选取以下 4 类因素作为影响因子：年均降水量 A_r、植被覆盖度 A_p、区域水域面积 A_w 以及地形坡度 A_s，具体分析如下。

1）年均降水量

　　区域水资源总量包括由降水产生的地表水和地下水总量，是一个区域水资源丰富程度的直接反映指标。从定义上可见，除去地表蒸散的部分，降水量的大小直接影响了区域水资源的总量。对此，常军等（2010）分析了河南省水资源量分布特征及对降水变化的响应关系；张文兴等（2009）研究了沈阳市降水对水资源的影响；顾万龙等（2010）对河南省 1956～2007 年降水和水资源变化特点进行了研究；张仙娥等（2015）基于沂沭泗流域 1956～2010 年的水文资料，对沂沭泗流域年降水和水资源量的演变趋势进行了研究，这些已有研究均表明年均降水量与水资源量的变化趋势（周期及相位）基本相同。可见，年均降水量是影响区域水资源量多少的重要指标，反映了水资源量的气象影响因素。

2）植被覆盖度

　　流域植被对涵养水源、调节径流量、增大枯季径流量起到了非常重要的作用。流域植被较好的区域，土壤疏松，物理结构好，孔隙度高，在汛期可以截留大量的水分，渗入地下补充地下水。植被较差的流域会降低根系的活动，加之凋落物减少和土壤孔隙度降低，使土壤的渗水性能降低。水的分布决定着植被的分布和生长状况，因此，植被的分布和生长状况，也能反映水资源的分布。奚秀梅（2006）在研究塔里木胡杨林保护区水资源及植被分布关系研究中，将研究区域平均划分为 30 个子区域，分别提取每个区域的水面面积和植被覆盖，经过数据标准化后，对研究区水面面积与植被平均盖度进行回归分析，研究发现两者存在显著的线性关系。林地对径流具有较强的调蓄能力，能增加土壤的下渗率并增加地下径流，使枯季径流量增加，汛期径流量减少，改变河流径流的年内分配（Swank and Crossleylr, 1988）。草原的涵水能力有利于水库、江河的水源供应，提高了湖泊的调蓄能力，通过减缓雨水对地表的重算，防止水土流失（朱冰冰等，

2010）。植被覆盖、植被状况（覆盖率、植被种类）对流域的蒸发、截流和产流机制、汇流过程都有影响。植被覆盖度反映了区域植被丰度，是影响水资源分布下垫面条件的重要代表因素。因此，区域植被覆盖度在很大程度上能说明对应区域水资源的多寡。

3）区域水域面积

区域水域面积是指千米格网内水面面积占据格网的面积的大小。河川径流量在水资源总量中，占有很大比例。水资源量的分布，与河流湖泊的分布及其集水面积有关，区域集水面积越大，所拥有的水资源量相对越多。区域集水面积越小，所拥有的水资源量相对较少。区域集水面积是地表水体量特征的直观体现。

4）地形坡度

坡度为地表单元陡缓的程度，通常将坡面的垂直高度和水平宽度的比值定义为坡度。某地区坡度大，表明该崎岖起伏较大，且坡度越大，水沿坡面往下的流速越快，持水能力越差。地形作为下垫面条件的影响因子，对水的存储量有着重要影响。地势起伏剧烈、地面高差大、坡度陡，汇流时间短，退水快，更容易导致水土流失。因此，一般来说，从保存水量角度出发，地形坡度越大，其保存水资源的能力也越差，而坡度较小时，其保存水资源的能力越强。

4.2.3　水资源空间分配与验证

以中国十大一级流域作为研究区。中国水利区划和中国水资源评价分区，均将中国分为 10 个一级流域，一级流域保持了大江大河的整体性。十大流域按照从东北到西南的顺序，依次包括北部 6 区：松花江流域、辽河流域、海河流域、淮河流域、黄河流域、西北诸河流域；南部 4 区：长江流域、东南流域、珠江流域、西南诸河流域，如图 4.2 所示。本研究主要针对这 10 个一级流域和部分二级流域进行大尺度研究。

1. 影响因子与水资源量的相关性分析

各影响因子经归一化之后，通过绘制散点图，分析因子与水资源量的基本关系。采用 ArcGIS 区域统计功能，以一级流域为统计单元，对各影响因子进行区域统计，并将区域统计值与对应水资源量做散点图分析，如图 4.3、图 4.4、图 4.5 所示。从图中可以看出，尽管样本点相对较少，但是年均降水量、植被覆盖以及地形坡度与水资源量有着较好的相关关系。其中年均降水量相关性最为密切，其次为植被覆盖，最次之为地形坡度。

2. 权重确定

为了确定各影响因子对水资源量空间分配的综合影响，需要对各影响影子进行权重打分。本研究采用 AHP 进行权重设计，利用 AHP 确定权重，关键是判断矩阵的构造，将复杂问题分解为多层次和多影响因子，确定影响因子的相对重要性。影响因子的相对重要性判断，通常是根据经验和各层指标的相对重要程度给予判断或者依靠专家打分制

图 4.2　十大流域分布图

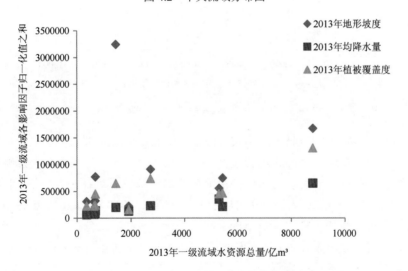

图 4.3　2013 年各影响因子与水资源量散点图

判断，这两种方式均存在主观性较强的缺点，缺乏客观依据，对于经验不足的影响因子无法进行科学的判断。因此本书结合两种方式的优点，基于专家打分及影响因子与水资源量的相关性，确定各影响因子权重。本实验在进行判断矩阵构造时，综合考虑雷莹等（2007）采用专家打分原则实现京津冀地区的水资源分布取得良好效果，以及区域水域

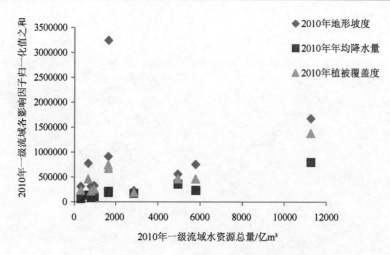

图 4.4　2010 年各影响因子与水资源量散点图

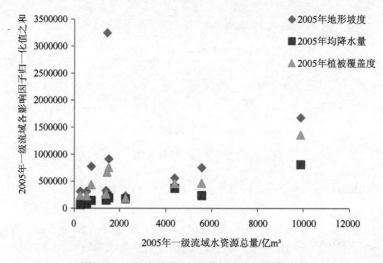

图 4.5　2005 年各影响因子与水资源量散点图

面积越大的区域水资源储量越多的事实,确定水域面积为最重要影响因子。然后为保证其余 3 类影响因子权重分配的客观合理性,基于上述散点图,本书对 3 类影响因子归一化值在二级流域范围内的总和与对应二级流域的水资源总量进行相关分析,计算 Pearson 相关系数,表 4.1、表 4.2、表 4.3 分别显示了 2005 年、2010 年和 2013 年各因子与水资源量的相关系数,并基于相关系数 r 的大小,结合 AHP 层次分析法,确定影响因子相对权重,基于相关性结果计算各影响因子的权重结果如表 4.4、表 4.5、表 4.6 所示。

表 4.1　2005 Correlations

	水资源量	坡度	年均降水量	植被覆盖度
水资源量	1.00	0.37	0.75	0.53
坡度	0.37	1.00	0.74	0.88
年均降水量	0.75	0.74	1.00	0.90
植被覆盖度	0.53	0.88	0.90	1.00

表 4.2　2010 Correlations

	水资源量	坡度	年均降水量	植被覆盖度
水资源量	1.00	0.36	0.77	0.47
坡度	0.36	1.00	0.72	0.88
年均降水量	0.77	0.72	1.00	0.87
植被覆盖度	0.47	0.88	0.87	1.00

表 4.3　2013 Correlations

	水资源量	植被覆盖度	年均降水量	坡度
水资源量	1.00	0.52	0.70	0.38
植被覆盖度	0.52	1.00	0.93	0.87
年均降水量	0.70	0.93	1.00	0.78
坡度	0.38	0.87	0.78	1.00

表 4.4　2005 年因子权重计算结果

	年均降水量	植被覆盖率	水域面积	地形坡度	权重
年均降水量	1.00	1.41	0.75	2.02	0.28
植被覆盖率	0.71	1.00	0.53	1.44	0.20
水域面积	1.34	1.88	1.00	2.71	0.38
地形坡度	0.49	0.69	0.37	1.00	0.14

$CI=0$，$RI=0.9$，$CR=0<0.1$

表 4.5　2010 年因子权重计算结果

	年均降水量	植被覆盖率	水域面积	地形坡度	权重
年均降水量	1.00	1.63	0.77	2.17	0.30
植被覆盖率	0.61	1.00	0.47	1.33	0.18
水域面积	1.30	2.12	1.00	2.82	0.39
地形坡度	0.46	0.75	0.36	1.00	0.14

$CI=0$，$RI=0.9$，$CR=0<0.1$

表 4.6　2013 年因子权重计算结果

	年均降水量	植被覆盖率	集水面积	地形坡度	权重
年均降水量	1.00	1.35	0.70	1.85	0.27
植被覆盖率	0.74	1.00	0.52	1.37	0.20
集水面积	1.43	1.94	1.00	2.65	0.39
地形坡度	0.54	0.73	0.38	1.00	0.15

$CI=0$，$RI=0.9$，$CR=0<0.1$

　　通过上述相关性分析及权重计算可知，尽管年份不一，各影响因子权重大小不一，但在除去水域面积外，3 年的数据均表明，在一级流域尺度上年均降水量对水资源量分布的影响最大，相关性在 0.7 以上，权重值在 0.28 左右；其次是植被覆盖率，相关性在0.5~0.6，权重值在 0.2 左右；次之是坡度相关性在 0.37 左右，权重值为 0.15。二级水资源单元较一级流域单元更多，样本更大。通过上述相关性分析，更进一步证实了影响因子对水资源的分布起着至关重要的作用。根据表 4.4、表 4.5、表 4.6 计算的权重，对应计算影响因子对水资源空间分配的综合权重，计算结果如图 4.6、图 4.7、图 4.8 所示。

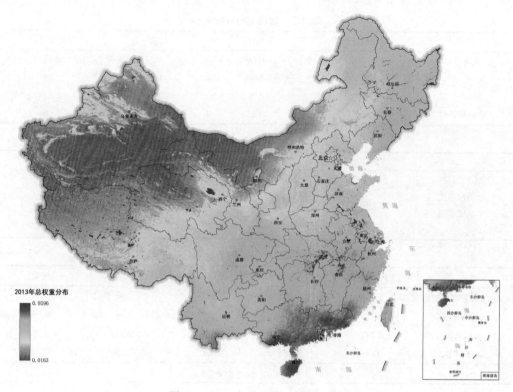

图 4.6　2013 年综合影响权重分布

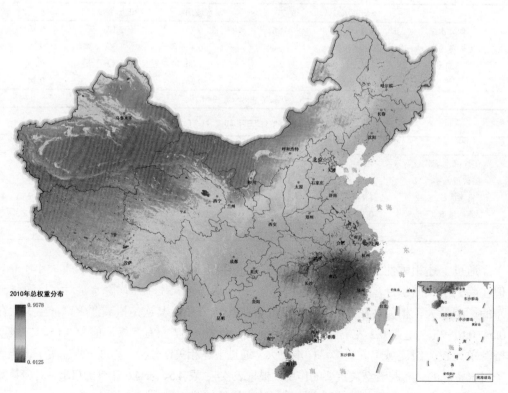

图 4.7　2010 年综合影响权重分布

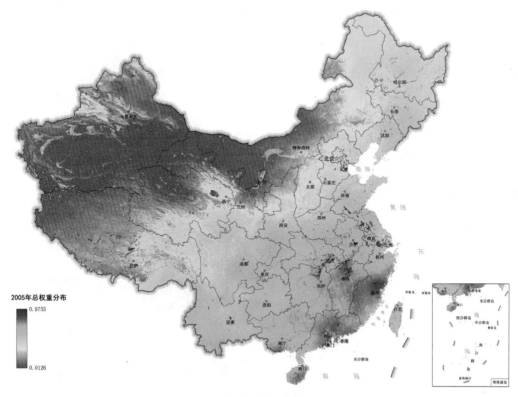

图 4.8　2005 年综合影响权重分布

3. 水资源空间分配

基于影响因子权重计算结果，对每个栅格区域水资源影响因子的加权和进行计算，得到每个栅格对水资源分配影响权重的总和，并统计每个栅格综合权重值占流域区域水资源量的比例，最后将各流域的总体水资源量与每个栅格所占水资源权重比例数据相乘，即可得到每一个千米格网内的水资源量。最终得到的全国十大一级流域水资源量的空间分配结果如图 4.9、图 4.10 和图 4.11 所示。

从定性角度分析，模型的分配结果总体上与降水量的分布相吻合，各流域水系湖泊也得到了较好的保留。同时整体上的水资源分布印证了我国水资源从西北到东南逐渐增多的趋势。从全局分析东南诸河流域和西南诸河流域水资源量最为丰富；其次是长江流域和珠江区水资源丰富，松花将流域和辽河流域水资源量较为丰富；西北诸河流域、黄河流域、海河流域以及淮河流域水资源相对贫乏。

从定量角度分析，空间化结果物理意义明确，整体来看，我国水资源量最丰富地区拥有水资源超过 200 万 m^3/km^2，最贫乏地区不足 1 万 m^3/km^2，只是水资源量最丰富地区近 1/200。2005 年，最贫乏地区水资源为 0.564 万 m^3/km^2，最丰富地区达 209.72 万 m^3/km^2；2010 年，最贫乏地区水资源为 0.851 万 m^3/km^2，最丰富地区达 235.1 万 m^3/km^2；2005 年，最贫乏地区水资源为 0.717 万 m^3/km^2，最丰富地区达 217.78 万 m^3/km^2。上述水资源空间分配结果，不仅显示了流域间的水资源量相对多寡状况，也反映了流域内部水资源量在 1 km 尺度上的分布差异。

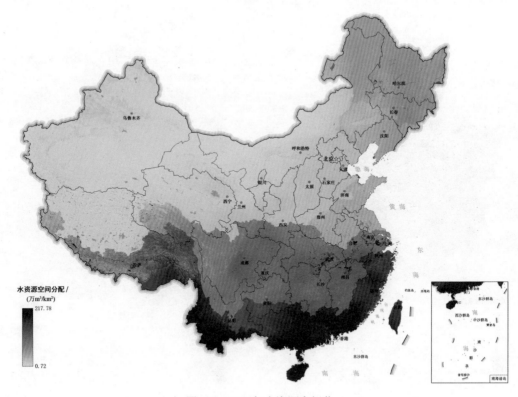

图 4.9　2013 年水资源空间化

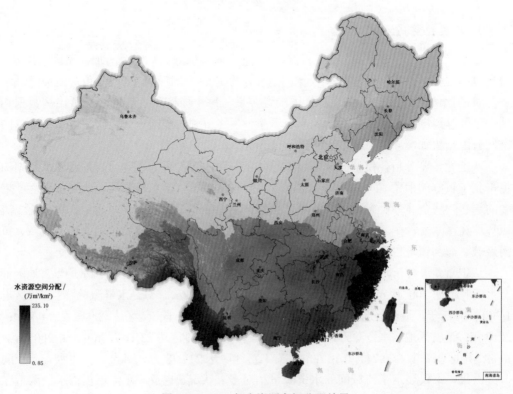

图 4.10　2010 年水资源空间分配结果

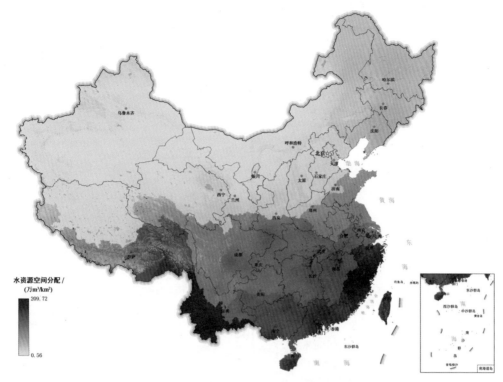

图 4.11　2005 年水资源空间分配结果

4. 分配精度检验

不论水资源量进行怎样的空间离散化，行政区内的单元的水资源总量应该与国家公布的对应行政区划水资源量匹配。本节对一级流域的水资源量进行了空间离散，采用二级流域水资源量进行空间化精度验证。二级流域水资源总量共有 80 个，如表 4.7 所示。由于黄河、淮河以及西北部偏僻地区的二级水资源量数据难以获得，对数据缺乏的地区，进行合并处理，合并最后的流域统计单元为 56 个，不包括台澎金马诸河，如表 4.8 所示。采用合并后的统计单元和数据作为验证统计单元。

采用上表的统计单元对 2005 年、2010 年和 2013 年的分配结果进行区域统计，并结合式（3.4）进行正确率计算，除去个别二级流域及西南诸河区正确率较低外，总体正确率较高，处理后 2005 年、2010 年和 2013 年结果对应如表 4.9、表 4.10 和表 4.11 所示。

从上表可以看出，模型对流域整体的精度较高。为了直观地了解模型分配正确情况，将正确率高和正确率低的区域进行了统计并计算正确率高和正确率低的区域各占总区域的百分比。结果表明，2005 年总体高正确率占比 75%，2010 年占比 73%，2013 年占比 79%，如图 4.12 所示。

并不是正确率通过了某一界限就能说明模型结果合理可靠，为了进一步了解正确率在高于 60% 可接受范围的正确率分布，将正确率高的区域进行了分组统计，统计 60%~70%、70%~80%、80%~90%、>90% 共 4 个组区域个数各占区域总数的百分比，结果如图 4.13 所示。可以看出，3 年的水资源分配，水资源总量的正确率主体分布在 80%~90% 和 90% 以上，60%~70% 和 70%~80% 占少数。

表 4.7　二级流域单元

一级区名称	二级区名称	一级区名称	二级区名称
1 松花江区	额尔古纳河		宜昌至湖口
	嫩江		湖口以下干流
	西流松花江		太湖水系
	松花江（三岔河口以下）	7 东南诸河区	钱塘江
	黑龙江干流		浙东诸河
	乌苏里江		浙南诸河
	绥芬河		闽东诸河
	图们江		闽江
2 辽河区	西辽河		闽南诸河
	东辽河		
	辽河干流	8 珠江区	南北盘江
	浑太河		红柳江
	鸭绿江		郁江
	东北沿黄渤海诸河		西江
3 海河区	滦河及冀东沿海		北江
	海河北系		东江
	海河南系		珠江三角洲
	徒骇马颊河		韩江及粤东诸河
4 黄河区	龙羊峡以上		粤西桂南沿海诸河
	龙羊峡至兰州		海南岛及南海各岛诸河
	兰州至河口镇	9 西南诸河区	元江
	河口镇至龙门		澜沧江
	龙门至三门峡		怒江及伊洛瓦底江
	三门峡至花园口		雅鲁藏布江
	花园口以下		藏南诸河
	内流区		藏西诸河
5 淮河区	淮河上游	10 西北诸河区	内蒙古内陆河
	淮河中游		河西内陆河
	淮河下游		青海湖水系
	沂沭泗河		柴达木盆地
	山东半岛沿海诸河		吐哈盆地小河
6 长江区	金沙江石鼓以上		阿尔泰山南麓诸河
	金沙江石鼓以下		中亚西亚内陆河区
	岷沱江		古尔班通古特荒漠区
	嘉陵江		天山北麓诸河
	乌江		塔里木河源流
	宜宾至宜昌		昆仑山北麓小河
	洞庭湖水系		塔里木河干流
	汉江		塔里木盆地荒漠区
	鄱阳湖水系		羌塘高原内陆区

表 4.8　合并后二级流域单元

一级区名称	二级区名称	一级区名称	二级区名称
1 松花江区	额尔古纳河		汉江
	嫩江		鄱阳湖水系
	西流松花江		宜昌至湖口
	松花江（三岔河口以下）		湖口以下干流
	黑龙江干流		太湖水系
	乌苏里江	7 东南	钱塘江
	绥芬河	诸河区	浙东诸河
	图们江		浙南诸河
2 辽河区	西辽河		闽东诸河
	东辽河		闽江
	辽河干流		闽南诸河
	浑太河	8 珠江区	南北盘江
	鸭绿江		红柳江
	东北沿黄渤海诸河		郁江
3 海河区	滦河及冀东沿海		西江
	海河北系		北江
	海河南系		东江
	徒骇马颊河		珠江三角洲
4 黄河区	龙羊峡以上		韩江及粤东诸河
5 淮河区	淮河上游（王家坝以上）		粤西桂南沿海诸河
	山东半岛沿海诸河		海南岛及南海各岛诸河
6 长江区	金沙江石鼓以上	9 西南	元江
	金沙江石鼓以下	诸河区	澜沧江
	岷沱江		怒江及伊洛瓦底江
	嘉陵江		雅鲁藏布江
	乌江		藏南诸河
	宜宾至宜昌		藏西诸河
	洞庭湖水系	10 西北诸河	西北诸河

表 4.9　2005 年精度验证

WRRNM	2005 年水资源总量/万 m³	统计水资源量/万 m³	正确率
西流松花江	2890900	1753597.79	0.61
松花江（三岔口以下）	4654500	3555683.31	0.76
黑龙江干流	1676100	1628525.62	0.97
绥芬河	158300	167737.4	0.94
图们江	591400	394438.31	0.67
东辽河	183600	216065.52	0.82

WRRNM	2005 年水资源总量/万 m³	统计水资源量/万 m³	正确率
辽河干流	723100	968384.37	0.66
浑太河	1012900	661426.46	0.65
东北沿黄渤海诸河	1078100	1149377.14	0.93
滦河及冀东沿海	466300	475995.59	0.98
海河北系	565800	621358.48	0.90
海河南系	1246000	1248635.87	1.00
徒骇马颊河	396600	325809.4	0.82
黄河	7563000	7566024.31	1.00
淮河流域	13996200	12055624.52	0.86
金沙江石鼓以上	4721600	6458159.88	0.63
金沙江石鼓以下	12169700	10985524.87	0.90
岷沱江	12337400	8039205.27	0.65
嘉陵江	7745800	7716739.64	1.00
乌江	4344700	4549109.02	0.95
宜宾至宜昌	5669100	5602184.09	0.99
洞庭湖水系	19571500	17473029.57	0.89
汉江	7632700	8729603.85	0.86
鄱阳湖水系	14648500	13960601.14	0.95
宜昌至湖口	4859500	6731024.72	0.61
钱塘江	3487000	3997429.76	0.85
浙东诸河	1254000	778401.64	0.62
浙南诸河	4801000	3341595.91	0.70
闽东诸河	2341000	1818693.62	0.78
闽江	7138000	6502539.83	0.91
闽南诸河	3578000	3197232.02	0.89
红柳江	7642300	7671639.66	1.00
西江	6468000	5188944.26	0.80
北江	5094900	4118985.08	0.81
东江	2895500	2641681.27	0.91
珠江三角洲	2727500	2858102.44	0.95
韩江及粤东诸河	4713000	4090764.23	0.87
粤西桂南沿海诸河	4444600	4121214.81	0.93
海南岛及南海各岛诸河	3077000	2921275.87	0.95
怒江及伊洛瓦底江	9721400	12129341.37	0.75
雅鲁藏布江	16977400	11889740.59	0.70
西北诸河区	14535000	14538894.87	1.00

表 4.10　2010 年精度验证

WRRNM	2010 年水资源总量/万 m³	2010 年统计水资源量/万 m³	正确率
松花江（三岔口以下）	5087883	3511902.75	0.69
黑龙江干流	2042821	2100602.94	0.97
乌苏里江	983141	1145698.17	0.83
绥芬河	233938	191531.54	0.82
图们江	675246	422090.6	0.63
东辽河	301446	291738.31	0.97
辽河干流	1160721	1369043.39	0.82
东北沿黄渤海诸河	1406835	1659813.22	0.82
海河北系	952900	764717.69	0.80
海河南系	1847800	1435303.4	0.78
黄河	6798000	6799337.74	1.00
淮河流域	9629000	8015382.6	0.83
金沙江石鼓以下	10434100	14021566.58	0.66
岷沱江	10470000	9502637.54	0.91
嘉陵江	7447700	9441879.73	0.73
乌江	4914800	5566242.92	0.87
宜宾至宜昌	5133700	6248859.87	0.78
洞庭湖水系	23123000	19194124.88	0.83
汉江	7711200	9776475.59	0.73
宜昌至湖口	7741700	6988542.37	0.90
湖口以下干流	6818000	6244418.94	0.92
太湖水系	2114500	2521443.19	0.81
钱塘江	6624000	6101344.69	0.92
浙东诸河	1294000	1056998.66	0.82
浙南诸河	5459000	4125180.66	0.76
闽东诸河	2255000	1919421.98	0.85
闽江	9380000	7913871.82	0.84
闽南诸河	3660000	3831401.89	0.95
红柳江	8798000	9379377.65	0.93
西江	6897000	5963405.61	0.86
北江	5701000	4295559.97	0.75
东江	2903000	2486297.01	0.86
珠江三角洲	3105000	2521319.14	0.81
韩江及粤东诸河	5065000	3942138.2	0.78
粤西桂南沿海诸河	5889000	4954412.48	0.84
海南岛及南海各岛诸河	4798000	3155535.77	0.66
怒江及伊洛瓦底江	10227400	11842847.63	0.84
雅鲁藏布江	17964500	14476199.49	0.81
西北诸河区	16467000	16470227.72	1.00

表 4.11　2013 年精度检验

WRRNM	2013 年水资源总量/万 m³	2013 年统计水资源量/万 m³	正确率
额尔古纳河	3966800	4398122.50	0.89
嫩江	6869100	8563601.50	0.75
西流松花江	3059700	2348137.96	0.77
松花江（三岔口以下）	6681400	5750331.86	0.86
黑龙江干流	4151800	3403140.45	0.82
乌苏里江	1472400	1825238.62	0.76
绥芬河	257400	299615.97	0.84
图们江	793800	661726.18	0.83
东辽河	270900	227423.53	0.84
辽河干流	902400	1038800.03	0.85
东北沿黄渤海诸河	1418300	1247736.05	0.88
滦河及冀东沿海	474300	618852.94	0.70
海河北系	708200	890950.20	0.74
海河南系	1666700	1681408.44	0.99
黄河	6830000	6834636.59	1.00
淮河流域	6712400	5560393.19	0.83
山东半岛沿海诸河	1017800	1151026.69	0.87
金沙江石鼓以下	9053600	11696595.28	0.71
岷沱江	11046100	7963684.73	0.72
嘉陵江	7453900	7981210.32	0.93
乌江	4010900	4365744.82	0.91
宜宾至宜昌	4910600	5032961.97	0.98
洞庭湖水系	19623200	14313226.17	0.73
鄱阳湖水系	13891400	9190844.83	0.66
宜昌至湖口	4525400	5244447.08	0.84
湖口以下干流	4067200	4679634.44	0.85
太湖水系	1609000	1964354.71	0.78
钱塘江	4084000	3972489.48	0.97
浙东诸河	1083000	718635.15	0.66
浙南诸河	3696000	2666797.12	0.72
闽东诸河	1530000	1292653.40	0.84
闽江	5095000	4986821.53	0.98
闽南诸河	3622000	2777597.13	0.77
红柳江	7938000	9863243.57	0.76
西江	7314000	6426018.14	0.88
北江	6054000	4471198.89	0.74
东江	3301000	2748047.35	0.83
珠江三角洲	3371000	2666498.96	0.79
韩江及粤东诸河	5994000	4415757.20	0.74

WRRNM	2013 年水资源总量/万 m³	2013 年统计水资源量/万 m³	正确率
粤西桂南沿海诸河	7652000	5509533.05	0.72
海南岛及南海各岛诸河	5021000	3403012.75	0.68
怒江及伊洛瓦底江	8487700	10526931.09	0.76
雅鲁藏布江	16883700	14065357.68	0.83
西北诸河区	14394000	14404401.18	1.00

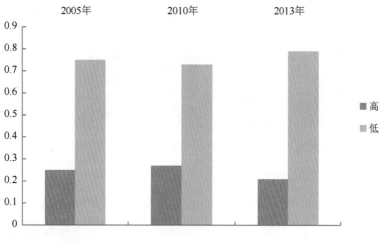

图 4.12　高低正确率分布

为了评价模型整体精度，计算各年流域被错分的水资源总量占各流域水资源总量的比例，如表 4.12 所示，2005 年模型精度为 73%，2010 年模型精度为 69%，2013 年模型精度为 70%。

表 4.12　模型总精度

2005 年	2010 年	2013 年
73%	69%	70%

通过上述分析可知，模型具备一定的精确性和合理性，对指导水资源的空间分配以及揭示区域水资源量的定量分布提供了方法参考。

5. 误差来源分析

上一小节对一级流域模型精度进行了检验，可知模型虽然总体精度较高，但是存在部分地区的精度低于 60%。本小节将主要探讨模型结果误差的来源，并对精度低于 60% 的区域进行可视化与原因分析。

如图 4.14、图 4.15、图 4.16 分别是 2005 年、2010 年和 2013 年精度低于 60% 的区域。从 3 年的低精度区域分布可以看出，精度较低的区域，主要集中在松花江流域的额尔古纳河和嫩江、乌苏里江、辽河流域的西辽河、淮河流域的山东半岛、长江流域的澜沧江以及西南诸河区域。

　　我国流域多，流域大，地形地貌复杂，影响水资源分配的因素众多，从模型建立和模型实现两个方面分析，误差来源主要分为如下几个方面：①影响水资源量分配的因素

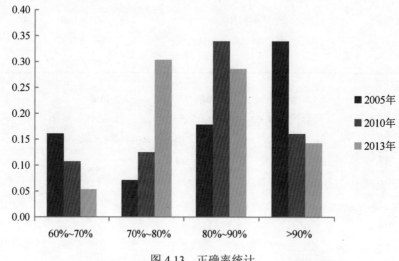

图 4.13　正确率统计

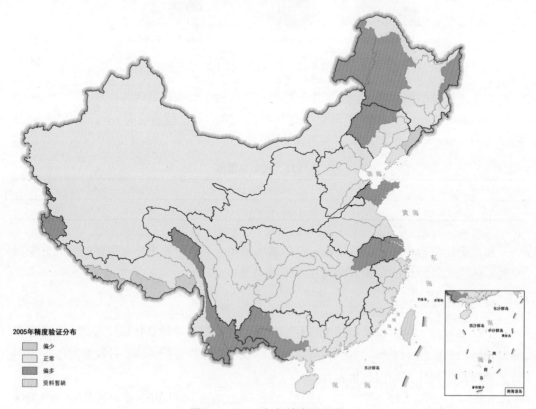

图 4.14　2005 年低精度区分布

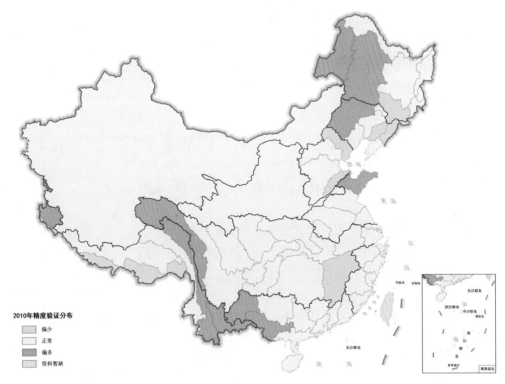

图 4.15　2010 年低精度区分布

图 4.16　2013 年低精度区分布

众多，选择的影响因素能代表绝大部分地区的水资源分配，但是对于部分区域地形地貌复杂，气候多变的区域，不能正确地反映其水资源的空间分配；②影响因子的数据源本身存在的误差，如降水量的数据整理，插值过程存在误差，降水受地形影响很大，本书在对降水的插值时，未考虑地形影响，另外土地利用数据对集水面积的反应存在误差，对结果造成了一定的偏差。

4.3　基于 GRACE 重力卫星数据的水储量空间变化

4.3.1　GRACE 重力卫星数据概述

GRACE 卫星由美国宇航局和德国航天局合作研制，于 2002 年 3 月发射成功。GRACE 重力卫星采用 GPS 跟踪、非保守力以及高精度星际间距离测量等新技术，显著地提高了观测重力场的空间和时间分辨率，所以能为陆地水储量时空变化研究提供一种崭新、可行的途径（许民等，2013a；2013b）。同时，传统卫星遥感和测高技术往往只能获取表层水变化量，所以重力卫星技术可以为研究地球物迁移及全球水文问题提供新的监测手段，同时对深入理解水循环及对水循环进行有效模拟、更好地研究气候变化规律有重要意义（许朋琨和张万昌，2013）。

自 GRACE 卫星实施以来，国内外科研人员利用其获取的精确的重力场信息在陆地水储量变化（Swenson et al.，2006，Zaitchik et al.，2008）、南极和格陵兰岛冰盖变化（Chen et al.，2006；Velicogna et al.，2006）、全球海平面变化和地球表面特定大流域变化（曹艳萍和南卓铜，2011a，Frappart et al.，2013；Awange et al.，2014）等方面展开了许多研究。

GRACE 卫星数据在国内也得到了一些应用，在全球水储量研究和流域水储量研究进展中都取得了许多成果。国内水储量流域研究多集中在以下几个典型区域：长江、黄河、海河、青藏高原、黑河流域等（邢乐林等，2007；钟敏等，2009；曹艳萍和南卓铜，2011a；曹艳萍和南卓铜，2011b；许民等，2013）。值得注意的是，基于 GRACE 重力卫星反演的水储量变化数据已经成为检测陆地水储量变化、水资源变化的独特而有效的技术手段，为研究全国各流域多年水储量变化、水资源规律以及预测将来的变化趋势也提供了一种有效的技术依据。

本书采用的是美国得克萨斯大学空间研究中心（Center for Space Research，CSR）发布从 2002 年 4 月～2014 年 1 月 CSR 中心共 132 月份的产品数据。该数据一阶项系数根据文献获取，并利用通过卫星激光测距（SLR）获得的 C20 项取代原有 C20 项进行解算，选用 300 km 平滑半径高斯滤波，并去除月数据中南北"条带"误差进行了"去条带"处理（Swenson et al.，2006）。同时，该数据产品在处理过程中已经去除了各种潮汐影响（海潮、极潮、固体潮等）以及非潮汐的大气和海洋影响，所以在陆地区域主要反映为水储量变化。将利用 GRACE 卫星监测到的时变地球重力场，等价转换为地球表面的质量变化，除以水的密度可反演得到陆地水储量变化（Tapley et al.，2004）。实验中根据官方的说明，剔除了部分月份的质量较差的数据。其中缺值的月份有：2002 年 6、7 月，2003

年 4 月，2010 年 11 月，2011 年 4 月，2012 年 3、7 月，2013 年 1、6、7 月，缺值月份的数据在实验处理的过程中一般取相邻数据的均值，在以下的实验处理中会有特别说明。

获取等效水高的基本原理如下：地球重力场可以用大地水准面来描述，大地水准面的球谐系数表达式为（翟宁等，2009）：

$$N(\theta,\varphi,\tau) = a\sum_{l=0}^{\infty}\sum_{m=0}^{l}P_m\left[\cos(\theta)\right]*\left[C_m(\tau)\cos(\mathrm{m}\phi) + S_m(\tau)\sin(\mathrm{m}\phi)\right] \quad (4.10)$$

式中，l、m 分别为重力场的阶数和次数；a 为地球赤道半径；θ、ϕ 分别为余纬和经度；$C_m(\tau)$、$S_m(\tau)$ 分别为时变重力场系数；$P_m\left[\cos(\theta)\right]$ 是归一化的勒让德函数。

由时变重力计算水密度公式为（Wahr et al.，1998）：

$$\Delta\sigma(\theta,\phi) = \frac{a\rho_{ave}\pi}{3}\sum_{l=0}^{\infty}\sum_{m=0}^{l}\frac{2l+1}{1+k_l}P_m\left[\cos(\theta)\right]*\left[\Delta C_m(\tau)\cos(\mathrm{m}\phi) + \Delta S_m(\tau)\sin(\mathrm{m}\phi)\right] \quad (4.11)$$

式中，$\Delta\sigma(\theta,\phi)$ 为水密度变化；ρ_{ave} 为地球平均密度；$\Delta C_m(\tau)$ 和 $\Delta S_m(\tau)$ 为 GRACE 提供的球谐系数变化量；k_l 是 l 阶勒夫数。

平均后的水密度变化为（Wahr et al.，1998，Rodell et al.，2004，翟宁等，2009）：

$$\Delta\sigma(\theta,\phi) = \frac{a\rho_{ave}\pi}{3}\sum_{l=0}^{N}\sum_{m=0}^{l}\frac{2l+1}{1+k_l}W_lP_m\left[\cos(\theta)\right]*\left[\Delta C_m(\tau)\cos(\mathrm{m}\phi) + \Delta S_m(\tau)\sin(\mathrm{m}\phi)\right] \quad (4.12)$$

式中，$W_0 = \dfrac{1}{2\pi}$；$W_l = \dfrac{1}{2\pi}\left(\dfrac{1+e^{-2b}}{1-e^{-2b}} - \dfrac{1}{b}\right)$；$W_{l+1} = -\dfrac{2l+1}{b}W_l + W_{l-1}$。

其中，$b = \dfrac{\ln 2}{1-\cos\left(\dfrac{r}{a}\right)}$；$r$ 为高斯平均半径。

一般情况下，将水密度变化（ρ_{ave}）转化成等效水高（H_{water}），其公式如下：

$$H_{water} = \frac{2a\rho_{ave}\pi}{3\rho_{water}}\sum_{l=0}^{N}\sum_{m=0}^{l}\frac{2l+1}{1+k_l}W_lP_m\left[\cos(\theta)\right]*\left[\Delta C_m(\tau)\cos(\mathrm{m}\phi) + \Delta S_m(\tau)\sin(\mathrm{m}\phi)\right] \quad (4.13)$$

为分析从 2002～2013 年的水储量变化、降雨以及土壤湿度的年际变化，需要计算该流域的平均水储量变化（平均等效水高）。因为原数据是 1°×1° 的数据，考虑到地球曲面的影响，根据地理的纬度为每一个值赋予一个权重，所以该流域的平均水储量变化公式如下：

$$\mathrm{TWS}_{region} = \frac{\sum\limits_{i=1}^{N}\Delta h(\lambda_i,\sigma_i)\times\cos\sigma_i}{\sum\limits_{i=1}^{N}\cos\sigma_i} \quad (4.14)$$

式中，λ_i 为该点数据的经度坐标，而 σ_i 为该点数据的纬度坐标。其中降雨数据为降雨距平值，为所有月份数据减去了这么长时间序列内的降雨平均值的结果。

4.3.2　基于 GRACE 的水储量时空变化分析

为了描述全国 GRACE 水储量变化的整体情况，本书利用现有 2002 年 4 月～2013

年 12 月共 131 期 GRACE 数据（缺值月份取均值），计算近 12 年间全国 GRACE 水储量的年平均变化情况，如图 4.17 所示。

从图 4.17 可以看到，GRACE 水储量变化在海河流域、黄河流域的中东部、淮河流域的北部以及西南诸河区呈亏损状态，变化为–2.04～–1.24 cm/yr，而在长江流域、珠江流域、东南流域以及西北流域的新疆、青海交界处以及松花江流域呈盈足状态，变化为 0.97～1.72 cm/yr，该结果与卢飞等（2015）在 2003～2012 年时间段全国水储量变化研究结果相一致。GRACE 水储量分布受降雨的影响，但是同 GPCC 降雨分布有很大的差异。华北平原水储量近年来明显的降低，而西北部的新疆、西藏、青海交界处则出现水储量变化升高的现象，这一现象已经有许多学者研究探讨过（许民等，2013；卢飞等，2015）。导致这一差异的原因是 GRACE 水储量除了受降水量的影响外，根据水储量平衡方程，GRACE 水储量还与该地区的蒸散发、人为因素相关。

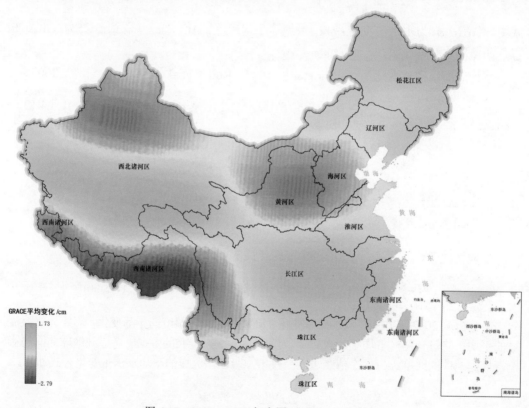

图 4.17　2002～2013 年全国 GRACE 平均变化

4.4　可利用水资源监测评价结果

根据式（4.1）、式（4.2），计算得到可利用水资源和人均可利用水资源。对计算所得的可利用水资源和人均可利用水资源进行丰度分级，分为丰富、较丰富、中等、较缺乏、缺乏 5 个等级（表 4.13）。

表 4.13　可利用水资源分级标准

分级	人均水资源潜力/m³
丰富	>3000
较丰富	1500～3000
中等	1000～1500
较缺乏	500～1000
缺乏	<500

全国可利用水资源如图 4.18 所示。为了分析国家主体功能区可利用水资源功能指标的状况，对全国可利用水资源在县级单元层次上的数量做了统计（图 4.19），并统计了各省、自治区、直辖市内可利用水资源在县级单元层次上的数量及其百分比（图 4.20、图 4.21）。

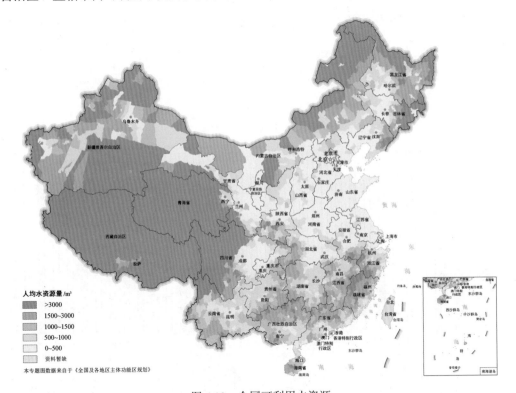

图 4.18　全国可利用水资源

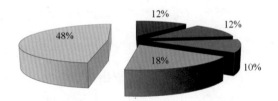

图 4.19　全国可利用水资源数量百分比统计（按县级行政单元）

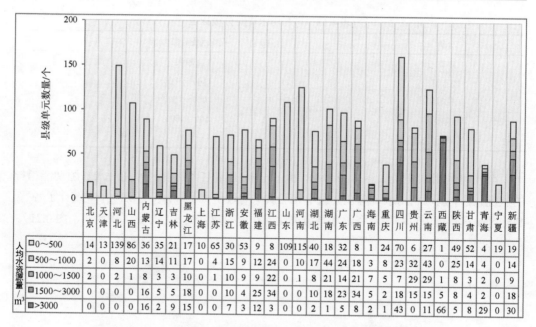

人均水资源量/m³	北京	天津	河北	山西	内蒙古	辽宁	吉林	黑龙江	上海	江苏	浙江	安徽	福建	江西	山东	河南	湖北	湖南	广东	广西	海南	重庆	四川	贵州	云南	西藏	陕西	甘肃	青海	宁夏	新疆
0～500	14	13	139	86	36	35	21	17	17	65	30	53	9	8	109	115	40	18	32	8	1	24	70	6	27	1	49	52	4	19	19
500～1000	2	0	8	20	13	14	11	17	0	4	15	9	12	24	0	10	17	44	24	18	3	9	23	32	43	0	25	14	4	0	14
1000～1500	2	0	2	1	8	3	3	10	0	1	10	9	9	24	0	1	8	21	14	21	7	5	7	29	29	1	8	3	2	0	9
1500～3000	0	0	0	0	16	5	18	10	0	10	4	25	34	0	0	10	18	23	34	5	2	18	15	15	5	8	4	2	2	0	18
>3000	0	0	0	0	16	2	9	15	0	0	7	3	12	3	0	0	2	1	5	8	2	1	43	0	11	66	5	8	29	0	30

图 4.20　各省份可利用水资源分类（按县级行政单元）
香港、澳门、台湾资料暂缺

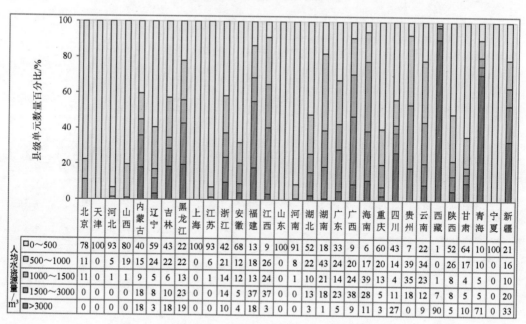

人均水资源量/m³	北京	天津	河北	山西	内蒙古	辽宁	吉林	黑龙江	上海	江苏	浙江	安徽	福建	江西	山东	河南	湖北	湖南	广东	广西	海南	重庆	四川	贵州	云南	西藏	陕西	甘肃	青海	宁夏	新疆
0～500	78	100	93	80	40	59	43	22	100	93	42	68	13	9	100	91	52	18	33	9	6	60	43	7	22	1	52	64	10	100	21
500～1000	11	0	5	19	15	24	22	22	0	6	21	12	18	26	0	8	22	43	24	20	17	20	14	39	34	0	26	17	10	0	16
1000～1500	11	0	1	1	9	5	6	13	0	1	14	12	13	24	0	1	10	21	14	24	39	13	4	35	23	1	8	4	5	0	10
1500～3000	0	0	0	0	18	8	10	23	0	0	14	37	37	0	0	13	18	23	38	28	5	11	18	12	7	8	5	5	5	0	20
>3000	0	0	0	0	18	3	18	19	0	0	10	4	18	3	0	0	3	1	5	9	11	3	27	0	9	90	5	10	71	0	33

图 4.21　各省份可利用水资源分类占比（按县级行政单元）
香港、澳门、台湾资料暂缺

综合图 4.18～图 4.21 可以看出：

（1）全国可利用水资源空间分异性大，呈现出南多北少、西多东少的空间分布格局。

（2）全国 12% 的县（区）可利用水资源丰富（>3000 m³/人），12% 的县（区）可利用水资源较丰富（1500～3000 m³/人），10% 的县（区）可利用水资源一般（1000～1500 m³/

人），18%的县（区）可利用水资源较缺乏（500～1000 m³/人），48%的县（区）可利用水资源缺乏（<500 m³/人）。

（3）各省（自治区、直辖市）中，西藏、青海、海南、广西、福建等地区可利用水资源丰富，人均可利用水资源量较大；天津、上海、山东、宁夏等地区可利用土地资源缺乏，人均可利用水资源量较小。

第5章 环境容量遥感监测与评价

5.1 环境容量概述

5.1.1 概念及研究进展

环境容量是指一个地区在生态环境不受危害的前提下可容纳污染物的能力，由大气环境容量承载指数、水环境容量承载指数和综合环境容量承载指数 3 个要素构成，具体通过大气和水环境对典型污染物的容纳能力来反映。设置环境容量指标的主要目的是为了评估一个地区在生态环境不受危害的前提下可容纳污染物的能力。

在大气环境容量方面，安兴琴等（2004）通过数值模拟方法，研究了兰州市冬季 SO_2 的大气环境容量，为大气污染的总量控制方法提供了前提和依据。钱跃东和王勤耕（2011）针对大尺度区域的特点，提出了将箱模型法、模拟法与线性规划法相结合的大气环境容量估算方法，并应用该方法对我国东南沿海某区域进行了大气环境容量的评估试验，结果表明该方法合理可行。薛文博等（2014）基于第 3 代空气质量模型 WRF-CAM$_x$ 和全国大气污染物排放清单，开发了以环境质量为约束的大气环境容量迭代算法，并以全国地级城市 $PM_{2.5}$ 年均浓度达到环境空气质量标准为目标，模拟计算了全国 31 个省市区 SO_2、NO_x、一次 $PM_{2.5}$ 及 NH_3 的最大允许排放量。吴蓉等（2017）基于气象台站定时观测资料，采用国标法计算了安徽省近 50 年大气稳定度、混合层厚度和大气环境容量系数，并结合合肥市空气质量逐日观测数据初步分析了大气环境容量系数对空气质量的影响。许启慧等（2017）基于气象站地面风速、云量和降水资料，计算了河北省大气环境容量，分析了其气候分布特征和长期变化趋势，并对全省大气环境总容量做了突变检验，对大气容量时空分布特征进行了分析。

在水环境容量方面，董飞等（2014）归纳了中国地表水水环境容量研究过程中产生的 5 大类计算方法，即公式法、模型试错法、系统最优化法（线性规划法和随机规划法）、概率稀释模型法和未确知数学法，并解析了各类方法的基本思路、产生过程及应用进展，评述了各类方法的优缺点及适用范围。黄真理等（2004）分析了三峡库区的污染状况，利用一维水流水质数学模型、库区排污口混合区平面二维和水平分层的三维紊流模型，计算了三峡水库建库前后 COD_{Mn} 和 NH3-N 总体环境和岸边环境容量及其沿江分配，并根据岸边环境容量计算结果，提出了三峡水库污染混合区的控制标准。杨杰军等（2009）以青岛市大沽河及其一级支流小沽河和洙河为研究对象，根据水功能区划和水质保护目标，针对河流径流量季节性变化大以及河道上存在河道、拦河闸和感潮河段不同水力特性水体的现状，探索了一种新的水环境容量计算模式。范丽丽等（2012）提出考虑风向风速频率修正及污染带控制的水环境容量计算方法，建立了太湖水量水质数学模型，并结合水文水质资料对流场和浓度场进行了模拟和验证，表明在控制单个污染带面积为 1～3 km²、污染带总长度为湖岸线长度 10%的基础上采用该方法进行计算结果更可靠。周刚等（2014）以赣江下游化学需氧量和氨氮水质因子为例，提出了动态水文条件下基于 WESC2D（Two Dimensional Water Environment Simulation Code）模型水质模拟和粒子群算法中 RPSM（Repulsive Particle Swarm Method）非线性优化的河流水环境容量计算方法。

5.1.2　监测评价方法

1. 方法

环境容量监测评价方法如下：

$$环境容量=MAX（[大气环境容量（SO_2，NO_2，PM_{2.5}）]，[水环境容量（化学需氧量）]）\quad(5.1)$$

2. 技术流程

环境容量遥感监测与评价技术路线如图 5.1 所示，具体如下所述：

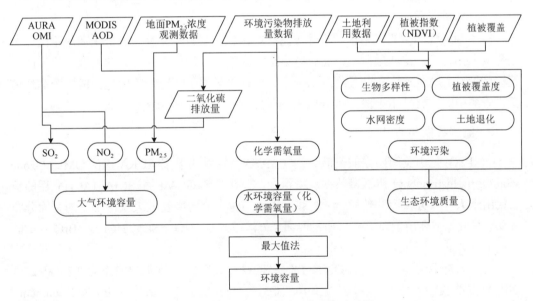

图 5.1　环境容量遥感监测与评价技术路线

（1）计算环境容量需要的数据包括：土地利用数据、植被指数（NDVI）、植被覆盖数据、环境污染物排放量统计数据、地面 $PM_{2.5}$ 浓度观测数据、AURA OMI、MODIS AOD 等。

（2）计算大气环境容量。基于 AURA OMI 产品，获取大气 SO_2、NO_2 浓度，基于 MODIS AOD 产品和地面 $PM_{2.5}$ 浓度观测数据，建立两者的线性关系，计算大气 $PM_{2.5}$ 浓度。

（3）计算水环境容量。基于环境污染物排放量统计数据，分析化学需氧量。

（4）计算生态环境质量。基于生物多样性指数、植被覆盖指数、水网密度指数、土地退化指数以及环境污染指数，构建生态环境质量遥感评价模型，计算生态环境质量。

（5）计算环境容量。根据式（5.1），在大气环境容量、水环境容量、生态环境质量基础上，利用最大值法，计算环境容量。

5.2　大气环境遥感监测方法

5.2.1　大气 SO_2 遥感监测方法

1. 大气 SO_2 遥感监测概况

大气 SO_2 是分布最广、严重影响人类健康和生态环境的污染气体之一。随着工业活动的加剧，人类不断向大气中排放大量的污染物，其中 SO_2 是重要的痕量气体，是硫酸盐气溶胶的前提物，也是酸雨、酸雾的主要污染物。SO_2 的来源主要分为自然源和人为源，自然源来自火山喷发和微生物的分解，人为源主要来自发电过程和工业生产活动中含硫化石燃料的燃烧。

传统 SO_2 观测主要包括地面观测、飞机航测和大气直接采样，但传统观测手段在时空范围上都受到一定的限制，只能获取小范围内的空气污染状况，无法获取大尺度的大气柱总量。卫星遥感技术以其监测范围广、实时观测和空间连续等优势已成为全球环境变化监测中的重要技术手段，可获取不同尺度下大气污染时空变化特征。

2. 监测数据与方法

OMI SO_2 是由美国国家航空航天局（NASA）发射的卫星 AURA 上的 OMI（Ozone Monitoring Instrument）传感器数据反演得到，OMI 是继 GOME 和 SCIAMACHY 后的新一代用于大气成分探测的传感器，能够以较高的时空分辨率获取大气污染物的空间分布和动态变化，主要用于监测大气中的臭氧、气溶胶、云、NO_2、SO_2、HCHO、BrO、OClO 等痕量气体的浓度和廓线（Level et al.，2006）。

研究分析中用到的数据为 OMI 对流层 SO_2 柱浓度产品，数据分辨率为 $0.25° \times 0.25°$，详细数据的反演算法可参考官方文档"OMI Algorithm Theoretical Basis Document"（Krotkov et al.，2008）。将 OMI SO_2 数据与中国东北地区同步采集到的在空气监测中获得的 SO_2 浓度数据对比分析后，得出结论是 OMI 数据可以用来监测大气中 SO_2 浓度的时空变化。

3. 监测结果

中国大气 SO_2 遥感监测结果如图 5.2 所示。中国大气 SO_2 空间分布特征如下：大气 SO_2 分布呈现明显的地域差异性，东部沿海地区、四川盆地的 SO_2 浓度偏高，西部较低。对 2005 年、2010 年和 2015 年中国大气 SO_2 浓度进行统计分析，结果如下：这 3 年四大板块都呈现出东部高西部低的区域特征（图 5.3），从高到低依次为东部、中部、东北和

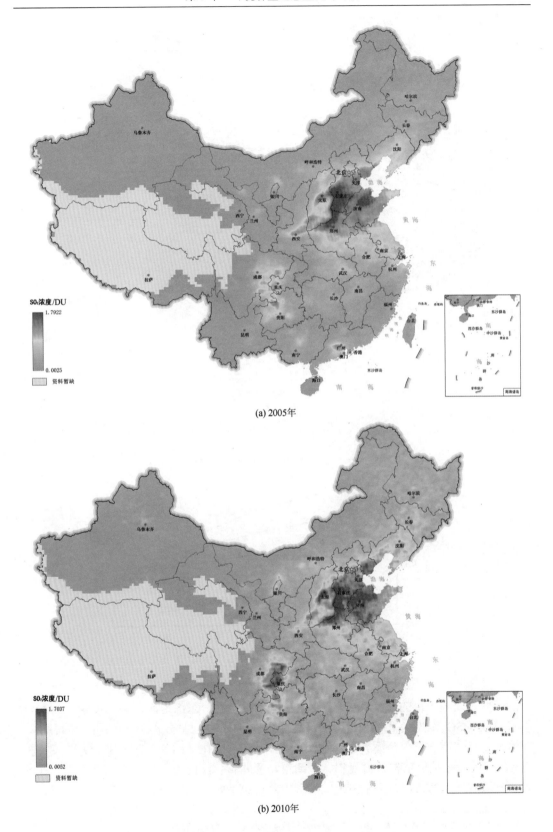

(a) 2005年

(b) 2010年

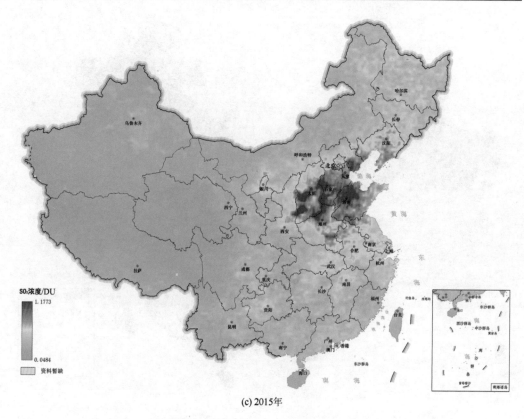

(c) 2015年

图 5.2 中国大气 SO_2 遥感监测结果

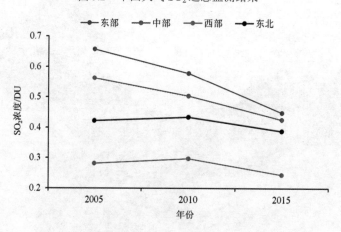

图 5.3 全国四大板块 SO_2 浓度年平均变化

西部，并且四大板块的 SO_2 浓度年变化都呈下降趋势，东部地区下降幅度最大；2015年东部地区 SO_2 浓度为 0.45DU[①]，西部地区为 0.24DU；同时分析了 2015 年全国各省、自治区、直辖市（未含台湾、香港和澳门）SO_2 浓度变化（图 5.4），其中 SO_2 浓度排在前 10 位的地区是山东省、山西省、天津市、河北省、河南省、辽宁省、北京市、江苏省、安徽省、上海市，排在后 10 位的有内蒙古自治区、重庆市、福建省、云南省、四

---

① DU（Dobson Unit），1 DU=$2.69×10^6$ molecules/cm^2=$2.69×10^{16}$（分子数/cm^2）。

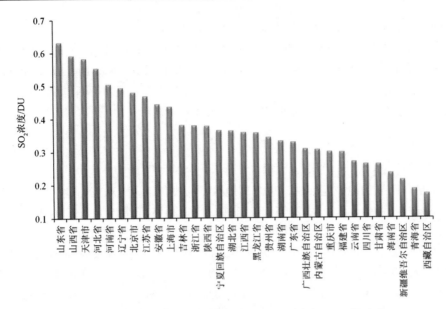

图 5.4 2015 年全国各省、自治区、直辖市 SO₂ 浓度年平均变化
未统计台湾、香港和澳门

川省、甘肃省、海南省、新疆维吾尔自治区、青海省和西藏自治区，因此 SO₂ 浓度高值分布在东部和中部，西部较低。

5.2.2 大气 NO_2 遥感监测方法

1. 大气 NO_2 遥感监测概况

大气污染问题是当今关注的重要环境问题之一，如何减轻大气污染成为全世界需要解决的共同问题。近 20 多年来，随着工业化和城市化进程的加快，大气污染物的高排放超过了环境承载能力，导致空气质量严重恶化。大气污染物 NO_2 是对流层大气中主要的污染气体，可严重危害人体健康、影响辐射收支平衡和生态平衡，引发酸雨、灰霾、光化学烟雾等一系列大气环境污染问题。

监测 NO_2 主要有地面观测和卫星遥感监测。地面观测虽然能获得全天候精度较高的 NO_2 浓度信息，但只能在有限的地面站点进行观测，难以获取大范围的 NO_2 空间分布特征。卫星遥感技术以其覆盖面广、实时观测和空间连续等优势被广泛应用于城市群与区域尺度污染气体的监测，并且可获取区域大气污染空间分布状况。

2. 监测数据与方法

2004 年 7 月美国国家航空航天局（NASA）成功发射了卫星 AURA，主要任务是开展对地球臭氧层、空气质量和气候变化的观测和研究，臭氧层观测仪 OMI（Ozone Monitoring Instrument）是 AURA 上一个重要的观测仪。OMI 是继 GOME 和 SCIAMACHY 后的新一代用于大气成分探测的传感器，能够以较高的时空分辨率获取大气污染物的空间分布和动态变化，主要用于监测大气中的臭氧、气溶胶、云、NO_2、SO_2、HCHO、

BrO、OClO 等痕量气体的浓度和廓线（Levelt et al.，2006）。

　　研究分析中用到的数据为 OMI 对流层 NO_2 柱浓度产品，数据分辨率为 0.25°×0.25°，详细数据的反演算法可参考官方文档"OMI Algorithm Theoretical Basis Document"。对流层 NO_2 柱浓度反演产品已经进行了地基验证，初步的验证表明了两者具有很好的一致性，Lamsal 等（2014）描述了详细的验证方法和结论。

3. 监测结果

　　中国大气 NO_2 遥感监测结果如图 5.5 所示。中国大气 NO_2 空间分布特征如下：大气 NO_2 分布呈现明显的地域差异性，京津冀地区、长三角地区、珠三角地区和四川盆地的 NO_2 浓度偏高，西部较低。对 2005 年、2010 年和 2015 年中国大气 NO_2 浓度进行统计分析，结果如下：这 3 年四大板块都呈现出东部高西部低的区域特征（图 5.6），从高到低依次为东部、中部、东北和西部，并且四大板块的 NO_2 浓度年变化总体呈先增后减的年变化趋势；2015 年东部地区 NO_2 浓度为 $7.81×10^{15}$ molec/cm^2，西部地区为 $1.13×10^{15}$ molec/cm^2；同时分析了 2015 年全国各省、自治区、直辖市（未含台湾、香港和澳门）NO_2 浓度变化（图 5.7），其中 NO_2 浓度排在前 10 位的地区是天津市、北京市、山东省、河北省、江苏省、上海市、河南省、安徽省、山西省、辽宁省，排在后 10 位的有广西壮族自治区、贵州省、内蒙古自治区、四川省、海南省、甘肃省、云南省、新疆维吾尔自治区、青海省、西藏自治区，因此 NO_2 浓度高值分布在东部和中部，西部较低。

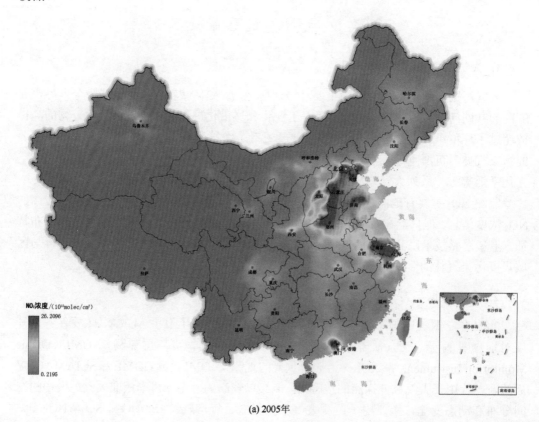

(a) 2005年

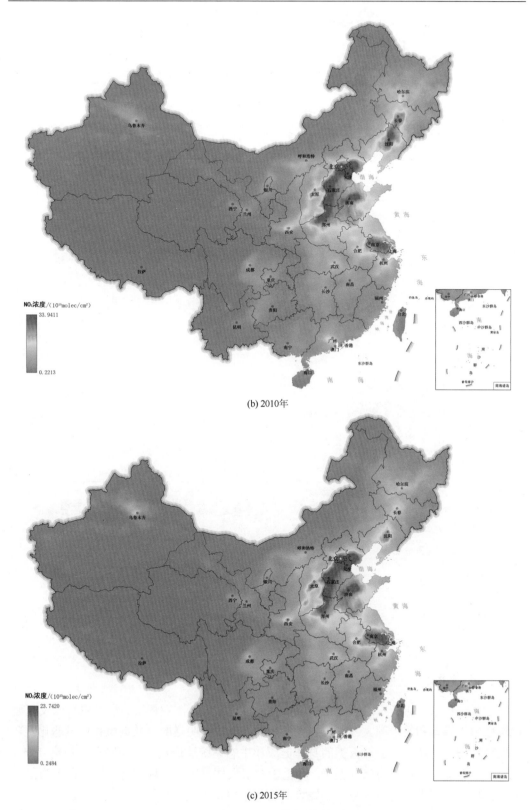

(b) 2010年

(c) 2015年

图 5.5　中国大气 NO_2 遥感监测结果

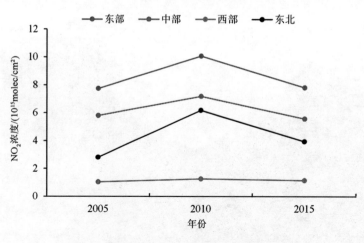

图 5.6　全国四大板块 NO$_2$ 浓度年平均变化

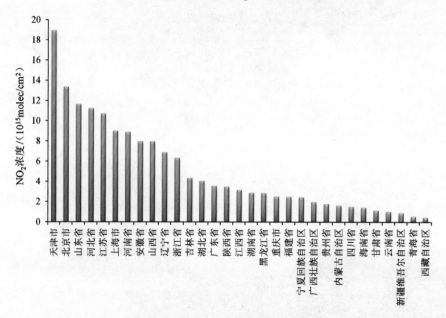

图 5.7　2015 年全国各省、自治区、直辖市 NO$_2$ 浓度年平均变化

未统计台湾、香港和澳门

5.2.3　大气 PM$_{2.5}$ 遥感监测方法

1. 大气 PM$_{2.5}$ 遥感监测概况

近几十年来，随着我国工业化和城市化的迅速发展，工业燃烧、居民生活以及交通运输产生的烟雾和粉尘等大气颗粒物大量增加，造成了明显的公共健康和环境恶化。当大气颗粒物浓度超标，会对人类的身体健康和生态系统造成危害。可吸入颗粒物 PM$_{2.5}$ 粒径很小，进入呼吸道的部位更深，严重影响了人体健康。细颗粒物大多来自人为排放的污染物，主要来自化石燃料的燃烧等，也是造成我国大气环境恶化的主要因素。

利用卫星遥感反演的气溶胶光学厚度（aerosol optical depth，AOD）可以研究估算地面 PM$_{2.5}$ 浓度，是国际上一个热门研究领域。和地面监测相比，卫星监测不受地面监测站点选址的限制，具有覆盖面广、高时空分辨率等独特优势，可有效弥补地面站点监测的局限性。

2. 监测数据与方法

反演 PM$_{2.5}$ 中用到的 AOD 产品为 MODIS 的 AOD 产品。MODIS 传感器搭载在 NASA 地球观测系统中的 Terra 和 Aqua 卫星上，具有 36 个光谱通道，范围 0.41～15 um，具有 3 个空间分辨率：250 m（2 个通道）、500 m（5 个通道）和 1 km（29 个通道）（Remer et al.，2005）。研究中基于 MODIS AOD 产品和地面 PM$_{2.5}$ 浓度观测数据，建立两者的线性关系，从而实现全国 PM$_{2.5}$ 浓度空间分布和时间序列上的变化特征。

3. 监测结果

中国大气 PM$_{2.5}$ 浓度遥感监测结果如图 5.8 所示。中国大气 PM$_{2.5}$ 浓度空间分布特征如下：大气 PM$_{2.5}$ 浓度分布呈现明显的地域差异性，东部沿海地区和四川盆地的 PM$_{2.5}$ 浓度偏高，西部较低。对 2005 年、2010 年和 2015 年中国大气 PM$_{2.5}$ 浓度进行统计分析，结果如下：这 3 年四大板块都呈现出东部和中部高、东北低的区域特征（图 5.9），从高到低依次为中部、东部、西部和东北，并且四大板块的 PM$_{2.5}$ 浓度年变化总体呈先增后减的年变化趋势；同时分析了 2015 年全国各省、自治区、直辖市（未含台湾、香港和澳门）PM$_{2.5}$ 浓度变化（图 5.10），其中 PM$_{2.5}$ 浓度排在前 10 位的地区是上海市、江苏省、

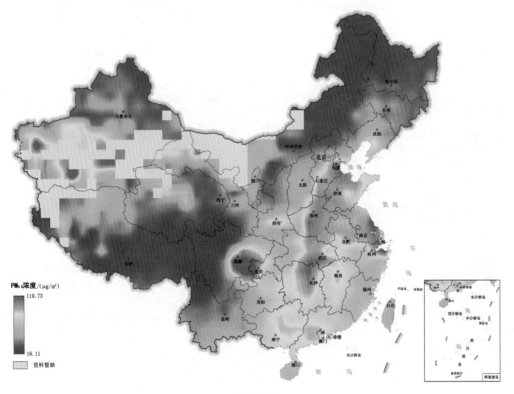

(a) 2005年

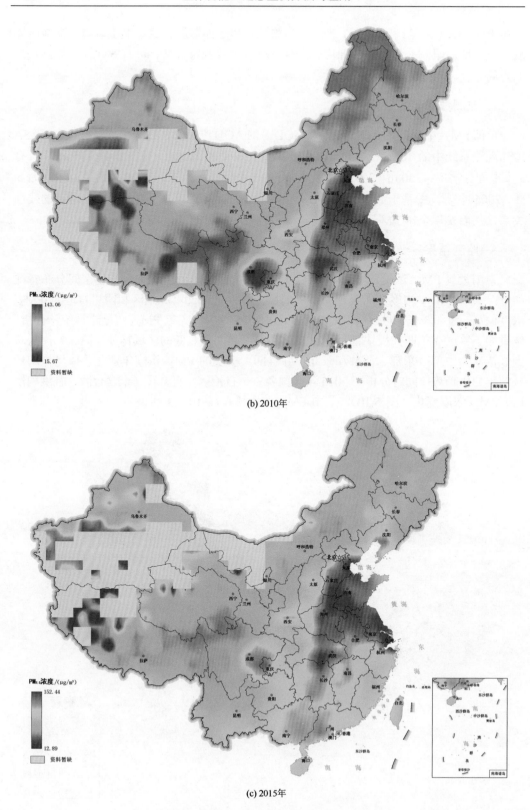

(b) 2010年

(c) 2015年

图 5.8 中国大气 $PM_{2.5}$ 浓度遥感监测结果

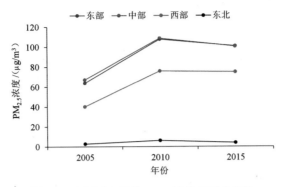

图 5.9　全国四大板块 PM$_{2.5}$ 浓度年平均变化

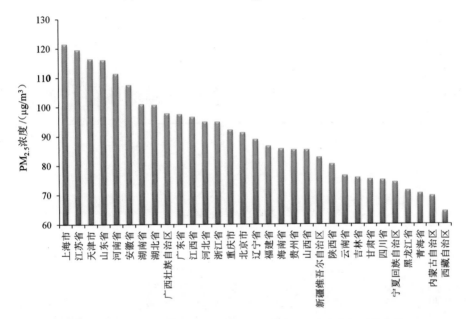

图 5.10　2015 年全国各省、自治区、直辖市 PM$_{2.5}$ 浓度年平均变化
未统计台湾、香港和澳门

天津市、山东省、河南省、安徽省、湖南省、湖北省、广西壮族自治区和广东省，排在后 10 位的有陕西省、云南省、吉林省、甘肃省、四川省、宁夏回族自治区、黑龙江省、青海省、内蒙古自治区和西藏自治区，因此 PM$_{2.5}$ 浓度高值分布在东部和中部，西部和东北较低。

5.3　水环境遥感监测方法

5.3.1　水环境遥感反演模型

遥感系统是通过量测不同波长电磁波谱的吸收、散射和反射的辐射量来识别目标物属性的，水质光学特性的研究和发展为人们利用遥感监测水质提供了一个宽阔的视野。可量测的水质光学特性包括光合作用辐射衰减系数、浑浊度、藻类叶绿素浓度、悬浮沉积物以及溶解有机物等。这些光学特性的性质是由内陆湖泊中各水质参数包括叶绿素对光的吸收和散射作用形成的。

利用实测反射率光谱与水质参数进行相关分析，能够反映水质参数浓度变化的光谱敏感波段分布和敏感性大小，揭示遥感反射率光谱反演水质参数的能力。图 5.11 反映了实测反射率光谱与悬浮物浓度的相关性。从中可以看出，悬浮物浓度的高相关峰值波段主要位于 530 nm、688 nm 附近。图 5.12 反映了叶绿素浓度与光谱反射率的相关关系，从中可以看到，叶绿素浓度的高相关峰值波段主要位于 550～570 nm 和 700～1200 nm 的荧光区域。

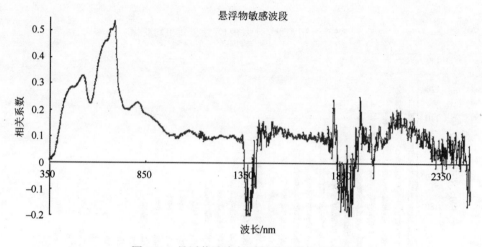

图 5.11　悬浮物浓度与反射率光谱的相关性

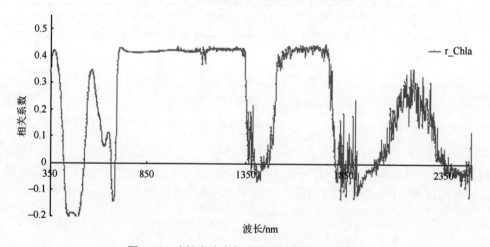

图 5.12　叶绿素浓度与光谱反射率的相关系数

基于上述水质参数光谱特性分析，根据卫星遥感数据波段特征，结合实际采样数据，可建立水环境遥感反演监测模型。如我国 2013 年发射高分 1 号卫星，搭载了两台 2 m 分辨率全色/8 m 分辨率多光谱相机。根据其有效载荷技术指标，可建立叶绿素 a 和悬浮物的遥感反演模型如下（图 5.13）。

（1）叶绿素 a 浓度的遥感反演模型如下。

$$CHL=1142.5\times（B4-B3）+234.33 \tag{5.2}$$

$$（R^2=0.89，N=21，P<0.0001）$$

（2）悬浮物浓度的遥感反演模型如下。

$$SS=1137.5\times B1-23.15 \tag{5.3}$$

$$（R^2=0.86，N=21，P<0.0001）$$

式中，CHL 代表叶绿素 a 浓度，单位：μg/l；SS 代表悬浮物浓度，单位：mg/l；B1 分别代表高分 1 号 WFV 多光谱数据的蓝波段大气校正后的光谱反射率；B3、B4 分别代表高分 1 号 WFV 多光谱数据的红波段、近红波段大气校正后的光谱反射率。

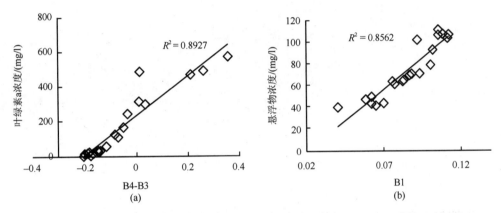

图 5.13　高分 1 号卫星数据与（a）叶绿素 a 浓度、（b）悬浮物浓度散点图

利用未参与建模的 11 个样点分别对叶绿素 a 浓度和悬浮物浓度模型进行精度验证：叶绿素 a 浓度较低的区域反演误差较大，最大误差 500%，在高浓度区域相对较低，最小误差 2.48%，与建模数据基本一致，比较适合反演蓝藻水华；在悬浮物浓度较低的区域反演误差较大，最大误差 36%，在高浓度区域相对较低，最小误差 0.4%，与建模数据一致（图 5.14、图 5.15）。

5.3.2　结　果　分　析

应用水体叶绿素 a 浓度、悬浮物浓度的高精度定量遥感反演技术，开展了太湖水体的春（5 月）、夏（7 月）、秋（11 月）、冬（1 月），4 个季节的蓝藻水华和水体悬浮物的遥感监测应用示范。

1. 叶绿素 a 浓度监测结果

（1）冬季。2015～2016 年的冬季，水体温度降低幅度不大，太湖蓝藻的消亡及沉降不彻底，全太湖依然保持了一个较高的水准。从图 5.16 可以看到，太湖梅梁湾、竺山湾保持较高的叶绿素 a 浓度，同时由于西北风造成的风浪驱动，在南部沿岸区蓝藻浓度也处于一个较高的水平。冬季依然保持较高水平蓝藻浓度，为第 2 年暴发较为严重的蓝藻水华灾害准备了物质基础。

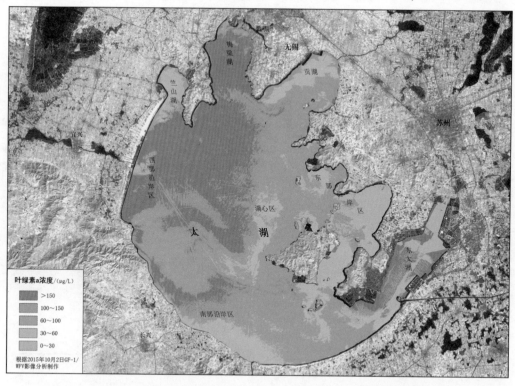

图 5.14 基于高分 1 号卫星数据的太湖叶绿素 a 浓度分布图（2015 年 10 月 2 日）

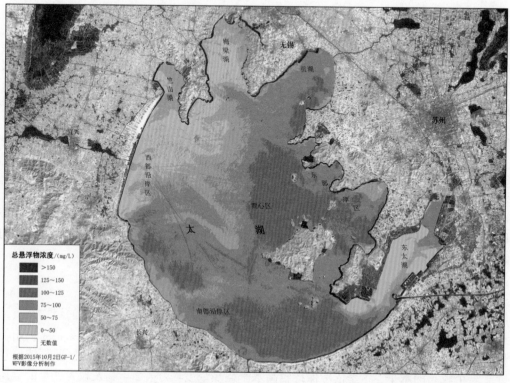

图 5.15 基于高分 1 号数据的太湖悬浮物浓度分布图（2015 年 10 月 2 日）

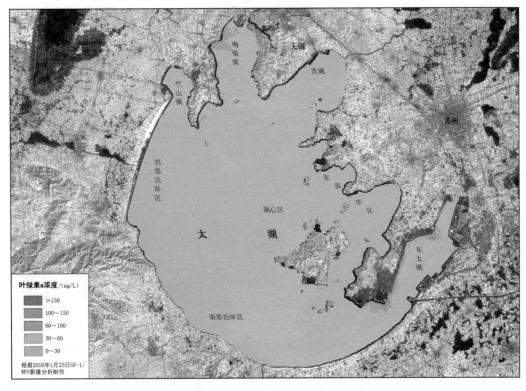

图 5.16　利用高分 1 号 WFV 数据提取的冬季叶绿素 a 浓度分布图（2016 年 1 月 25 日）

（2）春季。在 2015～2016 年冬季的高浓度蓝藻背景值下，太湖在春季就迅速形成了巨大的蓝藻生物量，太湖水域普遍发生了大面积的高密度蓝藻水华，并在西部沿岸区、竺山湾、梅梁湾形成蓝藻水华堆积（图 5.17），对该区域的水质、生态环境、旅游景观形成潜在的威胁。

（3）夏季。太湖区域的蓝藻水华在夏季快速繁殖形成了巨大的蓝藻水华生物量，水华的出现受风浪影响较大，风浪大则沉于水面以下，风浪小则出露水面，随风浪和湖流作用大范围的迁移。一旦在某一区域长时间停留，在高温下极易发生腐烂变质，发出恶臭，污染水体（图 5.18）。

（4）秋季。秋季蓝藻水华生物量达到最高值，并逐渐开始死亡分解。巨大的蓝藻水华生物量在风浪条件下聚集于西北沿岸区、梅梁湾、竺山湾，形成全湖的蓝藻水华分布（图 5.19）。在高温天气下的长时间堆积，容易发生水华旱害事件。

2. 悬浮物浓度监测结果

太湖水体的悬浮物浓度主要受风浪影响较大，季节性变化相对不大。风浪大，则悬浮物浓度较高，最高可到 1000 mg/L，风浪小则悬浮物浓度较低。太湖连续多天的无风或微风条件下，太湖水体清澈，可见湖底。

（1）冬季。监测结果如图 5.20 所示。

（2）春季。监测结果如图 5.21 所示。

（3）夏季。监测结果如图 5.22 所示。

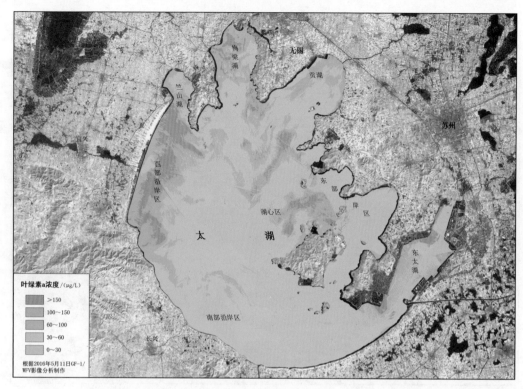

图 5.17　利用高分 1 号 WFV 数据提取的春季叶绿素 a 浓度分布图（2016 年 5 月 11 日）

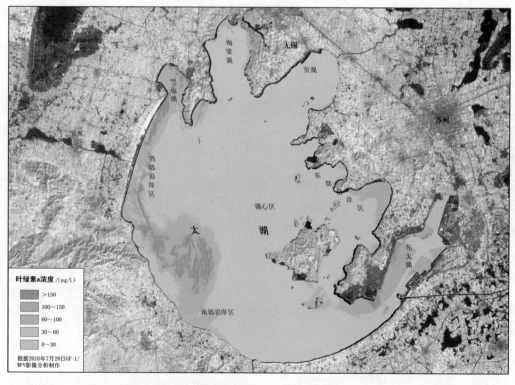

图 5.18　利用高分 1 号 WFV 数据提取的夏季叶绿素 a 浓度分布图（2016 年 7 月 28 日）

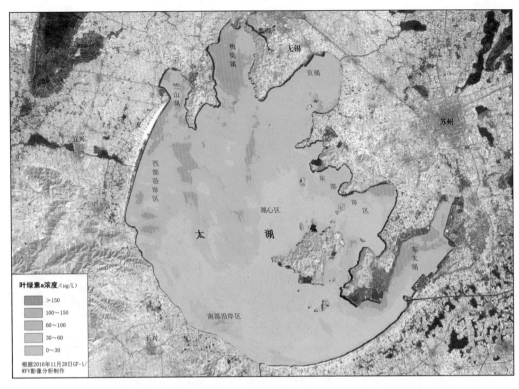

图 5.19　利用高分 1 号 WFV 数据提取的秋季叶绿素 a 浓度分布图（2016 年 11 月 28 日）

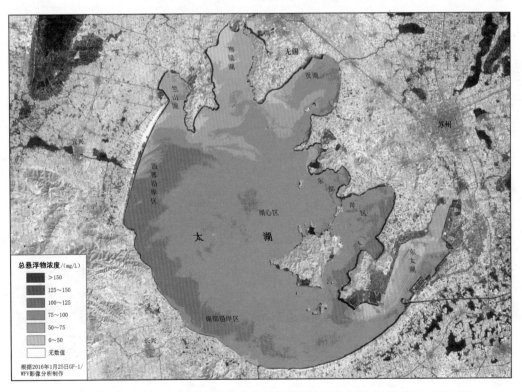

图 5.20　利用高分 1 号 WFV 数据提取的冬季悬浮物浓度分布图（2016 年 1 月 25 日）

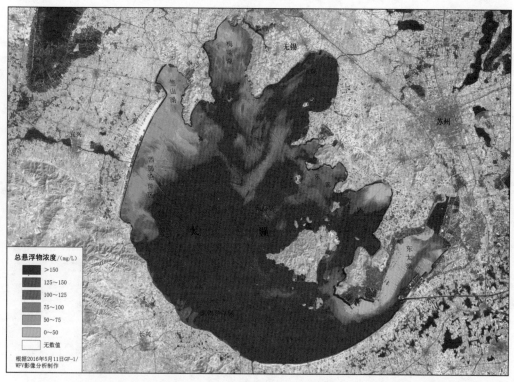

图 5.21　利用高分 1 号 WFV 数据提取的春季悬浮物浓度分布图（2016 年 5 月 11 日）

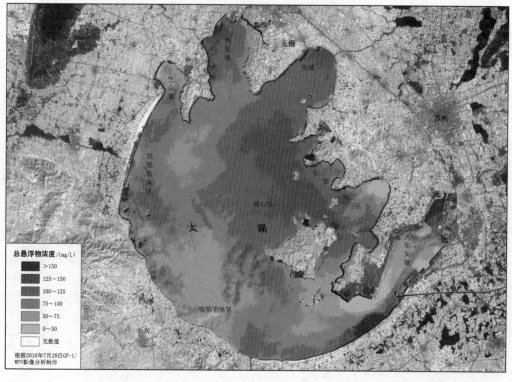

图 5.22　利用高分 1 号 WFV 数据提取的夏季悬浮物浓度分布图（2016 年 7 月 28 日）

（4）秋季。监测结果如图 5.23 所示。

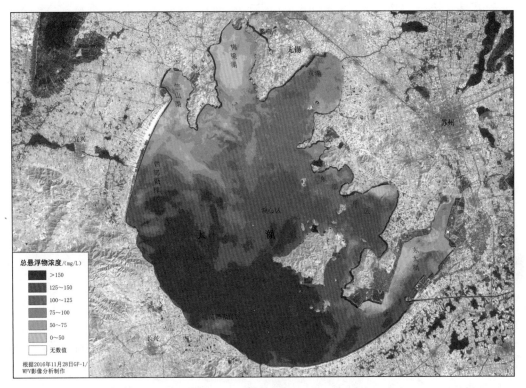

图 5.23　利用高分 1 号 WFV 数据提取的秋季悬浮物浓度分布图（2016 年 11 月 28 日）

5.4　生态环境质量遥感监测方法

5.4.1　生态环境质量遥感评价概述

生态环境质量是指生态环境的优劣程度，它以生态学理论为基础，在特定的时间和空间范围内，从生态系统层次上，反映生态环境对人类生存及社会经济持续发展的适宜程度，是根据人类的具体要求对生态环境的性质及变化状态的结果进行评定。自 20 世纪以来，在全球气候变化、水土流失、生物多样性减少、大气污染、水环境污染、水资源短缺等因素影响下，生态环境遭到剧烈破坏，严重影响了人类的生存质量。生态环境恶化给我国人民生活以及社会经济发展造成巨大威胁，因此，结合我国生态环境现状选取评价指标，建立评价模型，进行生态环境评价，了解并分析我国生态环境质量状况以及变化趋势，为合理制定我国生态环境保护策略，促进我国经济与生态的可持续发展提供决策支持已成为当前的客观需求。

生态环境质量评价是根据选定的指标体系和质量标准，应用恰当的方法评价某区域生态环境质量的优劣及其影响作用关系（夏军，1999）。国外对生态环境评价研究较早，始于 20 世纪 60 年代中期，在 80 年代以来随着生态学、环境学等理论的提出，计算机技术、遥感、地理信息技术以及全球定位系统（3S）的应用，生态环境综合评价进入了蓬勃发展阶段。在 80 年代末期，联合国经济合作开发署（OECD）建立了一个压力—状态—响应框架模型（Pressure-State-Response Framework，PSR），这一模型从社会经济与环境有机统一的观点出发，反映了自然、经济、社会因素在生态系统中的关系及作用，为生态系统健康评价提供了逻辑基础，被世界各国广泛应用于生态环境评价中（Hamdaoui and Naffrechoux，2008）。进入 90 年代后，许多组织或学者对 PSR 模型进行了改进和推广，联合国可持续发展委员会在 1996 年提出了驱动力—状态—响应模型（Driving Force-State-Response Model，DSR），将人类活动对环境的影响全面纳入指标框架中。在 1999 年，为了探索进行世界生态系统综合评价问题，联合国成立了千年生态系统评价指导委员会（ESC），并启动"千年生态系统评估"（Millennium Ecosystem Assessment，MA）项目，该项目建立了从小村庄到全球各种地理尺度的单元评价模型，是迄今为止对全世界生态系统健康状况最大的评价项目（杨洪晓和卢琦，2003，Assessment，2005）。在 2000 年，MA 执行委员会先后在南非、东南亚、中（北）欧和中美洲地区启动千年生态系统评价（赵士洞，2001）。我国目前也已加入此项目中，"中国西部开发的生态环境质量综合评价"研究项目已列入次全球评价项目，并将逐步启动全国范围的生态系统评估研究。

我国生态环境评价发展稍晚于国外，开始于 20 世纪 70 年代，80 年代开始引起人们的普遍重视，重点关注农业生态系统和城市环境质量的综合评价，并向区域环境区划、土地可持续利用等研究方向发展（周华荣，2000）。我国早期比较有影响的研究有 20 世纪 80 年代董鸣等对海南、珠江口等地区域生态环境质量的方法指标体系等进行的探索，从生物学角度选取生物量、生长量等构建生态环境评价体系（董鸣飞，1985）。阎伍玖等（1995）采用自然生态系统、社会经济系统和农田污染系统 3 个子系统分别选取指标，对安徽芜湖区域农业生态环境质量进行综合评价。孙玉军等（1999）通过样方调查的方法对五指山自然保护区的土壤、植被、生态系统及生物多样性等生态环境因子进行分析，并对该区域的生态环境脆弱性进行评价。周华荣（2000）以农田、自然以及人为环境压力 3 个子系统建立评价指标体系，以县级行政单元为单位对新疆生态环境质量现状进行了综合评价。叶亚平和刘鲁君（2000）通过生态环境质量背景、人类影响程度和人类适宜度需求 3 个方面对中国 30 个省份进行了生态环境质量评价。国家环保总局在 2006 年首次制定了《生态环境状况评价技术规范（试行）》，环境保护部于 2015 年进行了第一次修订，制定了《生态环境状况评价技术规范》（HJ 192-2015），提出了一套以土地利用遥感监测数据为基础，利用综合指数法对生态环境质量进行评价的技术规范。以此为基础，我国许多学者对中国各地进行了相关评价研究。

纵观现有研究进展，国内外学者在生态环境质量评价研究中已取得相当多的成果，无论是理论体系、研究方法还是实际应用都有了比较成熟的发展。但仍存在以下几点不足：①目前国内外研究工作主要集中在生态影响评价以及生态风险评价上，侧重研究人类活动对于生态环境造成的影响，少见对当前生态环境现状的调查；②当前的生态环境研究工作大部分是围绕城市单元以下的区域展开，缺少对大范围研究区域特别是针对中国全国范围的生态环境质量综合评价；③目前大多数生态环境质量评价研究依赖的数据源是土地利用/土地覆盖数据、统计数据，但目前高精度土地利用遥感监测数据仍然需要通过人工解译等方式完成，特别是对于中国范围大区域土地利用遥感监测数据，由于工作量巨大，不能保证及时获取连续数据。而相关统计数据由于涉及范围广，种类多，同样不利于数据采集工作。因此很难保证生态环境质量评价的连续动态监测。

基于遥感及统计数据，使用层次分析法构建生态环境质量遥感评价模型，对 2005 年、2008 年和 2010 年的中国生态环境质量进行评价并分析结果。首先构建模型定量计算中国生态环境质量结果；然后分析全国生态环境质量的时空变化特征；最后在全国生态环境质量分析结果上，进一步分析降水、日照时数等自然环境因素以及人口、GDP 等人类活动因素和生态环境质量之间的关系。

5.4.2　生态环境质量遥感评价指标

生态环境质量评价指标体系是生态环境质量评价的根本条件和基础，由于各个国家或地区的自然、社会经济状况不同，所采用的指标条件也各不相同，很难进行统一。生态环境质量评价指标体系构建是否成功，直接决定了评价结果的真实性和可行性。从国内外学者对生态环境质量评价的研究结果来看，指标体系的选取一般是围绕经济、社会、资源以及生态系统的可持续发展为核心进行的。

国外学者一般是选择某一角度对生态环境的一个方面进行评价。Trevisan 等（2000）采用非点源农业危险指数（NPSAHI），结合 GIS 技术，采用分级方法评价了意大利克雷莫纳省农业行为对生态环境的影响。Jun（2004）采用"输入—输出"模型对城市的社会和经济系统进行评价。

我国对生态环境质量评价的研究也发展出一些比较有代表性的指标体系。宋永昌等（2000）针对城市生态质量评价建立了指标体系，其中，一级指标为结构、功能和协调度；二级指标为人口结构、基础设施、环境绿化、资源配置、城市交通、可持续性等，各种与城市经济、社会、生态相关的因子组成了整个城市生态评价指标体系。1999 年国家环保总局开展了"中国省域生态环境质量指标体系研究"，黄思铭等（1998）在对云南省建立生态评价指标体系时选择了资源、环境、人口三方面指标，具体选择 33 个指标建立云南省生态环境质量状况评价体系，但受数据资料等限制，仅采用了森林覆盖率、荒山荒地占国土面积比例、水土流失面积比、环境污染指数以及人口自然增长率 5 个指标进行评价。周华荣（2000）对新疆生态环境进行评价是分为农田生态子系统、自然生态子系统和人为环境压力子系统，分别对农业、自然和人为环境进行表征。第三种代表性评价指标体系为生态脆弱带综合评价指标体系，生态脆弱带指具有不稳定性、敏感性强且具有退化趋势的生态环境过渡带。赵跃龙和张玲娟（1998）建立的脆弱生态环境质量评价指标体系，由 5 个主要成因指标（地表植被覆盖度、人均耕地面积、水资源、热量资源、干燥度）和 6 个结果表现指标（人均 GNP、农民人均收入、人均工业产值、农业现代化水平、恩格尔系数、人口素质）两方面组成。王让会和樊自立（2001）选取 4 个子系统（水资源系统、土地资源系统、生物资源系统、环境系统）共 20 个敏感因子作为评价指标，建立生态脆弱带评价指标体系，对新疆塔里木河流域进行生态脆弱性评价，反映了该流域生态环境质量状况。

以上评价指标体系的选择及其权重的确定受到数据资料以及尺度问题等制约，使得评价方法和结果有一定的区域局限性。因为生态环境指标体系种类繁多复杂，为加强生态环境保护，充分发挥环保部门统一监督管理的职能，综合评价我国生态环境状况及变化趋势，环境保护部在 2015 年制定了《生态环境状况评价技术规范》，该规范规定了生物丰度指数、植被覆盖指数、水网密度指数、土地退化指数和环境质量指数 5 种指标，从生态、资源、环境以及社会发展等方面综合考虑，构建了一个比较完整的生态质量评价指标体系。

对近年来我国各地区各种尺度的生态环境质量评价使用的主要生态环境状态指标分析，根据使用频度可以发现，植被覆盖指标、水资源指标、土地退化指标、环境污染指标、土地利用类型以及生物多样性指标具有最高的适用性（文献中使用频次达到 20 次以上），在我国大部分区域都能够找到相应的研究数据进行分析，同时植被覆盖度、土地退化指标、土地利用类型以及生物多样性指标目前都能够应用遥感及 GIS 技术获取，可以满足指标选取原则中的适应性以及遥感关联性原则。因此本书选择生物多样性指数、植被覆盖指数、水网密度指数、土地退化指数以及环境污染指数构建生态环境质量遥感评价模型。指标体系及各参评因子如表 5.1 所示。评价指标中，生物多样性指数参考朱万泽等（2009）和陈昌笃（1997）的研究成果确定指标值，植被覆盖指数通过 MODIS NDVI 产品计算得到，水网密度指数、土地退化指数、环境污染指数 3 个评价指标采用《生态环境状况评价技术规范》中的方法确定指标值。

表 5.1　生态环境质量评价指标体系

生态环境质量评价	评价指标	参评因子
生态环境质量指数	生物多样性指数	土地覆盖类型
		NDVI 变异程度
	植被覆盖指数	植被覆盖
	水网密度指数	水资源总量
		水体分布
	土地退化指数	土壤侵蚀程度
	环境污染指数	SO_2 排放量
		化学需氧量
		固体废弃物

5.4.3　生态环境质量遥感评价方法

1. 生态环境质量评价指标值确定

1）生物多样性指数

参考朱万泽等（2009）和陈昌笃（1997）的研究成果，采用特尔菲法，根据土地覆盖类型数据建立权重分配栅格数据。权重分配如表 5.2 所示，2005 年权重分配结果如图 5.24 所示。

表 5.2　土地覆盖类型权重分配

土地类型	水体	针叶林	阔叶林	混交林	灌丛	草原	湿地	耕地	城市及建设用地	冰雪	裸地
权重	0.005	0.22	0.3	0.23	0.12	0.03	0.04	0.05	0	0	0.005

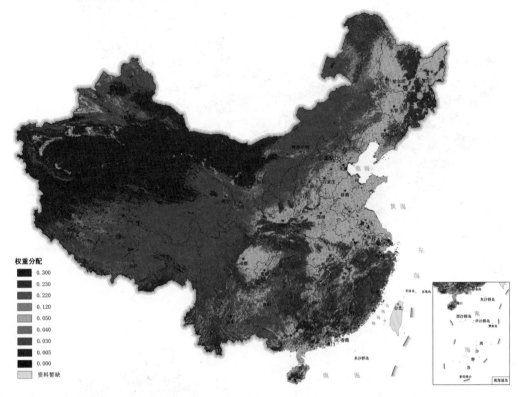

权重分配
- 0.300
- 0.230
- 0.220
- 0.120
- 0.050
- 0.040
- 0.030
- 0.005
- 0.000
- 资料暂缺

图 5.24　2005 年中国生物多样性指数权重分配

在计算 NDVI 标准差的过程中，本书以中国县级行政区划进行斑块划分，利用 ArcGIS 软件的区域统计工具计算标准差得到中国各县 NDVI 标准差栅格数据。然后将该结果与土地覆盖类型权重分配栅格相乘，即得到中国生物多样性指数图。为方便后续研究，将生态环境质量指数中各指标因子进行归一化后乘以 100，将各指标值调整到[0，100]区间分布，如下式：

$$Y = \frac{X - X_{min}}{X_{max} - X_{min}} \times 100 \tag{5.4}$$

式中，Y 为调整后的指标值；X 为调整前指标值；X_{max} 为该指标最大值；X_{min} 为该指标最小值。

以此方法计算得到中国 2005 年、2008 年和 2010 年生物多样性指数结果（图 5.25）。

为验证结果可靠性，本书将 2005 年生物多样性指数与严格按照《生态环境状况评价技术规范》（环境保护部，2015）计算得到的中国部分地区 2005 年生物丰度指数结果（图 5.26）进行对比。生物丰度指数是以中国土地利用遥感监测数据为基础，通过对各土地利用类型占研究区域的面积赋予权值，将各土地类型栅格数据加权后进行归一化得到的空间化结果。相关分析结果表明二者相关系数为 0.587（P<0.01），存在显著相关关系。

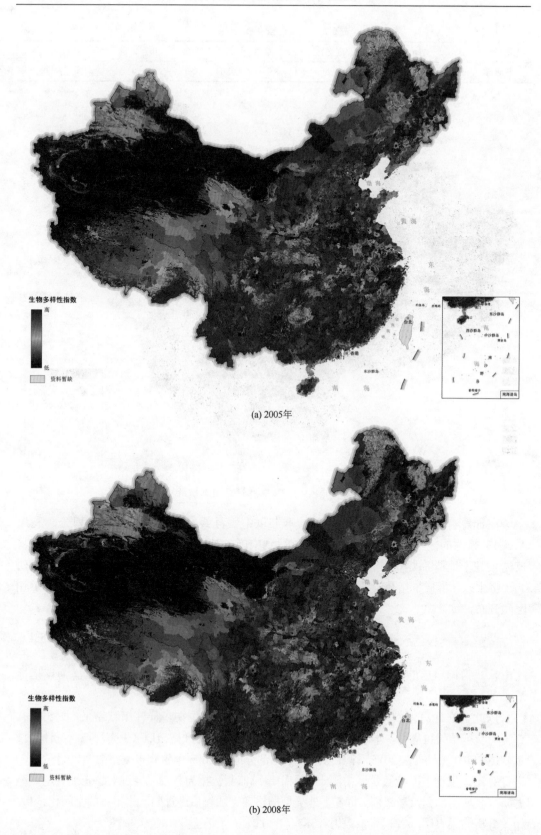

(a) 2005年

(b) 2008年

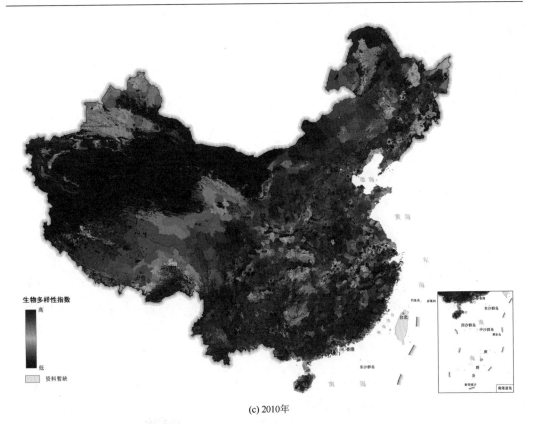

(c) 2010 年

图 5.25　中国 2005 年（a）、2008 年（b）和 2010 年（c）生物多样性指数

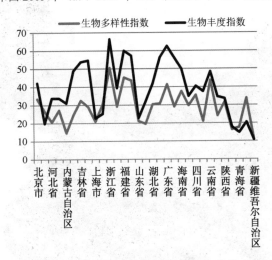

图 5.26　2005 年中国部分地区生物多样性指数与生物丰度指数对比

2）植被覆盖指数

　　本书利用 MODIS 的 NDVI 产品计算植被覆盖指数。归一化植被指数（NDVI）是分析植被生长状况以及空间分布密度的最重要指示因子，已被广泛应用在植被覆盖以及生长活力的定性及定量评价中（孟庆香，2006）。在估测土地覆盖变化、植被生产力、土

壤水和旱情分析、荒漠化监测等领域均有应用。丁建丽（2002）、申文明等（2004）及刘建军（2002）在对生态环境状况研究时都采用了 NDVI 数据。本书中，采用 2005 年、2008 年和 2010 年 16 天周期的 1 km 空间分辨率 MODIS NDVI 产品，利用最大值合成法分别提取这 3 年数据的 NDVI 最大值，计算中国植被覆盖指数，结果如图 5.27 所示。

　　3）水网密度指数

　　本书选取水网密度指数作为衡量中国水资源分布的指标，通过计算研究区域内河流长度、水域面积以及水资源量占评价区域面积的比例来衡量水资源的丰富程度。水网密度指数计算公式如下：

$$水网密度指数 = A_{riv} \times 河流长度/区域面积 + A_{lak} \times 湖库（近海）面积/区域面积 + A_{res} \times$$
$$水资源量/区域面积 \tag{5.5}$$

式中，A_{riv}、A_{lak} 和 A_{res} 为归一化系数。这里采用最大值归一法，公式为

$$归一化系数 = 100/A_{最大值} \tag{5.6}$$

　　河流长度以及湖库面积可以通过中国土地利用遥感监测数据获得。中国 2005 年、2008 年和 2010 年水网密度指数结果如图 5.28 所示。

　　4）土地退化指数

　　本书选用土地退化指数表征土地退化程度，根据 1995 年水利部基于遥感影像解译

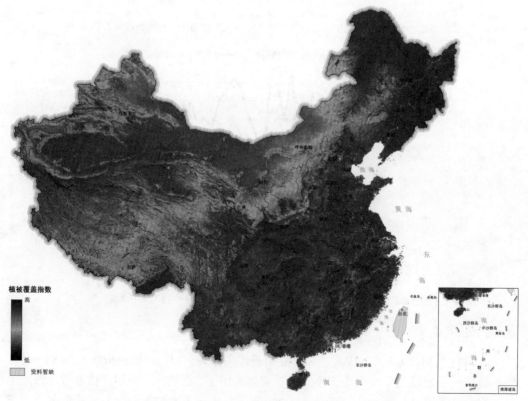

(a) 2005年

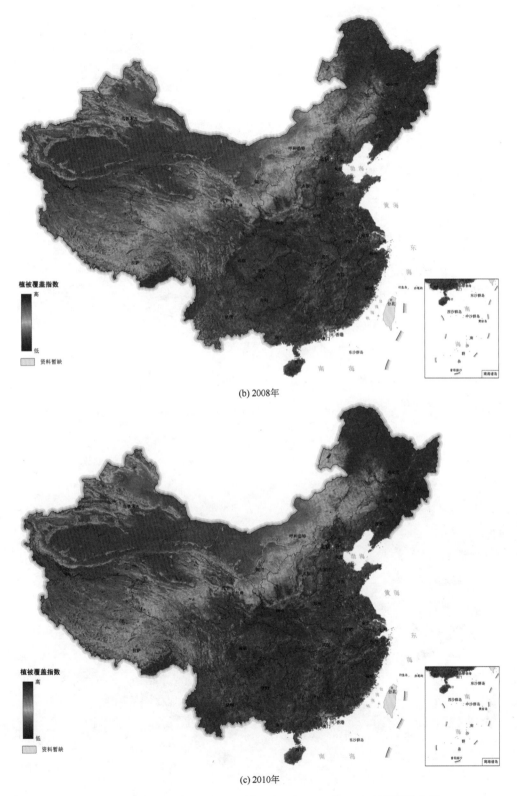

(b) 2008年

(c) 2010年

图 5.27　中国 2005 年（a）、2008 年（b）和 2010 年（c）植被覆盖指数

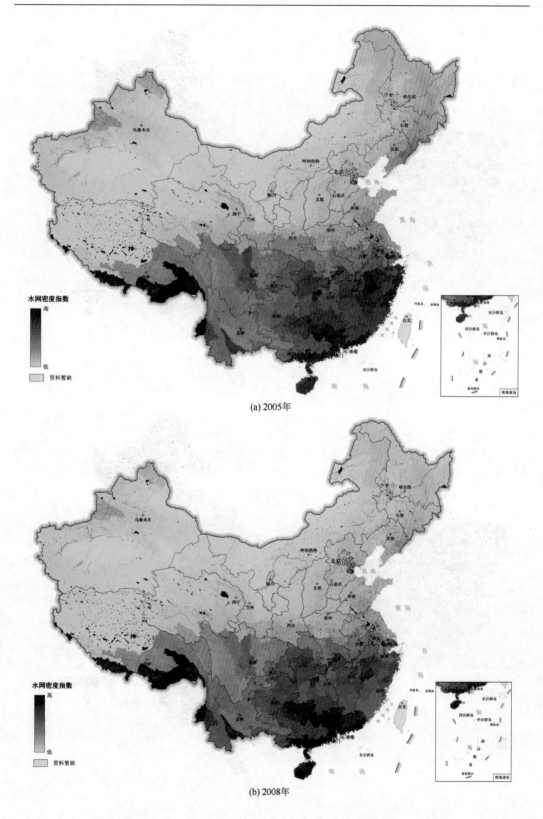

(a) 2005年

(b) 2008年

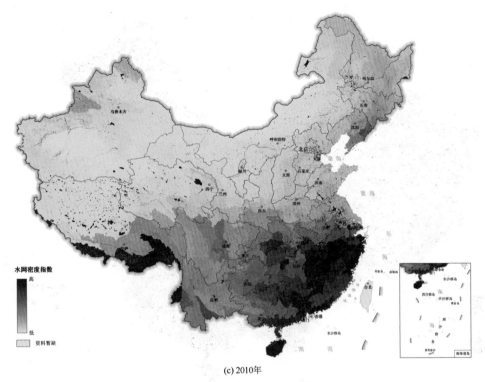

(c) 2010年

图 5.28　中国 2005 年（a）、2008 年（b）和 2010 年（c）水网密度指数

的土地侵蚀调查数据衍生得到 1 km 成分栅格数据，通过计算研究区域内风蚀、水蚀以及冻融侵蚀的面积占研究区域比重进行计算。由于土地退化程度越高，生态环境质量越差，因此土地退化指数是生态环境质量指数的逆向指标。计算公式如下：

$$土地退化指数=100-A_{ero}×（0.05×轻度侵蚀面积+0.25×中度侵蚀面积+0.7×重度侵蚀面积）/区域面积 \qquad (5.7)$$

式中，A_{ero} 为土地退化指数归一化系数，计算公式见式（5.4）。中国土地退化指数计算结果如图 5.29 所示。

5）环境污染指数

本指数用于评价研究区域内受纳污染物负荷，反映评价区域承受的环境污染压力。通过计算化学需氧量（COD）、二氧化硫 SO_2 排放量以及固体废弃物排放量，综合反映了生态环境中受到水污染、大气污染以及土壤污染的程度。其中二氧化硫及固体废弃物计算的是单位面积内污染物排放的平均分布，化学需氧量指标用于评价研究区域水体污染，因此计算其在单位降雨中的含量。环境污染指数计算公式如下：

$$环境污染指数=0.4×（100-A_{SO_2}×SO_2排放量/区域面积）+0.4×（100-A_{COD}×COD$$
$$排放量/区域年均降水量）+0.2×（100-A_{sol}×固体废物排放量/区域面积） \qquad (5.8)$$

式中，A_{SO_2}、A_{COD}、A_{sol} 分别为二氧化硫、化学需氧量和固体废弃物的归一化指数，计算方法见式（5.4）。中国 2005 年、2008 年和 2010 年环境污染指数计算结果如图 5.30 所示。

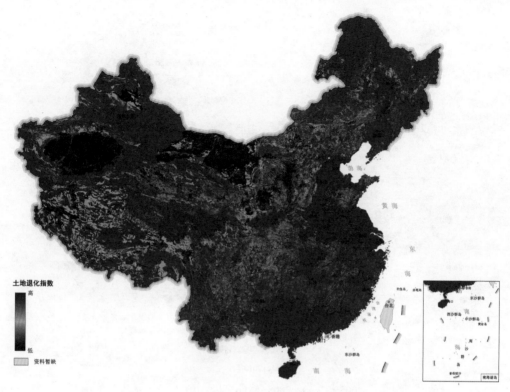

图 5.29　中国土地退化指数

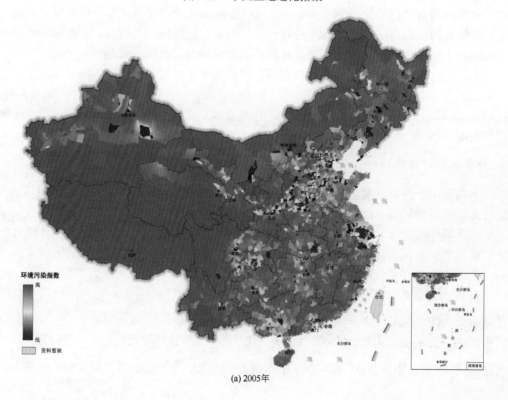

(a) 2005年

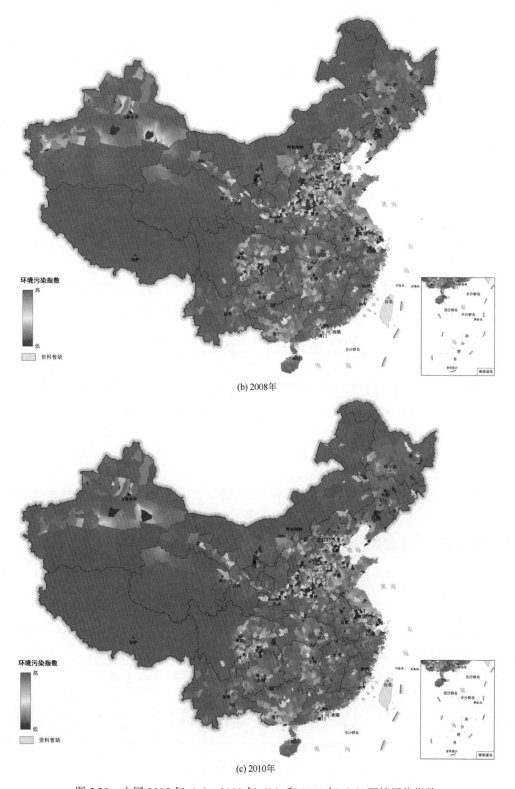

图 5.30　中国 2005 年（a）、2008 年（b）和 2010 年（c）环境污染指数

2. 构建生态环境质量遥感评价模型

本章的目的是选取生态环境质量遥感模型，通过构建生态环境质量指数，对中国生态环境质量状况进行评价。本节中采用层次分析法确定生态环境质量指数各权重。首先需要对生态环境质量评价中各指标的相对重要性进行研究，对其进行重要程度排序，以构建判断矩阵。

根据以上分析，可以确定生态环境质量指数各因子相对重要性并构造判断矩阵如表 5.3 所示。

表 5.3　生态环境质量指数因子判断矩阵

	生物多样性指数	植被覆盖指数	水网密度指数	土地退化指数	环境污染指数
生物多样性指数	1.00	2.00	2.00	3.00	4.00
植被覆盖指数	0.50	1.00	1.00	2.00	3.00
水网密度指数	0.50	1.00	1.00	2.00	3.00
土地退化指数	0.33	0.50	0.50	1.00	2.00
环境污染指数	0.25	0.33	0.33	0.50	1.00

根据该矩阵利用方根法求解各因子权重值，计算结果见表 5.4。

表 5.4　生态环境质量指数权重分配结果

因子	生物多样性指数	植被覆盖指数	水网密度指数	土地退化指数	环境污染指数
权重	0.37	0.22	0.22	0.12	0.07

对该结果进行一致性检验，CI=0.008268，根据表 4.12 查得 RI=1.12，一致性检验指标 CR=CI/RI=0.007382<0.1，因此认为权重计算结果可信。

根据权重分配结果计算中国 2005 年、2008 年和 2010 年生态环境质量指数（EQI），计算公式见式（5.7）：

$$生态环境质量指数=0.37×生物多样性指数+0.22×植被覆盖指数+0.22×水网密度指数+$$
$$0.12×土地退化指数+0.07×环境污染指数 \qquad (5.9)$$

3. 生态环境质量评价

根据生态环境质量评价结果的直方图分布，对生态环境质量评价结果进行分级，分级方法如表 5.5。

表 5.5　生态环境质量指数分级

级别	优	良	一般	较差	差
指数	EQI≥5	55≤EQI<75	35≤EQI<55	20≤EQI<35	EQI<20
状态	植被覆盖度高，生物多样性丰富，生态系统稳定，最适合人类生存	植被覆盖度较高，生物多样性比较丰富，基本适合人类生存	植被覆盖度中等，生物多样性水平一般，较适合人类生存，但有不适合人类生存的制约性因子	植被覆盖度较差，严重干旱少雨，物种较少，存在明显制约人类生存的因素	条件较恶劣，人类生存环境恶劣

5.4.4　生态环境质量遥感评价结果

中国生态环境质量遥感评价结果如图 5.31 所示。中国生态环境质量空间分布特征如

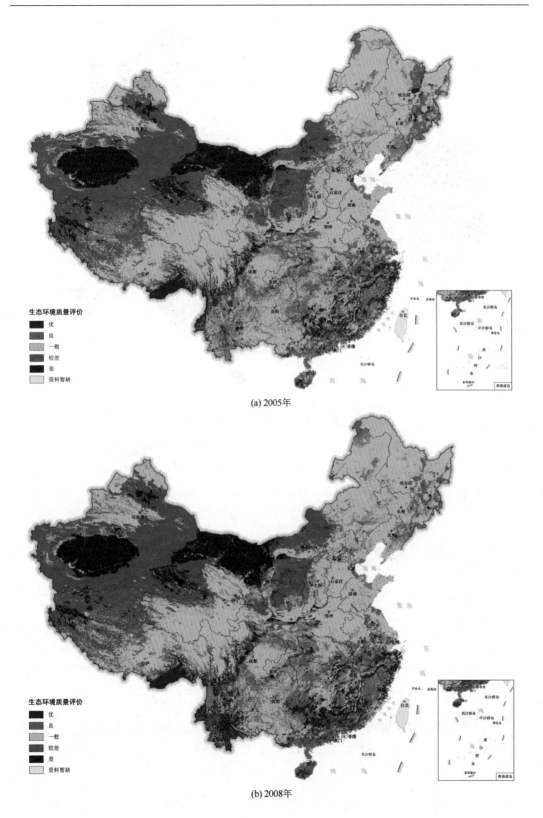

(a) 2005年

(b) 2008年

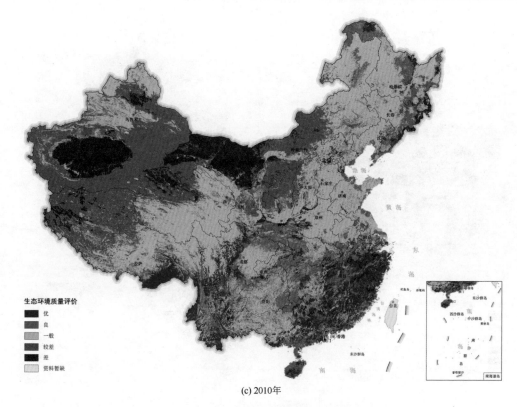

(c) 2010年

图 5.31　中国生态环境质量评价结果

下：中国生态环境质量状况整体分布呈地域差异性，评价结果较好的地区主要集中在我国南方以及东北地区，质量较差的地带主要集中在我国西部以及西北部地区。对 2010 年中国生态环境质量分级结果进行统计后，结果如下：评价为差的地区总面积为 80.991 万 km²，其主要分布在新疆塔里木盆地、准噶尔盆地以及内蒙古西部高度荒漠化地带，该等级地区占我国总面积的 9%。较差的地区面积为 225.6914 万 km²，其主要分布在我国西部及西北地区，如西藏及新疆西部地区以及甘肃、宁夏、青海、内蒙古部分地区，占总面积的 24%。我国约有 43% 的地区生态质量一般，总面积为 401.1752 万 km²，我国东北地区、华北地区、华东地区以及华中地区的大部分生态环境质量均处在这一等级。评价为良的地区总面积为 143.3799 万 km²，主要分布在我国东南沿海、东北东部以及云南、四川等西南省份，占总面积 15%。结果为优的地区总面积为 90.4065 万 km²，主要位于喜马拉雅山脉周边地带、四川盆地中部以及东南沿海部分省份的局部地区，约占总面积的 10%。

5.5　环境容量监测评价结果

全国环境容量（二氧化硫排放、化学需氧量排放）如图 5.32、图 5.33 所示。为了分析国家主体功能区环境容量中二氧化硫排放、化学需氧量排放功能指标的状况，对全国环境容量（二氧化硫排放、化学需氧量排放）在县级单元层次上的数量做了统计（图 5.34、图 5.35），并统计了各省、自治区、直辖市内全国环境容量（二氧化硫排放、化学需氧量排放）在县级单元层次上的数量及其百分比（图 5.36、图 5.37、图 5.38、图 5.39）。

综合图 5.32～图 5.37 可以看出：

图 5.32　全国环境容量（二氧化硫排放）

图 5.33　全国环境容量（化学需氧量排放）

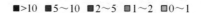

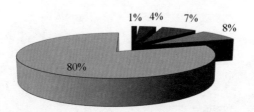

图 5.34　全国环境容量（二氧化硫排放）单元数量百分比统计（按县级行政单元）

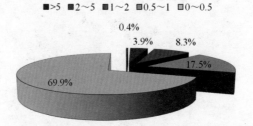

图 5.35　全国环境容量（化学需氧量排放）单元数量百分比统计（按县级行政单元）

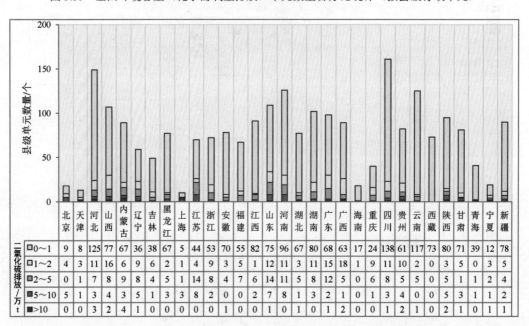

图 5.36　各省份环境容量（二氧化硫排放）分类（按县级行政单元）

香港、澳门、台湾资料暂缺

二氧化硫排放/万t	北京	天津	河北	山西	内蒙古	辽宁	吉林	黑龙江	上海	江苏	浙江	安徽	福建	江西	山东	河南	湖北	湖南	广东	广西	海南	重庆	四川	贵州	云南	西藏	陕西	甘肃	青海	宁夏	新疆
0~1	9	8	125	77	67	36	38	67	5	44	53	70	55	82	75	96	67	80	68	63	17	24	138	61	117	73	80	71	39	12	78
1~2	4	3	11	16	6	9	6	2	1	4	9	3	5	1	12	11	3	11	15	18	1	9	11	10	2	0	3	5	0	3	5
2~5	0	1	7	8	9	8	4	5	1	14	8	4	7	6	14	11	5	8	12	5	0	6	8	5	5	0	5	1	1	2	4
5~10	5	1	3	4	3	1	3	2	1	3	8	2	0	0	2	7	8	1	3	2	1	0	1	3	4	0	0	5	3	1	2
>10	0	0	3	2	4	1	0	0	0	0	0	0	0	1	0	1	0	1	2	0	0	1	2	1	0	2	1	0	1	1	1

（1）全国环境容量（二氧化硫排放）空间分异性较大，呈现出东多西少的空间分布格局。

（2）全国 1%的县（区）二氧化硫排放量大（>10 万 t），4%的县（区）二氧化硫排放量较大（5 万~10 万 t），7%的县（区）二氧化硫排放量一般（2 万~5 万 t），8%的县（区）二氧化硫排放量较小（1 万~2 万 t），80%的县（区）二氧化硫排放量小（<1 万 t）。

（3）各省（自治区、直辖市）中，上海、北京、江苏、辽宁等地区二氧化硫排放量大；西藏、海南、青海、云南等地区二氧化硫排放量小。

综合图 5.33～图 5.39 可以看出：

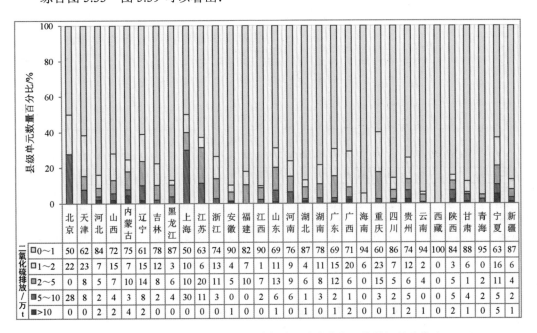

二氧化硫排放/万t	北京	天津	河北	山西	内蒙古	辽宁	吉林	黑龙江	上海	江苏	浙江	安徽	福建	江西	山东	河南	湖北	湖南	广东	广西	海南	重庆	四川	贵州	云南	西藏	陕西	甘肃	青海	宁夏	新疆
0~1	50	62	84	72	75	61	78	87	50	63	74	90	82	90	69	76	87	78	69	71	94	60	86	74	94	100	84	88	95	63	87
1~2	22	23	7	15	7	15	12	3	10	6	13	4	7	1	11	9	4	11	15	20	6	23	7	12	2	0	3	6	0	16	6
2~5	0	8	5	7	10	14	8	6	10	20	11	5	10	7	13	9	6	8	12	6	0	15	5	6	4	0	5	1	2	11	4
5~10	28	8	2	4	3	8	2	4	30	11	3	0	0	2	6	6	1	3	2	1	0	3	2	5	0	0	5	4	2	5	2
>10	0	0	2	2	4	2	4	0	0	0	0	1	0	0	1	0	1	0	1	2	0	0	1	2	1	0	2	1	1	5	1

图 5.37　各省份环境容量（二氧化硫排放）分类占比（按县级行政单元）

香港、澳门、台湾资料暂缺

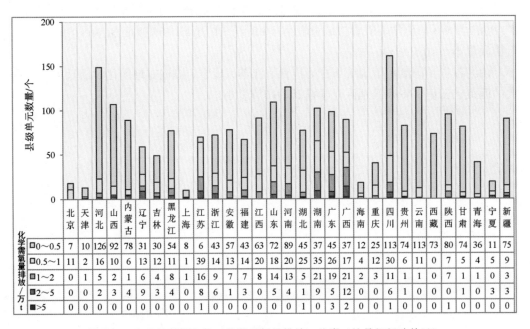

化学需氧量排放/万t	北京	天津	河北	山西	内蒙古	辽宁	吉林	黑龙江	上海	江苏	浙江	安徽	福建	江西	山东	河南	湖北	湖南	广东	广西	海南	重庆	四川	贵州	云南	西藏	陕西	甘肃	青海	宁夏	新疆
0~0.5	7	10	126	92	78	31	30	54	8	6	43	57	43	63	72	89	45	37	45	37	12	25	113	74	113	73	80	74	36	11	75
0.5~1	11	2	16	10	6	13	12	11	1	39	14	13	14	20	18	20	25	35	26	17	4	30	6	11	0	7	5	4	5	4	9
1~2	0	1	5	4	1	6	4	8	1	16	9	7	8	14	13	5	21	19	21	2	3	11	1	1	0	1	1	1	0	3	3
2~5	0	0	2	3	4	3	4	0	8	6	1	0	5	0	5	12	0	0	3	0	0	0	1	0	0	0	1	0	0	3	3
>5	0	0	0	0	0	0	0	0	0	0	0	0	0	0	0	3	0	0	3	2	0	0	1	0	0	0	1	0	0	0	0

图 5.38　各省份环境容量（化学需氧量排放）分类（按县级行政单元）

香港、澳门、台湾资料短缺

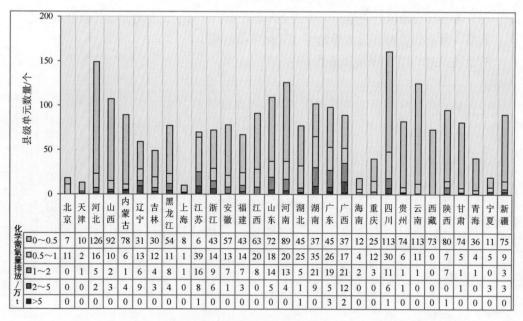

图 5.39 各省份环境容量（化学需氧量排放）分类占比（按县级行政单元）

香港、澳门、台湾资料短缺

（1）全国环境容量（化学需氧量排放）空间分异性较大，亦呈现出东多西少的空间分布格局。

（2）全国 0.4%的县（区）化学需氧量排放量大（>5 万 t），3.9%的县（区）化学需氧量排放量较大（2 万~5 万 t），8.3%的县（区）化学需氧量排放量一般（1 万~2 万 t），17.5%的县（区）化学需氧量排放量较小（0.5 万~1 万 t），69.9%的县（区）化学需氧量排放量小（<0.5 万 t）。

（3）各省（自治区/直辖市）中，广西、江苏、辽宁、湖南等地区化学需氧量排放量大；西藏、云南、贵州等地区化学需氧量排放量小。

第6章 自然灾害危险性遥感监测与评价

6.1 自然灾害危险性概述

6.1.1 概念及研究进展

自然灾害危险性是指我国全国或区域尺度自然灾害发生的可能性和危险程度，由洪水灾害危险性、地质灾害危险性、地震灾害危险性、热带风暴潮灾害危险性4个要素构成，具体通过这4个要素等级指标来反映。设置自然灾害危险性指标的主要目的是为了评估特定区域自然灾害发生的可能性和灾害损失的严重性。自然灾害危险性4个要素及具体含义如下。

（1）洪水灾害危险性。指区域受地形、水系分布、降水等自然因素的影响，在多年平均降水、年暴雨日数、海拔、坡度以及历史上洪灾发生的频度等因子综合评价的基础上，可能引发洪水灾害的危险程度。

（2）地质灾害危险性。指发生致灾地质作用的可能性，核心是致灾地质作用的活动程度，致灾地质作用的活动程度越高，危险性越大。评价一个地区地质灾害的危险性，可以从两个方面进行：一是区域历史上致灾地质作用的发生情况，包括致灾地质作用规模、密度、频次等；二是区域自然条件、地质环境条件、人类工程经济活动状况等。

（3）地震灾害危险性。指发生致灾地震活动的可能性，核心是致灾地震活动的程度，致灾地震活动程度越高，危险性越大。

（4）热带风暴潮灾害危险性。指区域受强烈的大气扰动（如热带气旋、温带气旋或爆发性气旋等天气系统所伴随的强风）和气压骤变导致海面异常升降从而可能引发热带风暴潮灾害的危险程度。

目前关于自然灾害危险性主要围绕自然灾害危险评价展开。史培军（1995）总体分析了中国自然灾害的基本状况、危险性程度以及中国可持续发展与减灾建设，首次把减灾作为国家的基本国策。苏桂武和高庆华（2003）用系统学理念来研究灾害风险，指出需要从灾害风险的成因性要素、影响性要素、描述性要素和评判性要素4个方面入手逐步地系统分析自然灾害风险。董文等（2011）以河北省为例分析了自然灾害危险性及其在主体功能区划评价中的应用。赵洪涛等（2009）以沙尘暴日数、冰雹日数、极端低温、干旱灾害影响、洪涝等级与发生率、滑坡分布与发生率、泥石流分布与发生率、地震动峰加速度值为指标建立自然灾害危险性评价模型，对甘肃省87个县（区）主要自然灾害危险性进行了评价和等级划分。王耕等（2010）建立了大连市洪水灾害、地质灾害、地震灾害、气象灾害和环境污染灾害危险性评价指标体系，创建大连市106个乡镇和千米格网单元的灾害危险性统计数据库，采用"行政单元—动态格网"交互赋值技术，实现了大连市单要素及各类灾害危险性定量评价，为大连市四类主体功能区的划分与减灾防治区划提供参考依据。于欢等（2012）以四川省地震、泥石流、滑坡、洪涝、干旱5种主要自然灾害为评价对象，合理选取评价指标，确定指标权重，计算自然灾害综合评价值，得到全省以及181个县级市主要自然灾害危险性等级，并分析了全省主要自然灾害区划分异特征、主要灾害源地。张虹（2008）从自然致灾因子和自然成灾因子两个方面分别选取评价指标，以三峡库区自然灾害的强度、发生频率等要素为基础，建立了三峡库区自然灾害的空间数据库和属性数据库，得出以区县为单位的三峡库区（重庆段）自然灾害危险性空间分布图。

各单因素灾种的研究相对较多，如马国斌等（2012）、周成虎等（2000）、何报寅等（2002）、张会等（2005）、万君等（2007）、盛绍学等（2010）对不同区域洪涝灾害危险性进行了评价研究，张业成和胡景江（1995）、张春山等（2003；2004）、柳源（2003）、杨秀梅（2008）、薛东剑等（2011）对不同区域地质灾害危险性进行了分析研究，谢礼立（1995）、聂高众和高建国（2002）、吕红山（2005）、刘静伟等（2010）对不同区域地震灾害危险性进行了分析研究，梁海燕和邹欣庆（2006）、赵庆良等（2008）、谭丽荣等（2011）、殷杰（2011）对不同区域台风风暴潮灾害危险性进行了分析和评价研究。

6.1.2 监测评价方法

1. 方法

自然灾害危险性监测评价方法如下：

自然灾害危险性=MAX（洪水灾害危险性，地震灾害危险性，干旱灾害危险性……）（6.1）

2. 技术流程

自然灾害危险性遥感监测与评价技术路线如图6.1所示，具体如下所述。

（1）自然灾害危险性监测评价需要的数据包括：数字高程模型（DEM）、多年平均降水、年暴雨日数、致灾地质作用历史数据、地震活动大小与分布数据、热带风暴潮大小与分布数据等。

（2）各单要素灾害危险性监测与评价。利用洪涝灾害历史统计数据，参考多年平均降水、年暴雨日数等气象观测数据，确定洪水灾害危险性等级；利用致灾地质作用历史统计数据，确定地质灾害危险性等级；利用地震活动大小与分布数据，基于地震动峰值加速度确定地震灾害危险性等级；利用热带风暴潮大小与分布数据，确定热带风暴潮危险性等级。

（3）各灾种的危险性通过专家意见结合数据特征进行定性分析，划定危害程度的等级，每种灾害的危害程度可划分为5个级别。各灾种危险性的计算单元可基于行政单元（具体以灾害历史统计数据的行政单元为参照标准），也可通过空间插值方法将灾害历史统计数据进行空间化处理，得到空间连续灾害分布信息，再对其进行分级处理。

（4）在全国主体功能区规划中，灾害危险性主要考虑了洪水、地质、地震、热带风暴潮等灾害的危险性。各区域灾害危险性灾种选择，可根据地理环境、灾害易发性等选取主要灾种进行区域自然灾害危险性监测评价。

（5）计算自然灾害危险性：根据式（6.1），对洪水灾害危险性、地质灾害危险性、地震灾害危险性、热带风暴潮危险性等单要素灾害危险性等级求最大值，得到单要素复合之后的自然灾害危险性等级空间分布结果。

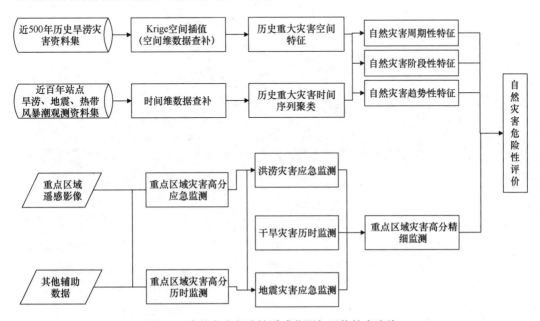

图 6.1　自然灾害危险性遥感监测与评价技术路线

6.2　近 500 年旱涝历史序列特征分析

基于历史旱涝资料，开展近 500 年旱涝历史序列特征分析研究；基于站点观测资料，开展近 100 年旱涝、地震危险性分析研究。通过空间聚类分析和小波分析，形成长时空序列的灾害危险性遥感评价方法，包括灾害强度、灾害频次、灾害趋势等。

历史旱涝等级数据来源包括两部分：20 世纪 80 年代出版的《中国近五百年旱涝分布图集》；2008 年出版的《中国西北地区近 500 年旱涝分布图集》。利用历史旱涝序列，根据最大化类内部相似性、最小化类之间相似性的聚类原则，将各站点划分为若干旱涝特征相似的区域，该区域划分结果将作为下一步时间特征分析、时空耦合特征、我国旱涝与暖池热状况相关特征研究工作的基础（图 6.2）。

以每百年为一个跨度，分别进行旱涝栅格累加，通过比较获得各时期旱涝交替，干旱、洪涝高发区的空间分布状况，以及随着时间推移，旱涝高发区的空间变迁特征。具体分析方法是通过 1501～1600 年、1601～1700 年、1701～1800 年、1801～1900 年、1901～2000 年，5 个时间段干旱、洪涝栅格分别进行累加的方法来获得旱涝高发区的空间分布，结果如图 6.3 所示。

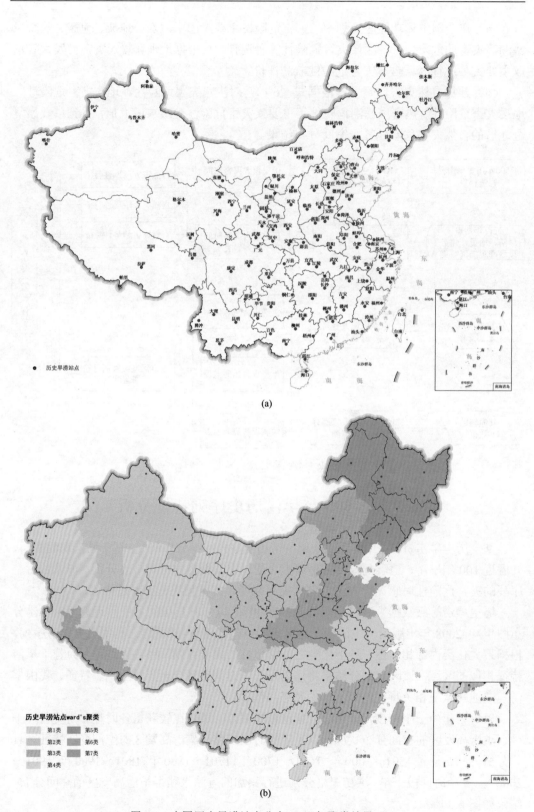

(a)

(b)

图 6.2　中国历史旱涝站点分布（a）与聚类结果（b）

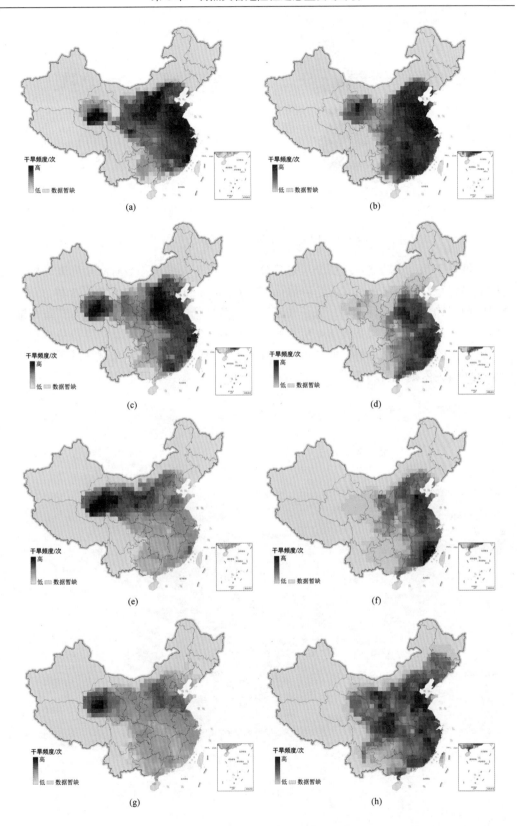

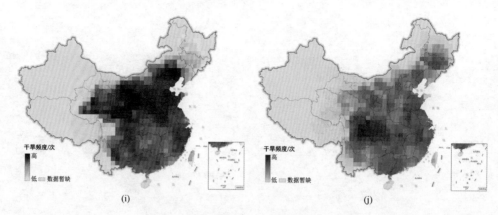

图 6.3　中国历史干旱、洪涝频度分析结果

　　以每百年为一个跨度，进行干旱趋势分析。利用干旱强度指数时间序列来分析研究区的干旱趋势性，分别采用线性趋势估计、Mann–Kendall 检验和 R/S 分析 3 种方法，以便更好地对趋势特征进行描述。为了描述干旱趋势特征的空间分布，依次计算每个格网的线性趋势估计值，结果如图 6.4 所示。图 6.4 中，偏红色的地区是干旱趋势增强的地区，偏蓝色的则是干旱趋势减弱的地区；红色（蓝色）越深就表明增强（减弱）趋势越明显，而偏黄色则表明趋势不是很明显。

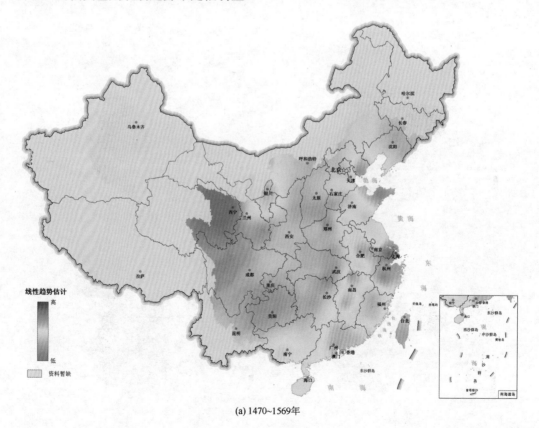

(a) 1470~1569年

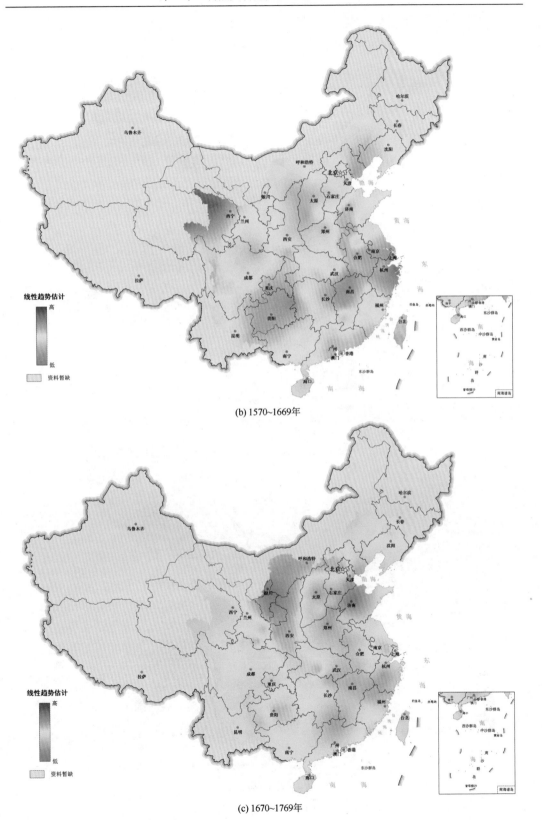

(b) 1570~1669年

(c) 1670~1769年

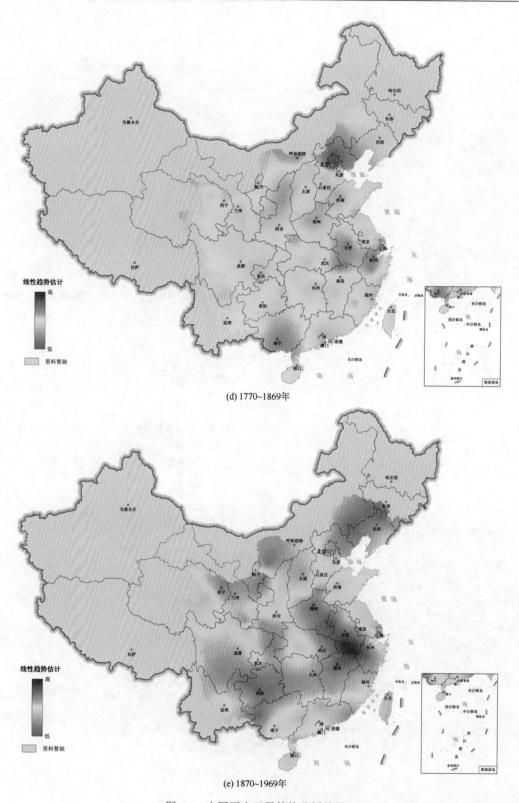

(d) 1770~1869年

(e) 1870~1969年

图6.4 中国历史干旱趋势分析结果

6.3　近 100 年旱涝、地震危险性分析

选取 1961～2013 年中国区域 755 个国家气象站点气候观测数据，进行干旱强度与频次特征分析。基于 SPEI（Standardized Precipitation Evapotranspiration Index）指数，建立干旱等级评价模型，得到了 1961～2013 年中国干旱次数以及严重干旱次数分布图（图 6.5）。从图 6.5 中可知，1961～2013 年中国干旱次数呈现北多南少分布格局，而严重干旱次数主要分布在中东部地区。

选取 1900～2015 年中国区域 5 级以上历史地震数据，进行空间统计插值和数据插补。利用克里格空间插值方法，通过比较球状模型、指数模型、多项式模型等获取的空间插值结果，得到了历史地震灾害空间分布图（图 6.6）。从图中可知，1900～2015 年中国历史地震灾害主要发生在地质断裂带附近，以青藏高原、第二和第三阶梯过渡地带最为严重。

通过以上历史洪涝灾害、干旱灾害、地震灾害长时间序列特征分析，再基于高分数据开展的重点区域各灾种监测，对自然灾害危险性监测模型进行评价和订正，最终形成研究区自然灾害危险性监测评价结果。

(a)

(b)

图6.5　1961～2013年中国干旱次数（a）、严重干旱次数（b）分布图

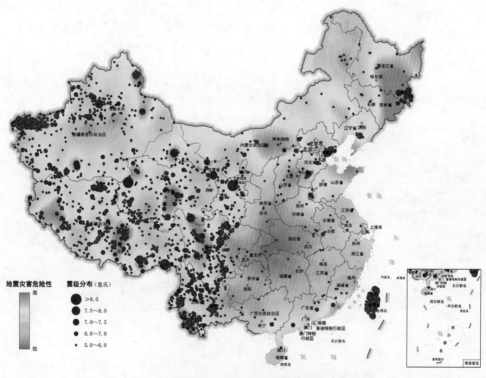

图6.6　中国历史地震灾害空间特征（1900～2015年）

6.4 自然灾害危险性监测评价结果

按照式（6.1），对自然灾害危险性进行综合监测评价，并进行危险性分级，分为高、较高、中等、较低、低5个等级。

全国自然灾害危险性如图6.7所示。为了分析国家主体功能区自然灾害危险性功能指标的状况，对全国自然灾害危险性土地面积百分比及其在县级单元层次上数量百分比做了统计（图6.8、图6.9），并统计了各省、自治区、直辖市内自然灾害危险性在县级单元层次上的数量及其百分比（图6.10、图6.11）。

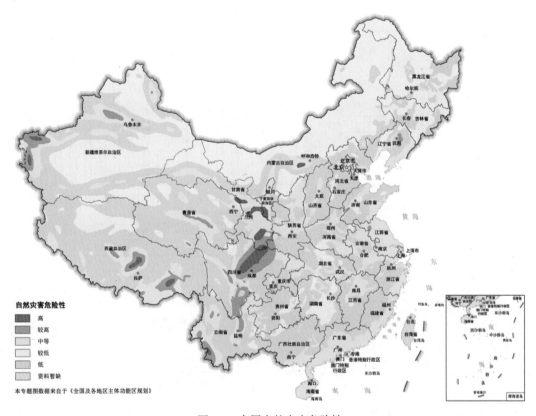

图6.7 全国自然灾害危险性

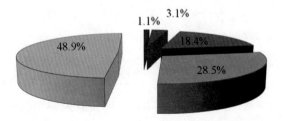

图6.8 全国自然灾害危险性土地面积百分比统计

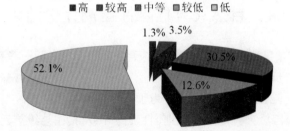

图 6.9　全国自然灾害危险性单元数量百分比统计（按县级行政单元）

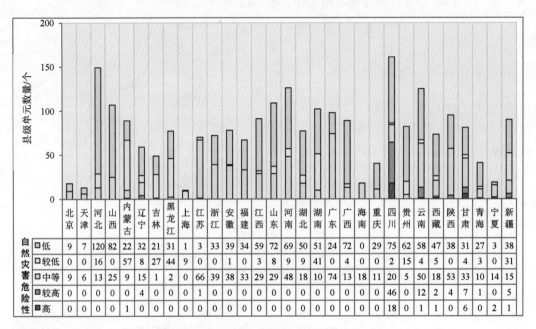

自然灾害危险性		北京	天津	河北	山西	内蒙古	辽宁	吉林	黑龙江	上海	江苏	浙江	安徽	福建	江西	山东	河南	湖北	湖南	广东	广西	海南	重庆	四川	贵州	云南	西藏	陕西	甘肃	青海	宁夏	新疆
	低	9	7	120	82	22	32	21	31	1	3	33	39	34	59	72	69	50	51	24	72	0	29	75	62	58	47	38	31	27	3	38
	较低	0	0	16	0	57	8	27	44	9	0	0	1	0	3	8	9	9	41	0	4	0	0	2	15	4	5	0	4	3	0	31
	中等	9	6	13	25	9	15	1	2	0	66	39	38	33	29	29	48	18	10	74	13	18	11	20	5	50	18	53	33	10	14	15
	较高	0	0	0	0	0	4	0	0	0	0	1	0	0	0	0	0	0	0	0	0	0	0	46	0	12	2	4	7	1	0	5
	高	0	0	0	0	1	0	0	0	0	0	0	0	0	0	0	0	0	0	0	0	0	0	18	0	1	1	0	6	0	2	1

图 6.10　各省份自然灾害危险性分类（按县级行政单元）

香港、澳门、台湾资料暂缺

综合图 6.7～图 6.11 可以得出如下几点。

（1）全国自然灾害危险性空间分异性大，四川、云贵高原等地区自然灾害危险性较高，北方大部分地区自然灾害危险性较低。

（2）全国 1.1% 的国土面积自然灾害危险性高，3.1% 的国土面积自然灾害危险性较高，18.4% 的国土面积自然灾害危险性中等，28.5% 的国土面积自然灾害危险性较低，48.9% 的国土面积自然灾害危险性低。

（3）全国 1.3% 的县（区）自然灾害危险性高，3.5% 的县（区）自然灾害危险性较高，30.5% 的县（区）自然灾害危险性中等，12.6% 的县（区）自然灾害危险性较低，52.1% 的县（区）自然灾害危险性低。

（4）各省（自治区、直辖市）中，四川、云南、甘肃等地区自然灾害危险性较高；上海、黑龙江、吉林等地区自然灾害危险性较低。

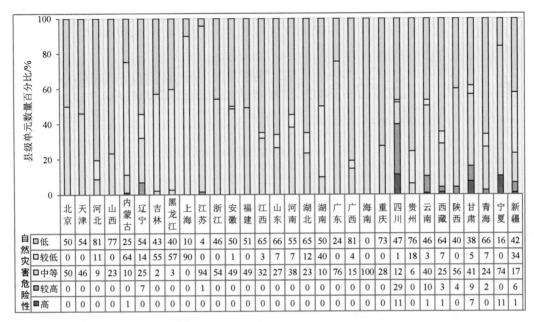

图 6.11　各省份自然灾害危险性分类占比（按县级行政单元）

香港、澳门、台湾资料暂缺

		北京	天津	河北	山西	内蒙古	辽宁	吉林	黑龙江	上海	江苏	浙江	安徽	福建	江西	山东	河南	湖北	湖南	广东	广西	海南	重庆	四川	贵州	云南	西藏	陕西	甘肃	青海	宁夏	新疆
自然灾害危险性	低	50	54	81	77	25	54	43	40	10	4	46	50	51	65	66	55	65	50	24	81	0	73	47	76	46	64	40	38	66	16	42
	较低	0	0	11	0	64	14	55	57	90	0	0	1	0	3	7	7	12	40	0	4	0	0	1	18	3	7	0	5	7	0	34
	中等	50	46	9	23	10	25	2	3	0	94	54	49	49	32	27	38	23	10	76	15	100	28	12	6	40	25	56	41	24	74	17
	较高	0	0	0	0	0	7	0	0	0	1	0	0	0	0	0	0	0	0	0	0	0	0	29	0	10	3	4	9	2	0	6
	高	0	0	0	0	1	0	0	0	0	0	0	0	0	0	0	0	0	0	0	0	0	0	11	0	1	1	0	7	0	11	1

第7章　生态系统脆弱性遥感监测与评价

7.1　生态系统脆弱性概述

7.1.1　概念及研究进展

生态系统脆弱性是指我国全国或区域尺度生态系统的脆弱程度，由土地沙漠化脆弱性、土壤侵蚀脆弱性、石漠化脆弱性、土壤盐渍化脆弱性等4个要素构成，具体通过这4个要素等级指标来反映。设置生态系统脆弱性指标的主要目的是为了表征我国全国或区域尺度生态环境脆弱程度的集成性。生态系统脆弱性4个要素的具体含义如下。

（1）土地沙漠化脆弱性。生态系统的土地沙漠化脆弱性指随着土地退化、土地沙漠化程度的加剧，干旱半干旱地区生态系统退化或破坏的脆弱程度。

（2）土壤侵蚀脆弱性。生态系统的土壤侵蚀脆弱性指在水力或风力作用下土壤受到侵蚀而发生土壤流失致使生态系统退化或破坏，土壤流失量越大，土壤侵蚀越严重，其脆弱性越高。

（3）石漠化脆弱性。生态系统的石漠化脆弱性指在人为活动的干扰破坏下，土壤受到侵蚀而发生基岩大面积出露、土地生产力严重下降，致使生态系统退化或破坏，基岩裸露面积越大、石漠化越严重，其脆弱性越高。

（4）土壤盐渍化脆弱性。生态系统的土壤盐渍化脆弱性指在气候干旱、土壤蒸发强度大、地下水位高且含有较多的可溶性盐类的地区，是各种发生盐化过程和碱化过程土壤的总称，包括盐土、碱土和各种盐化土、碱化土。

徐广才等（2009）对生态脆弱性的研究内容、方法、存在的问题以及未来研究重点进行了综述，但目前对生态系统脆弱性整体研究较少，学者大多是围绕某一生态系统类型进行脆弱性评价分析。如李双成等（2005）在分析生态系统脆弱性特征和影响因素的基础上，构建了针对森林和草地生态系统的脆弱性评价指标体系，涵盖了生态系统的结构、功能和生境3个方面，并认为人工神经网络模型评价生态系统的脆弱性是一条可行的途径。刘振乾等（2001）建立了湿地生态脆弱性评价指标体系和方法，并利用该方法对三江平原湿地进行了评价。赵艳霞等（2007）以典型的农业生态脆弱区北方农牧交错带为研究对象，选取4类共17项指标构建了农业生态系统气候脆弱性评价指标体系，通过层次分析法确定了指标权重，并采用模糊评判原理得出农业生态系统的气候脆弱性的综合定量评价方法。肖桐等（2010）基于净初级生产力对三江源地区的草地生态系统脆弱性特征空间分布格局和等级划分进行了分析研究；王丽婧等（2005）对邛海流域生态脆弱性做了定量的评价研究。顾康康等（2008）、袁明瑞等（2011）分别针对城市生态系统，建立城市生态系统脆弱性评价指标体系，对其进行了评价分析。

生态系统脆弱性是沙漠化脆弱性、土壤侵蚀脆弱性、石漠化脆弱性、土壤盐渍化脆弱性等单因素指标的复合结果，关于这些单因素脆弱性评价的研究资料较多。

沙漠化脆弱性主要由沙漠化程度判定，而沙漠化程度一般由植被覆盖度、风蚀地或流沙面积占该地区面积的百分比确定（吴薇，1997；王涛和吴微，1998）。

土壤侵蚀脆弱性可通过通用土壤流失方程（Universal Soil Loss Equation，USLE）计算土壤侵蚀量得到。如游松财和李文卿（1999）应用通用土壤侵蚀方程估算了江西省泰和县灌溪乡的土壤侵蚀量。肖寒等（2000）采用通用土壤流失方程及其修改式估算了海南岛现实土壤侵蚀量和潜在土壤侵蚀量。周为峰和吴炳方（2006）利用遥感数据、降雨资料和土壤数据，在通用土壤流失方程的框架基础上建立区域土壤侵蚀模型，对密云水库上游 2001 年和 2002 年土壤侵蚀量进行定量估算。陈燕红等（2007）借用遥感技术，以修正的通用水土流失方程（RUSLE）为核心，对吉溪流域 2001 年和 2003 年的土壤侵蚀进行了定量化分析。高江波等（2009）基于 GIS 技术和通用土壤侵蚀方程，以京津冀地区为案例区，对农业生态系统保持土壤的资本价值进行了评估。徐静（2011）选取 TM、HJ-1A/1B、CBERS-02B 三种遥感影像，基于 RUSLE 模型，分别计算了西北黄土高原区和北方土石山区两个水力侵蚀实验区的土壤侵蚀量，划分了土壤侵蚀等级。

石漠化脆弱性由基岩裸露率、土被覆盖率、坡度、植被+土被覆盖率、平均土厚等因子综合确定。李文辉和余德清（2002）应用卫星 TM 数据，通过石漠化波谱曲线分析，选择样区进行校正、监督分类、矢量化和数据转换，实现了石漠化图斑的计算机解译。胡顺光等（2010）在研究广西平果县石漠化时提出了石漠化综合指标度指数进行石漠化信息提取的方法，该指数综合了岩石、地形、植被、土壤、人为等因子，与生态系统脆弱性中关于石漠化脆弱性的评价因子基本一致。

土壤盐渍化通常出现在气候干旱、土壤蒸发强度大、地下水位高且含有较多的可溶性盐类的地区，是各种发生盐化过程和碱化过程土壤的总称，包括盐土、碱土和各种盐化土、碱化土。土壤盐渍化脆弱性评价可通过盐渍土影像的目视判读特征、光谱特征和土壤盐渍化区域的植被特征等进行（关元秀和刘高焕，2001；翁永玲和宫鹏，2006）。江红南等（2007）曾对于田绿洲土壤盐渍化进行了遥感监测研究，取得了较好的效果。

从以上分析可知，由于生态系统脆弱性总体评价需要综合沙漠化脆弱性、土壤侵蚀脆弱性、石漠化脆弱性、土壤盐渍化脆弱性等单因素指标，所以实际计算需要基础资料数据较多，计算难度较大，且通用土壤流失方程中一些参数的不确定性等问题，都给生态系统脆弱性计算增加了难度。

7.1.2　监测评价方法

1. 方法

生态系统脆弱性监测评价方法如下：

生态系统脆弱性=MAX（沙漠化脆弱性，土壤侵蚀脆弱性，石漠化脆弱性，……）（7.1）

2. 技术流程

生态系统脆弱性遥感监测与评价技术路线如图 7.1 所示，具体如下所述。

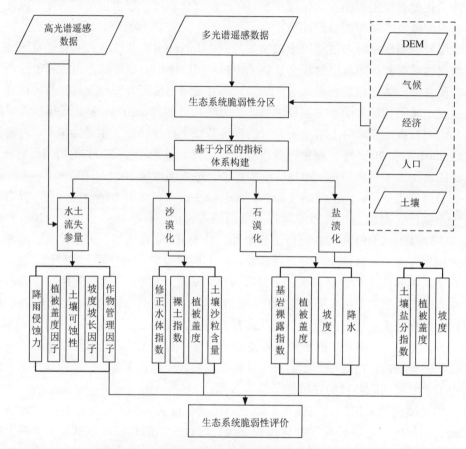

图 7.1　生态系统脆弱性遥感监测与评价技术路线

（1）生态系统脆弱性监测评价需要的数据包括：土地利用/覆盖数据、降水数据、土壤数据、NDVI 数据、DEM、行政区划数据等。

（2）生态系统脆弱性分区。对影响生态系统脆弱性的各生态环境问题及气候、地形的分布图进行空间自相关分析，采用主成分分析法对多因子进行主成分提取，对前 4 个主成分进行计算机自动分类，并结合各区域主导生态环境问题及地质、水文图，对全国按生态系统脆弱性进行区域划分，最后结合全国县级行政区划图对分区边界进行调整形成最后的分区方案。

（3）土壤侵蚀脆弱性监测与评价。采用改进的通用壤侵蚀模型 RUSLE（Reversed Universal Soil Loss Equation）计算土壤侵蚀量，将土壤侵蚀量分级处理，获得不同程度土壤侵蚀程度的空间分布结果，进而得到土壤侵蚀脆弱性计算结果。

（4）沙漠化脆弱性监测与评价。沙漠化脆弱性由沙漠化程度确定，而沙漠化程度一般由植被覆盖度来确定（吴薇，1997）。结合植被、土壤、土地利用等数据，建立沙漠化综合指数，开展沙漠化脆弱性评价。

（5）石漠化脆弱性监测与评价。石漠化脆弱性由基岩裸露率、土被覆盖率、坡度、植被+土被覆盖率、平均土厚等因子综合确定。综合岩石、地形、植被、气候等因子，建立石漠化综合指数，进行石漠化脆弱性评价。

（6）盐渍化脆弱性监测与评价。盐渍化脆弱性由土壤盐分指数、植被覆盖度、地形等等因子综合确定。综合土壤、地形、植被等因子，建立盐渍化综合指数，进行盐渍化脆弱性评价。

（7）计算生态系统脆弱性。对土壤侵蚀脆弱性、沙漠化脆弱性、石漠化脆弱性、盐渍化脆弱性求最大值，得到单要素复合之后的生态系统脆弱性等级空间分布结果。

7.2　生态系统脆弱性分区

7.2.1　生态系统脆弱性分区背景

社会经济飞速发展以及全球气候变暖的日益加剧导致区域生态环境问题不断凸显，如石漠化、沙漠化、盐渍化、水土流失等，这些区域生态环境问题正在极大地威胁人类赖以生存的土地资源和水资源。不断恶化的生态环境不仅阻碍了我国可持续发展战略的实施以及和谐社会构建，还严重危害了我国的社会、经济的发展。相关统计表明，我国风沙危害每年可造成 45 亿元的经济损失，水土流失造成的损失更是高达 100 亿元以上。因此预防和整治生态环境问题刻不容缓。

中国地域广阔，自然生态环境差异显著，影响区域生态系统脆弱性的主导生态环境问题各不相同，因而形成了生态环境问题的区域分异特点。

（1）水土流失。第一次遥感调查结果表明，当前我国各类水土流失（水、风、冻）覆盖面积达 367 万 km²，其中风力侵蚀为 181 万 km²，水力侵蚀为 179 万 km²。水力侵蚀的主要分布区域为黄土高原、云贵高原以及东南丘陵地带，而风力侵蚀严重区则主要分布于新疆和内蒙古西部，青藏高原等高寒地区则是我国主要的冻融侵蚀地带。

（2）盐渍化。盐渍化作为一个典型的区域生态环境问题，对我国农业的可持续发展造成极大的威胁。我国盐渍化总面积达到 23.32 万 km²，多分布在我国西北及北方干旱、半干旱的排水不畅地区，以及地下水位较高的半湿润地区，主要包括塔里木盆地周边绿洲以及天山北麓山前冲积平原地带、华北平原、银川平原以及河套平原。

（3）沙漠化。我国沙漠区面积约 130 万 km²，占总面积的 13%，主要分布于内蒙古、辽宁、新疆、甘肃、山西、宁夏、青海、陕西、吉林等几个省区。沙漠化大致可分为 3 种类型：东部及北部半湿润风沙地区，多为各河流的泛滥或淤积平原；内蒙古大部以及长城沿线的半干旱区域，主要为农牧交错带和半干旱平原；西北干旱地区，主要为干燥度 3.5 的等高值线以西的地带。

（4）石漠化。石漠化是荒漠化在我国南方山地区域的一种特殊形式，是由于岩溶地区土地的持续水土流失最终形成的，又称喀斯特荒漠化。我国西南山地喀斯特地区是世界发育最强烈、分布面积最广、最典型的石漠化地区之一。西南喀斯特岩石漠化区以贵州高原为中心，总面积达 31.89 万 km²。由于该区域地处亚热带与热带之间，雨热同期，降水丰富，喀斯特地貌的发育显著，此外该地区人多地少，人—地矛盾尖锐，经济相对落后，进一步导致土地石漠化的加剧。其中西南山区石漠化主要分布的省份有贵州省、广西壮族自治区、湖南省、湖北省、云南省、四川省、广东省、重庆市。

7.2.2　生态系统脆弱性分区目的

生态系统脆弱性是由沙漠化脆弱性、土壤侵蚀脆弱性、石漠化脆弱性、盐渍化脆弱性等要素构成，其目的是为了表征我国全国或区域尺度生态环境脆弱程度的集成性，是主体功能区监测的重要指标之一。因此本章在生态环境分区过程中，立足主体功能区战略，结合前人研究中的分区方案，建立一套科学的全国生态环境分区方案。

生态环境分区对于大尺度生态脆弱性评价非常重要，但是由于评价基础资料与数据的不足，如有关各生态环境问题敏感性的定量区划图尚未完成，目前还难以采用严格意义上的定量方法提出中国生态区划方案。

当前对于我国生态系统脆弱性问题的研究已经取得了不少的研究成果，为《全国生态环境规划》的制定提供了科学支撑。但是综合前人的研究成果可以发现，大部分研究关于单个生态环境问题，而只有少数研究针对多种生态环境问题，特别是对区域分异规律研究以及不同生态环境问题间的相互关系的研究不够。并且不同的研究学者针对各自的研究目的或者研究领域提出了不同的生态分区方案，虽然在各自研究领域各有优势，但是直接将前人的生态分区方案应用于主体功能区监测的生态系统脆弱性要素提取并不科学，因此必须基于主体功能区监测需求建立生态环境分区方案。

7.2.3　生态系统脆弱性分区方法

本章立足于国家主体功能区战略，在分析影响中国的主要生态环境问题——沙漠化、盐渍化、水土流失和石漠化的分布格局和空间相关性的基础上，分析了影响中国生态系统脆弱性主导因素，并通过分区探讨，分析生态系统脆弱性的区域分异规律，为制定预防和治理生态环境问题的区域政策提供科学根据。

目前对于生态系统脆弱性形成机制的研究还相当有限，还难以就每个生态脆弱性问题的敏感性与其影响因子建立定量的数学关系。关于生态环境的大尺度特别是全国尺度的基础数据相对缺少，如全国尺度的生态环境问题定性和定量分布图。当前对于生态系统脆弱区划分方法的研究尚不成熟，尽管对于全国尺度的生态分区研究已经开展多年，获得了不少的区划方案，为我国环境保护和经济建设提供重要的科学支撑。但是，绝大多数的生态环境分区方案基于专家集成方法所得，该方法具有可靠性和实用性的优点，但是不可重复操作，基本上属于一种半定性的分区方法，难以对多种因素进行综合分析和归纳，因此建立一套科学的定量化的生态区划方法已成为当前亟待解决的问题。

本章结合地理信息系统技术（GIS）和遥感技术（RS）对影响生态系统脆弱性的各生态环境问题及气候、地形的分布图进行了空间自相关分析，采用主成分分析法对多因子进行主成分的提取，进而对信息贡献率之和大于95%的前4个主成分进行了计算机自动分类；在此基础上，结合各区域主导生态环境问题及地质、水文图，将全国按生态系统脆弱性划分为 5 个区；最后结合全国县级行政区划图对分区边界进行调整形成最后的分区方案。以下为本研究的分区技术路线图（图 7.2）。

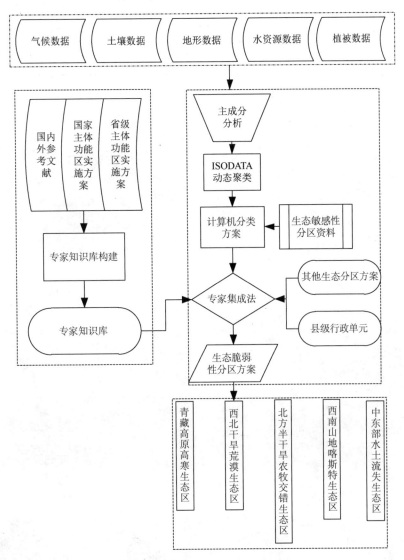

图 7.2　生态环境分区技术路线

在生态环境分区过程中使用的指标数据见表 7.1 和图 7.3。

表 7.1　参与分区指标

分区步骤及方法	分区指标	数据源
计算机自动聚类	地形因子	DEM90 m
	气候因子	国家气象站点数据
	植被因子	（GIMMS、MODIS）NDVI 数据
	土壤因子	1：100 万土壤数据

续表

分区步骤及方法	分区指标	数据源
专家集成	水土流失分布图	1：10 万水土流失图
	沙漠分布图	1：10 万沙漠分布图
	盐渍化分布图	1：10 万盐渍化分布图
	喀斯特石漠化分布图	各省市水文地质图
边界修订	全国县级行政单元	1：400 万县级行政单元图

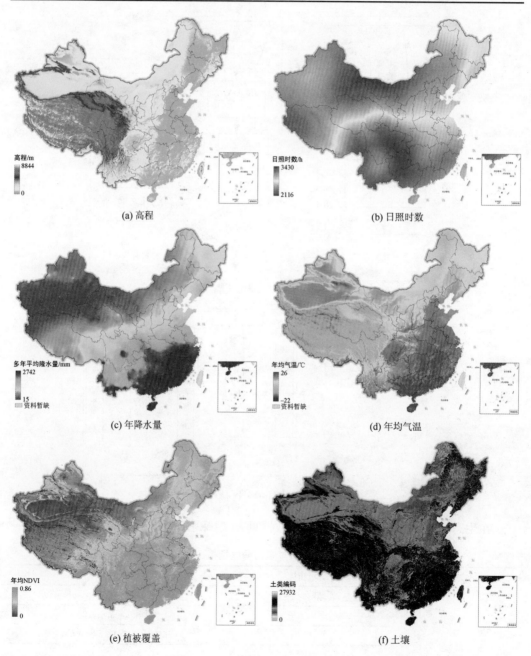

(a) 高程

(b) 日照时数

(c) 年降水量

(d) 年均气温

(e) 植被覆盖

(f) 土壤

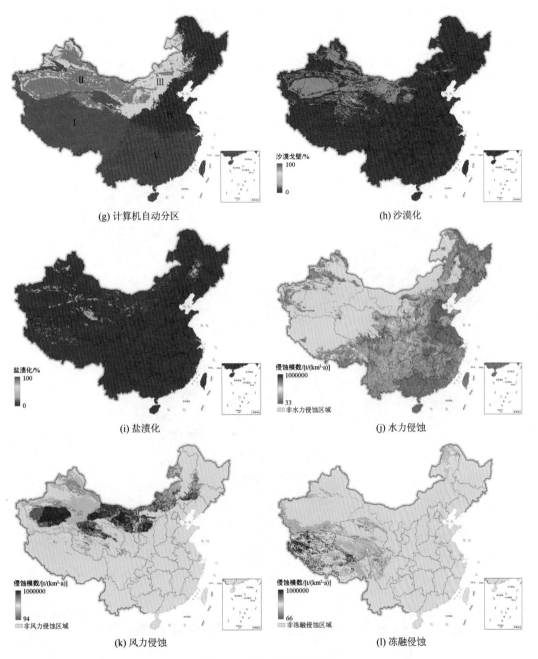

图 7.3　生态环境分区指标

7.2.4　生态系统脆弱性分区结果

本分区研究立足国家主体功能区规划，结合主体功能区遥感监测中生态系统脆弱性指标提取方法，力图为全国及省级主体功能区规划中生态系统脆弱性提取提供支撑。因此以我国宏观尺度上的生态系统为研究对象，在充分考虑我国生态地域分异规律、生态系统服务功能、区域生态环境敏感性和人类活动对生态环境的胁迫等要素的基础上，对我国的生态系统脆弱性进行了初步分区，然后对相关的生态地域进行合并和区分，最后形成最终的分区方案（图 7.4）：Ⅰ青藏高原高寒生态区、Ⅱ西北干旱荒漠生态区、Ⅲ北方半干旱荒漠草原生态区、Ⅳ中东部湿润半湿润生态区、Ⅴ西南山地喀斯特生态区。该方案的目的是揭示我国不同生态环境分区的主导生态环境问题及其形成机制，为不同生态区域中自然资源的合理开发利用和环境保护提供决策依据，为全国以及区域的生态环境整治和功能区遥感监测提供服务，从而达到社会—经济—环境的可持续发展。

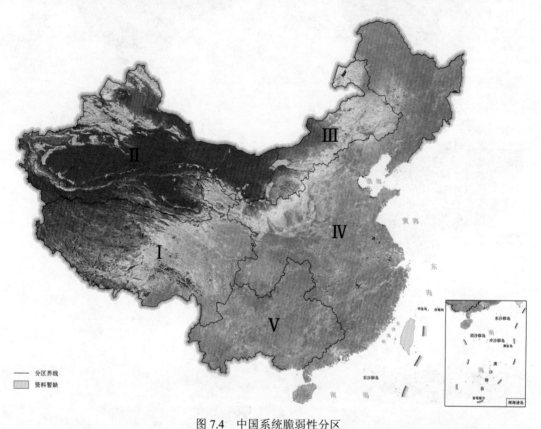

图 7.4　中国系统脆弱性分区

注：Ⅰ：青藏高原高寒生态区、Ⅱ：西北干旱荒漠生态区、Ⅲ：北方半干旱荒漠草原生态区、
Ⅳ：中东部湿润半湿润生态区、Ⅴ：西南山地喀斯特生态区

7.2.5　各分区主导生态环境问题及权重确定依据

生态系统脆弱性指标体系的构建是生态系统脆弱性评价的根本和关键所在，由于中国复杂的地理空间格局及人文差异，所采用的评价体系也需因地制宜。本章通过国内外针对中国不同尺度、不同地区的生态系统脆弱性评价，归纳提取了各地区的主导生态环境问题，然后根据各地区的生态环境状况及人文特征筛选了不同敏感指标。综合相关国内外脆弱性文献中各指标权重在评价体系框架中重要性程度，制定了专家打分表，然后根据专家打分表中各个指标的得分确定相对重要程度，最后基于 AHP 确定了各分区评价体系中每个指标的权重（表 7.2）。

表 7.2　各分区生态问题及指标权重分析

分区	地区	文献量	省份	主导生态环境问题
北方半干旱荒漠草原生态区	北方半干旱荒漠草原生态区	24	河北、内蒙古、山西、陕西、宁夏	土地耕垦、过牧、樵采、盐渍化、沙漠化、水力侵蚀
中东部湿润半湿润生态区	黄淮海平原地区	23	江苏、山东、安徽等	盐渍化、水力侵蚀
	东北地区	18	黑龙江、内蒙古、吉林	水土流失
	东南地区	26	长江中下游及华南大部	水力侵蚀
	黄土高原水土流失区	23	黄土高原的全部	水力侵蚀
西南山地喀斯特生态区	南方石灰岩山地生态区	26	贵州、广西	土层薄、肥力低、水土易流失、石漠化
	西南山地河谷脆弱生态区	14	云南、四川（云贵高原和横断山区的南部）	水力侵蚀侵蚀及干旱
西北干旱荒漠化生态区	蒙新沙漠化盐渍化区	21	新疆全部、甘肃、宁夏、内蒙古大部	沙漠化、盐渍化、风力侵蚀
青藏高原高寒生态区	青藏高原生态区	25	雅鲁藏布江河谷及其主要支流年楚河、拉萨河	气象灾害频繁、盐渍化、土壤侵蚀

7.3　生态系统脆弱性遥感监测与评价

7.3.1　土壤侵蚀脆弱性遥感监测与评价

以河北省西北部地区为例，利用 Landsat8 OLI 遥感影像，进行土壤侵蚀脆弱性监测评价研究。数据获取时间为 2013 年 7 月 31 号，轨道号 128/31。此外，辅助数据还包括气象站点数据、DEM 数据、土壤数据、土地利用数据等。

1. 方法

采用改进的通用壤侵蚀模型 RUSLE（Reversed Universal Soil Loss Equation）计算土壤侵蚀脆弱性。该模型的公式为：

$$A = R \times K \times LS \times C \times P \tag{7.2}$$

式中，A 是年平均土壤侵蚀量（$t \cdot a^{-1}$）；R 是降雨侵蚀度因子，为降雨强度与降水量的度量；K 是土壤可蚀性因子，为特定土壤在 22 m 长，坡度为 9%的坡地上单位降雨的侵蚀率；L 是坡长因子；S 是坡度因子；C 是作物管理因子，作物覆盖地表与露地侵蚀量之比；P 是水土保持措施因子。

土壤侵蚀计算指标及方法如表 7.3。

表 7.3　土壤侵蚀计算指标及方法

水蚀指标	计算公式	数据源
降雨侵蚀力（R）	$\overline{R} = \dfrac{1}{N}\sum_{i=1}^{N}\left(\alpha \sum_{j=1}^{m} P^{\beta} d_{ij}\right)$ 　 $\alpha = 21.239\beta^{-7.3967}$ $\beta = 0.6243 + \dfrac{27.346}{P_{d12}}$ 　 $\overline{P_{d12}} = \dfrac{1}{N}\sum_{i=1}^{N}\dfrac{1}{m}\sum_{l=1}^{n} P_{il}$ $i = 1,2\ldots,N$ 　 $j = 1,2\ldots m$ 　 $l = 1,2\ldots n$	755 个国家气象站点数据
土壤可蚀性（K）	$K = \left\{0.2 + 0.3\exp\left[-0.0256 S_a\left(1 - \dfrac{S_i}{100}\right)\right]\right\}\left(\dfrac{S_i}{C_i + S_i}\right)^{0.3} \times \left[1 - \dfrac{0.25 C_0}{C_0 + \exp(3.72 - 2.95 C_0)}\right] \times$ $\left[1 - \dfrac{0.7 Sn}{Sn + \exp(-5.51 + 22.9 Sn)}\right]$	中国 1 : 100 万土壤数据库

续表

水蚀指标	计算公式	数据源
坡长因子（L）	$L = (\lambda / 22.13)^m$ $m = \begin{cases} 0.2 & \theta \leqslant 1° \\ 0.3 & 1° < \theta \leqslant 3° \\ 0.4 & 3° < \theta \leqslant 5° \\ 0.5 & \theta > 5° \end{cases}$	SRTM 90 m
坡度因子（S）	$S = \begin{cases} 10.8\sin\theta + 0.03 & \theta < 5° \\ 16.8\sin\theta - 0.5 & 5° \leqslant \theta < 10° \\ 21.9\sin\theta - 0.96 & \theta \geqslant 10° \end{cases}$	SRTM 90 m
植被盖度因子（C）	$NDVI = (\rho_5 - \rho_4)/(\rho_5 + \rho_4)$ $f_g = (NDVI - NDVI_{SOIL})/(NDVI_{VEG} - NDVI_{SOIL})$ $C = \begin{cases} 1 & f_g = 0 \\ 0.6508 - 0.3436\lg f_g & 0 < f_g \leqslant 78.3\% \\ 0 & f_g > 78.3\% \end{cases}$	Landsat8 OLI 影像，计算植被覆盖度
作物管理因子（P）	—	Landsat8 OLI 影像，提取土地覆盖类型

2. 技术流程

技术流程如图 7.5 所示。

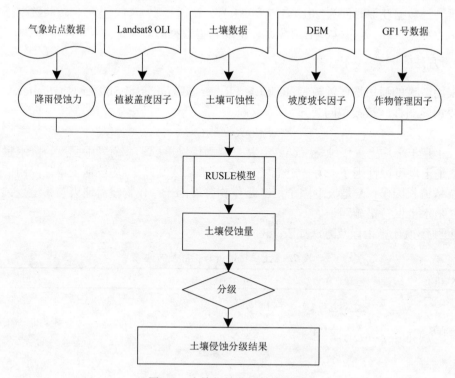

图 7.5　土壤侵蚀监测技术流程

3. 结果

土壤侵蚀等级依据水力侵蚀强度分级标准而定（表 7.4）。

表 7.4　土壤侵蚀等级划分

土壤侵蚀等级	微度侵蚀	轻度侵蚀	中度侵蚀	强烈侵蚀	极强烈侵蚀	剧烈侵蚀
土壤侵蚀模数 /（t/km²·a）	200	200~2500	2500~5000	5000~8000	8000~15000	>15000

实际土壤侵蚀量分级图 7.6 所示。

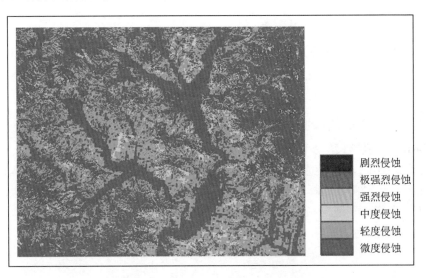

图 7.6　基于 Landsat8 OLI 数据的土壤侵蚀分级

潜在土壤侵蚀模数不考虑植被覆盖因子 C 和土地管理因子 P，其计算公式为

$$Aq = R \cdot K \cdot \text{LS} \tag{7.3}$$

潜在土壤侵蚀量分级图如图 7.7 所示。由于在 RUSLE 模型中加入了 Landsat8 OLI，监测结果可以更加细致地反映区域土壤侵蚀的状况。

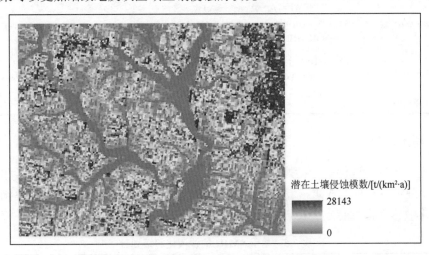

图 7.7　基于 Landsat8 OLI 数据的潜在土壤侵蚀模数

7.3.2　沙漠化脆弱性遥感监测与评价

以三江源典型沙漠化区域为例,利用 Landsat8 OLI 遥感影像,进行沙漠化脆弱性监测评价研究。数据获取时间为 2013 年 8 月 2 号,轨道号 137/37。辅助数据还包括土壤数据等。

1. 方法

沙漠化脆弱性监测评价采用综合指数评价法,建立沙漠化敏感性指数,其计算公式为

$$SMHI = \sum_{i=0}^{n} \chi_i \cdot \omega_i \tag{7.4}$$

式中,SMHI 为沙漠化敏感性指数; χ_i 为第 i 个指标; ω_i 为第 i 个指标权重; n 为指标个数。SMHI 其值越大,沙漠化威胁程度的就越大。

为了消除不同量纲之间的差异性和数据级不同产生的影响,需要对各指标进行数据标准化处理,就是将各指标归一化到一致的值域区间。各指标按照对评价结果的贡献状况,分为正向指标和逆向指标,处理过程分别依据式(7.5)、式(7.6):

$$正向指标: \quad X_P = \frac{X_i - X_{\min}}{X_{\max} - X_{\min}} \tag{7.5}$$

$$逆向指标: \quad X_n = \frac{X_{\max} - X_i}{X_{\max} - X_{\min}} \tag{7.6}$$

采用的指标及其计算方法如表 7.5 所示。

表 7.5　沙漠化敏感性评价指标及计算方法

评价指标	计算方法	数据源
增强型裸土指数	$MNDWI = (\rho_3 - \rho_6)/(\rho_3 + \rho_6)$ $BI = (\rho_4 + \rho_6 - \rho_5 - \rho_2)/(\rho_4 + \rho_6 + \rho_5 + \rho_2)$ $EBI = (BI - MNDWI)/(BI + MNDWI)$	Landsat8 OLI 影像
植被盖度	$NDVI = (\rho_5 - \rho_4)/(\rho_5 + \rho_4)$ $f_g = (NDVI - NDVI_{SOIL})/(NDVI_{VEG} - NDVI_{SOIL})$	Landsat8 OLI 影像
土壤质地	—	1:100 万土壤数据

2. 技术流程

首先对各指标进行归一化处理,然后利用层次分析法和专家打分法,参考相关章程和文献,确定各指标的权重,最后基于式(7.4)计算沙漠化敏感性指数。沙漠化等级依据沙漠化敏感性指数而定(表 7.6,计算流程如图 7.7)。

表 7.6　基于 SMHI 的沙漠化等级划分

沙漠化等级	潜在沙漠化	轻度沙漠化	中度沙漠化	重度沙漠化	极重度沙漠化
SMHI	<0.3	0.3~0.45	0.45~0.6	0.6~0.7	>0.7

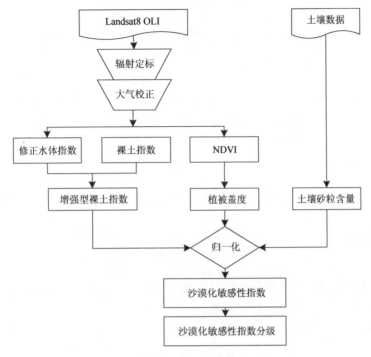

图 7.8　沙漠化敏感性指数计算流程

3. 结果

实验区基于 Landsat8 OLI 数据的沙漠化敏感性分级遥感监测结果如图 7.9 所示。

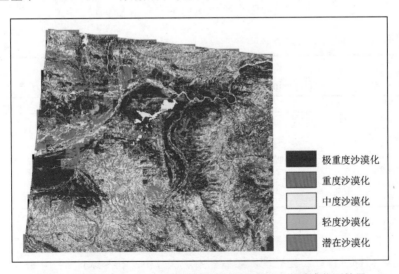

图 7.9　基于 Landsat8 OLI 数据的沙漠化敏感性分级遥感监测结果

在沙漠化敏感性指数模型中使用了增强型裸土指数、植被盖度与土壤沙类含量相结合的综合评价指标，加入了 Landsat8 OLI 数据，使监测评价结果可以真实反映区域生态系统沙漠化状况。

7.3.3 石漠化脆弱性遥感监测与评价

以贵州典型石漠化区域为例，基于 Landsat8 OLI 遥感影像与 EO-1 Hyperion 遥感影像，进行石漠化脆弱性监测评价研究。Landsat8 OLI 数据获取时间为 2013 年 6 月 16 日，轨道号 128/42；EO-1 Hyperion 影像数据获取时间为 2006 年 9 月 23 日。其他辅助数据还包括气象站点数据、DEM 数据等。

1. 方法

石漠化脆弱性监测评价采用综合指数评价法，建立石漠化敏感性指数，其计算公式为

$$\text{SMOHI} = \sum_{i=0}^{n} \chi_i \cdot \omega_i \qquad (7.7)$$

式中，SMOHI 为石漠化敏感性指数；χ_i 为第 i 个指标；ω_i 为第 i 个指标权重；n 为指标个数。SMOHI 其值越大，石漠化威胁程度的就越大。

采用的指标及其计算方法如表 7.7、表 7.8 所示。

表 7.7 基于 Landsat8 数据的石漠化敏感性评价指标及计算方法

评价指标	计算方法	数据源
基岩裸露指数	$\text{RBI} = \dfrac{\rho_{i6}/G_{i5}}{\rho_{i5}/G_{i6}}$	Landsat8 OLI 影像
植被盖度	$\text{NDVI} = (\rho_5 - \rho_4)/(\rho_5 + \rho_4)$ $f_g = (\text{NDVI} - \text{NDVI}_{\text{SOIL}})/(\text{NDVI}_{\text{VEG}} - \text{NDVI}_{\text{SOIL}})$	Landsat8 OLI 影像
坡度	—	SRTM 90 m
降水	—	755 气象站点数据

表 7.8 基于 Hyperion 高光谱数据的石漠化敏感性评价指标及计算方法

评价指标	计算方法	数据源
基岩裸露指数	$\text{RBI} = \dfrac{\rho_{i145}/G_{i50}}{\rho_{i50}/G_{i145}}$	Hyperion 影像
植被盖度	$\text{NDVI} = (\rho_{48} - \rho_{34})/(\rho_{48} + \rho_{34})$ $f_g = (\text{NDVI} - \text{NDVI}_{\text{SOIL}})/(\text{NDVI}_{\text{VEG}} - \text{NDVI}_{\text{SOIL}})$	Hyperion 影像
坡度	—	SRTM 90 m

2. 技术流程

首先对各指标进行归一化处理，然后利用层次分析法和专家打分法，参考相关章程和文献，确定各指标的权重，最后基于式（7.7）计算石漠化敏感性指数，计算流程如图 7.10。

3. 结果

石漠化等级依据石漠化敏感性指数而定（表 7.9）。实验区基于 Landsat8 OLI 与 EO-1 Hyperion 遥感影像数据的石漠化敏感性分级遥感监测结果如图 7.11 所示。

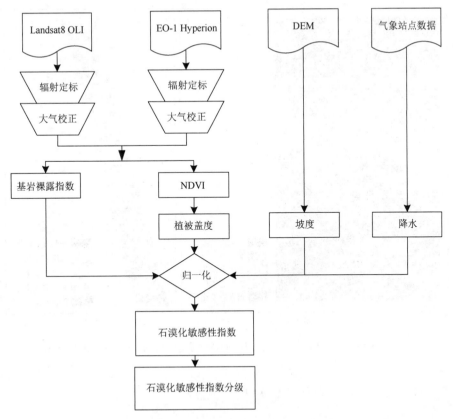

图 7.10　石漠化敏感性指数计算流程

表 7.9　基于 **Landsat8 OLI** 与 **EO-1 Hyperion** 数据的石漠化敏感性指数等级划分

石漠化等级	潜在石漠化	轻度石漠化	中度石漠化	强度石漠化	极强度石漠化
SMOHI	<0.3	0.3~0.4	0.4~0.5	0.5~0.6	>0.6

在石漠化敏感性指数模型中，使用近红外波段和短波红外波段反演基岩裸露指数，充分利用了基岩在此波谱上的特征信息。此外，使用基岩裸露指数、植被盖度、坡度与降水相结合的综合评价指标，使监测评价结果可以真实反映区域生态系统石漠化状况，实现对区域石漠化脆弱性的精细监测。

7.3.4　盐渍化脆弱性遥感监测与评价

以黄河三角洲典型盐渍化区域为例，使用 EO-1 Hyperion 遥感影像，进行盐渍化脆弱性监测评价研究，该影像数据获取时间为 2012 年 5 月 4 日，辅助数据还包括地形高程数据。

1. 方法

盐渍化脆弱性采用综合指数评价法，建立盐渍化敏感性指数，其计算公式为

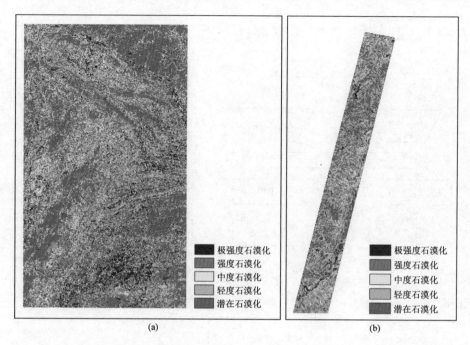

图 7.11　基于 Landsat8 OLI 数据（a）、Hyperion 高光谱数据（b）的石漠化敏感性分级

$$\mathrm{YZHI} = \sum_{i=0}^{n} \chi_i \cdot \omega_i \qquad (7.8)$$

式中，YZHI 为盐渍化敏感性指数；χ_i 为第 i 个指标；ω_i 为第 i 个指标权重；n 为指标个数。YZHI 其值越大，盐渍化威胁程度的就越大。

采用的指标及其计算方法如表 7.10 所示。

表 7.10　基于 Hyperion 高光谱数据的盐渍化敏感性评价指标及计算方法

评价指标	计算方法	数据源
土壤盐分指数	$\mathrm{SI} = \dfrac{\rho_{186} - \rho_{135}}{\rho_{186} + \rho_{135}}$	Hyperion 遥感影像
植被盖度	$\mathrm{NDVI} = (\rho_{48} - \rho_{34})/(\rho_{48} + \rho_{34})$ $f_g = (\mathrm{NDVI} - \mathrm{NDVI_{SOIL}})/(\mathrm{NDVI_{VEG}} - \mathrm{NDVI_{SOIL}})$	Hyperion 遥感影像
坡度	—	SRTM 90 m

2. 技术流程

首先对各指标进行归一化处理，然后利用层次分析法和专家打分法，参考相关章程和文献，确定各指标的权重，最后基于式（7.8）计算盐渍化敏感性指数，计算流程如图 7.12。

3. 监测评价结果

盐渍化等级依据盐渍化敏感性指数而定（表 7.11），实验区基于 EO-1 Hyperion 数据的盐渍化敏感性分级遥感监测结果如图 7.13 所示。

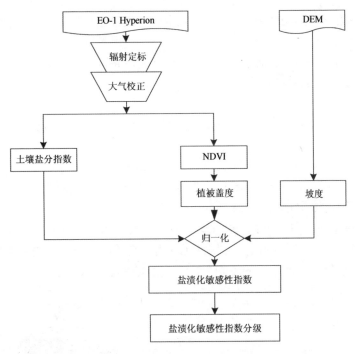

图 7.12　盐渍化敏感性指数计算流程

表 7.11　基于 Hyperion 高光谱数据的盐渍化敏感性指数等级划分

盐渍化等级	潜在盐渍化	轻度盐渍化	中度盐渍化	强度盐渍化	极强度盐渍化
YZHI	<0.5	0.5~0.6	0.6~0.8	0.8~0.9	>0.9

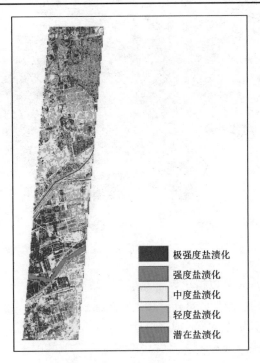

图 7.13　基于 Hyperion 高光谱数据的盐渍化敏感性分级

在盐渍化敏感性指数模型中，使用高光谱成像仪数据反演土壤盐分指数，充分利用了土壤盐分在细小光谱范围内的特征信息。此外，使用土壤盐分指数、植被盖度与坡度相结合的综合评价指标，使监测评价结果可以真实反映区域生态系统盐渍化状况，实现对区域盐渍化脆弱性的精细监测。

7.4　生态系统脆弱性监测评价结果

根据式（7.1），对生态系统脆弱性进行综合监测评价，并进行脆弱程度分级，分为极度脆弱、重度脆弱、中度脆弱、轻度脆弱、微度脆弱 5 个等级。

全国生态系统脆弱性如图 7.14 所示。为了分析国家主体功能区生态系统脆弱性功能指标的状况，对全国生态系统脆弱性土地面积百分比及其在县级单元层次上的数量百分比做了统计（图 7.15、图 7.16），并统计了各省、自治区、直辖市内生态系统脆弱性在县级单元层次上的数量及其百分比（图 7.17、图 7.18）。

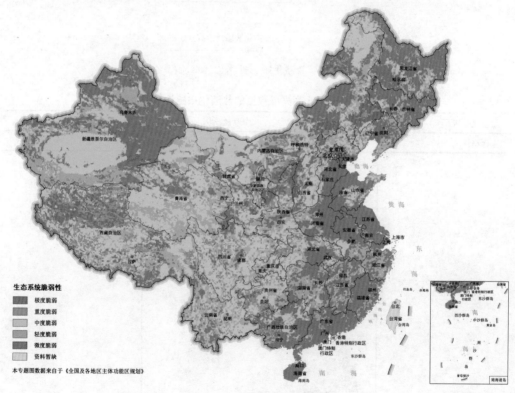

图 7.14　全国生态系统脆弱性

综合图 7.14～图 7.18 可以得出以下几点。

（1）全国生态系统脆弱性空间分异性大，西部部分地区生态系统呈现极度脆弱或重度脆弱，东部地区一般为微度脆弱或轻度脆弱。

（2）全国 5.3%的国土面积生态系统极度脆弱，7.7%的国土面积生态系统重度脆弱，26.5%的国土面积生态系统中度脆弱，27.1%的国土面积生态系统轻度脆弱，33.4%的国土面积生态系统微度脆弱。

（3）全国 1.2%的县（区）生态系统极度脆弱，3.5%的县（区）生态系统重度脆弱，20.4%的县（区）生态系统中度脆弱，34.6%的县（区）生态系统轻度脆弱，40.3%的县（区）生态系统微度脆弱。

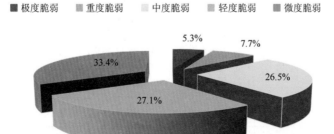

图 7.15　全国生态系统脆弱性土地面积百分比统计

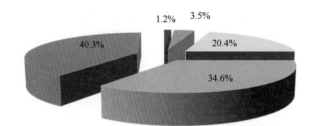

图 7.16　全国生态系统脆弱性单元数量百分比统计（按县级行政单元）

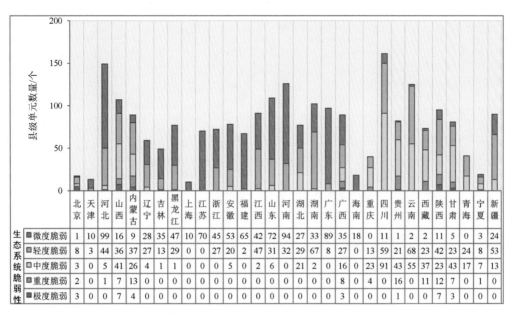

生态系统脆弱性		北京	天津	河北	山西	内蒙古	辽宁	吉林	黑龙江	上海	江苏	浙江	安徽	福建	江西	山东	河南	湖北	湖南	广东	广西	海南	重庆	四川	贵州	云南	西藏	陕西	甘肃	青海	宁夏	新疆
	微度脆弱	1	10	99	16	9	28	35	47	10	70	45	53	65	42	72	94	27	33	89	35	18	0	11	1	2	2	11	5	0	3	24
	轻度脆弱	8	3	44	36	37	27	13	29	0	0	27	20	2	47	31	32	29	67	8	27	0	13	59	21	68	23	42	23	24	8	53
	中度脆弱	3	0	5	41	26	4	1	1	0	0	0	5	0	2	6	0	21	2	0	16	0	23	91	43	55	37	23	43	17	7	13
	重度脆弱	2	0	1	7	13	0	0	0	0	0	0	0	0	0	0	0	0	0	0	8	0	4	0	16	0	11	12	7	0	1	0
	极度脆弱	3	0	0	7	4	0	0	0	0	0	0	0	0	0	0	0	3	0	0	0	0	0	1	0	0	7	3	0	0	0	0

图 7.17　各省份生态系统脆弱性分类（按县级行政单元）

香港、澳门、台湾资料暂缺

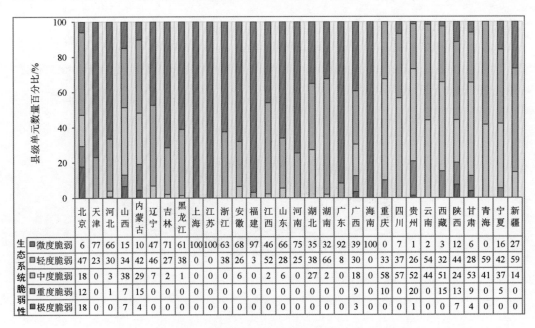

生态系统脆弱性		北京	天津	河北	山西	内蒙古	辽宁	吉林	黑龙江	上海	江苏	浙江	安徽	福建	江西	山东	河南	湖北	湖南	广东	广西	海南	重庆	四川	贵州	云南	西藏	陕西	甘肃	青海	宁夏	新疆
	微度脆弱	6	77	66	15	10	47	71	61	100	100	63	68	97	46	66	75	35	32	92	39	100	0	7	1	2	3	12	6	0	16	27
	轻度脆弱	47	23	30	34	42	46	27	38	0	0	38	26	3	52	28	25	38	66	8	30	0	33	37	26	54	32	44	28	59	42	59
	中度脆弱	18	0	3	38	29	7	2	1	0	0	0	6	0	2	6	0	27	2	0	18	0	58	57	52	44	51	24	53	41	37	14
	重度脆弱	12	0	1	7	15	0	0	0	0	0	0	0	0	0	0	0	0	0	0	9	0	10	0	20	0	15	13	9	0	5	0
	极度脆弱	18	0	0	7	4	0	0	0	0	0	0	0	0	0	0	0	0	0	0	3	0	0	0	1	0	0	7	4	0	0	0

图 7.18　各省份生态系统脆弱性分类占比（按县级行政单元）

香港、澳门、台湾资料暂缺

（4）各省（自治区、直辖市）中，北京、山西、陕西、甘肃等地区生态系统脆弱性较严重；海南、上海、江苏、福建等地区生态系统脆弱性较轻。

第8章　生态重要性遥感监测与评价

8.1　生态重要性概述

8.1.1　概念及研究进展

生态重要性是指我国全国或区域尺度生态系统的重要程度，由水源涵养重要性、土壤保持重要性、防风固沙重要性、生物多样性维护重要性、特殊生态系统重要性 5 个要素构成，具体通过这 5 个要素重要程度指标来反映。设置生态重要性指标的主要目的是为了表征我国全国或区域尺度生态系统结构、功能的重要程度。生态重要性 5 个要素的具体含义如下。

（1）水源涵养重要性。生态系统的水源涵养重要性指生态系统内多个水文过程及其水文效应的综合表现，如森林生态系统拦蓄降水或调节河川径流量的功能。

（2）土壤保持重要性。生态系统的土壤保持功能是一项非常基本的陆地生态系统服务功能，应用通用土壤流失方程（USLE）来估算潜在土壤侵蚀量和现实土壤侵蚀量，两者之差即为生态系统土壤保持量。

（3）防风固沙重要性。生态系统的防风固沙功能指植被在陆表风蚀和沙尘过程中通过多种途径阻止或抑制地表土壤的大量搬运和堆积，从而对地表土壤形成保护，减少风蚀输沙量。

（4）生物多样性维护重要性。生物多样性包含 3 个层次的含意：遗传多样性，即指所有遗传信息的总和，它包含在动植物和微生物个体的基因内；物种多样性，即生命机体的变化和多样化；生态系统多样性，即栖息地、生物群落和生物圈内生态过程的多样化。

（5）特殊生态系统重要性。指其他特殊生态系统重要程度。

生态重要性计算一般是对 5 个构成要素进行定性评价。然而在使用水源涵养、土壤保持、防风固沙、生物多样性维护等单要素评价时，不能客观地把握评价等级，尤其是水源涵养要素，不同生态系统的评价等级模糊不清，给计算生态重要性带来诸多不便。

一些学者尝试利用生态系统类型的构成及其定量化的服务价值来确定生态系统的重要性。当生态系统的服务价值较大时，可视为生态重要性高，反之则低。如谢高地等（2003）通过评价不同生态系统类型的气体调节、气候调节、水源涵养、土壤形成与保护、废物处理、生物多样性维持、食物生产、原材料生产、休闲娱乐共 9 类生态服务功能，计算得出中国实际的各类生态系统服务功能的单位面积价值，并在此基础上，通过生物量等因子的校正，对青藏高原不同生态资产的服务价值进行了估算，得到青藏高原生态系统服务价值空间分布状况。牛叔文等（2009）、李永华（2009）根据这一方法，基于县级行政区评价单元内各类生态系统的构成及功能核算生态服务价值，把这种服务价值作为生态重要性的依据来划分生态保护区域,计算了甘肃省 84 个评价单元的生态服务价值,较好地表现了各地区的生态系统的重要性及其分区指向,结果为省级主体功能区生态重要性监测提供了基本依据。

8.1.2 监测评价方法

1. 方法

生态重要性监测评价方法如下:

生态重要性=MAX(水源涵养重要性,土壤保持重要性,防风固沙重要性,生物多样性维护重要性……)　　　　　　　　　　　　　　　　　　　　　　　　(8.1)

2. 技术流程

生态重要性遥感监测与评价技术路线如图 8.1 所示,具体如下:

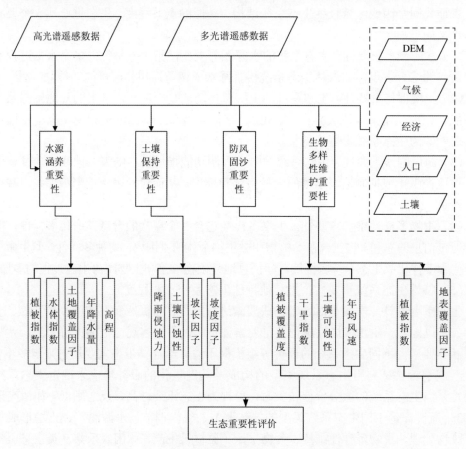

图 8.1　生态重要性遥感监测与评价技术路线

(1)生态重要性监测评价需要的数据包括:土地利用/覆盖数据、MODIS NPP 数据、行政区划数据等。

（2）水源涵养重要性监测与评价。基于遥感数据进行生态系统水源涵养重要性评价，建立水源涵养和遥感因子之间的相关性模型，包含高程、年降水量、NDVI、水体指数（NDWI）、土地覆盖，进行生态系统水源涵养重要性评价。

（3）土壤保持重要性监测与评价。从土壤侵蚀产生的生态过程出发，计算区域潜在土壤侵蚀量，即不考虑现实地表覆盖和人类活动影响的土壤侵蚀量。在土壤潜在侵蚀量计算基础上，结合研究区土壤侵蚀现状，按照侵蚀量越大保护重要性越高的原则划分研究区水土保持重要性等级。

（4）防风固沙重要性监测与评价。建立基于土壤可蚀性因子、干旱指数、年均风速、植被覆盖度等指标的土壤风蚀综合评价模型，按照土壤风蚀量越大保护重要性越高的原则划分研究区防风固沙重要性等级。

（5）生物多样性维护重要性监测与评价。基于 NDVI、土地覆盖因子，结合植被类型数据，进行生物多样性监测，建立生物多样性评价模型，进行生态系统生物多样性维护重要性评价。

（6）计算生态重要性。对水源涵养重要性、土壤保持重要性、防风固沙重要性、生物多样性维护重要性求最大值，得到单要素复合之后的生态重要性等级空间分布结果。

8.2　生态重要性遥感监测与评价

8.2.1　水源涵养重要性监测与评价

以京津冀地区西北生态涵养区为例，使用 Landsat8 OLI 遥感影像，进行水源涵养重要性监测评价研究。数据过境时间为 2014 年 8 月 26 日，轨道号 124/31、124/32，数据无云覆盖，质量良好。此外，还使用到实验区气象站点数据、DEM 数据等。

1. 方法

基于遥感数据进行生态系统水源涵养重要性评价，主要是利用遥感数据建立水源涵养和遥感因子之间的相关性模型，从而进行水源涵养估算与评价。本章建立了包含高程、年降水量、NDVI、NDWI、土地覆盖 5 个因子的综合评价模型，使用综合指数评价法（表 8.1），进行生态系统水源涵养重要性评价，评价模型如下式所示：

$$Y = f(H, P, NDVI, NDWI, L) \tag{8.2}$$

式中，Y 为水源涵养；H 为高程；P 为年降水量；NDVI 为归一化植被指数；NDWI 为归一化水体指数；L 为土地覆盖。

表 8.1　水源涵养计算指标及方法

水源涵养指标	计算公式	数据源
高程（H）	—	SRTM 90 m
年降水量（P）	—	国家气象站点数据
植被指数（NDVI）	$NDVI = (\rho_5 - \rho_4)/(\rho_5 + \rho_4)$	Landsat8 OLI 影像，计算植被指数
水体指数（NDWI）	$NDWI = (\rho_3 - \rho_5)/(\rho_3 + \rho_5)$	Landsat8 OLI 影像，计算水体指数
土地覆盖因子（L）		Landsat8 OLI 影像，土地覆盖分类

2. 技术流程

基于选取的 Landsat8 OLI 遥感影像，进行影像预处理；在此基础上，采用决策树分类法进行土地覆盖分类，得到土地覆盖数据（图 8.2），计算土地覆盖因子；进行 NDVI 与 NDWI 等特征指数提取；结合高程信息和站点降水资料，构建水源涵养评价模型。

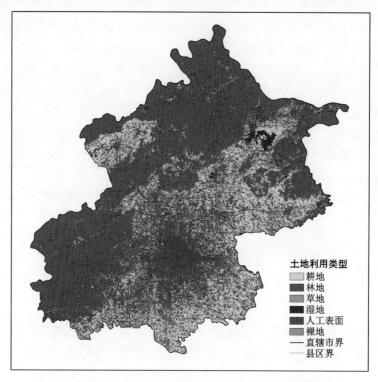

土地利用类型
▨ 耕地
■ 林地
▨ 草地
■ 湿地
▨ 人工表面
▨ 裸地
—— 直辖市界
----- 县区界

图 8.2　基于 Landsat8 OLI 影像的北京市土地利用提取结果

对各指标进行归一化处理，如式（8.3），然后利用层次分析法和专家打分法，参考相关章程和文献，确定各指标的权重，最后基于式（8.2）计算生态系统水源涵养重要性指数。

$$Y = \frac{X_i - X_{\min}}{X_{\max} - X_{\min}} \cdot 100 \tag{8.3}$$

式中，Y 为调整后的指标值，X_i 为调整前指标值，$X_{\max}$ 为该指标最大值，$X_{\min}$ 为该指标最小值。

具体技术流程如图 8.3 所示。

3. 结果

基于 Landsat8 OLI 影像的水源涵养重要性定量评价结果如图 8.4 所示。从监测评价结果可以看出，研究区水源涵养重要性总体较高，反映了区域生态涵养功能空间分布格局，山地区域水源涵养从高至低依次有所降低，不仅是海拔影响所致，而且与植被截流功能的垂直带性相符；平原区域水源涵养一般较低，与地表覆盖类型主要是不透水表面为主相关。

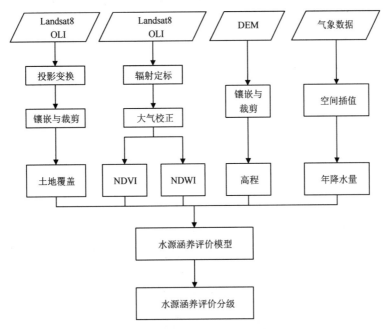

图 8.3　水源涵养重要性评价技术流程

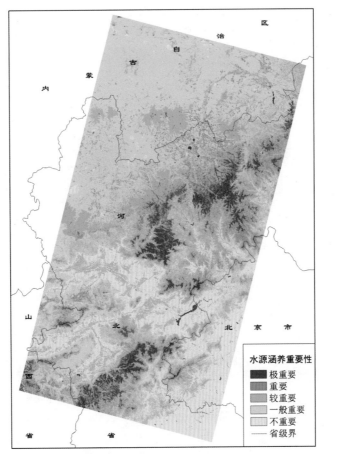

图 8.4　基于 Landsat8 OLI 影像的水源涵养重要性监测评价结果

8.2.2 土壤保持重要性监测与评价

与水源涵养重要性监测评价实验区一致，选择京津冀地区西北生态涵养区，进行土壤保持重要性监测评价。研究中使用到实验区气象站点数据、DEM 数据、土壤数据等。

1. 方法

从土壤侵蚀产生的生态过程出发，计算区域潜在土壤侵蚀量，即不考虑现实地表覆盖和人类活动影响的土壤侵蚀量。在土壤潜在侵蚀量计算基础上，结合研究区土壤侵蚀现状，按照侵蚀量越大保护重要性越高的原则划分研究区水土保持重要性等级。潜在土壤侵蚀量计算公式如下：

$$A = R \cdot \mathrm{LS} \cdot K \tag{8.4}$$

式中，A 为土壤潜在侵蚀量；R 为降雨侵蚀强度因子；LS 为坡度坡长因子；K 为土壤可蚀性因子。

土壤潜在侵蚀计算指标及方法如表 8.2。

表 8.2 土壤潜在侵蚀计算指标及方法

土壤潜在侵蚀指标	计算公式	数据源
降雨侵蚀力（R）	$\overline{R} = \frac{1}{N}\sum_{i=1}^{N}(\alpha\sum_{j=1}^{m}P^{\beta}d_{ij}) \quad \alpha = 21.239\beta^{-7.3967}$ $\beta = 0.6243 + \frac{27.346}{\overline{P_{d12}}} \quad \overline{P_{d12}} = \frac{1}{N}\sum_{i=1}^{N}\frac{1}{m}\sum_{l=1}^{n}P_{il}$ $i=1,2...,N \quad j=1,2....m \quad l=1,2...n$	国家气象站点数据
土壤可蚀性（K）	$K = \left\{0.2 + 0.3\exp\left[-0.0256S_a\left(1-\frac{S_i}{100}\right)\right]\right\}\left(\frac{S_i}{C_l+S_i}\right)^{0.3} \times \left[1-\frac{0.25C_0}{C_0+\exp(3.72-2.95C_0)}\right] \times$ $\left[1-\frac{0.7Sn}{Sn+\exp(-5.51+22.9Sn)}\right]$	中国 1∶100 万土壤数据库
坡长因子（L）	$L = (\lambda/22.13)^m$ $m = \begin{cases} 0.2 & \theta \leqslant 1° \\ 0.3 & 1° < \theta \leqslant 3° \\ 0.4 & 3° < \theta \leqslant 5° \\ 0.5 & \theta > 5° \end{cases}$	SRTM 90 m
坡度因子（S）	$S = \begin{cases} 10.8\sin\theta+0.03 & \theta < 5° \\ 16.8\sin\theta-0.5 & 5° \leqslant \theta < 10° \\ 21.9\sin\theta-0.96 & \theta \geqslant 10° \end{cases}$	SRTM 90 m

2. 技术流程

技术流程如图 8.5 所示。

3. 结果

土壤保持重要性定量监测评价结果如图 8.6 所示。从监测评价结果可以看出，研究区土壤保持重要性总体较高，反映了区域生态涵养功能空间分布格局，土壤保持重要性高的区域主要分布在山地、山地平原过渡区域，而平原区域土壤保持重要性一般较低。

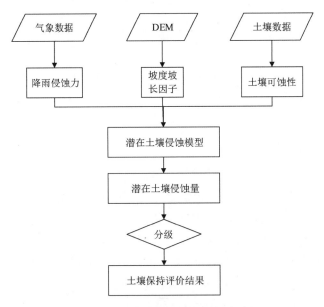

图 8.5　土壤保持重要性评价技术流程

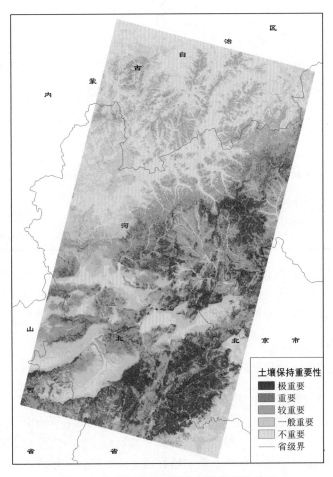

图 8.6　土壤保持重要性定量监测评价结果

8.2.3　防风固沙重要性监测与评价

以京津冀地区西北生态涵养区为例，使用 Landsat8 OLI 遥感影像，选取了两景 Landsat8 OLI 影像数据，数据过境时间为 2014 年 8 月 26 日，轨道号 124/31、124/32，数据无云覆盖，质量良好。此外，还使用到实验区气象站点数据、土壤数据等。

1. 方法

区域防风固沙与土壤质地、气候条件、植被覆盖等关系密切。本书建立了基于土壤可蚀性因子、干旱指数、年均风速、植被覆盖度等指标的土壤风蚀综合评价模型；在土壤风蚀计算基础上，结合研究区防风固沙现状，按照土壤风蚀量越大保护重要性越高的原则划分研究区防风固沙重要性等级。

建立土壤风蚀评价指数（soil wind erosion index，SWEI）如下：

$$\text{SWEI} = \frac{\sum_{i=1}^{n} W_i I_i}{\sum_{i=1}^{n} W_i} \tag{8.5}$$

式中，SWEI 为土壤风蚀指数；i 为各评价指标，包括土壤可蚀性因子、干旱指数、年均风速、植被覆盖度；W 为各评价指标的权重值；n 为评价指标个数，此处 n 为 4。

表 8.3　土壤风蚀指数计算指标及方法

土壤风蚀指标	计算公式	数据源
土壤可蚀性（K）	$K = \left\{ 0.2 + 0.3\exp\left[-0.0256 S_a \left(1 - \dfrac{S_i}{100}\right) \right] \right\} \left(\dfrac{S_i}{C_l + S_i} \right)^{0.3} \times$ $\left[1 - \dfrac{0.25 C_0}{C_0 + \exp(3.72 - 2.95 C_0)} \right] \times \left[1 - \dfrac{0.7 Sn}{Sn + \exp(-5.51 + 22.9 Sn)} \right]$	中国 1：100 万土壤数据库
干旱指数（D）	$D = 0.16 \sum \geqslant 10℃/P$	国家气象站点数据
年均风速	——	国家气象站点数据
植被覆盖度（FVC）	$\text{NDVI} = (\rho_5 - \rho_4)/(\rho_5 + \rho_4)$ $\text{FVC} = (\text{NDVI} - \text{NDVI}_{\text{SOIL}})/(\text{NDVI}_{\text{VEG}} - \text{NDVI}_{\text{SOIL}})$	Landsat8 OLI 影像

采用式（8.3）对各指标进行归一化处理，将其值域调整到 [0，100]。采用层次分析法，对各指标进行权重赋值。首先按照各指标的重要性程度，建立评价指标的判断矩阵；在此基础上，计算各指标权重值，将权重赋予各指标因子。

2. 技术流程

防风固沙重要性评价技术流程如图 8.7 所示。

3. 结果

基于 Landsat8 OLI 数据的防风固沙重要性定量监测评价结果如图 8.8 所示。从监测评价结果可以看出，研究区防风固沙重要性高等级区域主要分布于西北部，该区域植被覆盖度低，土壤质地较松散，再加上常年盛行西北风，使该区域防风固沙高等级重要性尤为显著。

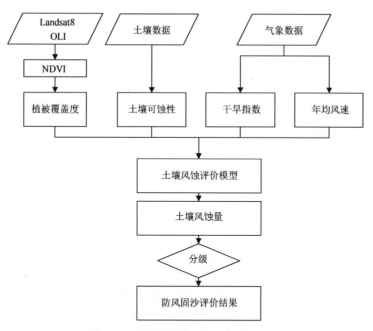

图 8.7　防风固沙重要性评价技术流程

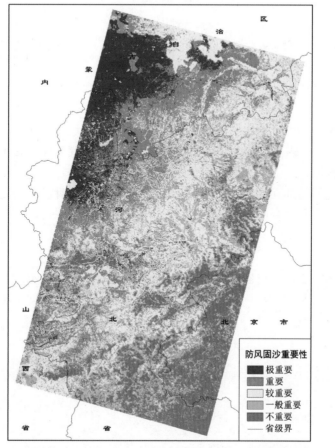

图 8.8　基于 Landsat8 OLI 数据的防风固沙重要性定量监测评价结果

8.2.4 生物多样性维护重要性监测与评价

以京津冀地区西北生态涵养区为例，使用 MODIS、Landsat8 OLI 遥感影像数据，进行水源涵养重要性监测评价研究。研究中选取了实验区 MODIS 影像及其数据产品，数据无云覆盖，质量良好；选取了实验区两景 Landsat8 OLI 影像数据，数据过境时间为 2014 年 8 月 26 日，轨道号 124/31、124/32，数据无云覆盖，质量良好。此外，还使用到实验区植被类型等辅助数据。

1. 方法

生物多样性维护重要性评价基于生物多样性监测结果进行。基于遥感的生物多样性监测一般分为以下 3 种方法，分别为基于景观指数的生物多样性监测、基于光谱变异性的生物多样性监测、基于植被指数的生物多样性监测。相比较而言，基于植被指数的生物多样性监测方法具有良好的理论基础和广泛推广作用。

本书结合相关研究进展，基于 NDVI、土地覆盖因子，结合植被类型数据，进行生物多样性监测，建立生物多样性评价模型如下：

$$SR = vNDVI \times WL \tag{8.6}$$

式中，SR（species richness）为生物多样性；vNDVI 为 NDVI 标准差；WL 为地表覆盖因子。

NDVI 标准差反映的变异程度与物种丰富度之间存在正相关关系。这种相关关系所依据的原理为：一方面 NDVI 能够指示景观栖息地的异质性，进而预测物种丰富度；另一方面，适度的干扰也可导致物种丰富度的升高，这也体现在 NDVI 的变异程度上。研究表明，NDVI 可以解释区域内 30%~87% 的物种丰富度或多样性变化。可以基于"物种—能量"理论（生产力与物种丰富度存在相关关系）预测物种丰富度。地表覆盖类型与生物多样性之间的亦存在正相关关系，特别是在阔叶林、针叶林、混交林、灌丛等植被覆盖区域，是多种物种的主要栖息地。

1）NDVI 标准差计算方法

在研究区建立 500 m 格网单元。利用 Landsat8 OLI 遥感影像计算研究区 NDVI；基于 500 m 单元，计算 NDVI 标准差［式（8.7）］，生成 vNDVI 数据层，用于评价生物多样性。

$$vNDVI = \sqrt{\frac{\sum_{i=1}^{n}(NDVI_i - \overline{NDVI})^2}{n}} \tag{8.7}$$

2）地表覆盖因子计算方法

MODIS 地表覆盖类型数据利用 IGBP 分类系统，将地物类型分为 17 大类。将该数据分类方法进行合并，归并为水体、针叶林、阔叶林、混交林、灌丛、草原、湿地、耕地、城市与建设用地、裸地共 10 类。参考相关研究成果，采用特尔菲法，根据土地覆盖类型数据建立权重分配栅格数据。权重分配见表 8.4。对 MODIS 地表覆盖类型数据赋权重得到 WL 数据层。

表 8.4 　土地覆盖类型权重分配

土地 类型	水体	针叶林	阔叶林	混交林	灌丛	草原	湿地	耕地	城市及 建设用地	冰雪	裸地
权重	0.005	0.22	0.3	0.23	0.12	0.03	0.04	0.05	0	0	0.005

采用式（8.3）对 vNDVI、WL 进行归一化处理，将其值域调整到 [0, 100]。

2. 技术流程

生物多样性维护重要性评价技术流程如图 8.9 所示。

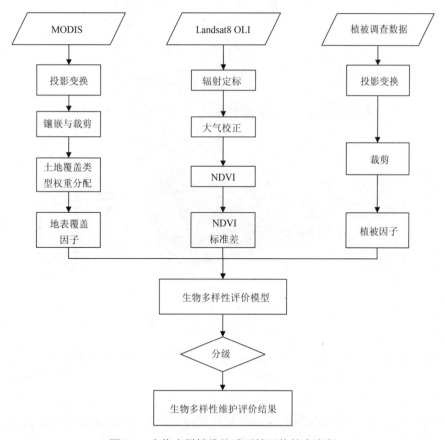

图 8.9 　生物多样性维护重要性评价技术流程

3. 结果

基于 MODIS 与 Landsat8 OLI 数据的生物多样性维护重要性定量监测评价结果如

图 8.10 所示。

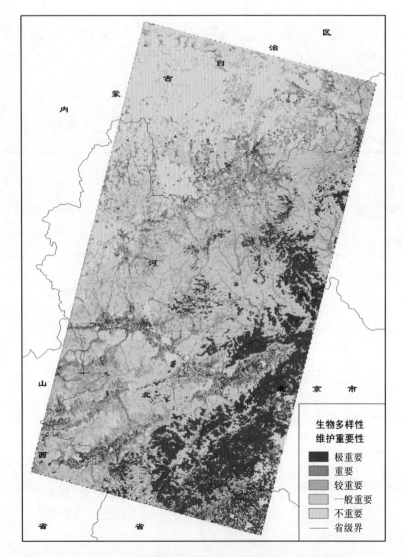

图 8.10　基于 MODIS 与 Landsat8 OLI 数据的生物多样性
维护重要性定量监测评价结果

　　从监测评价结果可以看出，研究区生物多样性维护重要性总体相对较高，特别是在山地—平原过渡区域，由于植被异质性高，再加上人类干扰因素，导致生物多样性升高，生物多样性维护重要性呈高等级分布。

　　根据式（8.1），对京津冀地区生态重要性进行了高分遥感监测评价，结果如图 8.11所示。从评价结果可知，京津冀地区生态重要性整体较高，同时空间分异性较大。从生态重要性等级分布数量上来看，26.8%的区域生态重要性呈现高等级，8.0%的区域生态重要性呈现较高等级，28.3%的区域生态重要性呈现中等等级，29.5%的区域生态重要性呈现较低重要等级，7.5%的区域生态重要性呈现低等级。

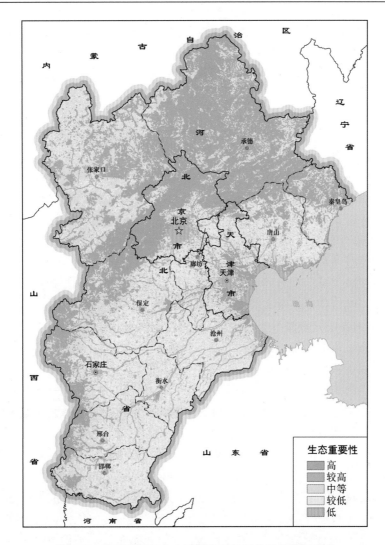

图 8.11 京津冀地区生态重要性定量评价结果等级分布

8.3 基于生态系统服务功能的生态重要性监测评价方法

8.3.1 生态系统服务功能概述

生态系统是植物、动物和微生物群落及其无机环境的动态复合体和相互作用功能单元。生态系统服务功能是生态系统的自然过程和组分直接或间接地提供满足人类需要的产品和服务的能力,这种能力包括供给(如食物与水的供给)、调节(如调节洪涝、干旱、土地退化以及疾病等)、支持(如土壤形成与养分循环等)和文化(如娱乐、精神、宗教以及其他非物质方面的效益)(Costanza et al.,1997;傅伯杰等,2001;刘纪远等,2006;傅伯杰等,2009)。生态系统服务功能随着系统自身变化(如水、植被、土壤变化)和外部环境变化(如气候变化、人类干扰)会产生相应的变化和演变（傅伯杰等，2001）。监测与评价生态系统服务功能，不仅是揭示生态系统水源涵养、水土保持、防风固沙、生物多样性维护等重要生态服务功能状态的需要，而且有利于掌握生态系统变化过程和规律，从而正确引导国家或区域生态功能区政策和管理措施的制定与实施，以实现增强生态系统服务功能和改善生态环境质量的目标。

　　国内外在生态系统综合监测与评估方面已进行了大量的案例研究和理论探索，这些研究按照不同的理念可以归纳为 3 类（刘纪远等，2009）：一是基于压力—状态—响应（Pressure-State-Response，PSR）模型的生态系统评价（Agency，1998；Walz，2000）；二是生态系统服务价值评价（Costanza et al.，1997；欧阳志云和王效科，1999；傅伯杰等，2001）；三是基于 MA 概念框架的生态系统评估（Capistrano，2005；赵士洞等，2007）。PSR 模型是 1990 年联合国经济合作与发展组织（OECD）在启动环境指标评价项目时首次提出的，该模型以"系统压力"、"系统状态"和"系统响应"作为生态安全判断准则。其中压力指标反映人类活动给环境造成的负荷；状态指标表征环境质量、自然资源与生态系统的状况；响应指标表征人类面临环境问题所采取的对策与措施（Agency，1998；Walz，2000）。国内研究多侧重于利用 PSR 模型评价生态系统健康/安全，表征区域生态系统的健康状态（蒋卫国等，2005；刘明华和董贵华，2006；贾慧聪等，2011）。然而，生态系统健康属于状态量的范畴，压力与响应指标只能表征生态系统健康可能的变化趋势，而对系统当前的健康状态没有指示意义。合理的"压力—状态—响应"评价，应该是以状态指标度量生态系统健康状况，以压力和响应指标反映生态系统健康的主要影响因素及其结果（彭建等，2007）。生态系统服务价值评价是 Costanza 等（1997）在国际生态学、经济学与社会学领域里提出的以生态补偿为核心的生态系统评估方法，该方法在国内得到广泛的关注和应用。欧阳志云和王效科（1999）系统阐述了生态系统服务功能的概念、内涵及其价值评价方法，对中国陆地生态系统服务功能的价值进行了初步估算。谢高地等（2003）在对青藏高原天然草地生态系统服务价值根据其生物量订正的基础上，估算了各种草地类型的生态服务价值。尽管生态系统服务价值评价对生态补偿具有重要的实际意义，但该方法不能监测评价生态系统服务功能的变化，因此在动态监测评价中具有一定的局限性（刘纪远等，2009）。千年生态系统评估（MA）是由联合国前秘书长安南于 2000 发起，2005 年结束的国际合作项目，有来自全球 95 个国家的 1360位科学家参加。它首次在全球尺度上系统、全面地揭示了各类生态系统的现状和变化趋势、未来变化的情景和应采取的对策。MA 评估框架拓展了压力—状态—响应评估框架，它包含了对环境变化与人类福利之间关系的评价，能动态地评估环境变化对人类生存环境的影响，同时也能评估人类活动对环境与资源造成的压力的变化（刘纪远等，2009）。刘纪远等（2006；2009）在研究"青海三江源区生态系统本底综合评估"和"青海三江源区生态保护和建设工程生态成效的中期评估"任务中，以 MA 概念框架为基础，针对三江源区的生态功能定位和区域特点，构建了三江源区生态系统综合评估指标体系，并完成了实现评估指标的技术体系。

　　本书以三江源地区为例，开展生态系统服务功能遥感监测与评价研究。

8.3.2　生态系统服务功能遥感评价指标

生态系统服务功能遥感监测指标体系如图 8.12 所示。监测指标体系共包含了 5 个因素、13 个指标。

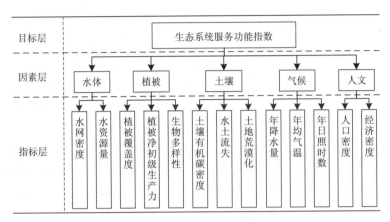

图 8.12　三江源地区生态系统服务功能遥感监测指标体系

（1）水体。包含水网密度和水资源量指标。水网密度包含了河流、湖泊、水库等水体密度信息和具有涵水蓄水功能的沼泽、冰川积雪密度等信息；水资源量包含地表水资源量和地下水资源量。水体在三江源区具有最重要的生态支持功能。

（2）植被。包含植被覆盖度、植被净初级生产力、生物多样性指标。植被覆盖度反映了研究区地表植被（高原草地、草甸、灌丛、森林等）覆盖的稀疏程度；植被净初级生产力是生态系统绿色植被吸收太阳能制造有机物质的生命过程，为各类生物提供初级产品，植被净初级生产力的高低不仅直接影响到生态系统本身的过程和功能，而且通过支持生态系统的各种供给功能和调节功能间接地为人类提供福利；生物多样性反映某个区域或群落中物种的数量，物种丰富度越大，表明该区域或群落的物种多样性就越高，反之，物种多样性就越低。

（3）土壤。包含土壤有机碳密度、水土流失、土地荒漠化指标。土壤有机碳库是陆地碳库的主要组成部分，在陆地碳循环研究中有重要作用（于东升等，2005），土壤有机碳密度是单位面积一定深度的土层中土壤有机碳的储量，它不仅是统计土壤有机碳储量的主要参数，其本身也是一项反映土壤特性的重要指标（金峰等，2001）；水土流失和土地荒漠化是生态系统在自然和人为因素影响下发生退化或遭受破坏的变化过程，制约生态系统提供供给、调节和支持等服务功能，是监测评价生态系统服务功能的逆向指标，水土流失是降雨等因子作用的土壤侵蚀过程，土地荒漠化是以风沙活动为主要标志的土地退化过程。

（4）气候。包含年降水量、年均气温、年日照时数指标。区域年降水量、年均气温、年日照时数作为气候环境背景，是生态系统提供生态服务功能的重要环境因素。

（5）人文。包含人口密度、经济密度指标。区域人口密度、经济密度等人文因素一定程度上制约自然生态系统服务功能的过程，是监测评价生态系统服务功能的逆向指标。

8.3.3 生态系统服务功能遥感评价方法

1. 生态系统服务功能评价指标值确定

1）水资源量

水资源量利用研究区由水资源统计数据获取的千米格网水资源量确定。千米格网水资源量数据由水利部提供。其中，水资源统计数据包括地表水资源量和地下水资源量。

2）水网密度

水网密度利用研究区土地利用遥感监测数据中的河流、湖泊、水库、沼泽、冰川积雪等土地利用类型在千米格网中的面积百分比确定水网密度值。土地利用遥感监测数据采用中国科学院遥感与数字地球研究所研制的中国土地利用遥感监测数据集（刘纪远等，2003；刘纪远等，2009；张增祥等，2012）。

3）植被覆盖度

植被覆盖度利用 NDVI 数据通过像元二分模型法（李苗苗，2003；张学珍和朱金峰，2013）计算。NDVI 数据采用 MOD13A2 数据，该数据是 16 天最大值合成的 1 km 空间分辨率 NDVI 数据（NASA），可在 LAADS（Level 1 and Atmosphere Archive and Distribution System）网站下载（NASA）。本章选用研究区年内 23 个时序的 NDVI，计算每个像元的 NDVI 年最大值，在此基础上计算植被覆盖度。

4）植被生产力

植被净初级生产力 NPP 使用 MOD17A3 产品，数据空间分辨率为 1 km（NASA）。该产品根据 BIOME-BGC 模型获取全球 NPP 年积累量，且经过一系列改进后提高了产品估算精度（Zhao et al.，2005），数据可在 LAADS 网站下载（NASA）。本章选用研究区 2005 年、2010 年 MOD17A3 NPP 数据产品。

5）生物多样性

生物多样性指某个区域或群落中物种的数量。朱万泽等（2009）根据长江上游植被数据，计算了基于生态系统类型的物种多样性指数。本章参考其方法，结合三江源地区生态系统类型特点，建立物种多样性指数如下：

物种多样性指数（S）=针叶林×0.25+灌丛×0.25+草原×0.15+草甸沼泽×0.15+荒漠

生态系统×0.03+农业生态系统×0.15+水体生态系统×0.02+无植被区域×0 （8.8）

式中，针叶林、灌丛、草原、草甸沼泽、荒漠、农业、水体等生态系统类型数据以 1：400 万中国植被数据（中国科学院植物研究所，1979；孙世洲，1981）为参照。

6) 土壤有机碳密度

土壤有机碳密度计算基于中国 1∶100 万土壤数据库进行。该数据库由中国科学院土壤研究所研制（Shi et al.，2004）。数据库由土壤空间数据库、土壤属性数据库和中国土壤参比系统 3 部分组成。其中，土壤空间数据库依据全国土壤普查办公室 1995 年编制出版的《1∶100 万中华人民共和国土壤图》数字化编辑而成，数据格式为 grid 栅格格式，分辨率为 1 km。土壤有机碳密度的计算模型如下（于东升等，2005）：

$$\text{SOCD} = \sum_{i=1}^{n}(1 - \theta_i\%) \times p_i \times C_i \times T_i / 100 \tag{8.9}$$

式中，SOCD 为土壤剖面有机碳密度（kg/m²）；θ_i 为第 i 层大于 2 mm 砾石含量（体积%）；p_i 为第 i 层土壤容重（g/cm3）；C_i 为第 i 层土壤有机碳含量（C g/kg）；T_i 为第 i 层土层厚度（cm）；n 为参与计算的土壤层次总数。

7) 水土流失

水土流失通过土壤侵蚀强度来反映。三江源区特殊的地理、地质和气候环境条件，决定了其土壤侵蚀以冻融侵蚀为主、多种侵蚀交互作用的现状（吴万贞等，2009，黄麟等，2011）。土壤侵蚀以中国科学院资源环境科学数据中心 1995 年的 1∶25 万土壤侵蚀数据为基础，该数据是全国第二次水土流失遥感调查的成果，为 1 km 分辨率的空间栅格数据。土壤侵蚀分为水力侵蚀、风力侵蚀、冻融侵蚀 3 个主要类型，其中水力侵蚀、风力侵蚀强度分为 6 级，冻融侵蚀强度分为 4 级。

8) 土地荒漠化

土地荒漠化根据风蚀地或流沙面积占地百分比和植被覆盖度通过以下模型计算得到（吴薇，1997；朱金峰，2011）

$$D = \text{Max}\{(1 - \text{FVC}), S\} \tag{8.10}$$

式中，D 为土地沙漠化指数；FVC 为植被覆盖度；S 为风蚀地或流沙面积占地百分比。

计算过程中，首先根据土地利用遥感监测数据，提取沙地、戈壁、盐碱地 3 类土地覆盖类型区域，作为沙漠化土地的范围；其次，获取沙漠化土地范围内的植被覆盖度，以沙地在千米格网单元的面积百分比作为风蚀地或流沙面积占地百分比；最后按式（8.10）计算土地沙漠化指数。土地沙漠化指数越大，表明区域土地沙漠化程度越高。

9) 年降水量、年均气温、年日照时数

年降水量、年均气温、年日照时数使用气象站观测数据进行空间插值后确定。利用研究区及其周边地区 45 个气象站 2005 年和 2010 年月降水、月均气温、月日照时数，计算得到各站点年降水量、年均气温、年日照时数值。利用普通克里格法（Ordinary Kriging，OK）方法对各站点年降水量、年均气温、年日照时数值行空间插值，得到研究区 1 km 年降水量、年均气温、年日照时数值栅格数据。

10）人口密度

人口密度千米格网数据利用人口统计数据、土地利用数据和夜间灯光数据 DMSP/OLS（Defense Meteorolgical Satellite Program/Operational Linescan System），通过建立夜间灯光数据、土地利用数据和人口分县统计数据回归分析模型，复合得到区域人口密度空间化数据（Zeng et al.，2011）。

11）经济密度

经济密度千米格网数据利用 GDP 分县统计数据、土地利用遥感监测数据和夜间灯光遥感数据 DMSP/OLS，通过建立夜间灯光数据、土地利用数据和 GDP 分县统计数据回归分析模型，复合得到区域 GDP 空间化数据（韩向娣等，2012）。

三江源地区 2010 年生态系统服务功能各种监测评价指标计算结果如图 8.13 所示。

2. 归一化处理

为了消除不同指标之间量纲和数据级差异的影响，需要对各指标进行数据无量纲化处理，将各指标值归一化到一致的值域区间。分正向指标和逆向指标分别按式（8.11）、式（8.12）进行处理。

$$正向指标：X_s = \frac{X_i - X_{min}}{X_{max} - X_{min}} \times 100 \tag{8.11}$$

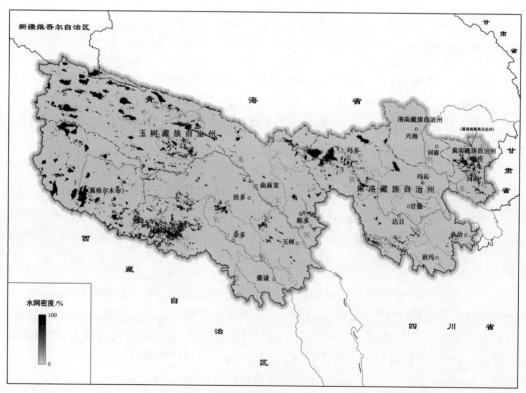

(a) 水网密度

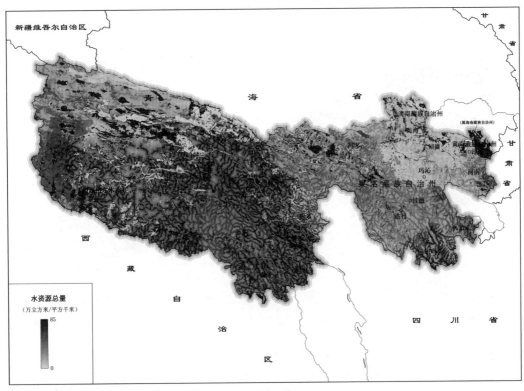

(b) 水资源量

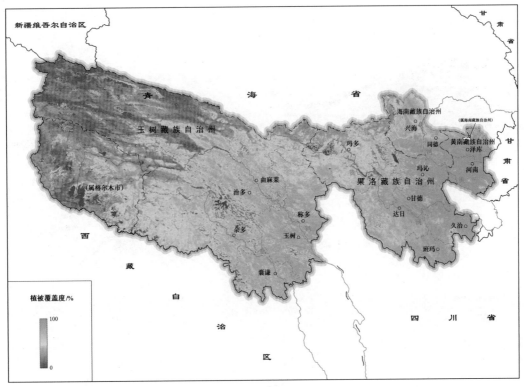

(c) 植被覆盖度

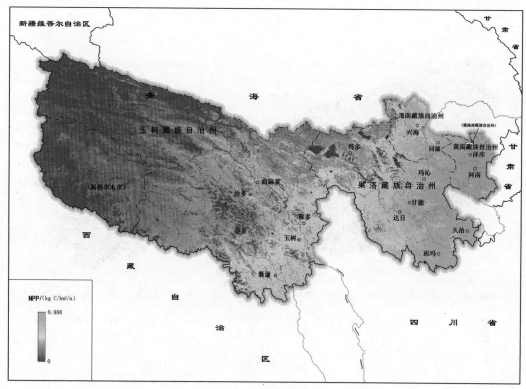

(d) 植被生产力

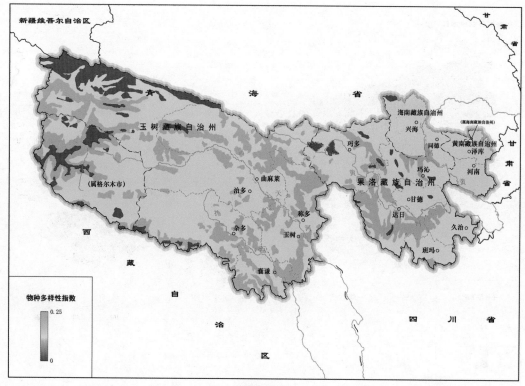

(e) 生物多样性

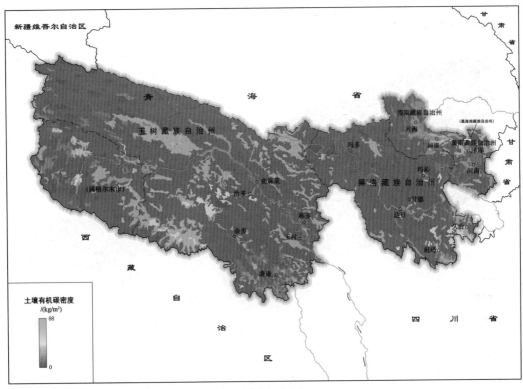

(f) 生物有机碳密度

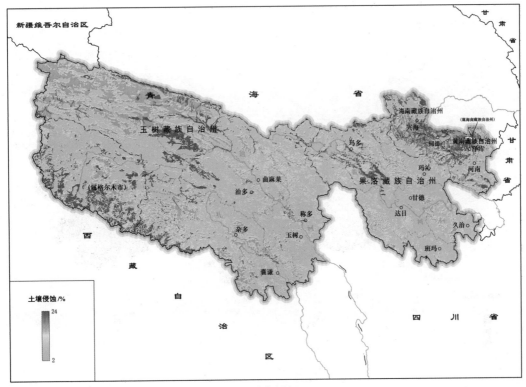

(g) 土壤侵蚀

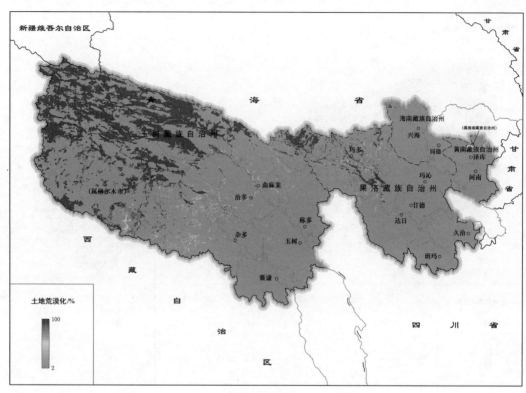

(h) 土地荒漠化

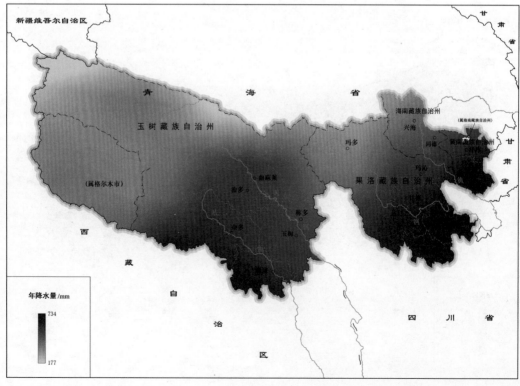

(i) 年降水量

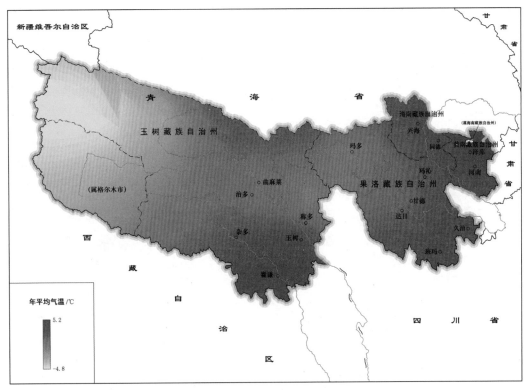

(j) 年均气温

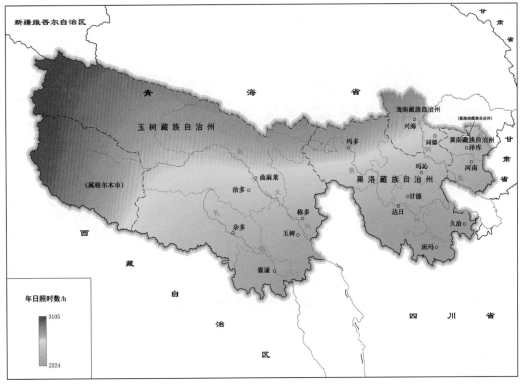

(k) 年日照时数

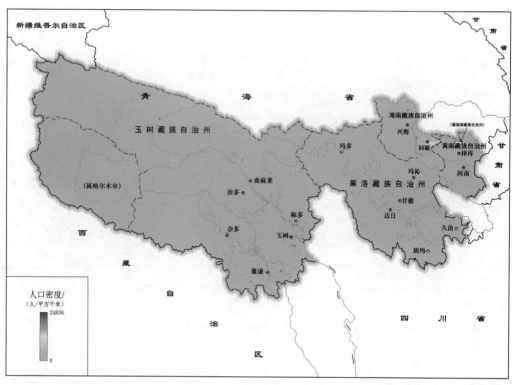

(l) 人口密度

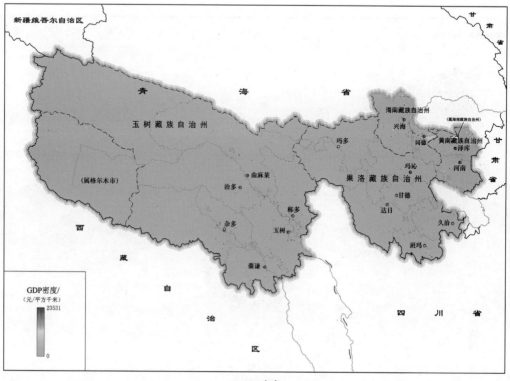

(m) GDP密度

图 8.13　三江源地区生态系统服务功能监测评价指标 2010 年空间格局

$$\text{逆向指标：} \quad X_s = \frac{X_{\max} - X_i}{X_{\max} - X_{\min}} \times 100 \tag{8.12}$$

式中，X_s 为归一化后的指标值；X_i 为归一化前的指标值；$X_{\max}$ 和 $X_{\min}$ 分别为各指标给定置信度的置信区间内的最大值与最小值，本书在各指标图像的频率累积表上取频率为99.5%的指标值为 $X_{\max}$，取频率为0.5%的指标值为 $X_{\min}$。

本书中选用的 13 个指标中，水土流失、土地荒漠化、人口密度和经济密度 4 个指标为逆向指标，其余均为正向指标。

3. 指标权重确定

应用层次分析法（analytic hierarchy process，AHP）确定指标权重。AHP 法是一种定性和定量相结合的，系统性、层次化的多目标决策分析方法，通过建立有序递阶的指标体系，比较同一层次各指标的相对重要性综合计算指标权重值。本书应用 AHP 法确定指标权重的具体步骤如下。

（1）根据地理学、生态学和环境遥感专家意见，结合已有研究案例（Shao et al.，2010；Zhao et al.，2010），确定各因素及其指标的相对重要性，填写各指标权重的判断矩阵。

（2）在此基础上，通过对每一个判断矩阵行向量进行几何平均和归一化，计算得到各判断矩阵中对应每一行指标的权重。

（3）对判断矩阵进行一致性检验，生态系统服务功能各因素判断矩阵的一致性指标等于 0.025，一致性比率等于 0.023（<0.1），表明判断矩阵具有较好的一致性。

三江源地区生态系统服务功能监测指标权重值分配结果如表 8.5 所示。

表 8.5　三江源地区生态系统服务功能监测指标权重值

监测因素	权重	监测指标	权重分配
水体	0.342	水网密度	0.171
		水资源量	0.171
植被	0.257	植被覆盖度	0.103
		植被净初级生产力	0.103
		生物多样性	0.051
土壤	0.223	土壤有机碳密度	0.045
		水土流失	0.089
		土地荒漠化	0.089
气候	0.136	年降水量	0.054
		年均气温	0.041
		年日照时数	0.041
人文	0.042	人口密度	0.021
		经济密度	0.021

4. 构建生态系统服务功能指数模型

生态系统服务功能指数模型如下：

$$\text{ESFI} = \sum_{i=0}^{n} x_i \cdot w_i \tag{8.13}$$

式中，ESFI（ecosystem service function index）为生态系统服务功能指数；x_i 为第 i 个指

标值；w_i 为第 i 个指标权重；n 为指标个数。ESFI 值域范围为 [0，100]，值越大，表明生态系统服务功能越高。

5. 评价生态系统服务功能

依据 ESFI 对三江源地区生态系统服务功能进行评价，将区域生态系统服务功能分为 5 个等级，分别为 I 级：生态系统服务功能高；II 级：生态系统服务功能较高；III 级：生态系统服务功能中等；IV 级：生态系统服务功能较低；V 级：生态系统服务功能低。具体评价方法如表 8.6 所示。

表 8.6　三江源地区生态系统服务功能评价

评价等级		ESFI 值域范围	评价结果
I	高	[80，100]	生态系统水源涵养功能高，植被覆盖度高，植被净初级生产力水平高，森林蓄积量大，野生动植物物种丰富，水土流失和土地荒漠化程度轻，生态系统服务功能高
II	较高	[60，80)	生态系统水源涵养功能较高，植被覆盖度较高，植被净初级生产力水平较高，森林蓄积量较大，野生动植物物种较丰富，水土流失和土地荒漠化程度较轻，生态系统服务功能较高
III	中等	[40，60)	生态系统水源涵养功能中等，植被覆盖度中等，植被净初级生产力水平中等，野生动植物物种丰富水平中等，水土流失和土地荒漠化程度中等，生态系统服务功能中等
IV	较低	[20，40)	生态系统水源涵养功能较低，植被覆盖度较低，植被净初级生产力水平较低，野生动植物物种较少，水土流失和土地荒漠化程度较严重，生态系统服务功能较低
V	低	[0，20)	生态系统水源涵养功能低，植被覆盖面积小，植被净初级生产力水平低，野生动植物物种少，水土流失和土地荒漠化程度严重，生态系统服务功能低

总体研究技术路线如图 8.14 所示。

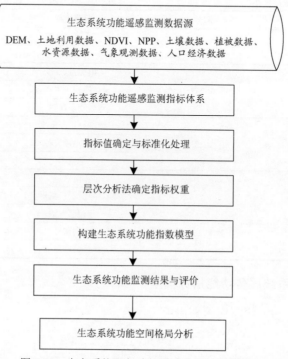

图 8.14　生态系统服务功能遥感监测技术路线

8.3.4　生态系统服务功能遥感评价结果

以三江源地区为例,监测了区域生态系统服务功能,其空间分布格局如图 8.15 所示。从图 8.15 中可知,三江源地区生态系统服务功能表现出明显的自东南向西北逐渐递减的地带性空间格局,ESFI 评价等级由东南向西北逐渐降低。ESFI 评价等级为"高""较高"的地区主要分布在区域东南部,分别占 1.9%、29.3%;西部地区 ESFI 评价等级以"较低""低"为主,分别占 17.6%、6.6%;此外,中部大部分地区 ESFI 评价等级为"中等",占 44.6%。

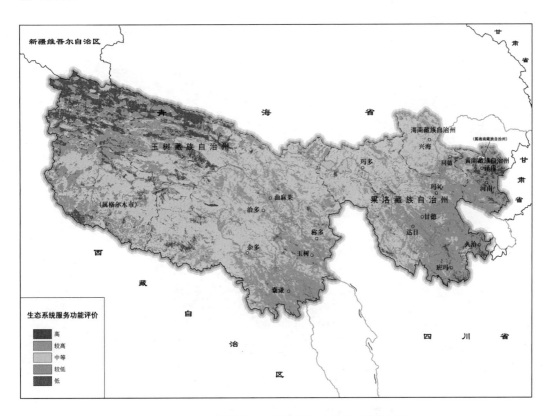

图 8.15　三江源地区生态系统服务功能遥感监测结果

三江源地区生态系统服务功能评价结果显示的空间分布特征主要受植被覆盖、土地荒漠化、年降水量等指标的空间格局影响和控制。东南部地区气候环境相对湿热,灌丛、草地等植被盖度较高,植被年累积干物质量较大,受荒漠化威胁程度较小,因而生态系统服务功能较大;西北部地区海拔高、温度低、降水少,严酷的自然环境制约了植被生长,促使风沙活动频繁,土地荒漠化程度高,生态系统脆弱,生态服务功能较小;同时,西北部分地区由于冰川、湖泊、高原湿地分布,使生态系统具有较高的水源涵养功能,也成为三江源西北部最重要的生态安全屏障。

8.4 生态重要性监测评价结果

全国生态重要性如图 8.16 所示。为了分析国家主体功能区生态重要性功能指标的状况，对全国生态重要性土地面积百分比及其在县级单元层次上的数量百分比做了统计（图 8.17、图 8.18），并统计了各省、自治区、直辖市内生态重要性在县级单元层次上的数量及其百分比（图 8.19、图 8.20）。

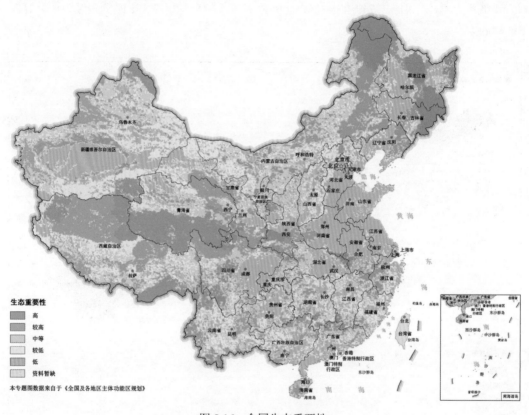

图 8.16 全国生态重要性

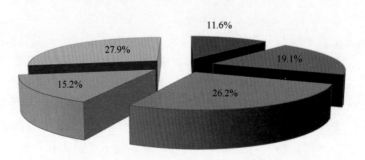

图 8.17 全国生态重要性土地面积百分比统计

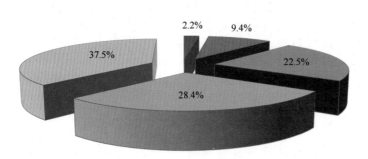

图 8.18　全国生态重要性单元数量百分比统计（按县级行政单元）

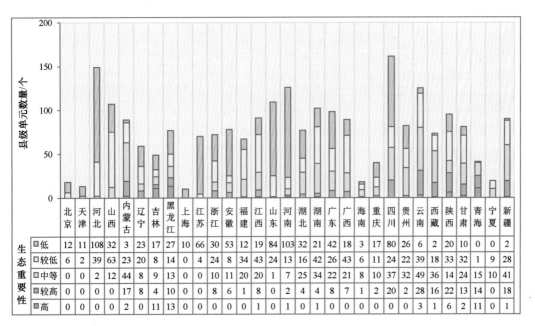

生态重要性		北京	天津	河北	山西	内蒙古	辽宁	吉林	黑龙江	上海	江苏	浙江	安徽	福建	江西	山东	河南	湖北	湖南	广东	广西	海南	重庆	四川	贵州	云南	西藏	陕西	甘肃	青海	宁夏	新疆
	低	12	11	108	32	3	23	17	27	10	66	30	53	12	19	84	103	32	21	42	18	3	17	80	26	6	2	20	10	0	0	2
	较低	6	2	39	63	23	20	8	14	0	4	24	8	34	43	24	13	16	42	26	43	6	11	24	22	39	18	33	32	1	9	28
	中等	0	0	2	12	44	9	9	13	0	0	10	11	20	20	1	7	25	34	22	21	8	10	37	32	49	36	14	24	15	10	41
	较高	0	0	0	0	17	8	4	10	0	0	8	6	1	8	0	2	4	4	8	7	1	2	20	2	28	16	22	13	14	0	18
	高	0	0	0	0	2	0	11	13	0	0	0	0	0	0	1	0	1	0	1	0	0	0	0	0	3	1	6	2	11	0	1

图 8.19　各省份生态重要性分类（按县级行政单元）

香港、澳门、台湾资料暂缺

综合图 8.16～图 8.20 可以得到以下几点。

（1）全国生态重要性空间分异性较大，青藏高原、东北地区生态重要性较高，东部地区及西北地区北部生态重要性较低。

（2）全国 11.6% 的国土面积生态重要性高，19.1% 的国土面积生态重要性较高，26.2%的国土面积生态重要性中等，15.2% 的国土面积生态重要性较低，27.9% 的国土面积生态重要性低。

（3）全国 2.2% 的县（区）生态重要性高，9.4% 的县（区）生态重要性较高，22.5%的县（区）生态重要性中等，28.4% 的县（区）生态重要性较低，37.5% 的县（区）生态重要性低。

（4）各省（自治区、直辖市）中，青海、西藏、云南、吉林、黑龙江等地区生态重要性较高；上海、江苏、山东、天津等地区生态重要性较低。

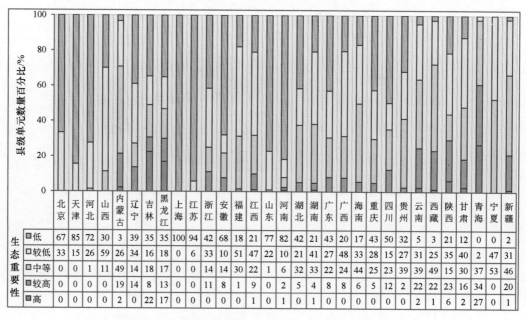

图 8.20 各省份生态重要性分类占比（按县级行政单元）

香港、澳门、台湾资料暂缺

第9章 人口集聚度遥感监测与评价

9.1 人口集聚度概述

9.1.1 概念及研究进展

人口集聚度是指一个地区现有人口的集聚状态，由人口密度和人口流动强度两个要素构成，具体通过采用县域人口密度和吸纳流动人口的规模来反映。设置人口集聚度指标的主要目的是为了评估一个地区现有人口的集聚状态。人口集聚度两个要素的具体含义如下。

（1）人口密度。指县域单元内总人口数量与土地面积的比值。

（2）人口流动强度。指县域单元内暂住人口数量占总人口数量的百分比。

人口因素是主体功能区划中现有开发密度的一个重要指标。杨小唤等（2002）、刘纪远等（2003）、田永中等（2004）、黄耀欢等（2007）、廖一兰等（2007）、闫庆武等（2011）曾对全国和区域的人口密度（空间化）进行了模拟研究，朱传耿等（2001）、孙峰华等（2007）、罗仁朝和王德（2008）对全国和区域的流动人口空间分布进行了分析，均取得了很好的研究成果，揭示了我国人口空间分布的特征以及流动人口空间分布格局。

主体功能区划中人口集聚度指标综合了人口密度和人口流动强度两个因素，进一步强化了人口空间化的现实状况和空间格局。刘睿文等（2010）采用人口集聚度分级评价的方法，结合中国人口分布格局、自然条件空间格局、人居环境自然适宜性评价结果以及经济发展格局和城市化格局，对中国的人口集疏的空间格局进行了研究分析。李玮和王利（2009）通过计算人口密度和人口流动强度，对辽宁省74个基本评价单元人口集聚度进行了分析，为辽宁省主体功能区划提供了参考依据。王雅文（2008）对《省级主体功能区域划分技术规程（试用）》中人口集聚度计算提出了改进方案，应用不同用地类型上的人口分配理论对人口数据进行空间分配，突破了传统的按行政区界线统计人口密度的方法，按照均匀分布、规则大小的格网单元来计算人口密度，对辽宁省人口集聚度进行了分析。

此外，DMSP/OLS 夜间灯光遥感数据在人口空间化方面的应用研究也取得了较大进展，如卓莉等（2005）选用 DMSP/OLS 非辐射定标夜间灯光平均强度遥感数据，基于灯光强度信息模拟了灯光区内部的人口密度，基于人口—距离衰减规律和电场叠加理论模拟了灯光区外部的人口密度，从而获得中国的人口密度，取得拓展和深入性的结果。曹丽琴等（2009）在分析了2000年湖北省各县市 DMSP/OLS 夜间灯光数据亮度值与各县市城镇人口之间的关系后，建立相应的模型模拟湖北省2002年76个县市城区人口，结果预测吻合度达到98.94%。

9.1.2　监测评价方法

1. 方法

人口集聚度监测评价方法如下：

$$人口集聚度=f（人口密度，人口流动强度）\tag{9.1}$$

$$人口密度=总人口/土地面积\tag{9.2}$$

$$人口流动强度=暂住人口/总人口·100\%\tag{9.3}$$

式中：总人口指各县行政单元的常住人口总数，即按国家"五普"统计口径确定的常住人口（包括暂住半年以上的流动人口数）；暂住人口指县行政单元内暂住半年以上的流动人口数。

$$人口集聚度=人口密度·d_{人口流动强度}\tag{9.4}$$

式中，$d_{人口流动强度}$根据县行政单元的暂住人口占常住总人口的比例分级状况，按表 9.1 取选权重值。

表 9.1　在不同情境下 $d_{人口流动强度}$ 值的赋值

	人口流动强度				
	<5%	5%~10%	10%~20%	20%~30%	>30%
强度权重系数赋值	1	3	5	7	9

2. 技术流程

人口集聚度遥感监测与评价技术路线如图 9.1 所示，具体如下所述。

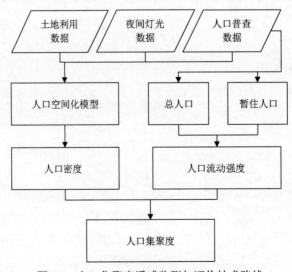

图 9.1　人口集聚度遥感监测与评价技术路线

（1）计算人口集聚度需要的数据包括：人口普查数据、土地利用数据、夜间灯光数据、数字高程模型、行政区划数据等。

（2）人口密度空间化。基于人口普查数据、土地利用数据、夜间灯光数据等，建立人口密度空间化模型，并对模型结果进行验证，得到二级分区人口密度空间化结果。

（3）计算人口流动强度。根据人口流动强度概念及其计算方法，基于人口普查数据中的暂住人口和总人口数据，计算县/区级人口流动强度，并在 GIS 空间分析方法下，进行矢量栅格转换，对人口流动强度结果进行空间化处理。

（4）计算人口集聚度。根据式（9.4），基于人口密度空间化结果、人口流动强度结果，计算人口集聚度。

9.2　人口密度遥感监测评价概述

人口是居住在一定地域内或一个集体内的人的总数。中国人口分布的主要特点是：东西人口分布不均、城乡人口差别巨大、快速人口增长及人口流动，另外不同的经济发展水平、迥异的交通状况以及文化背景均对人口分布有重大影响。

人口分布本身的地域性显得极为复杂，因此人口空间分布的精确描述对研究城市化、人口变迁以及人类活动与环境变化的相互驱动等的研究对国家的区域经济发展战略极为重要。对于一个地域辽阔、人口众多的国家，人口分布的研究对于社会经济发展、城市群发展规划、生态环境保护（高志强等，1999）、疾病控制以及灾害风险评估等领域均有重大意义。

随着社会经济的发展，各种应用对于高质量的人口数据的需要日益迫切，特定区域内的人口数据直接影响到其他的模型和应用。例如，在应对突发灾害时，快速地获取指定灾区内的人口数据直接影响到救灾工作的开展；在修建大坝时需要计算未来水淹区域内人口的迁移以及可能的迁移对周围区域经济的影响，并计算人口变化带来的环境、就业压力；在国家制定宏观经济调控政策时，需要分析人口时序变化规律，引导人口的流动以期合理的经济发展等。

统计人口数据是常规的人口数据获取方法。统计数据作为一个权威的人口数据本身反映统计单元整体的人口。因此，对于这些新型的应用，统计数据已经不能满足众多对人口数据的需求。相反，人口空间化的结果则在一定程度上弥补了这些不足。人口空间化结果表现为一定分辨率的栅格数据，栅格数据的值即为该像元上的人口值。这些固定大小的像元也被称为格网（grid），如 1 km 分辨率的人口空间化结果也称为一千米人口格网。

人口格网数据从一开始就体现出了其特有的优势：首先，人口格网数据能够体现统计人口单元内在的差异，而统计数据一般统计某个行政单元内的人口数，从而隐藏统计单元的内部差异（张善余，2003）；其次，人口格网包含更精确的空间信息，可以广泛地应用于各种空间分析和应用。例如，1998 年长江中下游发生特大洪水，需要快速估算紧急泄洪区内需要疏散的人口，由于泄洪区是以地形为基准划定，而不是以行政区边界来定，于是人口格网可以发挥重要的作用；最后，行政区划的变更会导致不同年份的人口统计数据无法进行序列分析，而以地理坐标为单位人口格网则可以不受限于此变化，从而方便地叠加和计算。考虑到人口格网的上述优势，诸多的学者开始注重从事人口格网方面的研究。

通过上述对于统计人口数据以及人口空间化的特点分析，突显了人口空间分布的重要性。人口的空间分布是指一定时点上人口在各地区中的分布状况，是人口过程在空间上的表现形式。人口地理学家将制约人口分布的因素分为自然地理环境和社会经济等两大类（胡焕庸，1983）。前者主要指海拔高度、坡度、气温、河流等，后者包括土地利用、道路、城市等要素，这些要素与土地利用数据之间有着紧密的联系。从自然地理环境的角度，最主要的数据来源为土地利用数据；而社会经济由于其本身的复杂性而一直难以有效地描述。

遥感技术的出现和发展，以其独特的优势为人口空间化研究提供了新的机遇与选择。一方面，遥感数据可以产生诸多新的数据源，如高质量的土地利用数据（Hansen et al., 2002，Friedl et al., 2010）等。它们与人口关系极为密切。另一方面，新型的遥感传感器获取的数据源可以用于表达与人口相关的社会经济因子，如美国国防卫气象卫星线性扫描系统（DMSP/OLS）所获得的夜间灯光数据（Elvidge et al., 2007）。新型的数据源为表达人口影响因子的另一个重大方面提供了数据源上的可能。目前对于人口的空间化主要使用上述两种数据源与其他辅助数据相结合展开的。

但利用土地利用数据分析人口空间分布时，难以区分相同土地利用类型上的人口分布差异；而夜间灯光数据，则由于传感器分辨率低、没有地面定标等缺点限制其应用。因此本书将结合土地利用数据与遥感数据来分析人口的空间分布。其本质上是使用土地利用数据建立初步的人口模型，而使用夜间灯光数据来调整相同土地利用数据上存在的人口差异。

这种方法预期可以很大程度上提高人口数据的质量，其结果是对于人口数据的重要补充。带有空间信息详细、更新频率高的人口数据，为重大自然灾害损失评估，国家宏观经济发展、战略制定、环境保护等各个方面，以及企事业单位的策略提供了更详细的人口分布信息。同时，利用时序系列的遥感数据还能对同一区域人口发展过程做出研究和预测，发现一些常规方法难以揭示的人口与环境的变化关系、城市化过程、人口迁移扩散方向以及发展趋势等空间特征。

由于人口分布受外界因素影响很多，有人文因素、环境因素、经济因素，等等，非常复杂，使得对人口数量以及人口分布进行准确测度比较困难。目前人口空间化方法主要有 3 种：平均人口格网方法、人口相关因子的人口格网、遥感夜间灯光数据的人口格网。下面分别对这 3 种方法进行详细阐述。

1. 平均人口格网

早期的人口格网如世界人口格网（gridded population of the world, GPW）（Tobler et al., 1996）。它使用人口数据和行政边界数据，直接进行矢量数据的栅格化，实际上只是数据格式的转换，将统计人口数据简单地平均分配到行政区划内，同一行政单元内的人口密度在转换后仍然是均匀分布的。GPW 提供 1990 年和 1995 年的世界人口数据估计，其空间分辨率为 5 km，最小下载单元为国家。

美国 1990 年人口普查后研制的人口地理信息系统(Topologically Integrated Geographic Encoding and Referencing，TIGER)，它使用街道进行编码（ZIP），用户可以通过空间查询获得某个区域的人口信息（Klosterman and Lew，1992）。它本质上也是认为人口在一定区域内均匀分布。该数据集的研究区域为美国及其岛屿、波多黎各。

对于中国地区，韩惠等（2000）利用全国第四次人口普查资料（1990 年）及基于 GIS 的人口信息系统，通过中国人口密度图，论证了我国人口分布的空间格局并分析了其成因。葛美玲和封志明（2009）为了分析基于重心点移动的中国人口密度分布时，对全国县级尺度上的分成 2394 个单元将统计数据均分到这些行政单元上，以此分析中国人口分布空间集聚的特点。在此基础上，建立人口重心曲线，并根据人口重心曲线进行多圈层叠加分析。

平均人口格网只是一种暂时性的人口格网的方法，并不能很好地表示行政区内的人口差异，且人口值在行政区的边界处形成突变。

2. 人口相关因子的人口格网

目前大多学者还是通过相关因子与人口统计数据之间线性或非线性回归模型的方法来实现人口空间化。线性回归模型的基本表达式为

$$P = C_0 + \sum_{i=1}^{n} C_i A_i + \varepsilon \tag{9.5}$$

式中，P 为人口统计数据，C_0 为常数项，C_i 为第 i 类因子系数，A_i 为第 i 类因子的数量，因子数为 n 个，ε 为误差（王雪梅等，2004）。选择的影响人口分布和数量的因子包括地形数据、土地利用、居民点、行政区划、交通基础设施、水系、NPP、GDP 以及垦殖指数等。所用的方法主要是回归分析法。

在世界范围内，已经有许多机构依据人口普查数据及所有可能的人口相关的因子，致力于人口分布的研究和产品生成。

（1）Global Population Distribution Database 来自 UNEP/GRID（the United Nations Environment Programme/Global Resource Information Database）。UNEP/GRID 是由联合国环境计划署（UNEP，2010）支持的全球资源信息数据库（Global Resource Information Database，GRID），由多个数据中心组成，提供全球人口和行政边界数据。目前提供的人口数据为 1 经度×1 纬度。该模型主要以 90000 多个城乡作为人口分配的参考，同时以人口密度与通达性的强相关为基本假设，即人们往往集中在交通基础设施发展最好的地方，生成人口格网。该数据同时提供每个格网占总人口的比例。

（2）Land Scan 来自 ORNL's Global Population Project。Land Scan（Dobson et al.，2000）是一个世界范围的 1 km 分辨率人口数据集。该数据集使用地理信息系统和遥感相结合的创新方法，在发展、制作和更新全球人口数据方面居世界领先地位，产生了前所未有的最好的全球人口数据。具体步骤为：①收集各国可能获得的最好的人口普查数据（通常到省级）；②基于道路、坡度、土地覆盖、夜间灯光和城市密度计算概率系数，系数随不同国家甚至不同省份而变化；③用地理信息系统技术集合各种输入变量和概率

系数把人口普查数据分配到各个像元上；④遥感手段不仅提供了土地覆盖和夜间灯光两个输入变量的信息，同时可以利用高分辨率的遥感影像获得人口分布的相关指示因子（如建筑区、居民点）来进行人口模型估计结果的校核、验证。

在国内，也有许多学者依据土地利用类型生成全国的 1 km 人口格网。

（1）杨小唤等（2002）使用垦殖指数、自然条件系数、交通线路密度、居民用地比例、经济发展水平 5 个参数作为人口分布的指标，将全国划为 8 个区，然后使用土地利用数据对中国的人口进行分区建模，模型使用土地利用数据中 3 种与人口相关性最大的类型——城区、农村居民点、耕地，作为参数；通过简单的人口回归模型计算回归后各土地类型的参数；生成千米人口格网，并做了深入的分析和探讨，如二级人口分类、分区（黄耀欢等，2007）等；并在后处理中，对比居民点的密度与土地利用数据中的农村建设用地的比例来调整人口格网值。此人口结果发布在中国自然资源数据库上（中国自然资源数据库，2010）。

（2）Tian 等（2005）则通过分析人口与道路等因素的相关性，利用土地数据进行城乡分区建模得到中国地区 1 km 格网人口空间模拟图。通过实验分析认为，土地利用数据综合了影响人口分布的众多因素的信息。根据分县控制、分城乡、分区建模的思路，建立基于土地利用的中国 1 km 栅格人口模型。对农村人口采用线性加权模型进行模拟，根据全国 12 个农业生态区内人口与各类农业用地之间的相关关系选取指标，采用逐步回归计算各指标的回归系数，并结合土地的生产力及其与人口的相关性，确定各指标的加权系数。对城市人口，建立基于城镇规模的人口距离衰减加幂指数模型。

由于对与人口相关的影响因子没有明确的定义，对人口分布的研究方法和所用指标就因人而异，因地域的不同而不同，也不能以统一的标准来反映人口空间分布规律。理论上，使用土地利用类型为基础来分析人口的分布是可行的。但土地利用数据本身就是一个较难获得的数据源，土地类型分类的准确度直接影响它所建立的人口模型的精度。其次，高精度的土地利用数据的生成费时费力，更新周期为 5 年甚至更长（刘纪远等，2009），从而一定程度上制约了时序系列的人口格网的生成。最后，单一土地利用数据所建立的模型的一个关键的缺陷在于，它忽略了相同土地利用类型内部的人口分布差异，如虽然同为城区，不同的城市、甚至同一城市的不同区域，都应该有不同的人口密度。

3. 基于遥感夜间灯光数据的人口格网

遥感数据提供了地表的全面监测，也为更准确的人口空间化提供了可能。美国国防气象卫星计划（Defense Meteorolgical Satellite Program，DMSP）线性扫描业务系统（Operational Line scan System，OLS）通过使用夜间光学倍增管而具有独特的低光源成像能力，可以用来监测地球表面夜间居住地灯光、火、气体燃烧和渔船灯光。由于它独特的探测地表微弱的近红外辐射能力，使其能够获取夜间地表的光源。这些光源基本由人类活动产生，所以被应用于研究人类的地表活动（Elvidge et al.，2007）。

Elvidge 等（1997，1999）在研究数据处理流程时便发现这种数据与人口存在极强的相关性。Amaral 等（2006）分析了巴西人口与灯光面积之间的关系。Sutton 使用 DMSP

数据研究城市人口密度，提出了城市边缘到中心距离的模型，而不是传统的找城市质心点方法，提供了多种从城市中心到边缘人口密度衰减的数学模型以及反演的经验模型（Sutton，1997）；使用灯光数据来评估全球人口（Sutton et al.，2001）；后来使用高低两个阈值来获得城市边界，计算人口与灯光面积之间的指数关系，两个阈值的线性模型拟合度均大于 0.96（Sutton，2003）。

在使用夜间灯光数据进行人口空间化方面也有学者作了不同的尝试。

（1）Briggs 等（2007）以欧盟为研究区域，以土地数据和灯光数据来建模分析人口，通过对不同土地类型回归采用不同的系数来建立人口模型，并针对伦敦地区进行了小区域的研究，其回归精度基本在 0.8～0.9。

（2）Zhuo 等（2009）使用夜间灯光数据、NDVI 数据以及人口统计数据，将中国分成 4 种类型分别建模，并对灯光区内像元使用回归方程，而对非灯光区则使用电场叠加理论的加权方法，来实现中国人口密度的模拟。但这种方法使用三次曲线来拟合人口与夜间灯光数据之间的关系，略显复杂且精度较低，并使用大中小 3 个最近城市"作用力"相加可行性有待验证。

基于遥感夜光数据的人口模型具有低成本、快速更新的特点，且其数据源没有中间处理而避免了误差传递，数据的灰度级也能够体现更细致的分布信息。不过，其分辨率较低（2.7 km）、缺乏地面定标（Elvidge et al.，2009a）等缺陷也一定程度上制约了其应用。但夜间灯光数据作为一种新型的数据源，它与人口的强相关性为人口密度、人口空间化研究领域提供了新的方法。同时，由于其传感器是为云层检测而设计，因此数据质量也受到了影响，而新的专用于地表夜间灯光辐射的传感器即将投入使用（Elvidge et al.，2007），将提升数据质量并将预期得到广泛的应用。

综上所述，人口相关因子的人口格网存在参数选择及权重分配问题，其中应用最多的土地利用数据所建立的人口模型不能表达相同土地利用类型内部的人口差异。此外，夜间灯光数据虽然具有监测范围广、速度快、成本低和便于进行长期动态监测等不可替代的优势。但它也受到分辨率低、缺乏地面定标等限制。因此本书结合两种人口方法的优势，一方面使用土地利用类型分析人口的初步分布；另一方面使用快速更新的遥感数据来表达相同土地利用类型内部存在的人口差异。

9.3　人口空间化模型

9.3.1　人口密度影响因子分析

人口地理学家将制约人口分布的因素分为自然地理环境和社会经济等两大类（胡焕庸，1983）。前者主要指海拔高度、坡度、气温、河流等，后者包括土地利用、道路、城市等要素。土地利用数据理论上认为人口主要聚集在城市与农村居民点，且"耕者有其田"，但如何分析不同的土地利用类型与人口之间的关系，这些关系如何定量地表达，需要进行具体的分析。此外，夜间灯光数据被认为与人口存在很强的相关性，而这两者之间的相关又该如何使用回归方程或者人口模型来表达？因此在本章中，对以上问题进行深入的探讨，以此说明使用土地利用类型与夜间灯光数据分析人口分布的理论依据。

1. 土地利用类型与人口的相关性

1）土地利用类型的主成分分析

由于土地利用类型诸多，为了研究它们之间的相互关系，以及与人口之间的关系。本节首先对各土地利用类型做主成分分析，以判断不同的土地利用类型中是否存在一定的内在联系，然后再分析各土地利用类型与人口的相关性。

对于 2000 年各种土地利用类型数据，本节以县行政单元为单位，统计各行政单元内的各种土地利用类型所占的面积，使用相关软件做主成分分析，得到 KMO（Kaiser-Meyer-Olkin Measure of Sampling Adequacy）值为 0.636。KMO 统计量取值在 0～1。当所有变量间的简单相关系数平方和远远大于偏相关系数平方和时，KMO 值接近 1。KMO 值越接近于 1，意味着变量间的相关性越强，原有变量越适合做主成分分析；当所有变量间的简单相关系数平方和接近 0 时，KMO 值接近 0。KMO 值越接近于 0，意味着变量间的相关性越弱，原有变量越不适合做因子分析。Kaiser 给出了常用的 KMO 度量标准：0.9 以上表示非常适合；0.8 表示适合；0.7 表示一般；0.6 表示不太适合；0.5 以下表示极不适合。由此可知，不同的土地利用类型（KMO 值为 0.636）不太适合做主成分分析。

而对应的主成分分析如表 9.2 所示。

表 9.2　土地利用数据主成分分析（2000 年）

主成分	特征值		
	总计	比例/%	累积/%
1	2.226	31.795	31.795
2	1.18	16.85	48.646
3	1.102	15.748	64.394
4	0.893	12.754	77.148
5	0.729	10.408	87.555
6	0.489	6.992	94.547
7	0.382	5.453	100

主成分分析（principal component analysis，PCA）是将多个变量通过线性变换以选出较少个重要变量的一种多元统计分析方法。它设法将原来变量重新组合成一组新的互相无关的几个综合变量，同时根据实际需要从中可以取出几个较少的综合变量尽可能多地反映原来变量的信息的统计方法，也是数学上降维的一种方法。一般认为，提取的特征值大于 1，而累积的方差贡献大于 85％的所有主成分即为有效的主成分，用于表达降维后的数据。表 9.2 中的方差分析显示，对于所有特征值大于 1 的主成分，其累积方差贡献仅为 64.394％，不能达到 85％的要求。因此，对应的方差分析表也证明，土地利用数据之间不存在很强的相关性，不适合做主成分分析，也即各土地利用类型之间相互独立。

2）土地利用数据与人口的相关性分析

由于各土地利用数据与人口的相关性不尽相同，本章以 2000 年的土地利用数据及人口数据为样本，以县级行政单元为单位，做人口与各土地利用类型的相关性分析，得到如图 9.2 所示的各土地利用类型与人口的皮尔森相关系数（Pearson correlation coefficient）。由于水域、未利用地根据其土地利用类型本身性质不居住人口，未纳入此相关性分析。

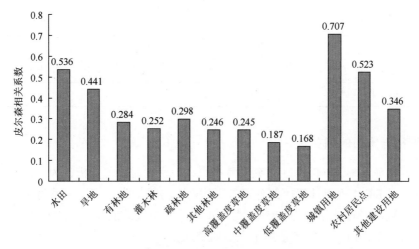

图 9.2　各土地利用类型与人口的相关性

从图 9.2 中可以看出，与人口相关性最强的是城镇用地，其余依次为水田、农村居民点、旱地、工矿用地，再到各草地和森林土地利用类型。已有的土地人口模型中，采用 3 种土地利用类型—城区、农村居民点、耕地。因此在本章中沿用这 3 种土地利用类型，其中耕地包括水田和旱地，农村居民点包括其他建设用地。

2. 夜间灯光数据与人口的相关性

有许多学者已经对人口与夜间灯光间的关系从各个角度作了深入的探讨。总体来说，灯光数据的应用包括灯光面积、灯光强度和灯光能探测到的频率。探测频率一般作为提取灯光面积的阈值，因此被广泛地应用在各个灯光数据研究中。而其他两者则以灯光面积研究更多，其具体的研究及相关结果如表 9.3 所示（程砾瑜，2008）。

由以上应用可以看出，夜间灯光数据作为一种新型的用于探测地表夜间灯光辐射的数据源，与人类活动存在很强的相关性。夜间灯光与人口的回归模型更是证明它可以用于定量化的计算人口值。因此在本书中，它将作为一个主要的数据源，用于建立人口空间化的模型。

由于夜间灯光面积与土地利用数据存在较强的重复性，如城区一般即为灯光区，在此书中，主要应用夜间灯光的强度来反映人口空间分布在不同土地利用类型上的差异。

表 9.3　基于夜间灯光参数的人口研究归纳

灯光参数	作者	研究区域	建模参数	建模方法	模型拟合度
灯光面积研究	Paul C. Sutton et al.	美国城市	Ln（灯光面积）和 Ln（城市人口）	线性回归	$R^2=0.97$
	Silvana Amaral	巴西	灯光像元个数和城市人口数	线性回归	$R^2=0.79$
	C. D. Elvidge et al.	世界 200 个国家	灯光面积和人口数	—	—
	Paul C. Sutton et al.	美国城市	城市群面积和人口数	指数回归	$R^2=0.93$
	C. D. Elvidge et al.	美国	lg（灯光面积）和 Lg（总人口）	线性回归	$R^2=0.85$
	P. Sutton et al.	全球城市	Ln（灯光面积）和 Ln（总人口）	线性回归	$R^2=0.68$
灯光强度研究	卓莉等	中国	灯光总强度和县总人口	一元三次回归	$R^2=0.82$
	Paul Sutton et al.	美国	lg（灯光总强度）和 Lg（总人口）	线性回归	$R^2=0.61$
	C. D. Elvidge et al.	美国哥伦比亚	灯光总辐射强度和总人口	—	—

3. 海拔与人口的相关性

廖顺宝和孙九林（2003）在研究青藏高原人口密度时，曾分析认为人口密度与海拔在该区域内以 DEM 逐点计算出的各市县平均高程与平均人口密度关系为–0.33，当把人口密度取对数后，相关系数为–0.53。而在青海，取对数后的相关系数达到–0.86。因此将海拔作为一个人口相关的因子用于人口的空间化。

由于廖顺宝和孙九林（2003）研究范围仅为青藏高原，本书中为了分析海拔与人口在更广阔的地域上的相关性，仍以全国 2000 年各县为样本，将 DEM 高程数据在各县范围内取平均。依据人口数据得到如图 9.3 所示的海拔与人口相关性关系。

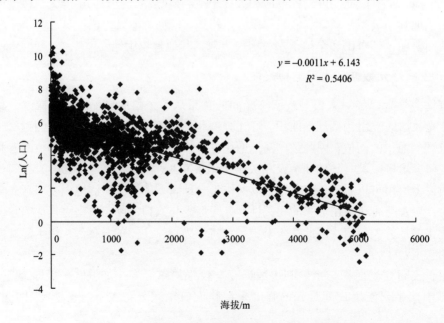

图 9.3　各县海拔与人口的对数值之间的关系（2000 年）

从图 9.3 中可以看出，海拔与人口的回归方程系数项为负，说明海拔越高，人口越少；但两者的相关性并不明显（$R^2=0.5406$），从样本的分布来看，海拔与人口分布并不呈明显的线性关系，而是存在一定"厚度"的聚簇分布。这种类型的模型必然产生较大的中误差。因此本书认为海拔并不是一个很好的表达人口的变量。

4. 其他变量与人口的相关性

主要道路网、主要河流等的分布也会对人口分布产生影响，但考虑到以下原因，它们并没有作为人口模型中的变量：这些变量一般呈线性特征，无法直接影响到所有像元；在将这些线性特征转换成对整个区域的影响因子时，需要使用有关的衰减模型，但如何决定距离衰减模型的相关权重仍有待研究；此外，这些数据的影响与土地利用数据必然会存在一定的关联，如城市一般沿河流交汇或者出海口分布，在主要的道路交叉处有城市或者主要居民点等，因此它与土地利用数据的信息重复。

实际上，人口空间化的准确度与参加人口建模的变量数目并不成正比。当变量数目很多时，会增大计算量并引起变量之间的混淆，从而最终可能降低人口模型的精度。类似的情况，如在使用已知光谱分析地表植被类型时，仅使用 4 种以下的光谱便能很好地区分地表植被，而大部分仅需要两种光谱，更多的光谱则会带来光谱混淆（Franke et al.，2009）；在使用陆地 1 号卫星 12 个波段的数据进行模式识别时，三四个波段的组合就能获得最好的效果（舒宁等，2004）。

综上所述，本书决定仅使用土地利用数据与夜间灯光数据这两种与人口相关性强的数据源来表达人口的分布。

9.3.2　人口空间化模型建立

1. 建模思想

基于土地利用数据建立的人口模型，具有较强的理论依据。由于人口一般居住在城区或者农村居民点内；此外，对于我国这样的农业人口大国，耕地也与人口的分布有很强的相关性。因此使用这 3 种土地利用类型（城区、农村居民点、耕地）为基础来分析人口有理可循。但这种模型存在一个问题，即默认相同的土地利用类型上人口密度相同，这与实际情况不符，因此本书使用人类活动强度（用夜间灯光强度来表达）来调整相同土地利用数据上人口的分布。

这种夜间灯光数据修正基于土地利用的人口格网方法，在充分发挥人口与 3 种最主要土地利用类型之间相关性的基础上，将夜间灯光数据作为一个微调参数来修正人口模型。本方法主要分为两部分：①使用土地利用数据与人口二级分区，依据已有方法生成人口格网；②使用夜间灯光数据来调整相同土地利用类型上人口的分配。其详细过程如图 9.4 所示。图 9.4 的①部分基本实现土地利用类型人口模型方法，而②部分则在探讨如何使用夜间灯光来修正已有的基于土地类型的方法。

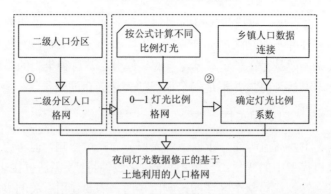

图9.4　夜间灯光数据修正的基于土地利用数据的人口格网方法总流程

2. 人口空间化模型

一方面，由于人口分布与土地利用类型关系极为密切，杨小唤等（2002）使用城区、农村居民点、耕地3种土地利用类型建立人口模型；而田永中等（2004）使用更多土地利用类型，甚至包括草地、林地等。实验分析发现，草地、林地、未利用地等与人口的相关性较小，且为了保证模型的简洁性，在本书中采用最主要的3种土地利用数据作为人口相关的因子。

另一方面，夜间灯光数据也被证明与人口存在较强的相关性，如Sutton（2003）计算人口与灯光面积之间的指数关系的线性模型拟合度大于0.96；Zhuo等（2009）得到中国部分县的灯光强度与总人口回归系数（R^2）达0.82。于是存在如何调整土地利用类型与夜间灯光数据对人口格网的贡献和权重问题。由于缺乏相关的已有研究成果，因此只能通过实验验证来确定。在本书的人口模型中，人口格网值来源于两部分：一部分为按土地利用类型计算得到的人口值；另一部分为灯光值计算得到的人口并乘以一个系数，得到式（9.6）所示的人口格网计算模型。

$$P_i = \overline{P_i} + (Li - \overline{L}) \cdot P_l \cdot s \tag{9.6}$$

式中，$\overline{P_i} = \sum_{j=1}^{n} a_j x_j$，表示完全基于土地利用的人口模型所产生的某格网中的人口值，j为不同的土地利用类型；a为对应第j种土地利用类型的人口系数；x为该格网土地利用面积比例；n为二级土地利用类型数，此处仅包括城区、农村居民点、耕地。$\overline{L} = \frac{1}{n} \sum_{i=1}^{n} L_i$，表达该县的平均灯光强度，$n$为该县格网数量；$P_l = P / \sum_{i=1}^{n} L_i$，表达灯光代表的人口数，$P$为该县的估计总人口数；$s$为调整系数，介于0~1。

这个模型是在完全基于土地利用的人口模型的基础上，加入一个灯光修正项。该项依据不同格网中灯光强度重新分配人口。调整系数s则用于确定灯光与土地利用类型对于人口的比重，如果s为0时，则灯光不起调整作用，等同于土地人口模型方法；当它为1时，则人口完全依照格网的灯光强度分配。

$$p_i' = p_i \times (P / \overline{P}) \tag{9.7}$$

式中，p_i 为每个格网的人口密度；p_i' 为按统计数据纠正后的人口数；P 为该县的估计总人口数；$\overline{P}$ 为该县统计人口数。

3. 人口空间化基本步骤

以下为依据式（9.6）生成人口千米格网的基本过程。

（1）选取 8 个二级分区指标：高程、坡度、森林面积比例、草地面积比例、城区面积比例、农村居民点面积比例、耕地面积比例、工矿面积比例。对于所有一级分区（杨小唤等，2002）中各县的 8 个指标做主成分分析。参照已有的二级分区方法（黄耀欢等，2007），对每个一级分区细分获得二级人口分区。

（2）根据土地利用数据和人口普查数据，通过传统的不同土地利用类型人口模型，获得基本人口格网。然后依照生成的二级分区细分人口，得到更精细的全国人口格网。

（3）以土地利用数据和夜间灯光数据为基础，统计各县的 3 种土地利用类型（城区、农村居民点、耕地）的面积，以及总灯光强度，并计算平均灯光强度和灯光代表的人口。将夜间灯光比例 s 设置为从 0~1 以 0.1 为间隔的一组数据，依据式（9.6）计算不同的夜间灯光比例时的人口格网。

（4）以乡镇名称为关键词，连接乡镇的矢量边界数据和人口普查的乡镇人口数据，生成乡镇级的人口普查数据作为检验数据。使用矢量边界统计不同灯光比例生成的人口格网中对应乡镇的人口数据。计算各灯光比例时的乡镇人口误差，确定最佳灯光比例系数。

（5）在获得最佳的灯光比例系数和二级分区后的人口格网的基础上，计算最终的人口格网。

9.3.3　人口空间化建模分区

1. 一级人口分区方法

在人口模型实现的技术路线中，已经提到了人口的分区。考虑到中国人口分布的复杂性，本书利用夜间灯光数据聚类来实现研究区的分区，力求寻找人口分布同质的区域以提高模型的精度。

目前已有许多流行的针对全国的分区方法，陈百明（2001）通过研究中国的土地分布按土地类型将全国分为 12 个区；杨小唤等（2002）使用人口相关的参数，如植被覆盖率、GDP 及经济水平、道路网等因子的聚类将中国分为 8 个人口区。人口参数分区充分地考虑到人口分布的众多因素，将它们聚类来做人口分区具有直接的意义。但由于此方法需要的数据源较多，且仍以已有的行政区划为边界（一级人口分区维持省级行政区划边界），本书希望使用夜间灯光数据的区域性来做人口的分区。由于夜间灯光反映人类的活动，并且通过客观的传感器获得每个区域的数据，通过其聚类可能是一个很好的人口分区方法。

　　由于整个研究区域内的像元太多，直接聚类是不可能的，而且即使能够聚类也可能因为距离函数一致而使很多区域出现空间上的不连续。因此本书采用两步的方法：由于K均值可以自定义分类的数目（即此处分区的数目），首先使用K均值聚类来计算大中城市的分类情况；再使用最短路径算法对所有像元分区。

　　灯光分区的基本步骤如下。

　　（1）使用稳定灯光值大于4来提取像元作为大中城市，选择4是因为稳定灯光图像峰值为4，选择它可以去除大量不必要的暗灯光区。

　　（2）将上述二值图像矢量化得到亮灯光多边形并去除面积很小的斑块（面积小于3 km^2）从而减少聚类的复杂度。以上两个阈值的选择均为优化操作，可以不选择阈值。

　　（3）将夜间灯光数据与多边形叠加计算每个多边形中的灯光总强度，并计算多边形的中心坐标。

　　（4）使用 CrimeStat 软件（Ned Levine and Associates，2007）来实现以灯光强度为权重的K均值聚类。

　　（5）将聚类结果作为先验分区值，使用 Min-cut 最短路径算法（Vivek Kwatra，2003；Yuri Boykov，2004）计算夜间灯光影像中每个像元的分区。

　　通过以上步骤生成夜间灯光数据的分区图。总体过程如图 9.5 所示。

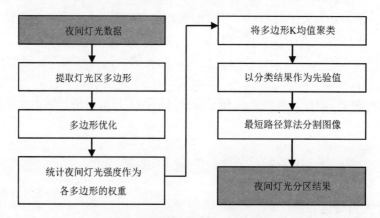

图 9.5　夜间灯光人口分区方法

　　在 Min-cut 最短路径算法中，需要构造一个代价函数来计算每两个像元之间的距离。这里使用 $M(A，B)$ 代表将 A、B 分区到两个不同区的代价。而整个算法的核心就是如何找到这样一条代价最小的路径来将研究区域分成不同的区。

$$M(A,B) = \frac{V(A)+V(B)}{\text{abs}(V(A)-V(B))+1} + \text{Dis}(A,B)$$

$$\text{Dis}(A,B) = \frac{k}{\min(\text{dis}L(A),\text{dis}R(B))}$$

$$(9.8)$$

式中，A 和 B 代表两个相邻的像元，它们的灯光值分别为 $V(A)$ 和 $V(B)$；Dis $(A，B)$ 用于度量连接 A，B 这条边到最近的灯光像元（灯光值>0）的距离；dis$L$ (A) 代表这条边到左边最近像元的距离；dis$R$ (B) 类似。如 A 或者 B 本身即为灯光像元，则 Dis $(A，$

B）＝0。k 是一个系数，这里设置 $k=0.25$。

在实际的夜间灯光分区中，由于杨小唤等（2002）使用的 8 个分区中有 3 个区（如图 9.6 中深色覆盖区）已经相对独立：新藏区的西北地貌、内蒙古的草原带以及东北独立的人口经济区。因此在本书中，先对剩下的地区，也是人口众多、分布复杂的中原地区进行了基于夜间灯光的分区。在获得较大灯光斑块，并依照灯光分区的步骤（4）中的 CrimeStat 软件下的 K 均值聚类，可以得到基于灯光的初步聚类结果，如图 9.6 所示，其中椭圆为 1.5 倍标准差椭圆。

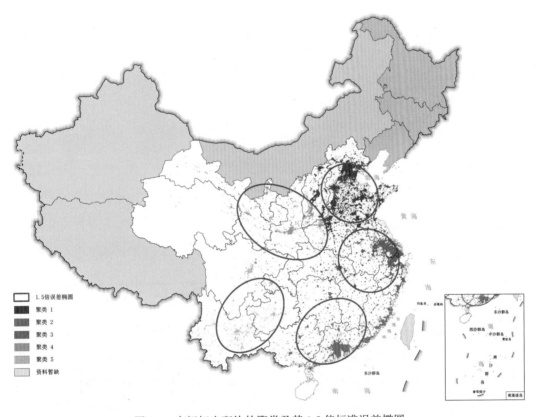

图 9.6　夜间灯光斑块的聚类及其 1.5 倍标准误差椭圆

然后以上述聚类结果为先验知识，使用最小路径进行分割，将所有像素分成几个区。最短路径算法在服从已有先验知识的基础上，尽量找到一个远离城市、能够从灯光稀少区通过的将所有像元分开的路径。尽管有一些区是从比较强的灯光斑块之间分开，但从整体而言，其分区效果比较有效。图 9.7 是将像素级的灯光分区和县级边界叠加后生成的县级水平的夜间灯光分区，海南省由于最靠近第 5 分区，所以被划分为第 5 分区。

从图 9.8 中可以看出，使用灯光分区方法和已有的人口分区方法，其结果基本相当。所有区的拟合精度均在 0.8 以上，这对于中国地区的人口建模是一个很高的精度。使用人口参数的分区方法需要大量的统计数据做基础。同时，这种方法以现有的行政边界作为分界线，可能将一些城市群人为地分开，从而可能影响到人口的真实分布状况。

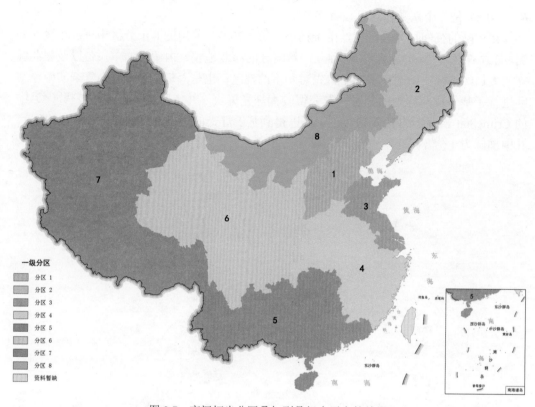

图 9.7　夜间灯光分区叠加到县级水平上的结果

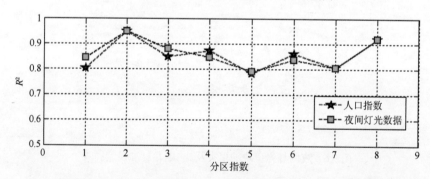

图 9.8　人口相关参数与夜间灯光方法人口一级分区方法人口模型精度比较

而灯光数据其本身就用于反映人类的地面活动情况，如人口信息、人类活动信息等，且已有研究表明其与人口存在很强的相关性，直接使用它聚类得到不同的人口区是一个很好的选择。另外，它是通过遥感传感器获得的，在使用聚类和最短路径方法过程中都没有太多的人为干预，保证其客观性。可见通过快速获得遥感数据后迅速生成人口分区，是一种成本低、快捷的人口分区方法。另外，由于灯光数据获取的全球统一性，这种方法可以很好地扩展到其他国家和地区。使用灯光分区还有其潜在的优势：①在统计数据逐步更新且精度提高时，分区可以摆脱县级行政区而完全依赖人口本身分布的特征；②统计数据的提高，使得不同地区分级而将不同规模的城市和不同地域城市分到一个模型中成为可能。

因此通过单一数据源——夜间灯光数据，实现的人口一级分区方法，能够达到已有人口分区类似的效果，并有其特有的优势，不失为一种新的可供选择的人口分区方法。

2. 二级人口分区方法

由于土地利用数据在省级尺度上的人口分区方法已经有学者进行了深入的探讨。杨小唤等（2002）使用垦殖指数、自然条件系数、交通线路密度、居民用地比例、经济发展水平5个参数作为人口分布的指标，将全国划为8个区。因此，本书致力于人口的二级分区方法，实现人口空间化模型的细化。二级分区及人口格网生成过程如图9.9所示。

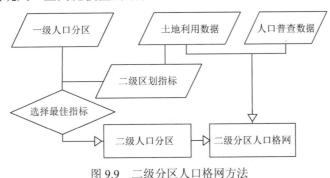

图 9.9　二级分区人口格网方法

基本流程如下。

1）二级分区变量选择

选取所有可能的8个二级分区变量：高程（elevate）、坡度（slope）、森林面积比例（Pforest）、草地面积比例（Pgrass）、城区面积比例（Purban）、农村居民点面积比例（PruralRes）、耕地面积比例（Pcropland）、工矿面积比例（Pcultivate）。对于所有一级分区，以县为样本做8个指标的主成分分析。

依据第一、第二主成分中各变量的系数大小，即它们对于该主成分的贡献大小，选择3个变量用于人口二级分区聚类。其中，第一主成分选择贡献最大的两个变量，第二主成分中选择贡献最大的一个变量。例如，2000年华北地区一级人口分区的主成分分析结果如表9.4所示。从表9.4中可以看出，第一主成分最大的贡献来自坡度（0.893）与农村居民点比例（–0.888），第二主成分贡献最大的变量是城市居民点（0.919），因此这3个变量将用于华北地区的人口二级分区。

表 9.4　华北地区二级分区变量的主成分分析（2000 年）

二级分区变量	主成分	
	1	2
高程	0.862	–0.202
坡度	0.893	–0.117
森林面积比例	0.828	–0.046
草地面积比例	0.822	–0.140
城区面积比例	–0.102	0.919
农村居民点面积比例	–0.888	–0.224
耕地面积比例	–0.853	–0.456
工矿面积比例	–0.179	0.345

2）分区聚类指标计算

对于选择的 3 个用于二级分区的变量，分别进行归一化并相乘，得到一个综合区划指数（黄耀欢等，2007），将此指数与县的 X，Y 坐标 3 个变量再作聚类分析得到聚类结果。

$$X_i = \frac{a_i - \min(a_i)}{\max(a_i) - \min(a_i)} \tag{9.9}$$

$$\text{In}_{\text{dex}} = X_1 \cdot X_2 \cdot X_3 \tag{9.10}$$

对于步骤 1）中选择的 3 个参数，使用式（9.9）计算 3 个参数的归一化值，并利用式（9.10）相乘，得到综合区划指数 I。然后，将生成的综合区划指数 I 与该县的 X，Y 坐标 3 个变量按式（9.9）归一化，得到 3 个用于聚类的变量。

3）二级分区聚类

使用简单的 K 均值聚类方法，对每个一级分区进行二级分区，K 均值的聚类数目默认为 3。聚类数依当前聚类结果是否对于所有样本均匀聚类，如对于某个分区中 100 个县，有 96 个归为第一类，而第二类、第三类则分别只有两个样本，则应该调整分类数目。一般二级分区数目应不大于 3。通过以上步骤得到全国二级人口分区如图 9.10 所示。

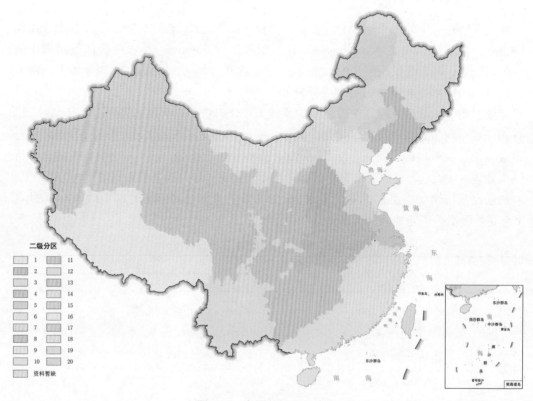

图 9.10　全国二级人口分区

9.3.4　二级分区人口空间化模型

统计各年份的人口数据和土地利用数据，以县为单位，通过回归模型计算各二级分区的人口系数。每一个分区的人口系数均包括 3 种（城区、农村居民点、耕地）土地利用类型对应的系数。即建立初步的二级人口按空间化模型，并作回归分析，获得各人口分区的参数。

首先，利用 GIS 软件区域统计功能，统计各县的 3 种土地利用类型的面积值。并由统计数据编辑修正获得各县的人口值。

然后，以每一个二级分区中的所有县为样本，以土地利用类型面积作为自变量，而对应人口值为因变量，建立人口回归模型。该模型没有常数项，且各项系数要求为非负数。由于回归模型可能产生负的人口系数，此时，需要建立自定义的线性模型，并约束其参数为正，得到新的系数。2000 年的各二级分区的人口系数如表 9.5 所示。

表 9.5　各二级分区人口系数（2000 年）

二级分区	城区系数	农村居民点系数	耕地系数
1	11090	2174.2	131.33
2	10236	4091.9	162.13
3	11780	2673.2	0
4	1382.5	0	2937.1
5	14908	1412.1	46.348
6	13412	164.8	474.95
7	8543.8	3074.2	168.13
8	8401.6	253.77	625.51
9	13293	819.02	482.88
10	13515	0	742.55
11	10889	2883.6	460.38
12	6120.3	2769	910.3
13	5638.2	798.27	645.34
14	20023	2250.6	384.98
15	15923	287.38	482.44
16	14470	3109.1	95.539
17	4097.5	0	230.3
18	6404.2	442.48	135.92
19	9576.4	0	309.7
20	16545	0	86.657
21	12697	936.6	45.446
22	3030.3	1258.7	43.611

表 9.5 中出现的零值均由于回归模型产生负的系数，使用自定义模型更新这些系数并定义系数为非负，使得这些系数为零值，即它们将不影响到当前人口模型。

9.3.5 夜间灯光比例系数

在人口模型中,有一个变量为灯光比例 s,它是用于调节灯光在最终人口格网比例的系数。在人口模型中已经提到,由于土地利用数据与夜间灯光数据和人口均存在很强的相关性,因此该系数的确定需要一定的实验。在本书中,采用比县级更细的行政区划——乡镇,作为人口验证数据来确定此参数。通过计算不同 s 时的人口格网,并统计这些格网系列对应的乡镇人口数据,与统计数据作比较。乡镇级上人口误差最小对应的 s,便是最优的夜间灯光比例。基本步骤如图 9.11 示。

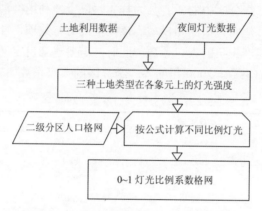

图 9.11   各灯光比例系数对应人口格网生成

首先利用土地利用数据与夜间灯光数据,统计 3 种不同的土地利用类型对应的灯光强度栅格图像。以生成二级分区人口格网为基础,将比例系数 scale 从 0 到 1 逐步增长,将生成不同系数对应的人口格网。调整的人口格网包括 3 种土地利用类型的人口值之和。

灯光调整系数使用从 0 到 1 的增长是为了保证设计完整性,即土地利用类型与夜间灯光数据对人口的贡献比例可以为理论上的任何可能值。而分为 10 级也是为了保证能够在体现随比例系数变化、体现出其规律的同时减少计算量。更细致的间隔,如 0.05,把比例系数分为 20 级或者更多,理论上可以清晰地反映比例系数的变化过程。

为了计算夜间灯光比例系数,以解决人口模型中 s 的值,采用以上夜间灯光比例系数计算方法。并依据乡镇级上的人口数据、边界数据来验证不同比例系数时,对应产生的人口误差值。基本的步骤如图 9.12 所示。

依据流程图 9.12,利用已有的 10 个乡镇矢量边界图和 2000 年的第五次人口普查乡镇街道数据,以 2000 年的人口格网系列为例来验证不同人口格网对应的人口误差值。通过统计不同乡镇边界内的各人口格网区域统计人口值,与人口普查数据作比较,获得对应的人口误差。分析人口误差的分布并确定最佳的人口比例系数。具体的乡镇人口验证总共分以下几步。

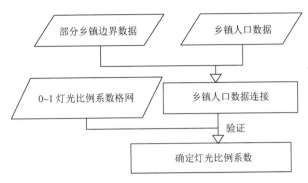

图 9.12　灯光比例系数的确定

（1）连接县名表 CountyLookkupTable 和某个省的乡镇表（如 census_yunnan），以名称为连接对象，将最开始两个字相同的先更新一下。这时有可能出现一种重复的情况，即某个市辖区与县重名，再将前面 3 个字相同的再更新一遍。对应 SQL 语句为：

update a　set a.IDCounty=b.AD2004

from　census_yunnan a，CountyLookkupTable b

where LEFT（rtrim（ltrim（a.TownName）），3）= LEFT（rtrim（ltrim（b.Name2004）），3）and（rtrim（ltrim（a.TownName）） like '%县' or　rtrim（ltrim（a.TownName）） like '%市'）。

（2）查找那些还没有连接上的记录，并手工查找再连接。对应 SQL 语句为：

select * from census_yunnan where（rtrim（ltrim（TownName）） like '%县' or　rtrim（ltrim（TownName）） like '%市'）and IDCounty is null。

（3）完成所有的县名的连接后，需要再返回 Excel 表中，将所有的乡镇均给一个对应的县编号，通过以上步骤可以赋予各乡镇所属的县名，以减少乡镇重名带来的连接错误。对应 SQL 语句为：

select * from census_yunnan order by IDtown

拷贝生成的结果，回到 EXCEL 表中，编辑得到所有乡镇的对应县 ID 。

（4）将乡镇 SHAPE 文件与 COUNTY 文件叠置，统计分析所有的乡镇，并给它们对应叠置的县的 ID。需要注意的是：①首先需要将县 ID 作为参数栅格化，然后再将栅格化的结果使用乡镇边界来 ZONAL STAT 得到 MAJORITY 中的值作为县的 ID。②还有一个问题，是乡镇矢量数据本身有问题（有一些记录缺失），需要将 ZONAL 的结果与乡镇的属性表连接，从中获得一个有所有 IDCOPY 的县 ID 列。

（5）将生成的县编号加入 SHP 属性表一起放入到数据库，使用："shape 属性表中的 ID = 普查结果的县 ID and 属性表中的 乡镇名 = 普查结果的 乡镇名"，生成最终的连接结果用于验证。

9.3.6　人口空间化模型的算法实现

以土地利用数据和夜间灯光数据为基础，统计各县的 3 种土地利用类型（城区、农村居民点、耕地）的面积和总灯光强度。计算平均灯光强度 sum（lit）/sum（area）以及灯光人口强度 sum（pop）/ sum（lit）。依据式（9.6）分别计算土地利用以及夜间灯光对应的人口值项，得到人口格网值。

第一步，统计各县已有3种土地利用类型的面积以及总灯光强度。计算平均灯光强度 sum（lit）/sum（area）以及灯光人口强度 sum（pop）/ sum（lit）。

第二步，将以上3个平均灯光强度、3个灯光人口强度6个变量作为变量，生成栅格数据，由于栅格化过程不能是小数，所以先乘10000，栅格化结束后再除以10000。

第三步，计算人口调整值部分（3种土地类型），即计算式（9.6）后半部分。

第四步，计算人口常量值（3种土地类型），即如果仅考虑土地因素所得到的人口值，3种土地类型在每个格网生成的人口常量总和，等于二级分区的结果。它仅使用：不同土地利用类型×对应的土地类型的人口系数×像元该土地利用类型的比例 = 像元该土地类型的人口数。这是人口计算公式的前项。

第五步，将两部分的人口分别加起来，得到人口常量值和人口调整值，这两项均为3种土地类型的人口值之和。

第六步，计算人口在调整系数下的人口格网值，调整系数用于确定土地利用数据与夜间灯光两者对于人口的贡献的比例。该系数需要进行验证获得，将在下一章详细的介绍。

最后，生成的人口格网还需要乘以人口调整系数得到最终的人口结果。

9.4 人口空间化结果与验证

9.4.1 夜间灯光比例系数验证

通过上一章中所述的夜间灯光系数比例计算方法，得到的各省最佳比例系数如表9.6所示。

表 9.6 夜间灯光修正人口模型在各省份的最佳调整系数 s

	福建	贵州	云南	安徽	河北	河南	江苏	山东	山西	内蒙古
灯光比例 s	0.1	0.1	0.1	0.1	0.2	0.2	0.2	0.2	0.3	0

从表9.6中可以看出，中国南方地区的最佳 s 值接近0.1，而北方地区约为0.2。导致这种差异的主要原因是夜间灯光数据本身的特征：由于南方相对阴雨天气较多，夜间灯光能够探测的地表灯光辐射相对要少；而北方天气晴朗，夜间的人类活动能够被遥感影像更好地表达，因此灯光对于南北方人口活动的表达存在一定的差异。

内蒙古灯光比例为0则主要原因是该地区特定的人口分布导致的。由于使用的人口模型主要考虑城居、农村居民点、耕地，没有将包括牧场的草地作为一种影响人口的有效土地利用类型，因此会一定程度上影响到内蒙古、西藏等少数牧场分布较多的省份。但考虑到牧场影响范围较小及人口模型的简洁性，仍然沿用了3种土地利用类型。

考虑灯光调整系数的南北差异，根据上述各省份的 s 值，本书以大约北纬33度为界，将全国按省份分为南北两部分。南方取 s 值为0.1，北方为0.2。此系数即为灯光强度在人口格网中所占的比例。

9.4.2　各分区精度与人口空间化格网

在获得灯光调节系数的基础上，根据式（9.6）计算全国人口千米格网，在依据相关的指标生成人口二级分区后，针对不同的分区分别建立人口回归模型。从而获得基本的人口空间化结果。各人口分区的精度如表 9.7 所示。

表 9.7　各个二级人口分区回归模型精度

分区	R^2	分区	R^2
1	0.855	12	0.831
2	0.961	13	0.860
3	0.921	14	0.933
4	0.947	15	0.867
5	0.942	16	0.881
6	0.720	17	0.796
7	0.966	18	0.819
8	0.957	19	0.886
9	0.952	20	0.737
10	0.882	21	0.890
11	0.872	22	0.835

从表 9.7 中可以看出，人口分区精度在各区比较稳定，除 3 个区的回归精度低于 0.8 以外，其余各区的 R^2 均在 0.8 以上。因此，可以认为这种方法获得的人口空间化模型具有较高的精度。

在各个二级分区获得的人口回归系数和夜间灯光调节系数的基础上，依据公式（9.6）以及各个基础数据源生成全国人口千米格网，以 2000 年为例得到结果如图 9.13 所示。

从图 9.13 中可以看出，相比统计人口数据，人口格网体现了更加详细的人口分布细节，如中国人口分布明显的东西差异，人口沿重要铁路线、高速公路线分布等。我国东西人口密度以爱辉—腾冲线为界，分异明显。华北平原、长江中下游平原、珠江三角洲、江汉平原、四川盆地为我国人口密集区。城市的人口密度明显高于乡村的人口密度，其中城市人口密度一般大于 1000 人/km²。高质量人口密度图可在很多方面得到应用：如东西部人口分异对于西部的可持续发展，以及环境保护极为重要；基于人口密度分布，如何更客观地反映区域经济、人口分布，对于国家的宏观规划也有重要的指导意义。

另外，从图 9.13 中还可以发现人口密度的分布基本呈斑状，它体现了人口模型本质上依赖于不同土地利用所建立，因此在城区、农村居民点上聚集了主要的人口分布，这符合人口分布的规律。同时，在相同的土地利用类型上人口也因为其夜间灯光强度不同而体现出一定的差异。例如，在四川盆地，农村居民点上由于不同强度的人类活动（表现为夜间灯光强度不同），使得相同土地类型上也有不同的人口密度，因而表现出人口格网值局部连续变化的特点。图 9.14 展示了这种人口密度的生成过程。从整体看，四川盆地内部的人口密度明显高于其周围的山区，这主要是由耕地的分布决定的。在农村地区，

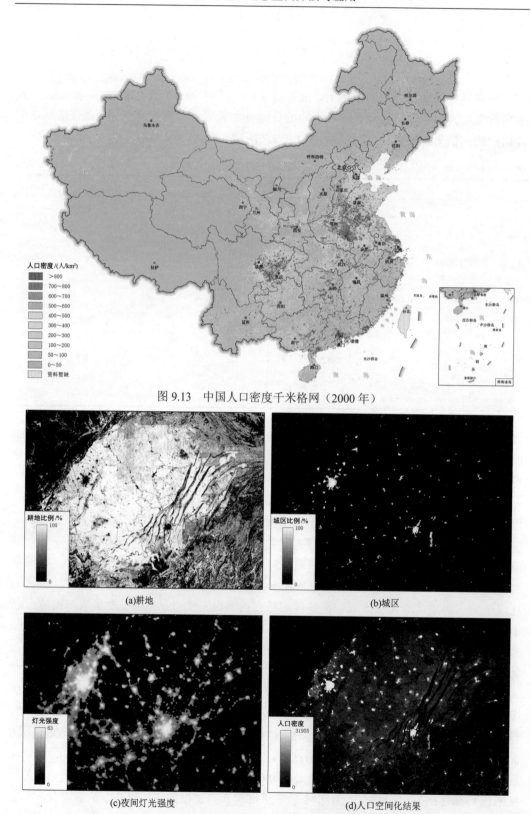

图 9.13　中国人口密度千米格网（2000 年）

(a)耕地

(b)城区

(c)夜间灯光强度

(d)人口空间化结果

图 9.14　四川盆地人口格网生成过程分析

人类居住在其耕地一定半径范围内。其次,从细节上看,人口密度较大的格网则可能一方面受到土地利用类型的影响;另一方面也受到夜间灯光强度的影响。灯光强度的不同,也导致了同为耕地上的人口密度差异。

9.4.3 人口空间化结果验证

1. 与(夜间灯光+土地利用)人口模型比较

在本书中曾开展了使用所有可能的土地利用类型的人口模型。它通过计算各土地利用类型上的夜间灯光参数;再统计每个县内各种土地类型的夜间灯光参数;再将这些夜间灯光参数与统计人口数据作回归分析,得到不同人口区的回归模型。在此处对这种人口模型加以简单地介绍并与 9.4.2 节中的人口格网结果比较。

灯光数据与土地数据相结合的人口建模流程如图 9.15 所示。具体步骤如下。

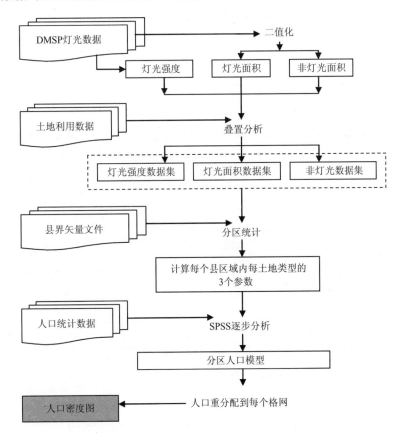

图 9.15 灯光数据与土地数据相结合的人口建模流程

1)夜间灯光参数数据提取

从灯光数据派生出 3 种参数数据:稳定灯光数据、灯光区以及非灯光区。首先通过土地数据中提取出的水体和未利用土地与稳定灯光数据叠加,将这两类土地类型上的所有灯光值赋为 0。灯光区、非灯光区数据为稳定灯光数据二值化后的结果（灯光强度大于 0 为灯光区，灯光强度等于 0 为非灯光区）。

2）各土地利用类型上的灯光参数统计

通过将灯光参数数据与土地利用数据的叠加，以土地利用类型作为分类项，分别计算 3 种灯光数据在各个土地类型上的值，对于每个像元，根据该像元中每种土地利用类型所占比例分配该像元的灯光参数数据。其具体计算过程如下：

$$\text{Index}_{ij} = P_{ij} \times \text{Index}_i, \sum_{j=1}^{M} P_{ij} = 1 \tag{9.11}$$

式中，Index_{ij} 是第 i 个像元上第 j 种土地类型的灯光参数；P_{ij} 是该像元中第 j 种土地类型所占的比例（所有土地类型占该像元比例为 1）；Index_i 是第 i 个像元的灯光参数，Index 可以为灯光区（NL）、非灯光区（NU）或者灯光强度（LE）。

3）分县统计各土地利用类型的 3 个灯光参数数据

通过统计每个县边界内的所有像元中的各参数，可以得到每个县每种土地利用类型的 3 个参数（NL，NU，LE）。这 3 个参数将使用式（9.12）做人口回归。

$$\text{pop} = P_0 + \sum_{j=1}^{M} (A \cdot \text{Nl} + B \cdot \text{Nu} + C \cdot \text{Le})_j \tag{9.12}$$

为了分析不同的级别对建模的影响，土地利用数据使用时采用了 3 种策略，3 种策略呈金字塔式的逐步综合各类型的土地利用类型。具体的土地利用类型如表 9.8 所示。

表 9.8　土地利用分类和分级策略

一级类型		二级类型		分类		
编号	名称	编号	名称	策略 1	策略 2	策略 3
1	耕地	11	水田	11	11	耕地
		12	旱地	12	12	
2	林地	21	有林地	21	林地	植被
		22	灌木林	22		
		23	疏林地	23		
		24	其他林地	24		
3	草地	31	高覆盖草地	31	草地	
		32	中覆盖草地	32		
		33	低覆盖草地	33		
4	水域	—	—	N	N	N
5	城乡、工矿、居民用地	51	城镇用地	51	51	城区
		52	农村居民点	52	52	部分开发区
		53	其他建设用地	53	53	
6	未利用土地	—	—	N	N	N

注：土地利用数据分为二级，此处省略了水体和未利用土地的二级分类，因为它们没有在各分类策略（策略 1、策略 2、策略 3）中用到。这两种土地利用类型被当作背景（其类别被标注为"N"表示未使用）。3 个分级逐步合并相似的土地利用类型乘以简化模型。

在回归过程中使用 Stepwise 的方法，将通过假设检验（t 检验在 0.05 水平上显著）的灯光参数加入模型，直到不存在这样的变量。由于每种土地利用类型均有 3 个灯光参数，它们之间可能相互排斥而产生负的系数，但只要一种土地利用类型本身（包括 3 个参数）对于模型有正的贡献，容许单个灯光参数（如 NL、NU 或者 LE）的系数为负。

4）统计人口空间化

通过已有的各分区人口经验模型，将人口数据按模型分配到每个像元。为了保持模型人口的一致性，在已知每个县各土地类型灯光参数的基础上，将各参数乘以模型的权值，再加上人口常数项除以该县内的像元数，即为该像元内的预测人口数，如式（9.13）。

$$\text{pop} = P_0 + \sum_{j=1}^{M} (A \cdot \text{Nl} + B \cdot \text{Nu} + C \cdot \text{Le})_j$$

$$\because \text{Nl}_j = \sum_{i=1}^{N} \text{Nl}_{ij}, \text{Nu}_j = \sum_{i=1}^{N} \text{Nu}_{ij}, \text{Le}_j = \sum_{i=1}^{N} \text{Le}_{ij}$$

$$\therefore \text{pop} = P_0 + \sum_{j=1}^{M} \left(A_j \cdot \sum_{i=1}^{N} \text{Nl}_{ij} + B_j \cdot \sum_{i=1}^{N} \text{Nu}_{ij} + C_j \cdot \sum_{i=1}^{N} \text{Le}_{ij} \right)$$

$$= P_0 + \sum_{j=1}^{M} \sum_{i=1}^{N} (A_j \cdot \text{Nl}_{ij} + B_j \cdot \text{Nu}_{ij} + C_j \cdot \text{Le}_{ij}) \qquad (9.13)$$

$$= P_0 + \sum_{i=1}^{N} \sum_{j=1}^{M} (A_j \cdot \text{Nl}_{ij} + B_j \cdot \text{Nu}_{ij} + C_j \cdot \text{Le}_{ij})$$

$$= \sum_{i=1}^{N} \left(P_0 / N + \sum_{j=1}^{M} (A_j \cdot \text{Nl}_{ij} + B_j \cdot \text{Nu}_{ij} + C_j \cdot \text{Le}_{ij}) \right)$$

$$\text{pop}_i = P_0 / N + \sum_{j=1}^{M} (A_j \cdot \text{Nl}_{ij} + B_j \cdot \text{Nu}_{ij} + C_j \cdot \text{Le}_{ij})$$

式中，Nl 为灯光面积；Nu 为非灯光面积；Le 为灯光强度；i 是像元的下标；j 为土地利用类型下标；pop 为县内的人口数；P_0 为模型常数；N 为该县内像元总数。一般还使用统计数据来纠正县内的人口，使得误差只分布在该县内部。

表 9.9 描述了 3 种不同土地数据分类策略所对应拟合精度。从细分到综合的 3 个策略中，对于拟合度很好的区域其精度变化并不大（区域 2 和 8），而对于拟合度较差的区则随着分类逐步综合，相关性下降较大（如区域 5）。总体而言，相关性随分类数减少而相关性有所降低，这是因为类别综合导致分类信息减少而影响了相关系数的分配，但这种减少并不显著。

表 9.10 为 1995 年与 2000 年两年份的模型精度对比。从该表中可以看出，2000 年精度比 1995 年稍高。这可能主要是因为：①2000 年有比 1995 年更好的人口统计数据，在这个时间段中计算机技术的普及和广泛应用，使得人口统计数质量提高；②由于使用统一的 2004 年行政区划矢量底图，所以和 1995 年相比，2000 年到 2004 年之间的行政区划变化更少，统计数据的变更也更少；③2000 年有更好的灯光数据。且不考虑灯光数据由于发射卫星和获取等方面的进步，中国在 1955 年到 2000 年经济的快速发展使得更

表 9.9　3 种不同土地利用分类策略的结果比较

区域	回归方程 R^2		
	策略 1	策略 2	策略 3
1	0.803	0.8	0.76
2	0.948	0.948	0.919
3	0.85	0.832	0.812
4	0.874	0.859	0.844
5	0.784	0.76	0.732
6	0.86	0.854	0.785
7	0.805	0.759	0.774
8	0.918	0.9	0.905

表 9.10　1995 年和 2000 年模型精度（R^2）比较

区域	1	2	3	4	5	6	7	8
1995 年	0.771	0.928	0.865	0.86	0.756	0.85	0.807	0.957
2000 年	0.803	0.948	0.85	0.874	0.784	0.86	0.805	0.918

多的农村和小城镇能被卫星传感器探测得到，从而让灯光数据能够完整地表达地表人类活动。尽管两年数据有所差异，但其相关性相差并不大，模型基本上是稳定的，具有一定的实际应用价值。

在本研究早期，由于缺乏验证数据，因此选择其他的人口空间化结果进行定性比较。以下是 3 种人口空间化方法：Land Scan 人口格网、CPDM 人口（田永中等，2004），以及（夜间灯光＋土地利用）人口模型。对应的人口空间化结果比较，此 3 种人口格网值如图 9.16 所示。

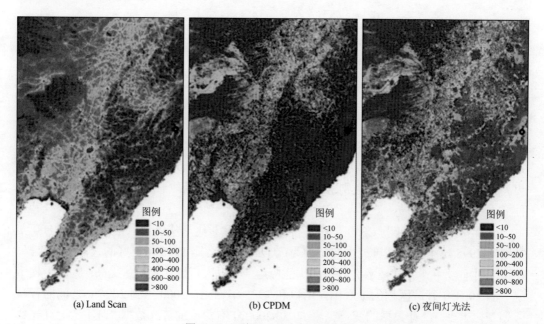

(a) Land Scan　　　　　　　(b) CPDM　　　　　　　(c) 夜间灯光法

图 9.16　3 种不同的人口方法比较

从图 9.16 比较可以看出，（夜间灯光＋土地利用）人口模型生成的人口格网体现更丰富的人口信息，如人口在相同土地利用类型上的差异，在城市、农村及交汇处上的细致差异。通化市在前述的两种人口空间化结果中均没有表示出来，而在图 9.16（c）中得到了很清楚地表达。另外，沿 304 与 202 国道线的人口分布在图 9.16（c）中也可以清晰地看出，这与人口沿重要公路分布的实际知识一致。Land Scan 虽然也表达了类似的人口分布模式，但只能粗略地反映这种信息。

从结果分析可以看出，上述的（夜间灯光＋土地利用）人口模型具有很高的回归模型精度，且在不同的年份人口模型也很稳定，与其他人口格网的定性比较也展现了其优势。因此将其人口空间化的结果与人口格网值作比较。比较仍以 10 个省份已有的乡镇边界为矢量底图，统计这两种人口空间化的人口值，分别与统计数据作差值，计算两种方法的人口误差。误差在各省份的分布如表 9.11 所示。

表 9.11　两种夜间灯光与土地利用类型人口空间化方法比较

省份	绝对中误差		相对中误差	
	（土地＋灯光）方法	灯光修正法	（土地＋灯光）方法	灯光修正法
河北	70，981	67，589	0.5005	0.5129
山西	31，242	26，345	0.8743	0.3958
内蒙古	12，109	12，658	0.9630	0.8815
江苏	115，530	112，850	0.4790	0.5043
安徽	43，644	43，272	0.6393	0.5699
福建	23，036	20，067	0.7160	0.5441
山东	18，841	17，119	0.4477	0.3722
河南	17，430	18，870	0.4062	0.3562
贵州	13，971	12，515	0.4130	0.3156
云南	12，360	9，171	0.5331	0.3741
总计*	35，904	33，887	**0.5650**	**0.4447**

*为 10 个省份的通过名称可连接的共 12028 个乡镇人口误差。

由表 9.11 可以看出，使用（土地＋灯光的人口方法）虽然提供了一种全新的人口空间化方法，但其误差相对灯光修正法而言，还是比较大，在绝对和相对误差均存在很严重的偏差。主要原因有如下两点：①将所有的土地利用类型均放入人口空间化模型，使得变量出现混淆，从而可能使得人口的分布影响因子太多而降低人口空间化的准确度。这也印证了灯光修正法仅使用 3 种土地利用类型的合理性。②将灯光数据为主，而土地利用数据仅用于区分不同的土地利用类型上的灯光，没有体现出土地利用数据的与人口的强相关性。说明以灯光数据难以作为一个主要数据源用于人口空间化，存在其局限性，尤其对于像中国这样城乡差距巨大情况，充分体现广大农村人口将十分困难。

通过以上的比较可以发现，人口误差的分布随着各省份人口的变化有较大的波动，人口多的省份自然绝对误差会更大。但相对误差则不受此限制，它是一个相对的值，更贴切地反映人口的误差。表 9.11 的相对误差值最大的为内蒙古自治区，该地区误差产生的原因已经在分析灯光比例时详细阐述，即主要是因为牧场在草地类型上而不能在本模型中得以详细的反映,而其他省份则随人口、灯光条件稍有变化。

2. 与 cnpop2000 的人口格网值比较

除了与上述的(夜间灯光＋土地利用)人口模型作比较以外,为了验证通过上述方法得到人口格网的准确性,还将结果与中国自然资源数据库(2010)发布的中国 2000 年 1 km² 人口(cnpop2000)作为标准进行比较。该人口千米格网正是以二级人口分区上的土地利用类型人口模型为基础,再进行相关后处理获得的。即以全国各县城居人口系数、农村人口系数和耕地人口系数为参数生成 3 个栅格数据层,矢量土地利用数据二级分类进行栅格化处理,两者相乘即得到全国各公里格网的人口数:城居人口系数×1 km 格网城居面积+1 km 格网农村居民点人口系数×1 km 格网农村居民点面积+1 km 格网耕地人口系数×1 km 格网耕地面积＝1 km 格网人口数据。在生成人口格网后,进行一系列的后处理,如将 1 km 格网人口数据与 DEM 数据及全国居民点分布图进行套合修正,剔除一定坡度以上格网中的人口数据,并对居民点分布图有值(即存在居民点)而对应格网中无人口数据的进行修正。

比较仍以 10 个省的乡镇人口为标准,分别统计本书研究产生的人口格网与 cnpop2000 在各省的乡镇级上产生的人口误差,统计结果如表 9.12 所示。

表 9.12　夜间灯光修正人口格网与 cnpop2000 比较

省份	绝对中误差		相对中误差	
	cnpop2000	灯光修正法	cnpop2000	灯光修正法
河北	68,306	67,589	0.4945	0.5129
山西	27,010	26,345	0.5176	0.3958
内蒙古	11,754	12,658	0.9170	0.8815
江苏	123,800	112,850	0.8939	0.5043
安徽	43,456	43,272	0.6048	0.5699
福建	20,606	20,067	0.6441	0.5441
山东	17,808	17,119	0.4186	0.3722
河南	15,847	18,870	0.3291	0.3562
贵州	13,138	12,515	0.3423	0.3156
云南	12,138	9,171	0.4572	0.3741
总计[*]	35,022	33,887	**0.5159**	**0.4447**

[*]为 10 个省份的通过名称可连接的共 12028 个乡镇人口误差。

从表 9.12 中两种数据的误差比较可以看出,除了个别省份中误差比 cnpop2000 稍大以外,灯光修正的方法整体上对已有人口格网的提高精度约为 7%。此外,灯光修正方法直接使用了土地人口模型的结果,未进行上述的后处理。

从各省份的误差可知,夜间灯光修正的方法在人口的空间化结果上比 cnpop2000 存在较稳定的小幅提升,这种提升正是体现夜间灯光数据表达人口在相同土地利用类型上分异。这也是本书中人口模型希望体现的价值所在。

图 9.17 展示了上述的 3 种方法对应的人口空间化在乡镇级上的误差,图 9.17 中可

以看出（夜间灯光＋土地利用）的方法误差最大，但它是对于已有土地利用类型方法以外的一种新的尝试；而灯光修正方法误差最小，它是在已有的土地利用类型人口模型上的修正，达到了预期的效果。

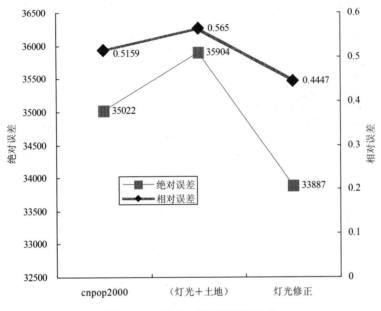

图 9.17　3 种人口模型的误差比较

9.4.4　人口空间化方法模型的对比分析

在建立各种人口模型的过程中，人口模型是使用不同的变量乘以对应的权重系数或者回归系数，来表达人口在不同的单元格网上的权重，最后以人口统计数据分配到各像元上。而人口模型涉及的变量在本书及其相关的文献中，无非是使用土地利用数据或者灯光数据。其他应用较少的如道路网、水网等则在此不详述。为了分析这些不同的数据源以及相应的模型，在此以中国的东北地区为样区，以各县为样本分析各种模型与人口的关系。

1. 人口与土地类型相关性

图 9.18 中的直线为最佳拟合期望曲线：统计人口值＝预测值；预测值由以下回归型获得：预测值＝264.783＋0.001·城区面积，研究区为 2000 年的中国东北区。

以上分析是在数据处理软件中，以人口作为因变量，所有土地利用类型作为自变量，使用逐步回归分析方法获得的最佳人口模型。从人口模型可以看出，逐步回归只选择了城区作为与人口直接相关的参数，而其他参数并未使用，因为处理过程认为加入其他的数据类型时，将降低整个模型的回归精度。由此可知，使用土地利用类型来建模人口时，自动建立的模型将只有很少的信息（仅一种土地利用类型）将被应用到模型。

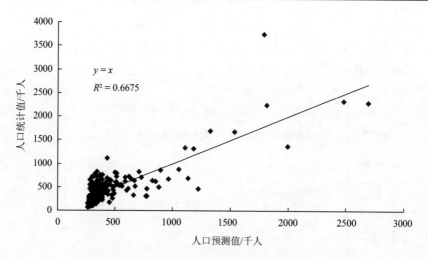

图 9.18　人口统计值与人口预测值之间的相关性

另外，几乎所有的样本都呈团状处理线性模型的最底端，这些样本基本上是所有的农村样本，而城市和较大的居民点样本则处理较高的位置。这种线性模型对于大部分的农村地区并没有一个准确的估计，因此如果直接使用此模型来空间化人口，则误差还会比较大。

2. 人口与灯光相关性

图 9.19 为平均灯光面积与平均人口密度的对数关系图，研究区为 2000 年的中国东北地区。从图 9.19 中可以看出，人口密度与灯光强度之间确实存在较强的相关性。即灯光确实反映了东北地区的人口空间分布状态。但这个模型是一个对数模型，如果用于定量反演将会存在一个自然对数计算的转换，这个过程将严重地影响此人口回归模型的准确度。而如果使用直接的线性模型，则系数仅为 $R^2 = 0.4485$。

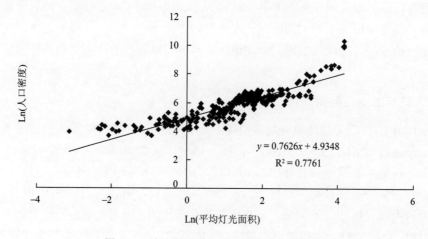

图 9.19　人口统计值与灯光面积的对数关系

由此可见，单纯地使用灯光数据，由于其分辨率及数据获取特性，决定了它不能单独地应用于人口空间分布。但同时不可否认，夜间灯光与人口的分布存在本质的联系。

这也验证了将夜间灯光数据作为一种辅助的数据源是一个正确的选择。

3. 人口与（土地+灯光）相关性

图 9.20 中的直线为最佳拟合期望曲线对应的"统计人口值＝预测值"，预测值由以下回归模型获得：

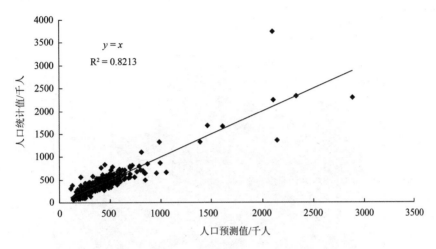

图 9.20　人口统计值与（土地＋灯光）人口预测值之间的相关性

预测值=123.2546802–11.146×ild51_NL+4.745×ild52_NL+0.386×ild51_LE–0.347×ild52_LE+0.582×ild31_NL+0.027×ild12_LE+0.587×ild32_NL+0.072×ild12_NU+0.248×ild53_LE–1.374×ild53_NL。

研究区为 2000 年的中国东北地区。图 9.20 中可以看出，其样本点的分布相比土地利用数据对应的模型更趋于线性分布，且回归的精度也有明显的提高。另外，该模型中使用了更多的土地利用类型（ild51 为城区，ild52 为农村居民点，ild12 的旱地）。但在样本的分布上，它仍然与土地利用分布极为相似。

4. 夜间灯光修正的人口模型

由于夜间灯光数据修正模型本质上仍沿袭土地利用人口模型。模型修正人口的分布实质上使用了人口与土地类型相关性为基础，并且扩展了模型的土地（自动处理模型仅有城区，而新人口模型有 3 种土地利用类型）。同时，将夜间灯光的相关性加入到此模型基础上，以体现夜间灯光对于人口的贡献。

实验证明这种思路是行之有效的，且能提高模型的人口空间化精度。

9.5　人口流动强度空间化评价方法

根据人口流动强度概念及其计算方法［式（9.3），表 9.1］，基于人口普查与调查统计数据，研究人口流动强度空间化评价技术。

以京津冀地区为例，基于人口普查与调查统计数据，计算人口流动强度；按照表 9.1

对结果进行分级取权重赋值，得到基于行政单元的人口流动强度结果。在 GIS 空间分析方法下，进行矢量栅格转换，对人口流动强度结果进行空间化处理，得到京津冀地区人口流动强度评价结果（图 9.21）。从评价结果可知，区域人口流动强度空间分异性较大，北京、天津是外来人口流入分布最集中的区域；以石家庄、唐山等为中心的华北平原区域也是外来人口较集中分布的区域；区域内除城市市辖区，其他地区暂住人口数量少，人口流动强度低。

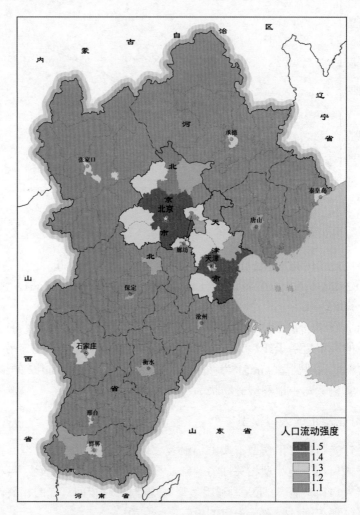

图 9.21　京津冀地区人口流动强度评价结果

9.6　人口集聚度监测评价结果

全国人口集聚度如图 9.22 所示。为了分析国家主体功能区人口集聚度功能指标的状况，对全国人口集聚度在县级单元层次上的数量做了统计（图 9.23），并统计了各省、自治区、直辖市内人口集聚度在县级单元层次上的数量及其百分比（图 9.24、图 9.25）。

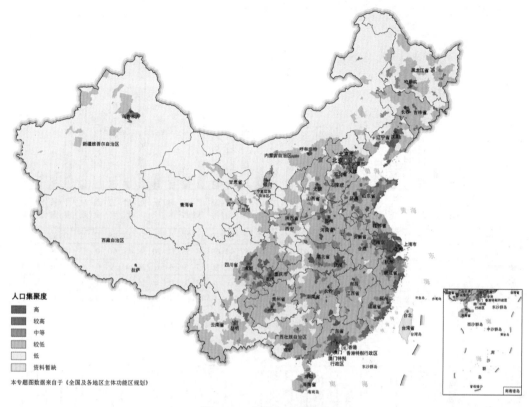

图 9.22　全国人口集聚度

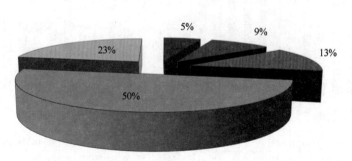

图 9.23　全国人口集聚度单元数量百分比统计（按县级行政单元）

综合图 9.22～图 9.25 可以得出以下几点。

（1）全国人口集聚度空间分异性大，东部地区人口集聚度较高，特别是各中心城市人口集聚度最高，西部地区人口集聚度相对较低。

（2）全国 5%的县（区）人口集聚度高，9%的县（区）人口集聚度较高，13%的县（区）人口集聚度中等，50%的县（区）人口集聚度较低，23%的县（区）人口集聚度低。

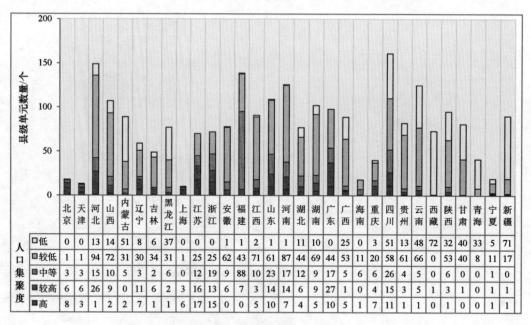

图 9.24　各省份人口集聚度分类（按县级行政单元）

香港、澳门、台湾资料暂缺

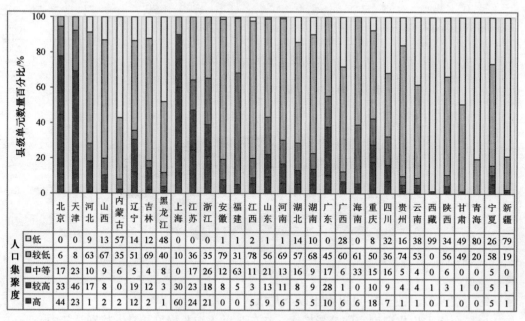

图 9.25　各省份人口集聚度分类占比（按县级行政单元）

香港、澳门、台湾资料暂缺

（3）各省（自治区、直辖市）中，北京、天津、上海、江苏、浙江、广东等地区人口集聚度较高；西藏、青海、甘肃、新疆等地区人口集聚度较低。人口集聚度的空间分布主要受城市布局、交通、地理环境（地形起伏、水资源等）等因素的影响。

第 10 章　经济发展水平遥感监测与评价

10.1　经济发展水平概述

10.1.1　概念及研究进展

经济发展水平是指一个地区的经济发展现状和增长活力，由人均地区 GDP 和地区 GDP 的增长比率两个要素构成，具体通过县域人均 GDP 规模和 GDP 增长率来反映。设置经济发展水平指标的主要目的是为了刻画一个地区经济发展现状和增长活力。经济发展水平两个要素的具体含义为：

（1）人均 GDP。指各县级空间单元地区的 GDP 总量与总人口的比值。

（2）GDP 增长率。指近 5 年，各县级空间单元的地区 GDP 的增长率。

经济发展是主体功能区划中现有开发密度的又一个重要指标，其核心由 GDP 来表达。韩向娣等（2012）、刘红辉等（2005）、宋琳等（2006）、赵军等（2010）曾研究了全国或区域 GDP 空间化及其分布状况；何江和张馨之（2007）运用探索性空间数据分析方法研究了 1990～2004 年中国人均 GDP 增长速度的空间相关性和空间异质性。主体功能区划中经济发展水平指标综合了人均地区 GDP 和地区 GDP 的增长比率两个因素，突出了经济发展空间分布与发展变化趋势的共同作用。

10.1.2　监测评价方法

1. 方法

经济发展水平监测评价方法如下：

$$经济发展水平 = f（人均 GDP，GDP 增长率） \tag{10.1}$$

$$人均 GDP = GDP/总人口 \tag{10.2}$$

GDP 指的是各县级空间单元的地区 GDP 总量；

$$GDP 增长率 = \sqrt[5]{(GDP_{2005}/GDP_{2000})} - 1 \tag{10.3}$$

GDP 增长率指近 5 年，各县级空间单元的地区 GDP 的增长率。

$$经济发展水平 = 人均 GDP \times k_{GDP增长强度}GDP_{增长强度} \tag{10.4}$$

式中，$k_{GDP增长强度}$，根据县域单元的 GDP 增长率分级状况，按表 10.1 对应权重取值选。

表 10.1 $k_{GDP\ 增长强度}$权重取值

	经济增长强度				
	<5%	5%~10%	10%~20%	20%~30%	>30%
强度权重系数赋值	1	1.2	1.3	1.4	1.5

2. 技术流程

经济发展水平遥感监测与评价技术路线如图 10.1 所示，具体如下所述。

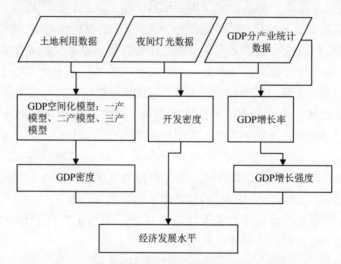

图 10.1 经济发展水平遥感监测与评价技术路线

（1）计算经济发展水平需要的数据包括：一、二、三产业统计数据、土地利用数据、夜间灯光数据、数字高程模型、行政区划数据等。

（2）GDP 密度空间化。基于 GDP 分产业统计数据、土地利用数据、夜间灯光数据等，建立 GDP 密度空间化模型，并对模型结果进行验证，得到一产、二产、三产及 GDP 密度空间化结果。

（3）计算 GDP 增长强度。根据 GDP 增长强度概念及其计算方法，基于 GDP 统计数据，计算县/区级 GDP 增长强度，并在 GIS 空间分析方法下，进行矢量栅格转换，对 GDP 增长强度结果进行空间化处理。

（4）计算经济发展水平。根据式（10.4），基于 GDP 密度空间化结果、GDP 增长强度结果，计算经济发展水平。

10.2 GDP 密度遥感监测评价概述

经济全球化和全球气候变化使人类社会和自然环境两者的相互影响越来越受到重

视（Leichenko and Brien，2008）。中国是世界第二大经济体，中国经济发展和环境变化对全球经济和环境产生的影响举足轻重（Lo，2002；Liu et al.，2005；Kenneth Keng，2006）。自 1978 年改革开放以来，中国经济飞速发展。然而，经济发展水平在不同的区域具有不平衡性，且经济的增长对自然生态系统产生了不同程度的影响（Kenneth Keng，2006）。相反地，自然生态系统也制约社会经济的发展（Huang Rozelle，1995）。全球化加速了中国经济的发展，同时也引起了区域间生态和经济分布的不均衡（Leichenko 等，2008）。在全球化的背景下，人口、经济等人文数据对于人与环境交互作用研究的重要性被广泛认知（Clarke et al.，1992）。多项研究表明，自然生态系统和社会经济的交互影响的探究是不可或缺的且有待发展（Parker et al.，2003）。

国内生产总值（GDP）作为衡量国家经济状况的最佳指标，同时也是区域规划和发展、资源环境保护和可持续发展的重要指标之一（王金南等，2006）。为科学解释社会经济发展对周边生态环境的影响及其它们之间的交互关系，综合、系统地分析社会经济数据和生态环境数据是必不可少的。然而，现有的 GDP 统计数据均是基于县级及以上行政边界的数据，无法显示区域内部的 GDP 空间差异，更难与格网或栅格格式的生态环境数据（如土地覆盖/土地利用、高程、气象、植被等数据）进行综合分析。

GDP 空间化是解决上述问题最好的方法之一，即将统计型经济数据展布到一定尺寸的地理格网上（一般为 1 km×1 km），从而构建较高分辨率的空间数据库，空间化的 GDP 密度将不受行政边界的限制，便于与生态环境背景数据等自然要素数据联合应用（Doll et al.，2006）。空间化的密度图最大的优势在于将县级或省级边界的统计数据分配到各种行政单元，如地市级单元、乡镇单元，或自然生态单元如水域、裸地或者植被区域等（Elvidge et al.，2009a），便于进行大量的空间分析。从而为国家资源环境保护、区域规划和发展以及为全球变化的区域模型建立和可持续发展研究服务（江东，2007）。

与 GDP 统计数据相比，空间化后的 GDP 密度值还具有以下其他几点优势：①1 km格网的 GDP 密度值能够反映统计区域内部的 GDP 差异，更能反映其区域内经济空间分布特征；②GDP 空间化结果具有地理空间信息，利用空间分析功能具有更多的应用价值，如某地区发生了地震灾害，要及时地评估受灾地区的社会经济损失，就可以利用空间分析大致计算结果；③GDP 千米格网的密度值不受行政区域变更的影响，有利于长期的持续的研究。

传统的 GDP 统计方法通常通过社会调查、逐级统计掌握相关资料。这种方法既费时费力，又实时性不足，且不易获取一些边远地区的统计数据。

遥感技术的出现和发展，以其独特的快速、准确、实时、定量、宏观等优势为 GDP空间化提供了新的选择。一方面，遥感数据可以产生诸多新的数据源，如高质量的土地利用数据等（Hansen et al.，2002；Friedl et al.，2010）。它们与 GDP 各产业值关系极为密切。另一方面，新型的遥感传感器获取的数据源可以用于表达区域经济活动。如美国国防卫气象卫星线性扫描系统（DMSP/OLS）所获得的夜间灯光数据（Elvidge et al.，2007）。DMSP/OLS 为实现 GDP 空间化提供了数据源上的可能。目前基于遥感估算经济活动主要使用上述两种数据源与其他辅助数据相结合展开的。

我国疆域辽阔，人口众多，生态环境和经济条件差异显著，尤其是改革开放以来，社会不断进步，经济飞速发展。但社会经济发展具有明显的空间不平衡性。东部沿海省市城市化水平较高，人口密集，社会经济发展水平高；西部内陆省市城市化水平偏低，人口稀疏，经济发展水平低。GDP 密度呈现出以沿海发达城市及各个直辖市为中心，自东向西逐渐减小的格局。由于我国极不平衡的经济空间分布，结合我国具体国情，在国内外遥感研究技术的支持下，探讨我国特色的 GDP 空间化模型是非常必要的。

基于土地利用遥感数据进行 GDP 空间化，在一定程度上解决了行政区域内的均质化现象，为了更好地反映差异化，引入夜间灯光数据区分相同土地利用类型上的 GDP 分布差异。夜间灯光数据具有空间信息和强度变化信息，可以反映较大范围的 GDP 的密度差异，但由于其传感器分辨率低、没有地面定标等缺点限制其应用。因此，在总结分析国内外遥感监测经济活动已有的理论成果、技术和方法的基础上，本书将结合基于遥感的土地利用数据与夜间灯光数据来进行 GDP 的空间化。其本质上是使用土地利用遥感数据建立初步的 GDP 空间化模型，然后使用夜间灯光数据来优化 GDP 空间化模型。

1. 国内 GDP 空间化研究进展

当前，社会经济数据的空间化尚处于不断探索与发展的阶段，国内外对人文要素的空间化研究主要集中在对人口空间化的研究（Tobler et al.，1997；Dobson et al.，2000；杨小唤等，2002；Amaral et al.，2006），对社会经济数据空间化的研究尚不成熟。近年来，国内学者开始尝试利用多光谱遥感数据获得的土地利用类型与 GDP 之间的关系实现 GDP 的空间分布模拟。

刘红辉等（2005）针对资源环境研究领域对空间型社会经济数据的需求，在我国经济社会的区域差异的综合分析基础上，对现有的统计型行政单元主要社会经济发展指标国内生产总值进行空间化模拟，建立了全国 1 km 格网水平社会经济空间数据库。利用1995 年遥感数据建立的 1∶10 万比例尺土地利用格局分布图，综合分析人类活动形成的土地利用状态与 GDP 大小的空间互动规律，建立影响经济发展的关键因素评估模型，通过一、二、三产业 GDP 与土地利用类型的空间关联性，分区建立 1995 年县级 GDP和土地利用格局的空间关联度模型库，实现在 1 km 格网的社会经济数据的空间定量模拟。钟凯文等（2007）使用 GIS 实现 GDP 空间化。首先，将土地利用类型与 GDP 空间化，根据分产业 GDP 数量与土地利用类型的空间相关，分第一、第二、第三产业建立GDP 空间分布模型。考虑到自然、经济和人文 3 个主要因素，遵循"无土地利用则无GDP"的原则，将耕地、林地、草地、水域、建设用地，选为 GDP 空间化的主要土地利用类型。然后，实现 GDP 空间距离衰减模型，将统计数据置于质心点上，采用距离衰减模型向周围拓展，质心点可以选择为省会。最后，根据道路与经济发展的空间分布相关特性，选用道路的距离对 GDP 进行空间化。易玲等（2006）利用基于 Landsat TM信息获取的 1∶10 万比例尺的土地利用数据，建立与统计型 GDP 数据的多元相关关系模型，计算各种土地利用类型中的 GDP 系数，在 GIS 支持下计算出西部 12 省区 1 km格网 GDP 空间分布数据。人口密度和单位面积的 GDP 值之间呈明显的比例关系，因此认为人口数据是进行 GDP 地理分配计算较有效的途径，从而设计出按照人口对 GDP 进行地理分配的空间化模型。黄莹等（2009a；2009b）以新疆天山北坡为试验区，根据分县控制、分产业建模的思路,对第一产业采用面积权重的方法,第二产业建立基于道路的反距离加权模型,第三产业引入城市边缘距离概念建立多中心的距离衰减加幂指数模型,最后综合 3 个产业值对天山北坡和新疆绿洲地区进行了 GDP 的空间化模拟。赵军等(2010)根据分产业建模的思路,利用 RS 和 GIS 技术,结合面积权重、反距离加权、距离衰减加幂指数的 GDP 数据空间化方法,实现了以土地利用类型为基础的兰州市 500 m×500 m 格网 GDP 数据空间化仿真模拟。结果表明,2006 年兰州市 GDP 总值分布具有明显的沿河谷地带聚集和沿交通线分布的特征,黄河兰州段及其支流湟水谷地是 GDP 最集中的地带,庄浪河、大通河、宛川河河谷和陇海、包兰铁路沿线是次聚集地带;同时,在永登县坪城、秦王川盆地和榆中县三角城盆地,GDP 总量呈不连续的面状聚集,相对周边地区为 GDP 高值区,与现实情况基本一致。模拟结果能较为准确地反映区域内经济发展的差异,对准确把握区域经济动态发展具有一定的实用价值。梁大圣等(2010)在分析格网 GDP 更新的关键基础上,以简单比例模型和环境要素面积模型为蓝本,提出了一种按行政单元多边形不同区域分别进行处理的更新模型,并给出了实现更新的基本框架。经过验证,这种分区域处理的格网 GDP 更新模型在运算精度、运算复杂度、可操作性之间具有良好的平衡,可作为规则格网 GDP 更新的一般模型。宋琳等(2006)将空间统计分析和 GIS 相结合,探讨我国地级及以上城市人均 GDP 在空间分布上的特征。研究表明,我国地级及以上城市人均 GDP 在整体上呈现显著的空间集聚性,而在东、中、西部 3 个区域呈现不同的空间关联模式。

另外,中国区域经济空间化的理论研究也较多。郭腾云等(2009)对于区域经济空间结构研究,经典区位论所揭示的区域经济活动的空间分布形态,基本上概括了区域经济空间分异的主要特征性规律,是当今区域经济空间结构演化的基础性理论。区域经济空间结构演化理论是区域经济空间结构演化研究的主要理论,这些理论不仅可以为区域经济空间结构演化研究提供理论范式,也为区域经济空间结构研究提供有益的启示。黄耀裔等(2009)对时态 GIS 进行了初步的研究,利用 ArcGIS 软件的时态功能以福建省 1990~2006 年县域 GDP 时空数据为例构建其时态演变过程。朱文明和陈康华(2000)以景观空间分析和区域经济理论为基础,综合 RS 和 GIS 手段,分析城镇空间形态和区域经济特征,并从中探讨城填格局与地区经济的相关性,其结果对于我国城市规划建设,特别是经济发达地区的城市化进程具有一定参考意义。

从国内各种社会经济空间化的研究中可知,首先要将 GDP 分产业建模,才能获得较高精度的模型结果。对某省市等较小尺度的区域研究,社会经济空间化的影响因子引入了人口、道路及区域中心等,研究模型较复杂,精度虽高,但一般适用性不强。全国较大尺度的 GDP 空间化研究数据一般采用土地利用数据建模估算。虽然土地利用数据的不同类型与 GDP 的各产业值密切相关,但只利用土地利用数据建模结果无法显示相同土地利用类型中 GDP 密度的差异。

2. 国外 GDP 空间化研究进展

夜间灯光数据能够提供统一的、持续的、独立的经济活动估计结果(Doll et al.,2006;Elvidge et al.,2009b)。国外已有一些学者利用夜间灯光和经济活动的相关关系来估算国家级和次国家级行政区域内经济活动（Elvidge et al., 1997; Ebener et al., 2005; Sutton et al., 2007）。详细的估算方法可归纳为以下 3 种：

（1）基于夜间灯光面积估算经济。Doll 等（2000）建立夜间灯光提取的城区面积和 46 个国家的官方 PPP 值之间的对数线性关系模型，生成了第一幅全球 GDP 密度分布图，分辨率为 1 弧度。其夜间灯光数据采用 1994~1995 年半年的稳定灯光产品，该研究估计全球 GDP 值为 22.1 万亿美元，约为世界资源研究所提供的 1992 年全球经济活动总值 27.7 万亿美元的 80%。研究并未预测各个国家的经济总量，而且指出若采用辐射校正的夜间灯光数据，并分别估算农业、工业和服务业的产值，其结果将会得到很大改善。Elvidge 等（1997）通过对美国、巴西等 21 个国家的数据分析，研究 DMSP/OLS 获得的灯光面积与 GDP 等之间的关系，建立了它们之间的对数模型，模型精度均达到 0.85 以上，结果证明夜间灯光数据可较好地估算 GDP 等多项社会经济数据。2001 年，Elvidge 等（2001）进一步收集了全球 200 多个不同经济发展水平的国家的数据，采用 DMSP/OLS 影像，以（灯光面积、GDP）等点对为基础分别绘制散点图，散点分布特征观察结果显示灯光面积与 GDP 等指标之间密切相关，且存在较强的线性关系。

（2）基于夜间灯光强度估算经济。Sutton 等（2002）利用 1996~1997 年的辐射校正后的夜间灯光影像创建了分辨率为 30 弧分（约为 1 km）的全球经济活动分布图。研究中仅利用灯光强度与国家级的 GDP 及其农业、工业等产值比例建模，生成 1 km 格网的全球 GDP 密度图。Doll 等（2006）基于 1996~1997 年的辐射校正后的夜间灯光影像，通过建立总灯光强度与次国家级的 GRP（Gross Regional Product，在 regional 级别的 GDP）的模型生成美国及 11 个欧洲国家的 GDP 密度分布图，空间分辨率为 5 km。研究表明在估计经济总值时考虑到农业生产活动是必不可少的。

（3）基于人口和夜间灯光强度估算经济。Ghosh 等（2009）首先利用夜间灯光亮度阈值确定灯光区来建模估算城区人口，然后选择估算所得人口值、灯光亮度之和及美国校正后的 GSP（Gross State Product，在 state 级别的 GDP）作为建模因子建立多重回归模型，利用相同的模型参数来估算墨西哥的 GDP 和州级的 GSP。模型估算的墨西哥 GDP 约为官方统计数据的 150%，多余的部分应为大量非正式经济体和流入的外汇。虽然该研究提供了一种标准化的估算经济活动的方法：利用调查较准确的国家经济统计数据建模估算其他国家的经济状况。但世界各国的经济发展水平不同，因此，需要针对不同的经济发展水平分别建模。且该方法结果精度依赖于统计数据，若精确的统计数据为州级，则结果最高也为州级。

2010 年，Ghosh 等（2010）利用辐射校正后的夜间灯光影像的总灯光强度来估算工业和商业产值，利用 Land Scan 人口格网对农业产值进行空间化分配；然后按照农业对经济总产值的贡献大小得到全球经济总产值的 1 km 格网密度分布图。研究区包括中国、印度、墨西哥以及美国等其他国家的国家级和次国家级区域。绝大部分国家的估计经济总量比官方统计 GDP（不含非正式经济体）高 30%左右。该方法得到的全球 GDP 公里格网密度数据集已被美国空军和 NOAA 在国家地理数据中心发布（NGDC）。相对于其他依赖统计数据建模估算经济产值（Doll 等，2006；宋琳等，2006；黄耀裔和陈文成，2009），该方法只利用夜间灯光数据和人口格网数据即可估算 GDP 及分产业值。

国际学者基于遥感估算经济活动的研究主要利用 DMSP/OLS 数据，尤其是其衍生的灯光面积和灯光强度总和来初步估计大尺度的社会经济分布状况和特征，结果表明灯光影像信息与社会经济因子之间显著相关，灯光影像已然成为反演社会经济、实现 GDP 空间化的良好数据源（Elvidge et al.，1997；Doll et al.，2000；Elvidge et al.，2001；Sutton et al.，2002；Ebener et al.，2005；Sutton et al.，2007；Ghosh et al.，2009；Ghosh et al.，2010）。

研究表明，若想获取高精度的经济分布图，需对 GDP 的不同产业值分别估算。对于中国和非洲大多数国家，农业产值占本国经济总值相当大的比重，而农业分布在灯光较弱区甚至非灯光区，所以利用农村人口数据来估算农业产值成为一种尝试。同时也表明，人口与经济存在密不可分的关系。

3. 中国人文地理要素分区方法研究进展

目前，中国人文地理要素的分区方法主要集中在人口分区的研究。陈百明（2001）通过研究中国的土地分布，按中国土地类型将全国分为 12 个区。杨小唤等（2002）通过与人口空间分布紧密相关的要素设计算法计算各省及等县人口分布特征指数，确定各省人口特征指数重心和区划指数，使用垦殖指数、自然条件系数、交通线路密度、居民用地比例和经济发展水平作为人口分布的指标，据此构建三维特征空间，通过计算各省之间的空间距离，根据最小距离法则将全国分为 8 个人口空间分布特征区域。杨小唤等（2002）在人口空间分布区划的基础上，利用土地利用/覆盖数据，建立与统计人口数据的多元相关关系模型，计算各种土地利用类型中的人口系数，在 GIS 技术的支持下得到全国 1 km 格网的人口空间分布数据，然后结合 DEM 数据和居民点分布数据对空间化结果进行修正，并在各大区中随机抽样若干县采集乡镇行政边界和统计人口数据对模型计算结果进行验证。

Zeng 等（2011）使用夜间灯光数据的区域性来做人口的一级分区，先使用 K 均值聚类来计算大中城市的分类情况；再使用最短路径算法来对所有像元分区；使用 8 种人口相关的因子作为指标，依据土地利用类型及其比例作为变量，获得归一化后的综合指数与地理坐标信息一起作为二级人口分区聚类的参数。生成全国人口的二级分区，用于细化人口模型。

黄耀欢等（2007）在全国一级区划基础上，通过数理统计分析提取二级区划各影响因子，建立二级区划指标，进而利用空间分析技术进行人口空间化的二级分区。同时以农村居民地、城镇居民地和耕地数据建立人口空间化模型，在 GIS 的支持下实现山东省 2000 年人口统计数据空间化。

中国经济分区的研究较少，在刘红辉等（2005）的研究中，一级分区沿用我国"东、中、西三大地带"划分，二级分区以省为单位，根据人均 GDP 的变异系数（R），即样本与总体平均值的比值（相对差距），分为 6 级：超高 GDP 区（$R \geqslant 1.5$）；高 GDP 区（$1.25 < R < 1.5$）；上中等 GDP 区（$1.00 < R < 1.25$）；下中等 GDP 区（$0.75 < R < 1.00$）；低 GDP 区（$0.5 \leqslant R < 0.75$）；超低 GDP 区（$R < 0.5$）。

10.3　GDP 空间化模型

10.3.1　GDP 影响因子分析

1. 土地利用遥感数据类型与 GDP 的相关分析

经济发展和布局的影响因子众多，为更精确地估算 GDP 空间分布，将依据《国民经济行业分类》规定，将 GDP 划分为第一产业、第二产业、第三产业来建立空间分布模型，最后将分产业的空间分布图相加得到 GDP 的空间密度图。根据分产业和土地利用的类型意义及相关性分析，确定第一产业空间化模型、第二产业空间化模型、第三产业空间化模型分别与土地利用遥感数据类型的关系。

第一产业中农业、林业、畜牧业、渔业、副业的产值分别与土地利用类型中耕地、林地、草地、水域及城乡工矿居民地中的农村居民点相对应；第二产业是指采矿业、制造业、电力、燃气及水的生产和供应业、建筑业等，主要分布于城镇、农村居民点和工矿等建设用地，故选择城乡工矿居民地表示；第三产业是指除第一产业、第二产业以外的其他行业，其分布比较复杂，经过相关性分析和主成分分析累积贡献率的两级筛选，综合分析得出第三产业集中分布在城镇用地和农村居民点等人类聚集地，最终选取城乡工矿居民地二级地类作为第三产业空间化模型的变量。土地利用分类和分级详见表 10.2。

表 10.2　土地利用类型分类

一级类型		二级类型		分级方法	相关产业
编号	名称	编号	名称		
1	耕地	11	水田	11	
		12	旱地	12	
2	林地	21	有林地	21	
		22	灌木林	22	
		23	疏林地	N	
		24	其他林地	24	
3	草地	31	高覆盖草地	31	
		32	中覆盖草地	32	第一产业
		33	低覆盖草地	33	
4	水域	41	河渠	41	
		42	湖泊	42	
		43	水库坑塘	43	
		44	永久性冰川雪地	N	
		45	滩涂	N	
		46	滩地	N	
5	城乡、工矿、居民用地	51	城镇用地	51	第二产业第三产业
		52	农村居民点	52	第一产业第二产业第三产业
		53	其他建设用地	53	第二产业第三产业
6	未利用土地	—	—	N	

注：选用的土地利用类型的二级分类，表中省略了未利用土地的二级分类，默认该地类不具有经济产值。表中类别被标注为"N"表示未使用。

通过人工干预，剔除冰川、滩涂、滩地和未利用土地等不会产生 GDP 的土地类型。另外，人工剔除与 GDP 产值不相关或负相关的利用条件差的疏林地和低覆盖草地。将耕地、林地、草地、水域、城乡工矿居民地的二级地类，选为 GDP 空间化模型的变量。

不同区域之间的经济发展水平和土地利用类型存在差异，引入的土地利用类型变量也存在区域差异。第二产业和第三产业的相关土地类型变量均为城乡工矿居民地的二级地类，不同区域间引入这 3 种二级土地类型变量的差异性不明显；第一产业的相关土地类型变量种类较多，共 11 种，各区域相关的土地类型变量具有明显的差异性。对于二级分区的不同区域引入各自相关性较强的土地利用类型作为第一产业、第二产业和第三产业空间化模型的变量，从而避免了全国使用相同土地利用类型作为空间化模型变量的局限性。

2. 夜间灯光数据与 GDP 的相关分析

近年来，国内外学者先后利用夜间灯光数据构建了灯光面积、灯光强度、灯光、非灯光像元个数等多个指数。不同的灯光指数侧重于描述不同的灯光属性，如灯光面积描述了夜间灯光的空间延展特征，而灯光强度描述了夜间灯光的空间立体特征。

从夜间灯光数据的稳定灯光值部分可派生出两种数据：灯光强度数据和灯光面积数据（即灯光强度大于零的区域）。其中灯光强度数据即为稳定灯光强度，可直接获取。灯光面积数据需要通过夜间灯光数据的二值化处理，将灯光强度值大于零的区域定义为灯光面积数据。灯光强度的变化信息可反映城市及城郊的经济差异，灯光面积则可反映大范围区域的经济分布状况。

表 10.3 是研究区内 2375 个县级样本的夜间灯光数据与经济数据的相关关系，其中 GDP、GDP1、GDP2、GDP3 分别表示县级的 GDP、第一产业、第二产业、第三产业，I 表示县级的灯光强度，S 表示县级的灯光面积。从表 10.3 可以得出，3 年夜间灯光数据与经济数据的相关关系保持一致：灯光面积与第一产业相关性最好，Pearson 相关系数在 0.6 附近，与其他产业相关性均较差；灯光强度与第二产业相关性最好，3 年 Pearson 相关系数均大于 0.7，其次是 GDP、第三产业，相关性最差的是第一产业。由于第二产业和第三产业主要集中分布在城市中心、城郊和农村居民点等人口聚集和经济活动集中的地区，灯光强度的变化更能体现其差异性；而第一产业主要分布在广大的农村地区、草场、牧场等地，灯光信息有限，其与灯光面积的相关性也差强人意。依据灯光强度和灯光面积与分产业的相关关系，夜间灯光数据优化 GDP 空间化模型可有两种策略：一种可用灯光强度直接优化控制县级的 GDP 密度分布；另一种可以灯光面积优化控制第一产业密度分布，用灯光强度优化控制第二产业和第三产业密度分布。详细策略见表 10.4。

表 10.3　夜间灯光数据与经济数据相关关系

年份	Pearson 相关系数	GDP	GDP1	GDP2	GDP3
2005	I	0.759	0.482	0.784	0.671
	S	0.323	0.640	0.336	0.250
2008	I	0.713	0.434	0.748	0.63
	S	0.304	0.623	0.326	0.235
2009	I	0.679	0.429	0.731	0.592
	S	0.318	0.593	0.357	0.244

表 10.4　夜间灯光数据优化 GDP 空间化模型策略

	策略 1	策略 2		
夜间灯光数据	I	S	I	I
经济数据	GDP	GDP1	GDP2	GDP3

3. 其他变量与 GDP 的相关分析

城镇规模、地区中心和主要道路网等也会对 GDP 分布产生影响，但考虑到对于大范围的研究区如全国，这些变量很难获取。且这些变量一般呈线性特征或点状分布，很难估算其对所有像元的影响，需要使用相关的复杂的衰减模型，但如何决定距离衰减模型的相关权重仍有待研究。此外，这些变量与土地利用数据存在一定的关联，如城镇规模、主要的道路或者主要居民点等，因此这些变量与土地利用数据的信息具有较高的重复性。

实际上，参与建模的变量类型和数目越多，GDP 空间化的准确度并非随着增长。当变量数目很多时，会增大计算量并引起变量之间的混淆，从而最终可能降低模型的精度。类似的情况，诸如在使用已知光谱分析地表植被类型时，仅使用 4 种以下的光谱便能很好地区分地表植被，而大部分仅需要两种光谱，更多的光谱则会带来光谱混淆（Franke et al.，2009）。

综上所述，通过理论分析和相关性检验，本书选择基于遥感的土地利用类型数据与夜间灯光数据作为数据源来共同构建 GDP 空间化模型，表达 GDP 的空间分布。

10.3.2　GDP 空间化模型构建

基于土地利用遥感数据构建 GDP 空间化模型，具有较强的理论依据，而夜间灯光数据也被证明与经济具有较强的相关性。如何调整土地利用类型和夜间灯光数据两者对 GDP 的贡献和权重问题将成为本研究的重点。结合以往研究成果，经过实验分析和验证，拟选择以土地利用数据的 GDP 空间化模型为基础，引入夜间灯光数据来优化 GDP 空间化模型的方法，具体流程如图 10.2 所示。该方法主要分为两部分：①基于二级分区体系构建土地利用遥感数据的 GDP 空间化模型，生成分产业密度格网；②通过夜间灯光数据的优化控制参数对 GDP 空间化模型进行优化，用夜间灯光数据来优化相同土地利用类型上的 GDP 空间分布。

1. 第一产业空间化模型

基于土地利用数据建立 GDP 模型，具有较强的理论依据。第一产业空间化模型如下：

$$G1_j = GL1_j + GL2_j + GL3_j + GL4_j + GL5_j \tag{10.5}$$

$$GLk_j = \sum_{i=1}^{n}(A_i \times g_{ij} \times Lk_{ij}) \tag{10.6}$$

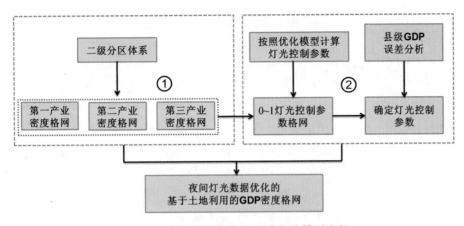

图 10.2　夜间灯光优化 GDP 空间化模型流程

式中，$G1_j$ 为第 j 个县的第一产业；$k=1\sim5$，当 $k=1$ 时，$n=2$，$GL1_j$ 表示"耕地"上的两种二级土地类型，即农业对第一产业的贡献值；当 $k=2$ 时，$n=3$，$GL2_j$ 表示"林地"上的三种二级土地类型，即林业对第一产业的贡献值；当 $k=3$ 时，$n=2$，$GL3_j$ 表示"草地"上的两种二级土地类型，即牧业对第一产业的贡献值；当 $k=4$ 时，$n=3$，$GL4_j$ 表示"水域"上的三种二级土地类型，即渔业对第一产业的贡献值；当 $k=5$ 时，$n=1$，$GL5_j$ 表示"农村居民点"上的一种二级土地类型，即副业对第一产业的贡献值；g_{ij} 为该县第 i 种土地利用类型内的平均第一产业；$L1_{ij}\sim L5_{ij}$ 分别为该县第 $1\sim5$ 类土地利用类型（耕地、林地、草地、水域、城乡工矿居民地）的第 i 二级类所占的面积。

图 10.3 为基于土地利用遥感数据进行第一产业空间化流程。具体空间化流程如下：

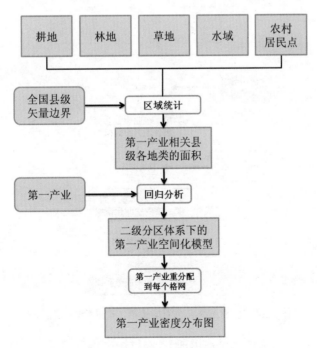

图 10.3　基于土地利用类型的第一产业空间化流程

（1）利用第一产业对应的"耕地""林地""草地""水域"的二级类型和"农村居民点"的栅格数据与全国县级矢量边界进 Zonal 区域统计，选取每个二级土地利用类型的面积之和，即 Sum 值。

（2）考虑到自然、经济和人文 3 个主要因素，遵循"无土地利用则无 GDP"的原则，土地利用类型模型不存在常数。基于县级各类土地类型的面积和第一产业进行回归分析建模，原则上各类土地类型的系数不能为负，由于自然条件和地理资源的差异，各地的第一产业主要贡献的产值类别也不尽相同。例如，内蒙古自治区的部分县的第一产业以牧业为主，因此希望尽可能多引入相关的草地地类构建模型，所以回归分析采用 SPSS 软件中的"Nonlinear Regression"的方法，限制各地类系数为非负，自定义线性回归模型，以获得二级分区体系下的第一产业空间化模型系数。

（3）将每个二级分区上的第一产业统计数据依据模型公式重分配到每个千米格网，得到第一产业密度格网图。

2. 第二产业空间化模型

基于土地利用遥感数据的第二产业空间化模型如下：

$$G2_j = \sum_{i=1}^{3} (A_i \times g_{ij} \times L5_{ij}) \tag{10.7}$$

式中，$G2_j$ 为第 j 个县的第二产业；$L5_{ij}$ 分别为该县第 5 类土地利用（城乡工矿居民地）的第 i 种二级土地类型的所占的面积；g_{ij} 为该县第 i 种土地利用类型内的平均第二产业。

图 10.4 为基于土地利用遥感数据进行第二产业空间化流程。具体空间化流程如下。

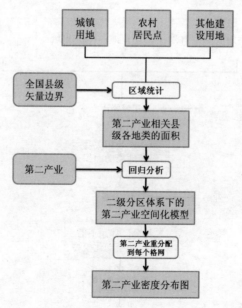

图 10.4　基于土地利用类型的第二产业空间化流程

（1）利用第二产业对应的"城镇用地""农村居民点""其他建设用地"的栅格数据与全国县级矢量边界进 Zonal 区域统计，得到 3 种土地利用类型的面积之和。

（2）基于县级 3 种土地类型的面积和第二产业进行回归分析构建模型，采用 SPSS 软件中的"Nonlinear Regression"的方法，限制各地类系数为非负，自定义线性回归模型，以获得二级分区体系下的第二产业空间化模型系数。

（3）将每个二级分区上的第二产业统计数据依据模型公式重分配到每个千米格网，得到第二产业密度格网图。

3. 第三产业空间化模型

基于土地利用遥感数据的第三产业空间化模型如下：

$$G3_j = \sum_{i=1}^{3} (A_i \times g_{ij} \times L5_{ij}) \tag{10.8}$$

式中，$G3_j$ 为第 j 个县的第三产业；$L5_{ij}$ 为该县第 5 类土地利用（城乡工矿居民地）的第 i 种二级土地类型的所占的面积；g_{ij} 为该县第 i 种土地利用类型内的平均第三产业。

图 10.5 为基于土地利用遥感数据进行第三产业空间化流程。具体空间化流程如下。

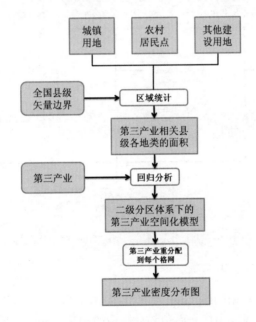

图 10.5 基于土地利用类型的第三产业空间化流程

（1）利用第三产业对应的"城镇用地""农村居民点""其他建设用地"的栅格数据与全国县级矢量边界进 Zonal 区域统计，得到 3 种土地利用类型的面积之和。

（2）基于县级 3 种土地类型的面积和第三产业进行回归分析构建模型，采用 SPSS 软件中的"Nonlinear Regression"的方法，限制各地类系数为非负，自定义线性回归模型，以获得二级分区体系下的第三产业空间化模型系数。

（3）将每个二级分区上的第三产业统计数据依据模型公式重分配到每个千米格网，得到第三产业密度格网图。

4. GDP 空间化模型

通过土地利用遥感监测数据构建分产业空间化模型，得到第一产业密度格网图、第二产业密度格网图、第三产业密度格网图。分产业密度格网应用栅格计算相加便可获得中国 GDP 密度格网图。在具有真实值的情况下，可以采用第一产业、第二产业、第三产业分别对第一产业空间化结果、第二产业空间化结果和第三产业空间化结果进行线性平差纠正，使县级预测值与真实值误差为零。具体平差模型如下：

$$\text{GDP}' = \text{GDP}_i \times (\text{GDP}^* / \text{GDP}_{\text{all}}) \tag{10.9}$$

式中，GDP' 为使用统计数据按县平差后某 i 格网第一产业（第二产业或者第三产业）密度；GDP_i 为预测某 i 格网的第一产业（第二产业或者第三产业）密度；GDP^* 为该县统计总的第一产业（第二产业或者第三产业）；GDP_{all} 为该县预测总的第一产业（第二产业或者第三产业）。图 10.6 为基于土地利用类型 GDP 空间化流程图。

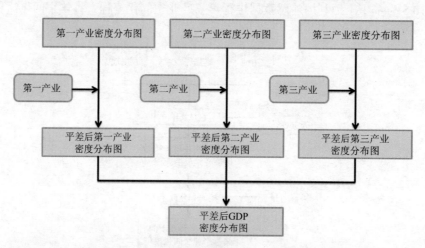

图 10.6 基于土地利用类型的 GDP 空间化流程

5. GDP 空间化模型优化

基于土地利用遥感数据构建 GDP 空间化模型的基础上，引入夜间灯光数据对其模型进行优化。按照灯光强度和灯光面积与分产业的相关性差异，具有两种灯光优化的策略。策略 1 是利用灯光强度对全国 GDP 密度格网进行优化。参考曾垂卿（2010）利用灯光修正的人口模型，建立的夜间灯光强度优化 GDP 空间化模型。

$$\text{GDP}_i = \overline{\text{GDP}_i} + (L_i - \overline{L}) \times \text{GDP}_L \times p \tag{10.10}$$

式中，GDP_i 为灯光优化后每个格网的 GDP；$\overline{\text{GDP}_i}$ 为基于土地利用数据的平差后某 i 格网上的 GDP；L_i 为某 i 格网上夜间灯光强度；$\overline{L} = \dfrac{1}{n}\sum_{i=1}^{n} L_i$ 为该县的平均灯光强度，n 为该县的格网数量；$\text{GDP}_L = \dfrac{\text{GDP}}{\sum_{1}^{n} L_i}$ 为灯光强度代表的 GDP，GDP 为该县估计的总的

GDP，p 为优化控制参数，介于 0～1。

策略 2 是利用灯光指数中灯光面积来对第一产业密度格网进行优化、利用灯光指数中灯光强度对第二产业密度格网和第三产业密度格网进行优化。策略 2 中灯光强度修正第二产业的模型依据式（10.10），灯光强度大于平均灯光强度的格网，其第二产业将增加，灯光强度小于平均灯光强度的格网，其第二产业将减少，灯光强度对有第二产业的格网起到一定的控制作用。但第二产业主要集中在城镇和农村居民区，然而我国广大的农业用地上灯光强度为 0，第二产业很小甚至为 0，即据式（10.10）优化后的第二产业将会出现大量的负值，而格网的第二产业最小为零。而策略 1 中夜间灯光数据优化的GDP 密度格网为分产业之和，对于中国有农业产值的地区就存在 value 值，对于较小的优化控制参数 p 来说，可以有效地避免策略 2 中的大量负值情况。因此，选择策略 1 根据夜间灯光强度对 GDP 密度分布进行优化控制。

以 2005 年和 2008 年的全国土地利用遥感监测数据，2005 年、2008 年、2009 年中国 GDP 和分产业统计数据，和 2005 年、2008 年、2009 年中国夜间灯光数据作为数据源，按照上述夜间灯光优化 GDP 空间化模型，进行 2005 年、2008 年、2009 年中国 GDP空间化，获得 3 年中国 GDP 密度分布图，进行 GDP 时空序列分析，探讨 GDP 分布和变化的原因。

6. GDP 空间化模型优化控制参数

利用夜间灯光数据优化 GDP 空间化模型中的有一个灯光优化控制参数 p，需要一定的试验来确定该控制参数的值。优化控制参数 p 用于确定土地利用类型与夜间灯光对于 GDP 的比重，该控制参数从 0 到 1 的增长是为了保证设计的完整性，而分 10 级是为了保证能够体现控制参数的变化规律同时减少计算量。对于夜间灯光优化 GDP 空间化模型式（10.11）分析如下：

$$GDP_i = \overline{GDP_i} + (L_i - \overline{L}) \times GDP_L \times p$$

$$\Rightarrow \sum_{i=1}^{n} GDP_i = \sum_{i=1}^{n} \left[\overline{GDP_l} + (L_i - \overline{L}) \times GDP_L \times p \right]$$

$$\Rightarrow \sum_{i=1}^{n} GDP_i = \sum_{i=1}^{n} \overline{GDP_l} + \sum_{i=1}^{n} (L_i - \overline{L}) \times GDP_L \times p$$

由于 $\overline{L} = \sum_{i=1}^{n} L_i / n$ 为常数，则：

$$\Rightarrow \sum_{i=1}^{n} (L_i - \overline{L}) = \sum_{i=1}^{n} L_i - \sum_{i=1}^{n} \overline{L} = \sum_{i=1}^{n} L_i - n \times \overline{L}$$

$$\Rightarrow \sum_{i=1}^{n} GDP_i = \sum_{i=1}^{n} \overline{GDP_i}$$

（10.11）

由式（10.11）可以看出，优化控制参数的变化不会调整该县的估计总 GDP，只对于该县某 i 格网的 GDP 进行控制。因此只有利用县级以下行政单元的经济统计数据与预测值做误差检验，才能够确定 p 参数的大小。

由于缺乏乡镇级的经济统计数据，利用式（10.10）模型无法进行 p 值的选择，故将式（10.10）模型中全国的县级模型改为八大经济区模型，$\overline{L}$ 表示该区域的平均灯光强度，n 为该区域内格网的数量；GDP 为该区域估计的总的 GDP，$GDP_L = \dfrac{GDP}{\sum_1^n L_i}$ 表示该区灯光强度代表的 GDP。改造后的模型对某 i 格网的 GDP 进行优化控制，灯光强度系数的变化不会调整该区域估计总 GDP，只要利用八大经济区以下行政单元的经济统计数据作为真实值，与预测值做误差检验，就能够确定 p 参数的大小。确定灯光优化控制参数 p 的流程如图 10.7 所示。具体步骤如下：

（1）统计八大经济区分产业的真实值（统计数据）和预测值（zonal 区域统计分产业密度格网），计算每个区域分产业的平差系数：分产业平差系数=真实值/预测值。

（2）zonal 区域统计每个区域的格网数量和总灯光强度，依据式（10.10）计算"全区平均灯光强度"和"灯光强度代表的 GDP"。

（3）将（1）中分产业平差系数转换为 raster，分别与基于土地利用的分产业值相乘得到区域平差后的分产业的密度格网：

平差后第一产业格网=第一产业格网×第一产业平差系数；

平差后第二产业格网=第二产业格网×第二产业平差系数；

平差后第三产业格网=第三产业格网×第三产业平差系数；

平差后的全国 GDP 格网=平差后第一产业格网+平差后第二产业格网+平差后第三产业格网。

（4）将"全区平均灯光强度"和"灯光强度代表的 GDP"转化为 raster，利用式（10.10）得到灯光优化控制参数 p 从 0～1 优化后的一系列全国 GDP 密度格网。

（5）利用全国县级行政边界 zonal 区域统计一系列全国 GDP 密度格网的县级 GDP 预测值。在 SPSS 中计算县级的预测值与真实值的误差平方，然后按八大经济区统计每个区域的县级误差平方和。选取误差均方差最小的一组参数 p 作为最优的优化控制参数。

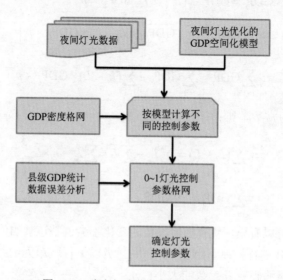

图 10.7　确定灯光优化控制参数流程图

7. GDP 空间化流程

以土地利用数据和夜间灯光数据为基础，统计各县的 11 种土地利用类型的面积、总灯光强度，统计八大经济区的各区域的总灯光强度；计算县级平均灯光强度和灯光代表的 GDP，计算区域平均灯光强度和灯光代表的 GDP。依据式（10.5）～式（10.8）计算土地利用遥感数据类型对应的分产业值，依据式（10.10）验证夜间灯光优化控制参数，依据式（10.9）进行分产业的线性平差纠正，计算灯光强度优化控制后的全国 GDP 空间化分布。GDP 空间化流程如下。

（1）统计各县的 11 种土地利用类型的面积，其中第一产业相关的类型包括 2 种耕地的二级类型、3 种林地的二级类型、2 种草地的二级类型、3 种水域的二级类型和农村居民点；第二产业相关的土地类型包括城镇用地、农村居民点、其他建设用地；第三产业与第二产业相关的土地类型相同，包括 3 种城乡工矿居民地。

（2）一级分区采用八大经济区划分，依据县级样本的第一产业比例、第二产业比例、第三产业比例和归一化的人均 GDP 作为聚类要素进行二级分区。

（3）按照二级分区，以县级为样本值，利用基于土地利用类型的第一产业空间化模型、第二产业空间化模型、第三产业空间化模型，利用 SPSS 数据处理软件计算每个二级分区的分产业空间化模型系数。

（4）依据土地利用的分产业空间化模型式（10.5）～式（10.8），计算分产业的格网密度，即使用下式计算得到：某像元的该土地类型的第一产业（第二产业或者第三产业）＝不同土地利用类型×相关土地利用类型的第一产业（第二产业或者第三产业）系数×某像元该土地利用类型的面积比例。

（5）利用分产业的统计数据得到分产业的线性平差系数，依据式（10.9）计算得到分产业的县级区域零误差的密度格网，平差后的第一产业密度格网、第二产业密度格网、第三产业密度格网相加得到平差后全国 GDP 密度格网。

（6）统计各县的总灯光强度和各区域的总灯光强度，计算县级的平均灯光强度和灯光强度代表的 GDP，计算各区域的平均灯光强度和灯光代表的 GDP。

（7）依据式（10.10）计算夜间灯光在最优的优化控制参数下的 GDP 空间化结果，即利用夜间灯光数据优化控制的基于土地利用遥感数据的全国 GDP 密度格网分布图。

10.4　GDP 空间化结果与验证

10.4.1　二级分区体系验证

以 2008 年土地利用数据和 2009 年的经济统计数据为数据源，以中国研究区内 2375 个县作为样本，一级分区采用中国四大板块和中国八大综合经济区两种策略，二级分区采用县级样本的第一产业比例（$G1W$）、第二产业比例（$G2W$）、第三产业比例（$G3W$）和归一化的人均 GDP（RJY_W）作为 K 均值方法的聚类要素，采用第 3.3.1 节土地利用类型对 2009 年分产业建模，通过考察分产业的二级分区样本数、聚类中心、模型拟合精度等各项指标，来选择最优一级分区策略。

1. 样本数和聚类中心

分区的目的是为了避免中国不同区域之间的经济差异性对模型带来的影响，每个区域内样本数越大，该区域内潜在的经济差异性便越大.理论上，通过分区分级，应保证每个二级区域内的样本个数（N）应远远大于变量的个数（x），即 $N>x$，从而模型系数才有意义，建模结果才具有可靠性。因此，分区的类别和样本数作为评价选择分区方案的指标之一。$G1W$、$G2W$、$G3W$、RJY_W 作为聚类要素，对每个一级分区进行应用数据处理软件 SPSS 进行简单 K 均值聚类获得二级分区结果。该快速聚类过程始终遵照所有样本空间的点与这几个类中心的距离取最小值原则，进行反复的迭代计算，最终将各个样本分配到各个类中心所在的类，迭代计算才停止。最终聚类中心代表该类别的主要经济特征，因此，聚类中心是聚类结果是否合理，类别特征差异是否明显的重要指标。

采用四大板块和八大经济区作为一级分区；一级分区为四大板块的 K 均值聚类数目默认为 5，其中第一类的经济产值以第一产业为主；第二类的经济产值以第二产业为主；第三类的经济产值以第三产业为主；第四类为人均 GDP 较高，其居民生活水平较高；第五类表示在该一级分区中的各项经济指标居中。由于采用八大经济区进行一级分区，其一级分区个数为 8 个，若 K 均值聚类数目为 5，其二级分区个数约为 40 个，不仅超过了研究区内省级行政区的个数（31 个），增加了分区的复杂度，而且大大增加了计算量，在实际分区中，上述默认的 5 类具有一定的重复性。例如，某区域内人均 GDP 较高的县是第三产业为主要经济产值的县，所以综合二级分区的总体个数及其区域代表的意义，该一级分区的默认聚类数为 3。聚类数的调整原则为当前聚类结果对于所有样本进行均匀聚类，如某一级分区包含 200 个县，某一类的样本个数为 1 或者 2，则应该重新调整分类数目。

2009 年分区分级的具体样本数见表 10.5 和表 10.6。从表 10.5 中可以看出，四大板块的西部地区包含 985 个样本，占全国样本数的 41%，其二级区域内样本数也较大，超过 200 个样本的区域达 3 个。而整个西部地区的 12 个内陆省级行政区面积辽阔，区域内样本的经济差异性很大，如经济产值同为第一产业为主的县，四川中江县是以水稻为重点的粮食生产核心区，而内蒙古自治区凉城县则主要靠牧业养殖场作为主要经济产值。因此，较大的区域范围内，同一类的样本县不一定具有相似的产业结构，且空间上不毗邻，经济上相互联系不密切，因此分产业建模时土地利用类型的相关性不尽相同，其分区方法从而影响模型精度和估算结果。从表 10.6 中可以看出，八大经济区的一级分区和二级分区的样本个数分配较为合理，区域规模较为适中。由于相同一级分区内的自然条件和资源结构相近，其同一类二级区域的样本县具有相似的产业结构，经济上联系较为密切，该分区的方法从样本数上较为合理。

表 10.5　2009 年四大板块的分区分级样本数（N）

一级分区	N	二级分区	N
东部地区	624	11	81
		12	12
		13	197
		14	106
		15	228

续表

一级分区	N	二级分区	N
西部地区	985	21	144
		22	345
		23	207
		24	252
		25	37
东北地区	185	31	48
		32	44
		33	48
		34	45
中部地区	581	41	81
		42	188
		43	136
		44	69
		45	107

表 10.6　2009 年八大经济区的分区分级样本数（N）

一级分区	N	二级分区	N
东北地区	185	11	72
		12	61
		13	52
北部沿海地区	289	21	128
		22	8
		23	153
东部沿海地区	152	31	27
		32	69
		33	56
南部沿海地区	183	41	17
		42	76
		43	90
黄河中游地区	417	51	17
		52	161
		53	239
长江中游地区	348	61	60
		62	169
		63	119
大西南地区	497	71	102
		72	179
		73	216
大西北地区	304	81	107
		82	129
		83	68

　　2009 年分区分级的最终聚类中心见图 10.8 和图 10.9。从整体看，两幅图的二级分区大部分聚类中心均具有较明显的类别特征；从细节看，四大板块一级分区中不同的类别具有相似的经济结构，而八大经济区一级分区的类别较少（均为 3 类），不同的类别间经济特征差异更为明显。图 10.8 中 13 区和 15 区的经济结构均以第二产业为主，第三产业为辅，41 区和 42 区、31 区和 33 区也存在相似的情况。东部地区人均 GDP 较高的区域主要依靠第三产业作为主要经济产值，而其他地区人均 GDP 较高的区域均与第二产业作为主要经济产值的地区保持一致。图 10.9 中每个一级分区中的 3 个二级类别均有各自明显的类别特征。北部沿海地区、东部沿海地区、南部沿海地区人均 GDP 较高的地区是第三产业为经济主导的地区，其他区域居民生活水平较高主要依靠第二产业作为经济主导。

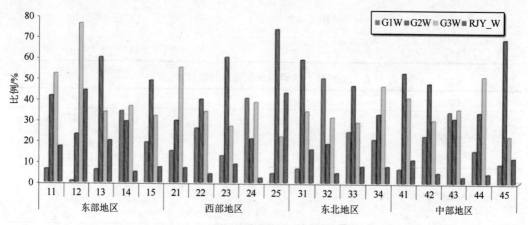

图 10.8　2009 年四大板块分区的聚类中心

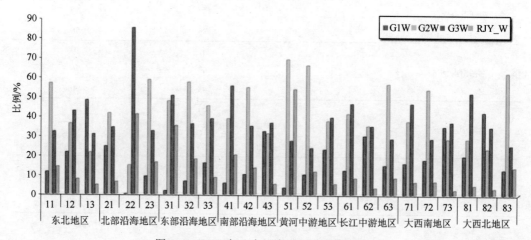

图 10.9　2009 年八大经济区分区的聚类中心

　　此外，表 10.5 和表 10.6 中存在二级分区样本数较少的情况，分别是八大经济区中北部沿海地区的 22 区（8 个样本县：北京市东城区、西城区、崇文区、宣武区、朝阳区、丰台区、海淀区、石家庄市市辖区）和四大板块中东部地区的 12 区（12 个样本县：北京市东城区、西城区、崇文区、宣武区、朝阳区、丰台区、海淀区、顺义区、上海市市辖区、广州市市辖区、广州市番禺区）。由于分产业建模的土地利用类型共有 13 类，其中第一产业的农业、林业、牧业、渔业、副业相关的土地类型为 11 类，第二产业和第三产业相关的土地类型均为 3 类。第一产业的模型要素个数与样本数相当，不足以计算其模型要素系数。从图 10.8 和图 10.9 中可以看出，四大板块的 12 区和八大经济区的 22 区均为该一级分区中人均 GDP 最高的区域，经济产值以第三产业为主，第一产业比例非常小，不足经济总产值的 1%。实际这两个区域中样本县的第一产业均接近于零，除了少许蔬菜种植业和果林，几乎没有其他相关的第一产业土地利用类型，引入模型的变量只有农业、林业少数土地类型，因此对建模影响不大。

2. 模型拟合精度

图 10.10 和图 10.11 分别是四大板块和八大经济区作为一级分区的分产业模型拟合精度（R^2），图中 G1_R^2 代表该二级区域内第一产业与相关土地利用类型的建模精度，G2_R^2 代表第二产业与相关土地利用类型的建模精度，G3_R^2 代表第三产业与相关土地利用类型的建模精度。比较两幅图可以看出，四大板块的西部地区的第二产业和第三产业模型精度较低，主要原因是该一级区内二级区域的样本数较多，样本空间幅度较大，同一类别中经济结构有所差异，故影响其模型精度；采用八大综合经济区作为一级分区的方法建模的精度较高，且分产业的模型精度相对平稳，波动不大，稳定性较强。

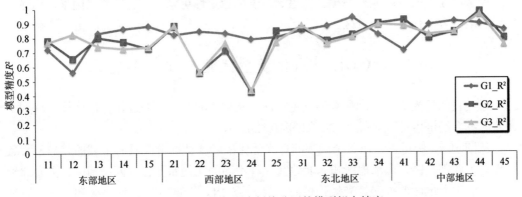

图 10.10 2009 年四大板块分区的模型拟合精度

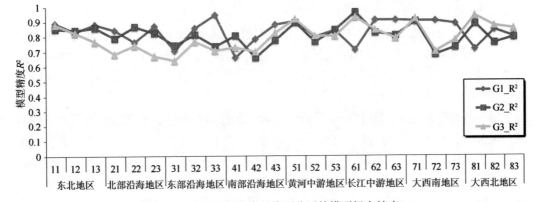

图 10.11 2009 年八大经济区分区的模型拟合精度

表 10.7 为两种分区方法的分产业模型拟合精度的评价结果，评价指标是均值和方差，均值反映二级区域的总体精度的优劣，方差反映二级区域的精度波动水平。从表 10.7 中可以得出，两种分区的分产业模型总体精度的都较高，精度均值分布在 0.8 左右，八大经济区的分产业模型总体精度相对于四大板块分别提高了 1.2%、3.6%、2.1%；八大经济区的分产业模型拟合精度的方差明显小于四大板块策略的方差，说明其分产业建模的精度波动性更小，模型拟合精度更稳定，且稳定在比四大板块策略的精度更高的水平。

表 10.7　模型拟合精度评价指标

分产业	均值		方差	
	四大区域	八大经济区	四大区域	八大经济区
第一产业	0.824	0.834	0.0075	0.0061
第二产业	0.780	0.808	0.0167	0.0052
第三产业	0.778	0.794	0.0145	0.0078

通过上述对两种分区方法的综合比较，在区域部署和整体战略上四大板块和八大经济区均具有较强的区域划分理论依据；从区块规模的适度性和经济社会结构的相仿性来看，八大经济区划分效果更好；从二级分区聚类所得样本数的合理性和聚类中心的差异度来看，八大经济区比四大板块的分区方法略显优势；从分产业模型的拟合精度来看，八大经济区建立的分产业模型拟合度更高，模型稳定性更强。综合考察诸因素，选择八大经济区的方法作为一级分区。

10.4.2　GDP 空间化模型优化控制参数验证

通过夜间灯光优化控制参数的确定方法，利用 2009 年数据进行分析计算，得到全国八大综合经济区的优化控制参数如图 10.12 所示。

从图 10.12 中可以看出，全国夜间灯光优化控制参数的分配具有地域的差异，大致可以分为西部地区、东部地区和东北地区 3 种不同的比例系数：大西南地区、大西北地区、黄河中游地区的夜间灯光优化控制参数 p 为 0.1，东部 3 个沿海地区和长江中游地区的灯光优化控制参数 p 为 0，东北地区的灯光优化控制参数 p 为 0.3。导致这种差异主要有以下原因。

（1）夜间灯光数据本身的特征。长江中游地区、东部沿海地区、北部沿海地区相对阴雨天气较多，夜间灯光探测的地表灯光辐射相对较少；而东北地区、大西北地区和黄河中游地区天气晴朗，夜间的社会经济活动能够更好地被夜间灯光探测和表达，从而灯光比例控制参数存在差异。

（2）各地区的经济产值和产业结构的差异。北部沿海地区、东部沿海地区、南部沿海地区分别包括了环渤海地区、长江三角洲地区、珠江三角洲地区，是我国经济发展最快的 3 大经济圈，其产业结构相似，均具有较低的第一产业比例和较高的第三产业比例，与全国平均状况相比具有整体上的产业结构的先进性，其经济相对集中在城市及城郊地区，而这些地区夜间灯光普遍存在像元饱和，灯光溢出的现象；大西南地区、大西北地

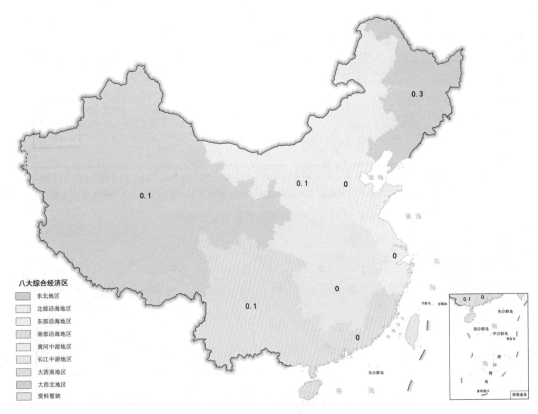

图 10.12　全国夜间灯光优化控制参数分配图

区、黄河中游地区的相对恶劣的自然条件加上地广人稀，经济发展的限制因素较多，致使其市场狭小、经济产值较为分散，夜间灯光较少存在灯光溢出的现象，城市和经济分布相对分散使夜间灯光的引入具有合理性；东北地区正面临着资源枯竭、产业结构调整的问题，相对于土地利用类型的变化，其土地类型上经济产业结构和产值的变化更大，故存在较多相同土地利用类型上的经济产值差异较大的情况，因此需要引入更多的夜间灯光数据来优化控制其相同土地利用类型上的 GDP 空间分布。

综合灯光优化控制参数的验证结果和产生差异的原因，采用如图 10.12 所示的夜间灯光优化控制参数，作为夜间灯光优化 GDP 空间化模型的控制参数。

10.4.3　模型拟合精度和 GDP 空间化结果

1. 模型拟合精度

依据相关指标生成二级分区后，针对不同的分区分别建立第一产业空间化模型、第二产业空间化模型、第三产业空间化模型，获得分产业密度分布格网，然后在获得灯光优化控制参数的基础上，根据式（10.10）计算全国 GDP 密度分布格网，从而获得全国 GDP 空间化结果。利用土地利用遥感数据类型的分产业空间化模型对 2009 年、2008 年、2005 年第一产业、第二产业和第三产业分别进行空间化，其 3 年的分产业拟合精度 R^2 见图 10.11、图 10.13、图 10.14。

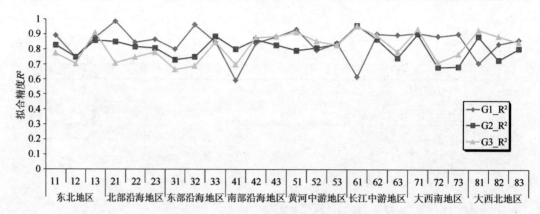

图 10.13　2008 年分产业模型拟合精度

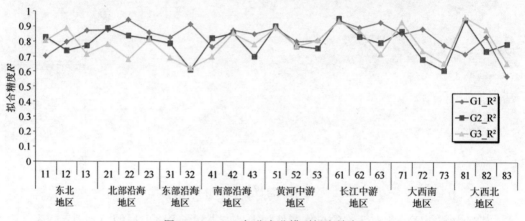

图 10.14　2005 年分产业模型拟合精度

从图 10.11、图 10.13、图 10.14 可以看出，2009 年第一产业模型精度仅有 1 个区低于 0.7，第二产业模型精度有 1 个区低于 0.7，第三产业模型精度仅有 4 个区低于 0.7；2008 年第一产业模型精度仅有 2 个区低于 0.7，第二产业模型精度有 2 个区低于 0.7，第三产业模型精度仅有 3 个区低于 0.7；2005 年第一产业模型精度仅有 1 个区低于 0.7，第二产业模型精度有 3 个区低于 0.7，第三产业模型精度仅有 4 个区低于 0.7，其余 3 年分产业的模型精度均大于 0.7。因此，认为该方法 3 年模型各区拟合效果较为理想，精度比较稳定。

表 10.8 为分产业模型精度的均值，表中 2005 年的第三产业模型精度具有最小的精度均值，为 0.79，3 年的精度均值均在 0.8 附近，因此，认为该方法 3 年模型均有较高的精度。

表 10.8　分产业模型拟合精度均值

分产业	2005 年	2008 年	2009 年
第一产业	0.832	0.842	0.834
第二产业	0.794	0.810	0.808
第三产业	0.790	0.817	0.795

2. 中国 GDP 空间化结果

　　结合土地利用类型和夜间灯光数据,以 2009 年为例得到全国第一产业密度分布图、全国第二产业密度分布图、全国第三产业密度分布图和全国 GDP 密度分布图分别如图 10.15～图 10.18 所示。其中,分产业的密度分布图是完全基于土地利用类型建模得到,全国 GDP 密度图是夜间灯光优化控制 GDP 空间化模型所得结果。

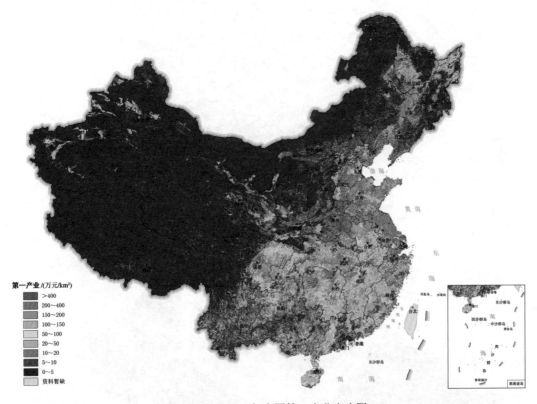

图 10.15　2009 年中国第一产业密度图

　　从图 10.15～图 10.18 中可以看出,相比于统计的经济数据,公里格网能够体现更详细的经济分布细节。

　　我国大部分地区位于中纬度地带,光热条件优越,农耕历史悠久,经验丰富,作物种类繁多,我国第一产业主要以耕地农业、山地农业、草地农业、牧场农业和庭院农业组成(路紫,2010)。从图 10.15 可以看出,我国第一产业分布呈片状之势,主要分布在东北部分地区、东部沿海区、中原地区、西南山地区和长江中下游地区。各地区的第一产业生产优势的差异性比较明显,湘、赣、苏、浙、皖等地是稻谷生产优势地区;豫、鲁、冀、内蒙古等是小麦生产优势地区;我国水果的优势区域主要有渤海湾苹果带、西北黄土高原苹果带、江西南部湖南南部柑橘带和长江中上游柑橘带;畜牧业等草地农业则主要分布在我国西北部和内蒙古的东北部。

　　从图 10.16 可以看出,我国工业产业的分布具有明显的区域集聚和地方集群的特征。产业最高的地区主要有长江三角洲地区,该地区制造业 GDP 占全国制造业 GDP 的 30%,

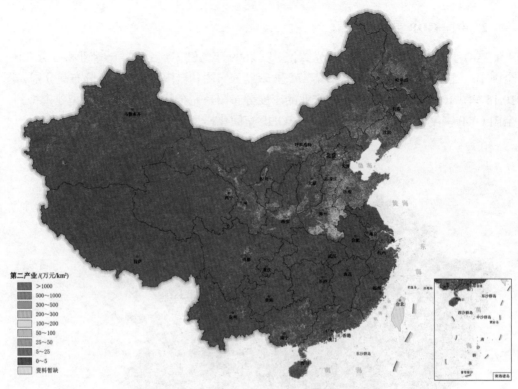

图 10.16　2009 年中国第二产业密度图

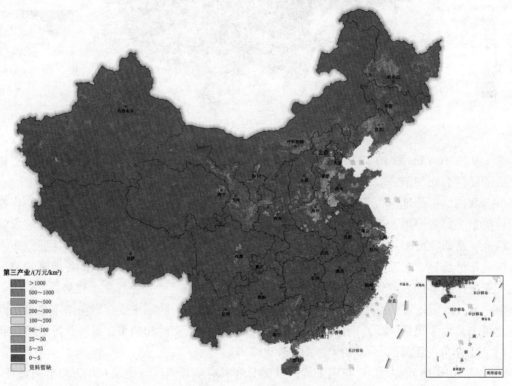

图 10.17　2009 年中国第三产业密度图

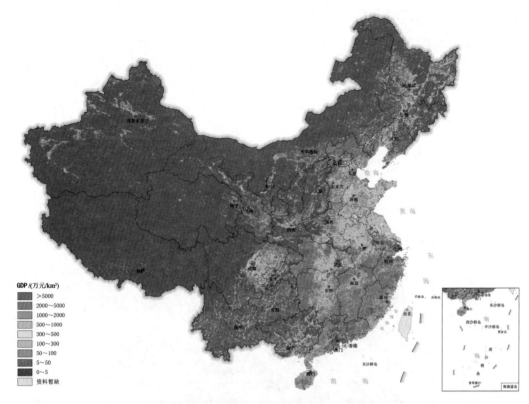

图 10.18 2009 年中国 GDP 密度图

其区域集聚特征非常明显；其次是东部沿海地区，该地区大多数省份的工业 GDP 份额较高，尤其是河北、山东加上中原地区的河南，其中心城市地区出现了都市型产业集群；整个东北地区也具有较强的产业集聚程度，但随着其工业地位的明显下降，集聚程度将逐渐减弱；南方部分地区的工业产值仍处于以大城市为中心地区的多点散布状况。

从图 10.17 可以看出，我国第三产业的分布具有很强的空间差异性。密度较高的地区主要分布在长江三角洲、珠江三角洲、环渤海地区等地。而河北、山东、湖北、湖南等地随其旅游市场的开发服务业产值不断增加。区域间差异性的原因主要是各地区第三产业的起步时间和基础不同，各地区的城市化进程和市场化程度也影响其第三产业的经济发展水平。

图 10.18 反映中国 2009 年经济活动空间分布状况：我国广大的西北部 GDP 密度基本上小于 50 万元/km^2，GDP 密度大于 300 万元/km^2 的区域几乎均分布在东北地区、环渤海地区、中原地区、长三角地区、东南沿海地区、珠三角地区、成渝地区等，这些地区具有一定的区位、资源、产业优势，是我国经济发展较快地区，已达到较高的城市化水平，呈现集中连片的态势，逐步形成了城市发展相对集中的城市群或都市圈。

10.5 GDP 增长强度空间化评价方法

根据 GDP 增长强度概念及其计算方法 [式 (10.4)，表 10.1]，基于 GDP 统计数据，研究 GDP 增长强度空间化评价技术。

　　以京津冀地区为例，基于 GDP 统计数据，计算 GDP 增长强度；按照表 10.1 对结果进行分级取权重赋值，得到基于行政单元的 GDP 增长强度结果。在 GIS 空间分析方法下，进行矢量栅格转换，对 GDP 增长强度结果进行空间化处理，得到京津冀地区 GDP 增长强度评价结果（图 10.19）。从评价结果可知，区域 GDP 增长强度空间分异性较大，北京市顺义区、大兴区、天津市武清区、宁河县等是 GDP 增长强度最高的区域；石家庄、保定等城市市辖区也是 GDP 增长强度较高的区域；区域内除城市市辖区；西北山地、草原等限制开发、禁止开发区域 GDP 增长强度一般较低。

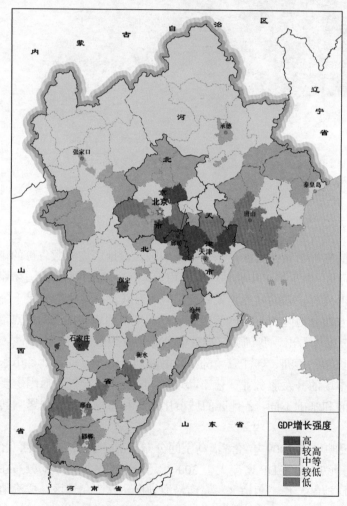

图 10.19　京津冀地区 GDP 增长强度评价结果

10.6　开发密度定量评价技术

　　开发密度是开发强度在栅格单元上的体现，开发强度是以行政单元为计算单位得到的指标，是指一个区域建设空间占该区域总面积的比例。其中，建设空间包括城镇建设、独立工矿、农村居民点、交通、水利设施以及其他建设用地等空间。在 GDP 密度监测评价基础上，利用夜间灯光数据等，通过整合、分析，开展了开发密度遥感模型研究。开发密度监测评价结果如图 10.20 所示。

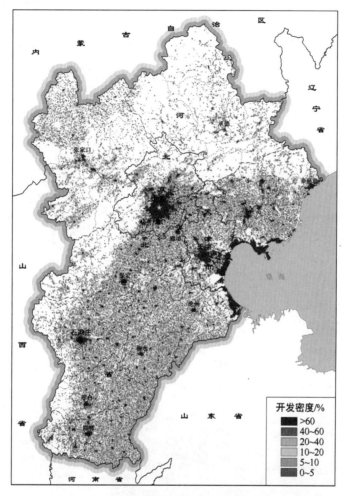

图 10.20　京津冀地区开发密度遥感评价结果

　　从评价结果可知，区域开发密度整体较高，同时空间分异性较大，开发密度高的区域主要为北京、天津两个区域核心城市；石家庄、保定、邢台、邯郸、秦皇岛等区域节点城市也是开发密度较高的区域；除此之外，区域西北部张家口、承德等大部分地区开发密度相对较低，主要表现为以生态涵养区为主体功能的限制开发区域。

10.7　经济发展水平监测评价结果

　　全国经济发展水平如图 10.21 所示。为了分析国家主体功能区经济发展水平功能指标的状况，对经济发展水平土地面积百分比（图 10.22）及其在县级单元层次上的数量做了统计（图 10.23），并统计了各省、自治区、直辖市内经济发展水平在县级单元层次上的数量及其百分比（图 10.24、图 10.25）。

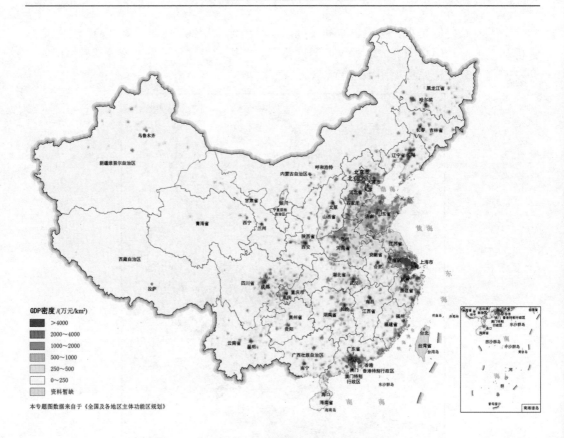

图 10.21　全国经济发展水平

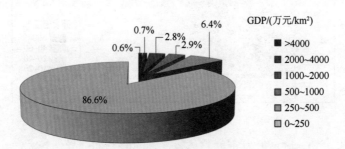

图 10.22　全国经济发展水平土地面积百分比统计

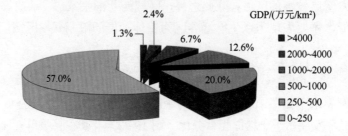

图 10.23　全国经济发展水平单元数量百分比统计（按县级行政单元）

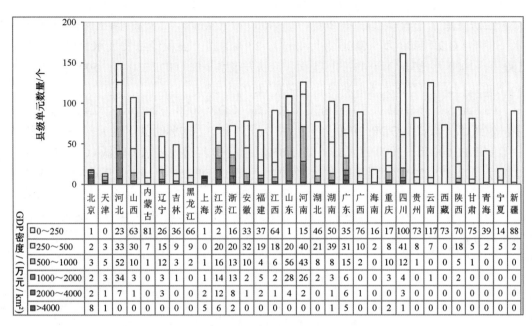

GDP密度/(万元/km²)	北京	天津	河北	山西	内蒙古	辽宁	吉林	黑龙江	上海	江苏	浙江	安徽	福建	江西	山东	河南	湖北	湖南	广东	广西	海南	重庆	四川	贵州	云南	西藏	陕西	甘肃	青海	宁夏	新疆
0~250	1	0	23	63	81	26	36	66	1	2	16	33	37	64	1	15	46	50	35	76	16	17	100	73	117	73	70	75	39	14	88
250~500	2	3	33	30	7	15	9	9	0	20	20	32	19	18	20	40	21	39	31	10	2	8	41	8	7	0	18	5	2	5	2
500~1000	3	5	52	10	1	12	3	2	1	16	13	10	4	6	56	43	8	8	15	2	0	10	12	1	0	0	5	1	0	0	0
1000~2000	2	3	34	3	0	3	1	0	1	14	13	2	5	2	28	26	2	3	6	0	0	3	4	0	1	0	2	0	0	0	0
2000~4000	2	1	7	1	0	3	0	0	2	12	8	1	2	1	4	2	0	1	6	1	0	0	3	0	0	0	0	0	0	0	0
>4000	8	1	0	0	0	0	0	0	5	6	2	0	0	0	0	0	0	1	5	0	0	2	1	0	0	0	0	0	0	0	0

图 10.24　各省份经济发展水平分类（按县级行政单元）

香港、澳门、台湾资料暂缺

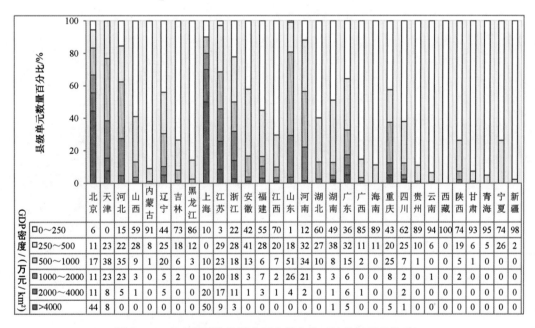

GDP密度/(万元/km²)	北京	天津	河北	山西	内蒙古	辽宁	吉林	黑龙江	上海	江苏	浙江	安徽	福建	江西	山东	河南	湖北	湖南	广东	广西	海南	重庆	四川	贵州	云南	西藏	陕西	甘肃	青海	宁夏	新疆
0~250	6	0	15	59	91	44	73	86	10	3	22	42	55	70	1	12	60	49	36	85	89	43	62	89	94	100	74	93	95	74	98
250~500	11	23	22	28	8	25	18	12	0	29	28	41	28	20	18	32	27	38	32	11	11	20	25	10	6	0	19	6	5	26	2
500~1000	17	38	35	9	1	20	6	3	10	23	18	13	6	7	51	34	10	8	15	2	0	25	7	1	0	0	5	1	0	0	0
1000~2000	11	23	23	3	0	5	2	0	3	20	18	3	7	2	26	21	3	3	6	0	0	8	2	0	1	0	2	0	0	0	0
2000~4000	11	8	5	0	0	5	0	0	20	17	11	1	3	1	4	2	0	1	6	1	0	2	1	0	0	0	0	0	0	0	0
>4000	44	8	0	0	0	0	0	0	50	9	3	0	0	0	0	0	0	1	5	0	0	5	1	0	0	0	0	0	0	0	0

图 10.25　各省份经济发展水平分类占比（按县级行政单元）

香港、澳门、台湾资料暂缺

综合图 10.21~图 10.25 可以得出以下几点。

（1）全国经济发展水平空间分异性大，东部地区经济发展水平高，特别是各中心城市经济发展水平最高，西部地区经济发展水平较低。

（2）全国 0.6%的国土面积经济发展水平高（GDP>4000 万元/km²），0.7%的国土面积经济发展水平较高（GDP 2000 万～4000 万元/km²），2.8%的国土面积经济发展水平中等（GDP 1000 万～2000 万元/km²），2.9%的国土面积经济发展水平较低（GDP 500 万～1000 万元/km²），6.4%的国土面积经济发展水平低（GDP 250 万～500 万元/km²），86.6%的国土面积经济发展水平很低（GDP<250 万元/km²）。

（3）全国 1.3%的县（区）经济发展水平高（GDP>4000 万元/km²），2.4%的县（区）经济发展水平较高（GDP 2000 万～4000 万元/km²），6.7%的县（区）经济发展水平中等（GDP 1000 万～2000 万元/km²），12.6%的县（区）经济发展水平较低（GDP 500 万～1000 万元/km²），20.0%的县（区）经济发展水平低（GDP 250 万～500 万元/km²），57.0%的县（区）经济发展水平很低（GDP<250 万元/km²）。

（4）各省（自治区、直辖市）中，北京、天津、上海、江苏、浙江等地区经济发展水平较高；西藏、新疆、青海、甘肃、宁夏等地区经济发展水平较低。

第11章 交通优势度遥感监测与评价

11.1 交通优势度概述

11.1.1 概念及研究进展

交通优势度是指一个地区现有的通达水平，由公路网密度、交通干线的拥有性或空间影响范围和与中心城市的交通距离3个指标构成。设置交通优势度指标的主要目的是为了评估一个地区现有的通达水平。交通优势度3个指标的具体含义如下。

（1）公路网密度。即交通网络密度，指一个地区公路通车里程数与土地面积的比值。

（2）交通干线的拥有性或空间影响范围。即交通干线影响度，依据交通干线的技术—经济特征，按照专家智能的理念，采用分类赋值的方法，计算各县不同交通干线的技术等级赋值，并进行加权汇总。

（3）与中心城市的交通距离。即区位优势度，指由各县与中心城市间的交通距离所反映的区位条件和优劣程度，根据各县与中心城市的交通距离远近进行分级，并依此进行权重赋值。

一个区域的交通优势表现在"质"、"量"和"势"3方面，其中"量"指交通设施的规模，"质"指交通设施的技术与能力特征，"势"指个体在整体中具有的某种优势状态，实际应用中，则分别表现可由交通网络密度、交通干线影响度、区位优势度来表达（金凤君等，2008）。

主体功能区划中交通优势度是交通网络密度、交通干线影响度、区位优势度3个因素的综合。基于《省级主体功能区域划分技术规程（试用）》中的算法，一些学者初步尝试了区域交通优势度的计算和分析，如孙威和张有坤（2010）基于山西省107个县（市、区）级行政单元的单项指标和集成性指标的评价，分析了山西省交通优势度的空间分布特征和成因。张新等（2011）以河北省147个县域为基本评价单元，应用层次分析法确定了交通网络密度、交通干线影响度、区位优势度3个因子的权重，对全省各县级行政区的交通优势度状况进行了计算和分析。吴威等（2011）通过公路网络密度、综合交通可达性以及关键节点联系便捷性3要素的综合集成，探讨了长江三角洲地区交通优势度的空间格局。周宁等（2012）针对区域特点修正后的交通优势度评价模型，以黄淮海平原地区311个评价单元为例，研究了该区域路网密度、交通设施邻近度、区位优势度和交通优势度空间布局。

11.1.2　监测评价方法

1. 方法

交通优势度监测评价方法如下：

$$\text{交通优势度=交通网络密度+交通干线影响度+区位优势度} \tag{11.1}$$

$$\text{交通网络密度=公路通车里程/县域面积} \tag{11.2}$$

$$\text{交通干线影响度=}\sum\text{交通干线技术水平} \tag{11.3}$$

$$\text{区位优势度=距中心城市的交通距离} \tag{11.4}$$

2. 技术流程

交通优势度遥感监测与评价技术流程如图 11.1 所示，具体如下所述。

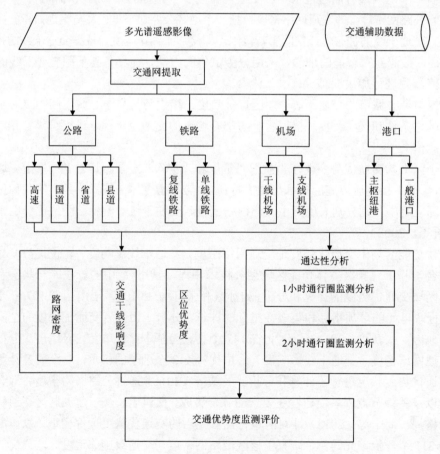

图 11.1　交通优势度遥感监测与评价技术路线

（1）计算交通优势度需要的数据包括：区域公路、国道、省道、县道分布图，主要交通设施的分布和等级，各县域评价单元的土地面积数据，以及县域单元与中心城市交通的最短距离，县级行政区划数据、省会地级市及县级居民地数据等。

（2）计算交通网络密度。交通网络密度以公路网为评价主体，其网络密度计算为各县公路通车里程与各县土地面积的绝对比值。

（3）计算交通干线影响度。交通干线影响度要依据交通干线的技术—经济特征，按照专家智能的理念，采用分类赋值的方法，计算各县不同交通干线的技术等级赋值，并进行加权汇总。

（4）计算区位优势度。区位优势度主要指由各县与中心城市间的交通距离所反映的区位条件和优劣程度，其计算要根据各县与中心城市的交通距离远近进行分级，并依此进行权重赋值。

（5）计算交通优势度。根据式（11.1），对交通网络密度、交通干线影响度和区位优势度 3 个要素指标进行无量纲处理，数据阈值范围归一化后介于 0~1，并对交通网络密度、交通干线影响度和区位优势度 3 个要素加权求和，计算区域县域单元的交通优势度。

11.2　道路信息遥感提取

11.2.1　道路及其影像特征

道路作为城市的骨架无疑是最为重要的地物之一。道路信息在军事、测绘、交通、导航等诸多领域获得了广泛的应用。随着城市建设的快速发展，必须定期更新过时的道路信息，以保证其实时性和有效性。日新月异的 RS 和 GIS 技术为我们提供了强有力的支撑。现实中的道路通常有多种类型，不同类型的道路其特征往往天差地别，这使得对道路的提取难以形成一种普适的方法。实际应用中，需要依据道路的类别选择对应的提取思路。因此，根据道路的影像特征对其进行适当分类，是提取方法研究中的必要环节。相较于中低分辨率影像，高分影像中的道路成像更加清晰，道路上的分道线、交通管理线、车道线等都得以清晰呈现。中原经济区高分影像中的道路大致可概括为 3 类：①城市主干道。城市主干道呈现具有一定宽度的长条带状，路面上通常会有许多对相互平行的直线，如分道线、交通管理线、车道线等，使得路面灰度分布不均，但也同时提供了重要的上下文信息。②一般道路。主要指乡村道路和城市中的小街道，在高分影像中呈细长的线或条带，一般认为这种道路路面灰度分布比较均匀。③山间道路。主要是指修建于山脊上的公路，其走向随山脊的延伸蜿蜒崎岖、变化无常。路面灰度不均，受植被干扰严重。被认为是道路提取中最具挑战性的部分。

1. 道路的物理特征

道路提取的方法和影像特征密切相关，而道路的影像特征源自其自身的物理特征。道路的物理特征可以归纳如下。

（1）道路由水泥或者沥青铺设，其表面坚固平坦。

（2）道路的宽度满足一定要求，一般不随距离发生较大变化，高等级的公路更加宽阔。

（3）道路的弯曲程度符合一定要求，高等级的道路更加平直。

（4）道路的交叉处通常呈十字形、T 形或其他不规则形状。

（5）道路将城市、区域、建筑物、设施等连接起来，道路的等级和其连接区域的重要性有关，较窄的道路通常汇聚到较宽的道路。

（6）城市的道路分布密度和路网复杂程度远大于农村。

2. 道路的影像特征

道路的物理特征经传感器成像后，形成了道路的影像特征，可按照不同层次将之归纳为以下四 4 类。

（1）形态特征。道路具有一定的宽度和长度，其形状为一个长而窄的矩形或条带形。道路的方向通常不会突然变化，而是呈缓慢的坡度变化。

（2）光谱特征。道路区域内部灰度较为均匀，梯度较小，但与相邻区域灰度有一定差异。受道路两侧树木、房屋及汽车等地物遮挡的影响，道路在影像上经常呈现断裂的情况。

（3）纹理特征。在高分辨率遥感影像中，纹理特征尤其丰富。不同的地貌类型由于具有不同的形状和高低起伏形态，从而呈现不同的粗糙度和不同方向的纹理；当目标的光谱特征比较接近时，纹理特征对于区分目标会起到积极作用。

（4）拓扑特征。道路不会独立存在，道路之间通常相互连接成网络。每一道路段的两端只有两种情况，一种是与另一道路段相交，另一种是延伸到影像的边界外。

（5）上下文特征。居民区中的道路一般毗邻房屋、绿化带、广场、通道等。从高分影像中提取道路时，道路上的车辆、道路标示线以及道路两旁的行道树往往是重要的上下文信息。不同的影像特征在道路提取中起到的作用亦不相同。光谱特征与路面像素的灰度或色彩紧密相关，形态特征则源于道路的形状和方向，两者相对直观且易于计算，是主要发掘和借助的对象。拓扑特征和上下文特征较为抽象，应用难度大，但如能恰当使用往往可以起到事半功倍的效果。好的道路提取方法通常都是综合利用了多种特征而不是单纯依靠其中某一种。由于阴影及噪声等因素的影响，遥感影像中的许多道路并不具备上述的全部特征，这正是道路提取非常困难的最根本的原因。

11.2.2　面向对象的道路提取方法

研究技术流程如图 11.2 所示，选取郑州市作为实验区，采用 2014 年 5 月获取的 GF1 号影像。该影像包括 4 个多光谱波段和 1 个全色波段，其中蓝、绿、红及近红外波段影像的空间分辨率均为 8 m，全色波段影像的空间分辨率为 2 m。具体流程如下。

（1）首先，通过几何精校正、影像融合和标准化拉伸等一系列预处理，突出道路的空间特征，增强道路与背景的对比度，锐化道路边缘。

（2）接着，在 eCognition 支持下，进行道路对象的多尺度分割实验，对比不同因子参数下分割的完整性。

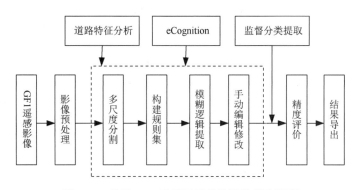

图 11.2　基于 GF1 号卫星影像的道路提取流程

（3）然后，根据道路特征及最优分割尺度下的道路对象信息，构建规则集并提取道路。

（4）最后，对提取结果进行精度评价并与监督分类法的评价结果进行比较。

1. 多尺度分割

面向对象的道路提取关键是影像分割。现有的绝大部分分割方法均是以影像中的灰度为基础实施的，但若只以灰度值为基准进行分割会导致影像边界的破碎。因此，在分割时有必要加入形状因子。再者，选用哪种分割方法直接影响到提取道路的效率和最终的提取精度。影像的分割有两个基本策略：①自上而下的策略即切割较大的影像为更小的组成单元；②自下而上的策略即合并较小的对象生成大的对象。eCognition 8.7 中提供了 3 种较为常用的分割算法：棋盘分割、四叉树分割和多尺度分割，前两种属于自上而下的分割，后者属于自下而上的分割。表 11.1 对上述 3 种分割算法进行了比较。最终，本书决定采用多尺度分割算法。

表 11.1　影像分割方法比较

分割方法	棋盘分割	四叉树分割	多尺度分割
概况	最简单的分割算法，它将整景影像或感兴趣的区域分割为相同尺度的小正方形	将整景影像分割成不同尺寸的正方形，通过在尺度参数里定义每个正方形的色差进行分割计算	基于相关同质参数连续地合并像素或已有的影像对象，可以减少异质度，扩大对象同质度
分割效果	相同尺度的正方形	不同尺度的正方形	基于同质度的不规则形状
特点	只生成简单的正方形对象，优势在于细化影像但会将同质度相同的对象分割成若干对象	优势在于可以通过在尺度参数里定义每个正方形色差成不同尺度大小的正方形，但分割可能使非正方形对象破碎	可通过尺度参数来修改分割计算，设置不同的参数将得到不同大小的对象，易获得较好的提取形状，但占用较多的处理器和内存并降低了速度
主要应用	细分影像和影像对象	优化小的影像对象，提取具有同质度且规则的对象	提取描述相关的特征（具有光谱信息特征和同质形状特征）

多尺度分割法通过对光谱紧凑度、光滑度及灰度值等指标的有机结合，可将基础的单个图像单元元构成小的图像体，然后再通过对其的融合构成完善的大型图像。分割过程中，由于对象之间的合并使得对象的异质性 f 逐渐增大。而分割尺度 s 作为所分割图像异质性 f 的停止合并值，其对于所生产的最小多边形尺寸有直接的影响。基于异质性 f 最小的多尺度分割算法如图 11.3 所示。

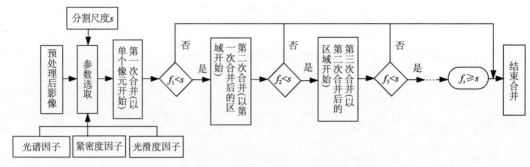

图 11.3　影像多尺度分割算法流程

对象异质性 f 的计算式为

$$f = w * h_{\text{color}} + (1-w)h_{\text{shape}} \tag{11.5}$$

$$h_{\text{color}} = \sum_c w_c [n_{\text{merge}} * S_c^{\text{merge}} - (n_{\text{obj1}} * S_c^{\text{obj1}} + n_{\text{obj2}} * S_c^{\text{obj2}})] \tag{11.6}$$

$$h_{\text{shape}} = w_{\text{compact}} * h_{\text{compact}} + (1 - w_{\text{compact}}) * h_{\text{smooth}} \tag{11.7}$$

$$h_{\text{smooth}} = n_{\text{merge}} * l_{\text{merge}} / b_{\text{merge}} - (n_{\text{obj1}*}l_{\text{obj1}} / b_{\text{obj1}} + n_{\text{obj2}*}l_{\text{obj2}} / b_{\text{obj2}}) \tag{11.8}$$

$$h_{\text{smooth}} = n_{\text{merge}} * l_{\text{merge}} / \sqrt{n_{\text{merge}}} - (n_{\text{obj1}*}l_{\text{obj1}} / \sqrt{n_{\text{obj1}}} + n_{\text{obj2}*}l_{\text{obj2}} / \sqrt{n_{\text{obj2}}}) \tag{11.9}$$

式中，w 为光谱权值（$0<w<1$）；h_{color} 和 h_{shape} 分别为两个对象合并产生的光谱异质性和形状异质性；h_{shape} 由对象的光滑度 h_{smooth} 和紧凑度 h_{compact} 组成；w_c 为波段权重因子；w_{compact} 为紧凑度权重因子；S_c 为波段灰度标准方差；c 是波段数；l 为对象实际边界长；n 为对象总体像元数；b 为对象外接矩形最短边界。

在进行多尺度分割时，各参数的选择需通过反复试验得出。一般情况下，光谱信息最为重要，不同光谱值的对象一般不属于同一类地物，而形状因子的参与有助于避免影像对象形状的不完整。其中光滑度用于完善具有光滑边界的对象，紧凑度用于根据较小的差别把紧凑的目标和不紧凑的目标区分开。在分割时要遵循两个原则：一是尽可能地设置较大的光谱权值；二是对于那些边界不很光滑但聚集度较高的影像尽可能使用必要的形状因子。经过大量的实验，发现尺度参数设为 70，光谱权值设为 0.8，形状因子权值设为 0.2，光滑度权值设为 0.7，紧凑度权值设为 0.3，分割效果最佳（图 11.4）。另外，对于城市、乡村和山区 3 种不同区域，分割尺度的选择应有所区隔。通常城市道路成像清晰、干扰较少，可以把分割尺度设得大一些（如 70），这样提取出来的道路块较完整，提取效率也较高；山区的分割尺度必须设置得很小，因为山区道路崎岖蜿蜒，干扰很多，尺度大了会漏提很多原本属于道路的影像对象，一般设为 30 为宜；至于乡村地区，分割尺度的选择应介乎上述两者之间。

2. 构建规则集

影像经过分割后，得到一系列"均质"的影像对象，对这些对象不但可以提取其灰度均值、最值、纹理等信息，还可以提取诸如形状、空间位置、拓扑关系等。因此，可以充分利用这些信息对影像对象进行分类，从而准确地提取出道路目标。面向对象的影

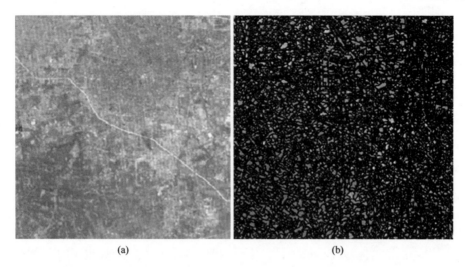

(a)　　　　　　　　　　　　　　　　(b)

图 11.4　郑州市 GF1 号多光谱遥感影像（a）及其多尺度分割结果（b）

像分析中，可利用的影像对象信息非常多，这也给分类中特征的选择带来了困难。一个较好的解决办法是根据问题的实际，建立各种特征之间判断的规则并构建相应的规则集。

　　本研究的道路提取策略是：先用，比较严格的条件，提取出部分可信度高的道路目标，定义为 road1 类；然后，根据与 road1 类中的道路对象的相关关系，提取出另一部分道路目标，定义为 road2 类……依此类推，直到所有感兴趣的道路目标全部被提取完毕为止；最后，合并所有道路目标的区域，从而得到全部所需的道路信息（图 11.5）。

图 11.5　基于规则集的道路信息提取结果

以郑州市区的主干道和小街道为例，具体如下。

（1）主干道（road1）的提取规则为：红光波段均值［210，240］，绿光波段均值为

［300，320］，蓝光波段均值为［200，250］，红外波段均值［200，280］；形状特征上：对象的长宽比要大于 5，并且长度大于 100 m。

（2）小街道（road2）的提取规则为：与 road1 的边界相关性大于 0.06（Rel Border to road1>0.06）。

3. 手动编辑修改

规则集构建完成并执行后，难免还会出现部分错分和漏分的现象，如把一些建筑物错分为道路或是一些灰度与背景相近的道路未提取出来。提取精度的高低取决于规则集中的规则是否具有很强的区分性，同时也与分割尺度有关。对于错分和漏分的情况，可以采取两种措施加以改进：一种是修改分割尺度和规则集中规则重新提取，直到达到满意的精度；另一种是进行人工编辑和修改。

由于上述混淆的区域光谱特征往往十分相似，形状特征的差异也不明显，因此重新分割或者修改规则将使提取过程变得更加复杂，提取精度也未必有明显的提高。因此采用人工编辑的方法对提取错误的部分予以修正，效果会更好些（图 11.6）。

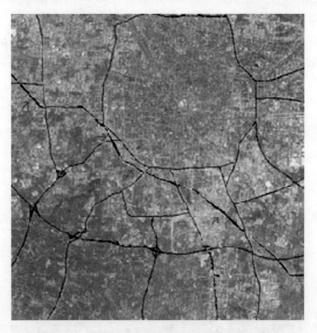

图 11.6　基于手动编辑修改的道路信息提取结果

4. 精度评价

在此选用 3 项指标（正确率、完全率和提取质量）并使之与目视的结果相结合，对提取结果进行精度评价（表 11.2）。其中：

$$完全率 = 提取正确道路长度 / 实际道路长度 \qquad (11.10)$$

$$正确率 = 提取正确道路长度 / 提取出的道路总长度 \qquad (11.11)$$

$$质量提取 = 道路的真实长度 / （已选出的道路总长度 + 未选出的道路总长度）\qquad (11.12)$$

表 11.2 基于 GF1 号卫星影像的道路提取结果精度比较

完全率	正确率	提取质量
0.91	0.96	0.87

5. 结果输出

郑州市 GF1 号卫星影像道路提取结果如图 11.7 所示。

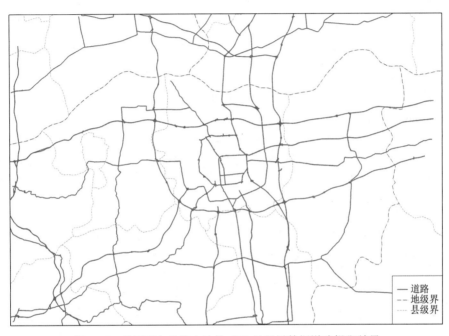

图 11.7 基于面向对象方法的 GF1 号卫星数据道路提取结果

从图 11.7 中可以看出，该研究方法可以较完整地提取出道路网，毛刺、冗余很少，提取精度也很高，取得了较为理想的效果。总结道路提取的整个过程并与现有的提取方法比较，可看出本书所采用方法的优点如下：

（1）影像分割所带来的优越性。通过影像分割，噪声问题可以获得很好地解决。这些噪声区域将和其周边的像元一起被融入特定的影像区域中，该影像区域在影像分析时表现为同一对象。

（2）多种特征的综合利用。道路的光谱特征、形状特征、纹理特征都得到充分利用并以规则的形式表达出来，极大地提高了提取质量。

（3）空间拓扑关系的使用使得一些特征不明显的道路通过与之相连的道路被发掘出来。

（4）灵活的人工参与。对于结果中错提的对象，可以很方便地予以删除；对于漏提的对象也可以方便地修改，修改后的结果以矢量或栅格的形式输出，并作为数据源应用到其他方面。

当然，本研究方法也存在一定的局限性，主要表现在：提取效果相当程度上依赖于分割的质量；人工干预难以避免；多尺度分割相较于其他分割方法时间开销较大，占用内存多。

11.3　交通通达性监测评价

1. 交通通达性

交通通达性，即交通圈是指以某地为中心在一定时间、一定距离或一定消费金额内可到达的范围总和。交通圈的中心地往往是在某一区域中具有重大影响力的城市。这种城市有很强的辐射功能，而辐射功能的强弱则取决于城市交通网络的完善与否。良好的城市交通网络能够促进人流、物流、资金流和信息流等要素的流通，也能够增强城市与城市之间的交流，形成具有强大竞争力的城市群并直接影响城市的辐射能力。

2. 评价方法

根据每种道路行驶速度和道路长度建立基于时间的道路交通网络，即：把行使某一段路的时间成本赋予该道路。而时间成本（min）可用如下公式计算：

$$T_i = (S_i / V_i) \times 60 \tag{11.13}$$

式中，T_i 表示在某一路段的行驶时间（min），即网络权重；S_i 表示其中某一路段的长度（km）；V_i 表示在该路段的行驶速度（km/h）。

3. 评价结果

根据以往研究，设定在不同类型和不同等级道路的速度分别为：高速公路 100 km/h、国道 80 km/h、省道 60 km/h。根据上述的设置及划分方法，以北京市、天津市、石家庄市为例，得到它们 1 小时、2 小时通行圈监测评价结果，如图 11.8 所示。

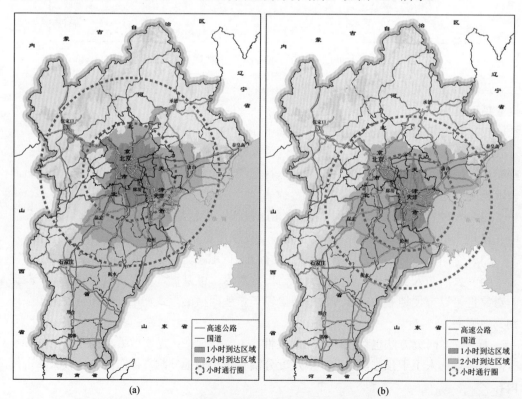

(a)　　　　　　　　　　　　　　　　　(b)

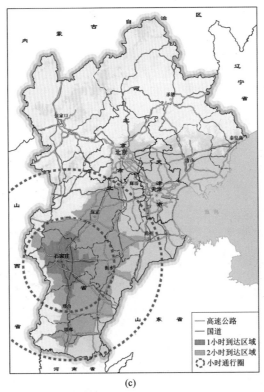

(c)

图 11.8　北京（a）、天津（b）、石家庄（c）1 小时、2 小时通行圈监测评价结果

11.4　交通优势度监测评价结果

以京津冀地区为研究区域，基于 GF1、2 号卫星影像提取道路信息，识别机场与港口信息，并收集铁路空间数据，如图 11.9 所示。

基于以上研究方法，根据式（11.1）~式（11.4），进行交通优势度综合监测评价，得到 2013 年京津冀地区交通网络密度、交通干线影响度、区位优势度、交通优势度监测评价结果（图 11.10）。

1. 交通网络密度

从监测评价结果可知，受交通线路（公路、铁路等）空间分布影响，各县/区交通网络密度表现出较大的空间差异性。北京、天津、秦皇岛、石家庄等城市建成区交通网络密度最大；国道、高速公路、省道、铁路沿线的县/区受主要交通线路的影响，也表现出较大的交通网络密度；其他距离交通线路较远的地区，交通网络密度则较低。

2. 交通干线影响度

从监测评价结果可知，受铁路、公路、港口、机场等交通干线空间分布影响，各县/区交通干线影响度表现出较大的空间差异性。天津及其沿海地区，铁路、公路线路纵横交错，且拥有渤海湾地区最大的港口天津港，其交通干线影响度最高；北京、秦皇岛、石家庄等地区交通干线影响度较高；张家口北部部分地区交通干线影响度很低。

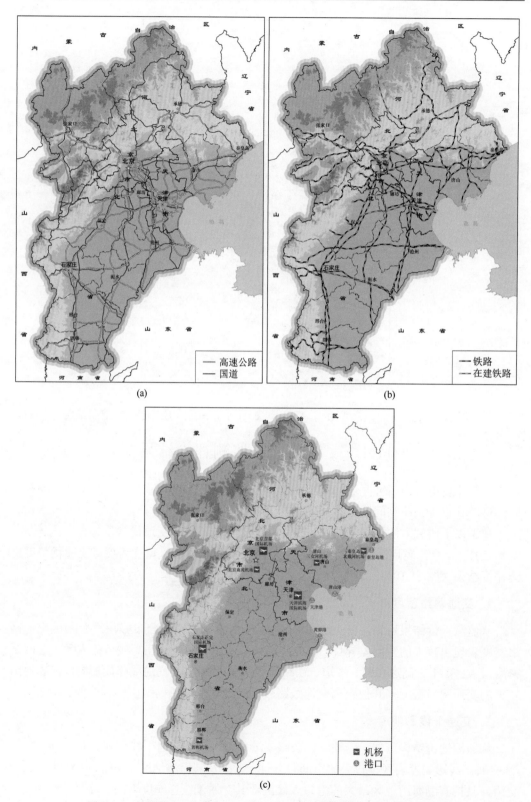

图 11.9　京津冀地区公路（a）、铁路（b）、机场和港口（c）空间分布

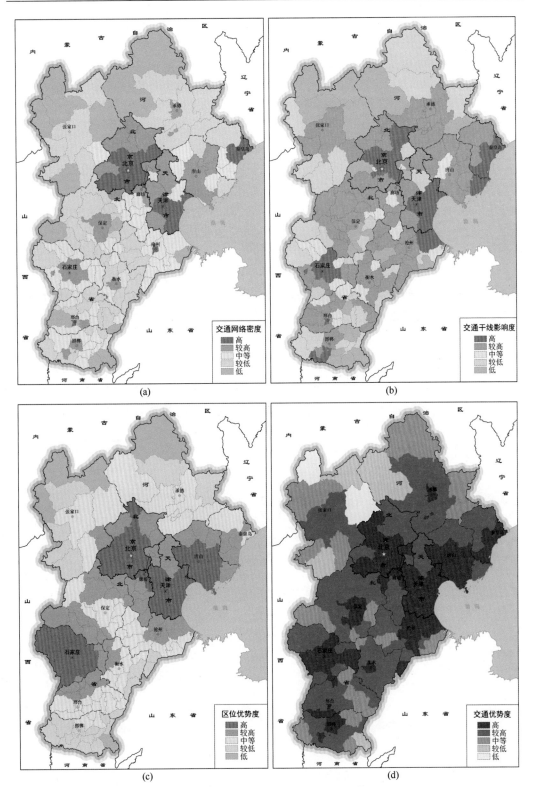

图 11.10　京津冀地区交通网络密度（a）、交通干线影响度（b）、
区位优势度（c）、交通优势度（d）监测评价结果

3. 区位优势度

从监测评价结果可知，北京、天津、石家庄、唐山形成了区域中心城市，受各县/区与中心城市间的交通距离差异影响，区位优势度表现出环绕中心城市渐变式的空间分布格局，距离中心城市交通距离越远，区位优势度越小。

4. 交通优势度

从监测评价结果可知，区域交通优势度整体较高，同时空间分异性较大，中心城市及其周边地区交通优势度高，北部大部分地区和西部局地交通优势度较低。从数量上来看，区域 65 个的县（区）交通优势度高，81 个的县（区）交通优势度较高，28 个的县（区）交通优势度中等，4 个的县（区）交通优势度较低，2 个的县（区）交通优势度低。

全国交通优势度如图 11.11 所示。为了分析国家主体功能区交通优势度功能指标的状况，对全国交通优势度在县级单元层次上的数量做了统计（图 11.12），并统计了各省、自治区、直辖市内交通优势度在县级单元层次上的数量及其百分比（图 11.13、图 11.14）。

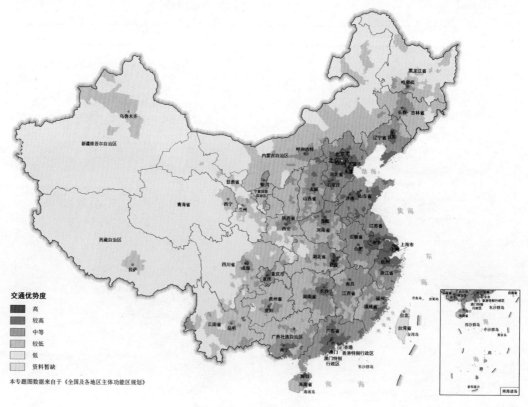

图 11.11　全国交通优势度

■高　■较高　□中等　□较低　□低

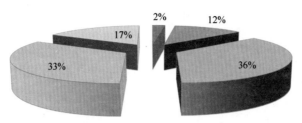

图 11.12　全国交通优势度单元数量百分比统计（按县级行政单元）

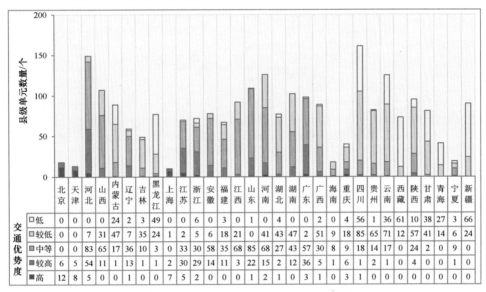

交通优势度	北京	天津	河北	山西	内蒙古	辽宁	吉林	黑龙江	上海	江苏	浙江	安徽	福建	江西	山东	河南	湖北	湖南	广东	广西	海南	重庆	四川	贵州	云南	西藏	陕西	甘肃	青海	宁夏	新疆
低	0	0	0	0	24	2	3	49	0	0	6	0	3	0	1	0	4	0	0	2	0	4	56	1	36	61	10	38	27	3	66
较低	0	0	7	31	47	7	35	24	1	2	5	6	18	21	0	41	43	47	2	51	9	18	85	65	71	12	57	41	14	6	24
中等	0	0	83	65	17	36	10	3	0	33	30	58	35	68	85	68	27	43	57	30	8	9	18	14	17	0	24	2	0	9	0
较高	6	5	54	11	1	13	1	1	2	30	29	14	11	3	22	15	2	12	36	5	1	6	1	2	1	0	4	0	0	1	0
高	12	8	5	0	0	0	1	0	0	7	5	2	0	0	0	1	2	1	0	3	1	0	3	1	0	0	0	0	0	0	0

图 11.13　各省份交通优势度分类（按县级行政单元）
香港、澳门、台湾资料暂缺

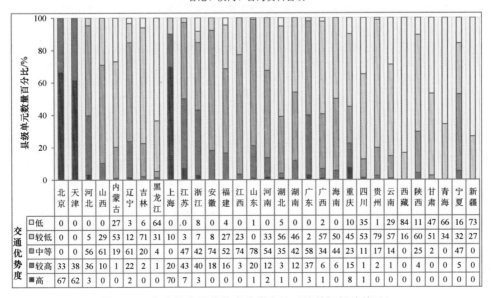

交通优势度	北京	天津	河北	山西	内蒙古	辽宁	吉林	黑龙江	上海	江苏	浙江	安徽	福建	江西	山东	河南	湖北	湖南	广东	广西	海南	重庆	四川	贵州	云南	西藏	陕西	甘肃	青海	宁夏	新疆
低	0	0	0	0	27	3	6	64	0	.0	8	0	4	0	1	0	4	0	0	2	0	10	35	1	29	84	11	47	66	16	73
较低	0	0	5	29	53	12	71	31	10	3	7	8	27	23	0	33	56	46	2	57	50	45	53	79	57	16	60	51	34	32	27
中等	0	0	56	61	19	61	20	4	0	47	42	74	52	74	78	54	35	42	58	34	44	23	11	17	14	0	25	2	0	47	0
较高	33	38	36	10	1	22	2	1	20	43	40	18	16	3	20	12	3	12	37	6	6	15	1	2	1	0	4	0	0	5	0
高	67	62	3	0	0	0	2	0	70	7	3	0	0	0	1	2	1	0	1	2	1	0	8	1	0	0	0	1	0	0	0

图 11.14　各省份交通优势度分类占比（按县级行政单元）
香港、澳门、台湾资料暂缺

综合图 11.11～图 11.14 可以得出以下几点。

（1）全国交通优势度空间分异性较大，东部地区交通优势度高，西部地区交通优势度较低。

（2）全国 2%的县（区）交通优势度高，12%的县（区）交通优势度较高，36%的县（区）交通优势度中等，33%的县（区）交通优势度较低，17%的县（区）交通优势度低。

（3）各省（自治区/直辖市）中，北京、天津、上海、江苏、河北等地区交通优势度较高；西藏、新疆、青海、甘肃、黑龙江等地区交通优势度较低。

第12章 国家优化开发区遥感监测应用示范

京津冀地区是国家三大优化开发区之一。本章围绕京津冀地区的功能定位、发展方向和开发原则，结合国家新型城镇化发展战略和京津冀协同发展战略，利用主体功能区遥感监测专题数据，从空间结构、人口分布、产业结构和生态环境等方面，开展了国家优化开发区遥感监测应用示范。

12.1 区域概况

1. 行政区划

京津冀地区涵盖北京市、天津市和河北省 3 大区域，辖北京市 16 个区、天津市 16 个区（县）和河北省 170 个区（县、市），地域面积 21.7 万 km^2，占全国面积的 2.3%（表 12.1，图 12.1）。

表 12.1 京津冀地区行政区划

省级区划名称	地级区划数	#地级市	县级区划数	#市辖区	#县级市	#县	#自治县	乡镇级区划数	#镇	#乡级	#街道
北京市			16	16				331	143	38	150
天津市			16	15		1		244	121	6	117
河北省	11	11	170	42	20	102	6	2251	1067	890	293

资料来源：中华人民共和国国家统计局，2016。

2. 自然概况

京津冀地区地势西北高、东南低，西北部为山区、丘陵和高原，其间分布有盆地和谷地，中部和东南部为广阔的平原，从西北向东南呈半环状逐级下降（图 12.2）。区域属暖温带季风气候，年日照时数 2400~3100 小时，年均降水量 300~800 mm，一月平均气温在 3℃以下，七月平均气温 18℃~27℃，春季干燥，夏季湿润，四季分明。

3. 社会经济

京津冀地区与长三角、珠三角地区比肩而立，是我国经济最具活力、开放程度最高、创新能力最强，吸纳人口最多的地区之一，是拉动我国经济发展的重要引擎。根据《中国统计年鉴—2016》，2015 年京津冀地区总人口 11143 万人，占全国的 8.1%；地区生产

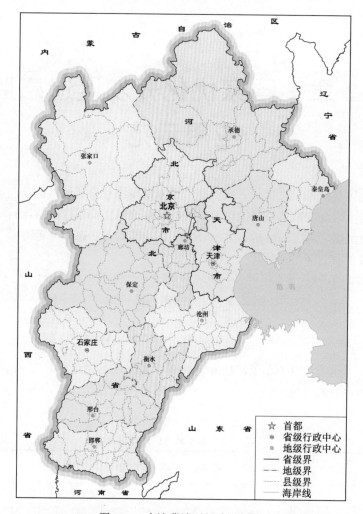

图 12.1　京津冀地区行政区划图

总值 69359 亿元，占全国的 10.1%；在人均地区生产总值方面，北京为 106497 元，天津为 107960 元，均远高于全国人均国内生产总值为 49992 元，而河北省人均地区生产总值仅为 40255 元，反映了在经济发展水平上京津冀地区内部存在较大差距。

4. 功能定位

在国务院批复的《全国主体功能区规划》中，京津冀地区的功能定位是："三北"地区的重要枢纽和出海通道，全国科技创新与技术研发基地，全国现代服务业、先进制造业、高新技术产业和战略性新兴产业基地，我国北方的经济中心。京津冀地区的发展核心是推进首都经济圈一体化发展，实现京津冀优势互补，推动环渤海地区经济转型升级。

2013 年，习近平总书记先后到天津、河北调研，强调要推动京津冀协同发展。2015 年 3 月 23 日，中央财经领导小组第九次会议审议研究了《京津冀协同发展规划纲要》（以下简称《规划纲要》）。《规划纲要》针对目前京津冀地区的发展不均衡、功能布局不合理等问题，明确了京津冀地区的区域整体定位和三省市功能定位，体现了区域整体和

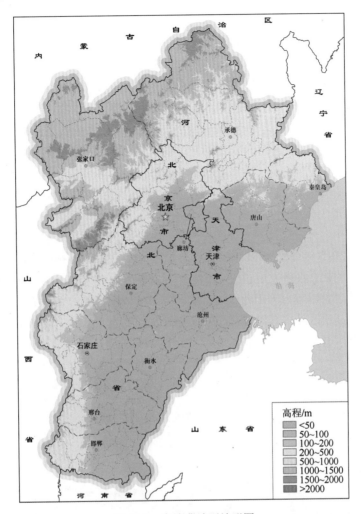

图 12.2　京津冀地区地形图

三省市各自特色，符合协同发展、促进融合、增强合力的要求；确定了"功能互补、区域联动、轴向集聚、节点支撑"的布局思路，明确了以"一核、双城、三轴、四区、多节点"为骨架，推动有序疏解北京非首都功能，构建以重要城市为支点，以战略性功能区平台为载体，以交通干线、生态廊道为纽带的网络型空间格局。

12.2　空间结构优化

国家优化开发区主要为国土开发密度已经较高、资源环境承载能力开始减弱的区域，如京津冀地区、长三角地区、珠三角地区。因此，在《全国主体功能区规划》中将优化空间结构作为优化开发区的重要发展方向和开发原则，提出"减少工矿建设空间和农村生活空间，适当扩大服务业、交通、城市居住、公共设施空间，扩大绿色生态空间。控制城市蔓延扩张、工业遍地开花和开发区过度分散。"

12.2.1 空间开发强度

在《京津冀协同发展规划纲要》中，明确提出了"一核、双城、三轴、四区、多节点"的空间布局。2015 年京津冀地区开发强度遥感监测结果显示，京津冀地区开发强度受到地形、行政、交通等诸多因素综合影响，在空间上呈现"东南高、西北低"的分布特征（图 12.3）。与京津冀地区地形空间分布对比，基于千米格网的开发强度在"燕山—太行山"山前两侧存在明显的空间分布差异，在"燕山—太行山"东南的平原地区开发强度明显高于西北地区，尤其是承德、张家口两地明显低于区域内其他地级城市，开发强度均低于 5%。北京、天津和河北 3 省市中，北京和天津开发强度要高于河北省。在京津冀地区"2+11"个地级以上城市中，开发强度也存在明显差异。北京和天津两个直辖市社会经济发达，其开发强度较高，2015 年分别为 21.3% 和 25.5%。同时，在京津两地的辐射带动作用下，位于两地之间廊坊的社会经济发展较快，2015 年开发强度为 20.77%。唐山利用曹妃甸新区建设的契机，承接了首钢等部分工业迁移工作，成为区域内重要的工业城市和港口城市，其开发强度也明显高于区域内其他城市，2015 年开发强度为 25.12%，仅次于天津市。区域内地级城市的市辖区开发强度均较高，形成了多个区域节点，带动辐射周边地区的发展。

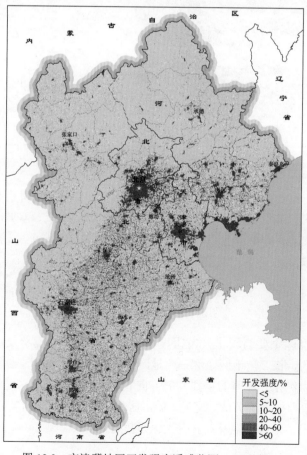

图 12.3 京津冀地区开发强度遥感监测（2015 年）

利用 2005 年、2010 年和 2015 年 3 期监测结果分析（图 12.4），表明京津冀地区在 2005～2015 年间保持了稳定的发展态势，2005～2010 年间开发强度提高了 1.5%，2010～ 2015 年间开发强度提高了 1.7%。其中，城镇建设用地增速较快，2005～2015 年城镇建设用地面积增加了 67.9%；工矿建设用地面积在 2005～2015 年增加了 56.9%，在 2005～ 2010 年增长较快，而 2010～2015 年建设用地面积略有减少；农村生活空间用地面积在 2005～2015 年增长了 27.0%，其中 2010～2015 年增长较快，增长了 23.5%。这一空间开发现象不符合国家优化开发区"减少工矿建设空间和农村生活空间"的发展方向和开发原则，应当在区域内积极推进新农村建设，在保障农业生产的基础之上开展 "空心村"整治和新型城镇化发展，从而促进农村生活空间高效集约利用。

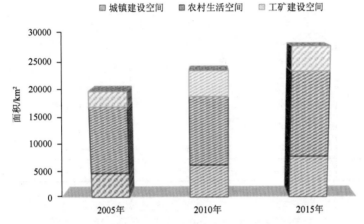

图 12.4　京津冀地区建设空间动态变化（2005～2015 年）

从京津冀地区分区域开发强度动态变化统计结果看（图 12.5 和表 12.2），2005～2015 年河北省的开发强度增加略低于北京和天津，但在 2010～2015 年河北省开发强度增加要高于北京和天津，表明主体功能区规划和协同发展以来京津冀地区内部差距有减少趋势。在"2+11"城市中开发强度增长较快的地市为唐山、石家庄、邢台等地区，但从增长速率来看承德和张家口近年来发展较快，开发强度增长率较高。

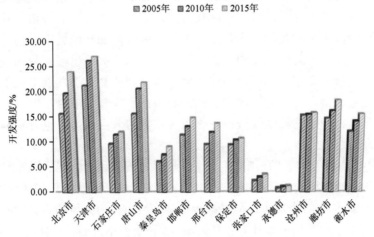

图 12.5　京津冀地区分地市开发强度动态变化（2005～2015 年）

表 12.2　京津冀地区开发强度动态变化统计（2005～2015 年）

区域名称	2005～2010 年		2010～2015 年	
	增长量	增长率	增长量	增长率
北京市	4.06%	25.50%	1.30%	6.70%
天津市	4.86%	22.70%	0.73%	2.77%
河北省	1.13%	17.19%	1.90%	24.70%
石家庄市	1.86%	18.89%	4.30%	36.80%
唐山市	4.98%	31.41%	4.30%	20.50%
秦皇岛市	1.44%	23.18%	2.70%	35.7%0
邯郸市	1.73%	14.90%	3.60%	27.30%
邢台市	2.48%	25.55%	3.70%	30.30%
保定市	0.99%	10.25%	3.20%	30.10%
张家口市	0.77%	33.62%	1.30%	44.10%
承德市	0.34%	44.74%	0.90%	86.30%
沧州市	0.19%	1.20%	0.27%	1.75%
廊坊市	1.54%	10.37%	4.30%	26.40%
衡水市	2.07%	16.81%	1.90%	13.30%
京津冀地区	1.51%	19.03%	1.70%	18.30%

12.2.2　城镇体系分布

在《全国主体功能区规划》《国家新型城镇化规划（2014—2020 年）》中多次强调"进一步健全城镇体系，促进城市集约紧凑发展"。在《京津冀地区协同发展规划》中，也指出了京津冀地区存在着"城镇体系发展失衡"的问题。夜间灯光数据不仅可以反映地区的社会经济发展规模，还可以体现区域间的关联水平。结合遥感监测的城镇建设空间分布数据综合分析京津冀地区城镇体系（图 12.6），展示了京津冀地区以京津为核心、多节点支撑的城镇体系结构。在区域内，北京、天津为核心城市，其城镇建设空间和反映社会经济水平的夜间灯光强度均远超过区域内的其他城市。同时，灯光强度数据也反映了京津两地之间高度的社会经济关联。这一关联也辐射带动周边地带（如廊坊）的快速发展。石家庄和唐山两市在城市规模和社会经济发展上低于京津两地，但高于其他地级城市，可作为区域重要的中心城市。邯郸、邢台、保定、沧州、秦皇岛、衡水、张家口和承德等地级城市，作为区域内的节点城市，也分别辐射带动了周边城镇体系发展。

按照 2014 年 10 月印发的《国务院关于调整城市规模划分标准的通知》（国发〔2014〕51 号）中关于城市规模的分级标准，京津冀地区城市规模体系（表 12.3）表现为：拥有 1 个超大城市和 1 个特大城市，但是缺少Ⅰ型大城市作为区域的重要中心支撑城市；2010～2015 年 1 个中等城市提升为Ⅱ型大城市；在小城市方面，Ⅰ型城市和Ⅱ城市数量间差距缩小，表明京津冀地区城市体系趋于均衡。但是，由于区域内缺少Ⅰ型大城市的支撑，城市体系结构还有待进一步完善。

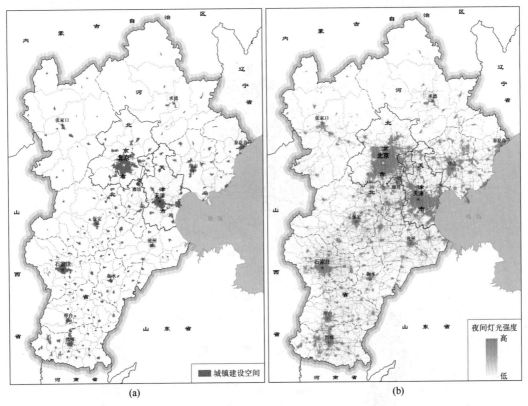

图 12.6　京津冀地区城镇体系遥感监测城镇建设空间（a）和夜间灯光强度（b）（2015 年）

表 12.3　京津冀地区城市行政区划与规模等级

时间	行政等级			规模等级						
	直辖市	地级市	县级市	超大城市	特大城市	Ⅰ型大城市	Ⅱ型大城市	中等城市	Ⅰ型小城市	Ⅱ型小城市
2010 年	2	11	22	1	1	0	4	6	7	16
2015 年	2	11	20	1	1	0	5	5	8	13

12.2.3　绿色生态空间

　　党的十八大提出了加快推进生态文明建设，进一步强调"强化主体功能定位，优化国土空间开发格局"，并指出"绿水青山就是金山银山"。同时，"扩大绿色生态空间"也是国家优化开发区优化空间结构的重要内容之一。京津冀地区在社会经济快速发展的同时，也面临一系列生态环境问题，包括雾霾、水体污染、生态用地减少等。

　　利用遥感数据开展的绿色生态空间监测结果（图 12.7）显示，2015 年京津冀地区绿色生态空间面积 84715.16 km²，占区域面积的 34.6%，主要分布于区域内西北部地区，尤其是北部的承德、北京、秦皇岛 3 市，绿色生态空间面积比超过 50%。其中，以林地生态空间为主，面积为 45033.59 km²，占绿色生态空间总面积的 53.2%；草地生态空间面积为 33829.72 km²，面积占比为 40.0%；而水面、湿地生态空间面积较小，占比为 6.9%。

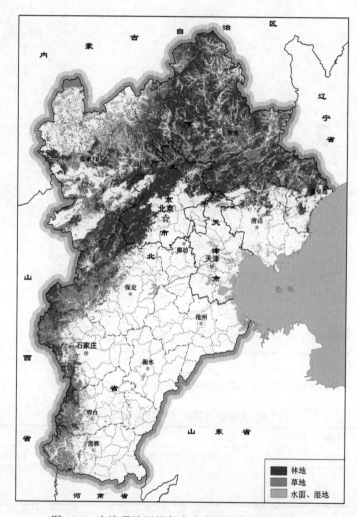

图 12.7　京津冀地区绿色生态空间分布（2015 年）

　　2005～2015 年京津冀地区绿色生态空间（表 12.4）整体上呈现略有减少的趋势，减少量为 490.46 km²，减少率 0.58%。其中，2005～2010 年间减少率为 0.53%，2010～2015 年间减少率为 0.04%。在区域内部，大部分地市绿色生态空间随着建设空间的增加都有所降低（图 12.8）。沧州市 2005～2015 年间绿色生态空间表现出持续增长趋势，主要为水面、湿地面积的增加。承德市绿色生态空间表现为先减后增的趋势，主要是由近年来退耕还林（草）工程实施导致的林、草地等生态空间的增加。而张家口市的绿色生态空间在 2005～2015 年间表现为先增后减，这与北京冬奥会场馆建设工程的开展存在一定关系。

表 12.4　京津冀地区绿色生态空间动态变化统计（2005～2015 年）

区域名称	2005～2010 年		2010～2015 年		2005～2015 年	
	增长量/km²	增长率/%	增长量/km²	增长率/%	增长量/km²	增长率/%
北京市	−77.97	−0.85	−158.23	−1.74	−236.20	−2.65
天津市	90.63	4.16	−86.95	−3.83	3.68	0.17
河北省	−467.25	−0.63	209.31	0.29	−257.94	−0.35
石家庄市	−107.13	−2.35	66.56	1.50	−40.57	−0.90
唐山市	−304.70	−9.45	30.44	1.04	−274.26	−9.30
秦皇岛市	−256.41	−6.02	119.10	2.97	−137.30	−3.33
邯郸市	−22.70	−1.06	−23.25	−1.10	−45.96	−2.20
邢台市	−19.23	−0.88	−112.86	−5.24	−132.09	−6.47
保定市	−132.38	−1.41	−76.77	−0.83	−209.15	−2.27
张家口市	150.84	0.89	−145.89	−0.85	4.96	0.03
承德市	−219.55	−0.72	386.20	1.28	166.65	0.54
沧州市	118.99	35.58	406.25	89.60	525.24	61.10
廊坊市	211.04	107.43	−247.21	−60.67	−36.17	−22.57
衡水市	113.98	79.30	−193.26	−74.99	−79.28	−122.99
京津冀地区	−454.59	−0.53	−35.87	−0.04	−490.46	−0.58

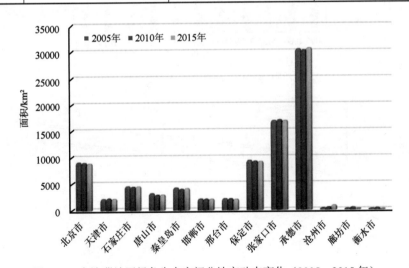

图 12.8　京津冀地区绿色生态空间分地市动态变化（2005～2015 年）

12.3　人口分布优化

　　国家优化开发区都是人口密度较大、城镇化率较高的区域。在国家优化开发区发展过程中，合理优化人口分布是其重要的发展方向。在《全国主体功能区规划》中，就指出应"控制特大城市主城区的人口规模，增强周边地区和其他城市吸纳外来人口的能力，引导人口均衡、集聚分布"。

12.3.1　人　口　规　模

京津冀地区是我国重要的人口集聚地区。从人口统计数据来看（图 12.9），京津冀地区近年来总人口增长较快，2005 年总人口为 9431 万人，2015 年 11143 万人，年均增长率为 1.8%。与全国总人口相比，京津冀地区总人口占比也在不断增加，2005 年为 7.2%，2015 年为 8.1%。在人口城镇化方面（图 12.10），京津冀地区城镇人口比例，也要高于全国城镇人口比例。上述数据说明了京津冀地区是我国重要的人口集聚地区，且集聚程度不断提升。

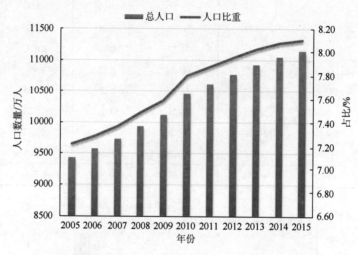

图 12.9　京津冀地区总人口及人口占比（2005～2015 年）

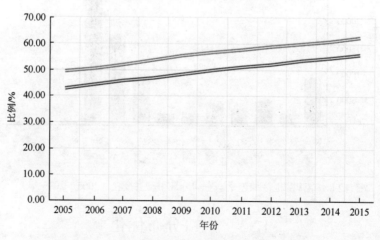

图 12.10　京津冀地区城镇人口比例（2005～2015 年）

12.3.2　人　口　分　布

京津冀地区由于受到地形、交通等因素影响，人口主要分布于东南平原地区。根据京津冀地区 2013 年人口密度高分遥感监测产品（图 12.11）可知：区域分布上人口密度空间分异性大，东南部平原地区人口密度较高，占 42%的面积上承载着 78%的人口；特别是城镇地区人口密度很高，如北京、天津、石家庄、唐山等地中心城区人口密度分布高，市区人口密度最高可达 2000 人/km²，城市郊区和乡村人口密度在 400～1000 人/km²；而西北部地区人口密度相对较低，如张家口、承德等地区人口密度相对很低，绝大部分地区人口密度小于 100 人/km²。

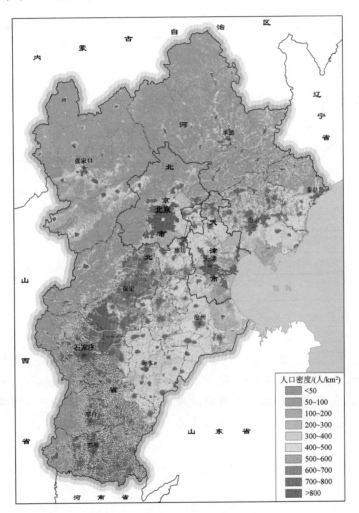

图 12.11　京津冀地区人口密度遥感监测（2013 年）

在京津冀 3 省市中，河北省由于地域广阔、城镇较多，在人口总量比例较大，总人口在京津冀地区的 2/3 以上。但是从 2005～2015 年京津冀地区人口统计数据的时序变化上分析（图 12.12），可以发现：北京、天津两地虽然人口比例明显低于河北省，但人口比例却呈现持续上升趋势；而河北省人口占比呈现逐年下降趋势，从 2005年的 72.6%下降到 2015 年的 66.6%。结合遥感监测的建设用地数据，计算三省市单位建设用地人口密度，结果表明：北京市、天津市单位建设用地人口密度要明显高于河北省，且 2005～2015 年间有所提高；而河北省单位建设用地人口密度在 2005 年、2010 年和 2015 年分别为 4737 人/km²、4326 人/km²、3581 人/km²，呈现逐渐下降的趋势的。 因此，从人口总量、人口比例以及单位建设用地人口密度等指标上看，京津冀地区内部人口集聚存在明显差距，北京市和天津市的人口集聚程度要明显高于河北省。

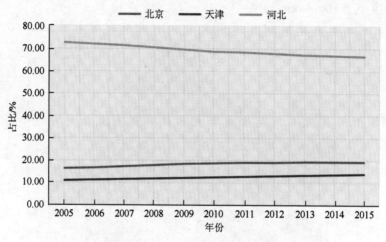

图 12.12　京津冀地区三省市人口占比（2005～2015 年）

12.3.3　人　口　集　聚

人口集聚度是指一个地区现有人口的集聚状态，由人口密度和人口流动强度两个要素构成，具体通过采用县域人口密度和吸纳流动人口的规模来反映。设置人口集聚度指标的主要目的是为了评估一个地区现有人口的集聚状态。京津冀地区人口集聚度空间分布遥感监测结果（图 12.13）：东南地区的人口集聚度要比西北地区相对较高，区域分布主要为人口密度的城镇区域；其中，3.17%的区域人口集聚度高，4.57%的区域人口集聚度较高，5.60%的区域人口集聚度中等，9.63%的区域人口集聚度较低，77.04%的区域人口集聚度低；反映出人口集聚度受城市布局、交通、地理环境（地形起伏、水资源）等因素的影响，这些因素也在一定程度上导致了区域人口的频繁流动。

利用2005～2013 年监测结果对比分析京津冀地区人口集聚度变化时空特征(图12.14)，结果显示：2005～2013 年区域人口集聚度空间分布发生了较大变化。人口集聚度增加的区域主要分布于城市郊区及其附近区域和东南部平原地区。总体而言，京津冀地区人口集聚度逐渐增大，这主要受人口数量变化、人口流动和区域经济、城市化发展的影响。随着城市化进程的推进，城市中心人口集聚度减小，而郊区人口集聚度增大，表明人口在城市发展中从市中心向郊区迁移的空间特征。

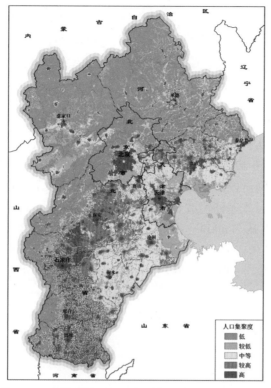

图 12.13　京津冀地区人口集聚度遥感监测（2013 年）

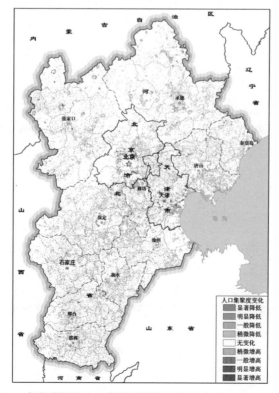

图 12.14　京津冀地区人口集聚度变化空间分布（2005～2013 年）

12.4　产业结构优化

12.4.1　经济发展水平

　　京津冀地区是我国 3 大经济增长极之一，与长三角、珠三角地区比肩而立，是拉动我国经济发展的重要引擎。2015 年地区生产总值 69358.90 亿元，占全国的 10.1%。但是从 2005～2015 年（图 12.15），京津冀地区生产总值在全国的比重呈现出略微下降趋势。除了其他区域的经济发展之外，与国家实施供给侧改革、钢铁去产能等经济结构调整和京津冀协同发展生态环境改善等政策有着密切关系。特别是近年来河北省提出了"6643 任务"，即"减产 6000 万 t 钢、6100 万 t 水泥、4000 万 t 标煤、3000 万标箱玻璃"，对于工业增加值、第二产业增加值有重要的影响。2015 年，河北省的工业增加值和第二产业增加值分别为 12626.2 亿元和 14386.9 亿元，分别比上一年降低了 5.3%和 4.2%。

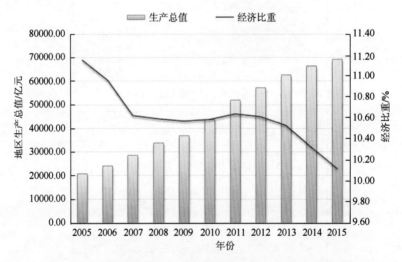

图 12.15　京津冀地区生产总值与经济比重（2005～2015 年）

12.4.2　经济空间分布

　　北京市是中国的首都、直辖市。天津市是北方重要的港口城市、制造中心和直辖市，在科技、教育、人才、公共服务等方面有着较大的优势。而河北省由于区位影响和地形影响，与北京、天津发展差异较大。在人均 GDP 方面，2015 年北京、天津分别是河北省的 2.65 倍和 2.68 倍。在地区生产总值方面，虽然河北省经济总量大，GDP 占比较高，但是从 2005～2015 年发展趋势来看（图 12.16），北京、天津两地 GDP 比重呈现持续上升趋势，其中天津近年 GDP 比重上升较快；河北省 GDP 占比呈现逐年下降趋势。表明京津冀地区经济差距有增大趋势，需 3 省市在协同发展中进行经济结构发展的优化。

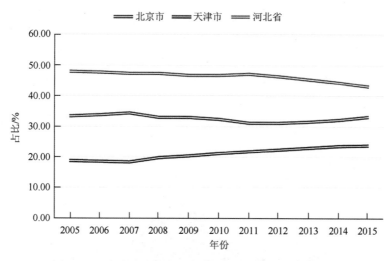

图 12.16 京津冀地区 3 省市经济比重（2005~2015 年）

由于各自的区域优势、资源禀赋、地形条件、交通等因素的不同，在京津冀地区经济发展水平空间分布上差异较大。从 GDP 密度遥感监测结果上看（图 12.17），东南部地区 GDP 密度较高，特别是北京、天津、石家庄等城市城区 GDP 密度最高，GDP 总产值大于 5000 万元/km²；而在西北部山区，由于承载着区域生态安全保障的功能，经济发展受到一定限制，因此 GDP 密度相对较低。

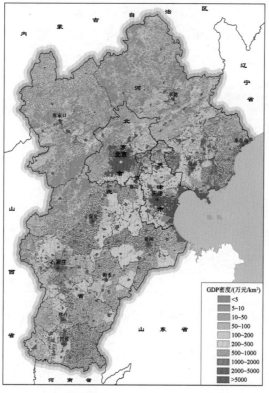

图 12.17 京津冀地区 GDP 密度空间分布（2013 年）

经济发展水平指标可以综合地刻画出一个地区经济发展现状和增长活力，由人均地区 GDP 和地区 GDP 的增长比率两个要素构成。通过复合遥感数据的空间观测优势，可以很好地反映出区域上经济发展的空间差异性。从京津冀地区经济发展水平空间分布遥感监测结果如图 12.18 所示：东南地区的经济发展水平要优于西北地区，特别是北京、天津、石家庄等大城市的中心城区；其中，5.98%的区域经济发展水平高，11.48%的区域经济发展水平较高，8.32%的区域经济发展水平中等，25.04%的区域经济发展水平较低，49.18%的区域经济发展水平低。

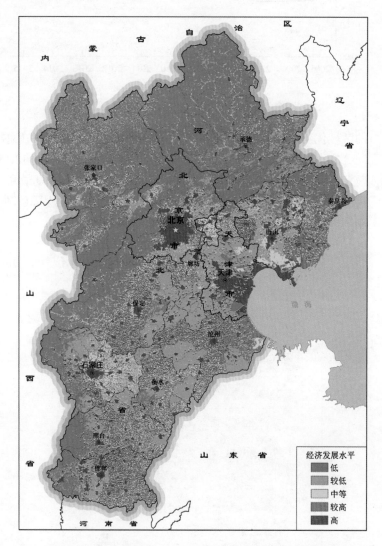

图 12.18　京津冀地区经济发展水平空间分布（2013 年）

利用 2005 年和 2013 年两期监测结果，分析京津冀地区经济发展水平变化时空特征。图 12.19 是 2005～2013 年经济发展水平动态变化的空间分布格局。结果显示，2005～2013 年区域经济发展水平空间分布发生了较大变化，整体经济发展水平大幅度提升。经济发展水平提升的区域主要分布于城镇地区，主要是由于工业、服务业产值大幅提升带动，特别北京南部（如亦庄开发区）和天津的滨海新区；东南部平原的农业生产空间的经济发展，则主要由于农产品效益的提升。在西北部生态地区经济发展水平基本无变化，少部分地区的经济发展水平降低的区域则是由于生态保护建设、国家森林公园建设等带来的经济展布量的减少。

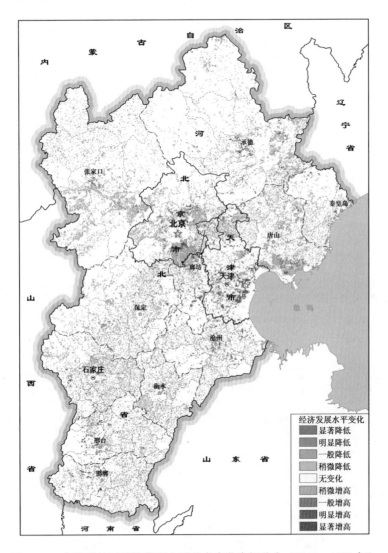

图 12.19　京津冀地区经济发展水平动态变化空间分布（2005～2013 年）

12.4.3　产业结构分布

在《京津冀协同发展规划纲要》中，提出"加快产业转型升级，打造立足区域、服务全国、辐射全球的优势产业集聚区"。在京津冀地区整体产业结构分布上，第三产业增加值不断提升，在经济发展中占比也逐渐提高。2015 年，三次产业构成由 2014 年的

5.7∶41.1∶53.2 调整为 5.5∶38.4∶56.1。

在京津冀三省市中，北京市的产业结构以第三产业为主，且第三产业比重不断提升，从 2005 年的 69.7% 提升至 2015 年的 79.65%（图 12.20）。根据京津冀协同发展中北京"四个中心"的功能定位，北京市的发展以高端服务业、科技创新产业、金融业为主的三次产业为主，来疏解非首都功能的产业。在京津冀协同发展中，天津的功能定位是"全国先进制造研发基地、北方国际航运核心区、金融创新运营示范区、改革开放先行区"。因此，天津市经济发展模式以第二、三产业并重，在 2015 年的三次产业比例为 1.3∶46.5∶52.2。河北省在京津冀协同发展中定位为"全国现代商贸物流重要基地、产业转型升级试验区、新型城镇化与城乡统筹示范区、京津冀生态环境支撑区"。其经济发展以第二产业为主，占地区生产总值的 50% 左右。但是近年来随着产业转型升级和供给侧改革，其第二产业比重有所降低。

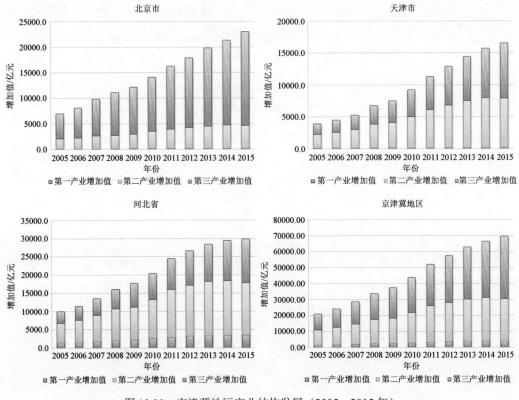

图 12.20　京津冀地区产业结构发展（2005～2015 年）

结合遥感数据的产业结构空间数据（图 12.21）反映了京津冀地区不同区域内的产业结构特征。第一产业主要分布于东南平原地区，该地区是我国传统的粮食主产区，拥有较好的农业生产基础，因此在京津冀协同发展可作为区域的粮食、菜篮子生产基地。第二产业主要分布城镇建设用地和工矿建设用地，第三产业集中于城镇核心区域。

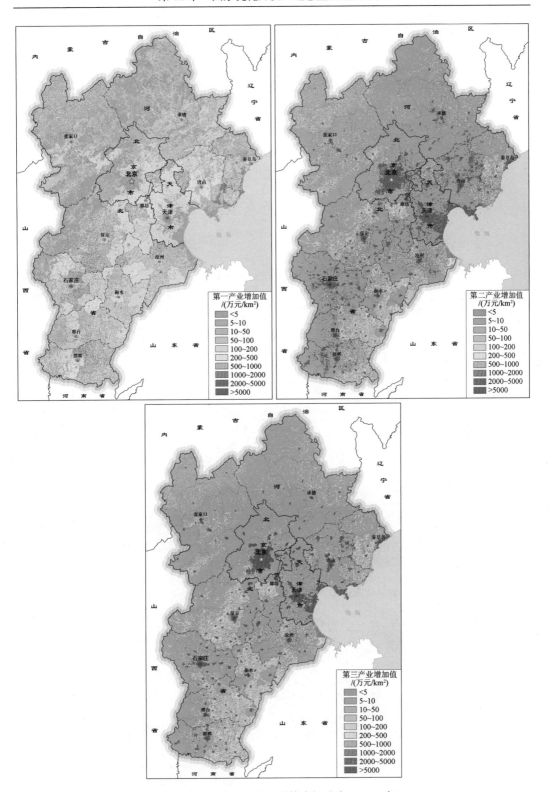

图 12.21　京津冀地区产业结构空间分布（2013 年）

12.5　生态环境优化

保护生态环境、优化生态系统格局是国家优化开发区的重要发展方向和开发原则，也是京津冀协同发展中率先突破的 3 大重点领域之一。在《京津冀协同发展规划纲要》中指出："在生态环境保护方面，重点是联防联控环境污染，建立一体化的环境准入和退出机制，加强环境污染治理，实施清洁水行动，大力发展循环经济，推进生态保护与建设，谋划建设一批环首都国家公园和森林公园，积极应对气候变化。"

12.5.1　生态系统格局

1. 空间分布

京津冀地区生态系统类型包含森林、草原、湿地、荒漠、农田、人居生态系统等 6 种类型。森林、草原、农田、人居生态系统是 4 种主要的生态系统类型。其中，农田生态系统面积占 51.5%，主要分布于京津冀地区东南部平原地区，也是我国粮食主产区；森林和草原生态系统分别占 14.3% 和 29.1%，主要分布于京津冀北部的张（家口）承（德）及太行山山区；人居生态系统占 4.3%；湿地和荒漠生态系统占 0.7%（图 12.22）。

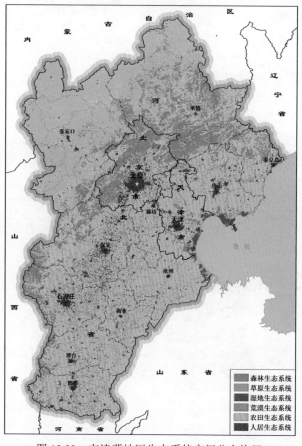

图 12.22　京津冀地区生态系统空间分布格局

2. 生态系统脆弱性

生态系统脆弱性是国家主体功能区规划的 9 大评价指标之一，反映了全国或区域尺度生态系统的脆弱程度，由沙漠化脆弱性、土壤侵蚀脆弱性、石漠化脆弱性 3 个要素构成，具体通过这 3 个要素等级指标来反映。利用遥感监测方法，开展京津冀地区生态系统脆弱性空间分布监测（图 12.23），结果显示：京津冀地区生态系统脆弱性主要影响因子为土壤侵蚀脆弱性；受降水、地形、土壤类型、植被等影响，2013 年西北部山地地区生态系统呈现极度脆弱或重度脆弱，中南部平原地区一般为微度脆弱或轻度脆弱；区域内 54.04%的区域为微度脆弱，24.49%的区域为轻度脆弱，10.18%的区域为中度脆弱，6.10%的区域为重度脆弱，5.19%的区域为极度脆弱；各市、县/区中，张家口、承德、秦皇岛、保定、邢台、邯郸等部分地区生态系统脆弱性较严重，北京、天津等沿海地区生态系统脆弱性较轻。

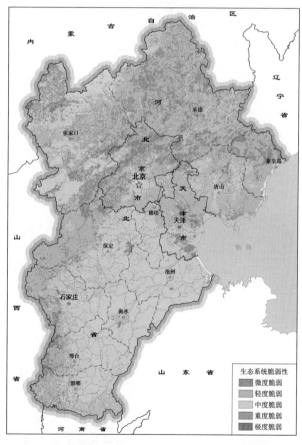

图 12.23　京津冀地区生态系统脆弱性遥感监测（2013 年）

利用 2005～2013 年监测结果对比分析京津冀地区生态系统脆弱性变化时空特征（图 12.24），结果显示：2005～2013 年区域生态系统脆弱性发生了较大的变化，脆弱性程度整体逐渐好转，脆弱性程度由脆弱转变为不脆弱或略脆弱，表明生态系统功能稳定，且土壤侵蚀强度大大降低，促进了生态系统的生态服务功能。此外，北京及天津沿海地区生态系统脆弱性变化较小。生态系统脆弱性变化的空间格局主要受沙漠化土地时空迁移，降水、土壤特性和土地覆盖变化引起的土壤侵蚀变化空间分布的影响。

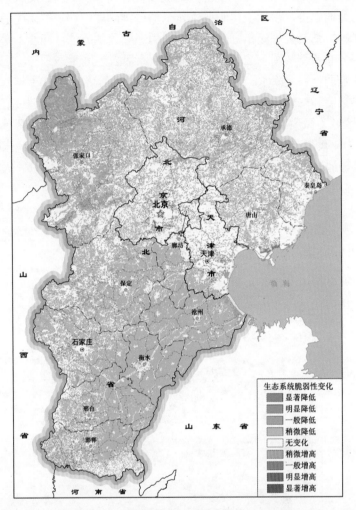

图 12.24　京津冀地区生态系统脆弱性变化空间分布（2005～2013 年）

3. 生态重要性

　　生态重要性是国家主体功能区规划的 9 大评价指标之一，反映了全国或区域尺度生态系统的重要程度，由水源涵养重要性、土壤保持重要性、防风固沙重要性、生物多样性维护重要性、特殊生态系统重要性 5 个要素构成，具体通过这 5 个要素重要程度指标来反映。利用遥感监测方法，开展京津冀地区生态重要性空间分布遥感监测（图 12.25），结果显示：北部地区生态系统呈现较高的重要性，中部和南部地区生态系统重要性较低；48.72% 的区域面积生态系统重要性高，16.33% 的区域面积生态系统重要性较高，15.65% 的区域面积生态系统重要性中等，4.43% 的区域面积生态系统重要性较低，14.87% 的区域面积生态系统重要性低；各市、县/区中，承德、张家口、秦皇岛等部分地区生态系统重要性较高，北京、天津等城市地区生态系统重要性较低。

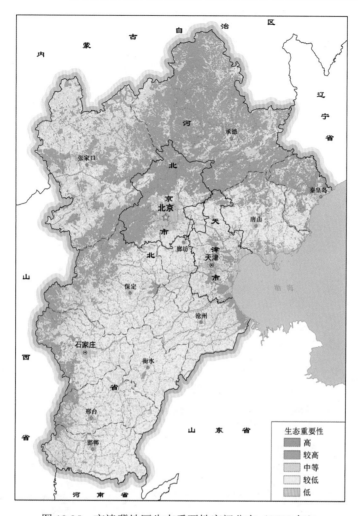

图 12.25　京津冀地区生态重要性空间分布（2013 年）

利用 2005～2013 年监测结果对比分析京津冀地区生态重要性变化时空特征（图 12.26），结果显示：2005～2013 年区域生态重要性程度发生了较大的正逆转化过程，生态重要性程度增加的区域主要分布于西北部林地、草地覆盖的山地地区，生态重要性程度减小的区域主要分布于东部、中部和南部的城镇、沿海等地区，此外南部平原部分地区生态重要性程度变化较小。生态重要性程度的变化主要与水源涵养、土壤保持、生物多样性等生态系统功能变化有关，西北部山地地区随着植被恢复和生态改善水源涵养、土壤保持、生物多样性等生态系统功能逐渐增强，生态重要性程度逐渐增加，这对于区域生态环境改善具有重要的现实意义。

12.5.2　大　气　环　境

过去 30 年，我国在经济增长速度以及工业化、城镇化方面均取得巨大成就，但是快速的增长造成我国空气质量严重下降，尤其是京津冀地区。大气环境问题受到社会各

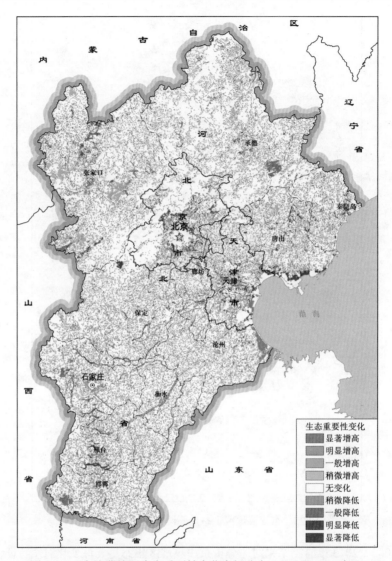

图 12.26　京津冀地区生态重要性变化空间分布（2005～2013 年）

界越来越多的关注。监测大气污染物的时空分布及变化、污染物的来源分析、污染物的输送以及反应机制成了解决空气污染的主要任务之一。遥感监测大气污染物，避免了地面监测值的局限性，可连续地观测全球范围污染物浓度，有助于研究污染物时空分布特征，对于大气污染物的来源分析、变化研究具有重要意义。

利用遥感数据及其监测产品，开展了重点区域的 $PM_{2.5}$、SO_2、NO_2 等大气污染物监测，分析了其空间分布格局和时间变化特征信息产品，为区域一体化大气质量的监测评价、环境容量的测算奠定技术和信息基础。

1. NO_2、SO_2 和 $PM_{2.5}$ 浓度近 5 年总体呈下降趋势，在空间分布上与污染企业高度耦合

NO_2、SO_2 和 $PM_{2.5}$ 浓度近 5 年总体呈下降趋势。NO_2 浓度自 2012 年开始逐年下降，

2016 年比 2012 年下降 34.9%；SO_2 浓度自 2011 年逐年下降，2016 年比 2011 年下降 36.9%；$PM_{2.5}$ 浓度自 2012 年开始下降，仅在 2014 年有小幅度上升，2016 年比 2012 年下降 13.7%（图 12.27）。3 种污染物 2016 年都呈现了明显下降。

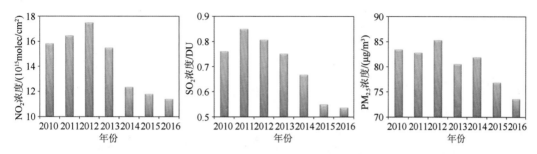

图 12.27　京津冀地区 2010～2016 年 NO_2、SO_2 和 $PM_{2.5}$ 浓度年变化

图 12.28、图 12.29 和图 12.30 分别从空间分布上对 NO_2、SO_2 和 $PM_{2.5}$ 进行了年际变化分析，其变化结果和图 12.27 一致。NO_2、SO_2 和 $PM_{2.5}$ 浓度均呈现出西北低东南高的空间分布特征，燕山—太行山山系以北的承德和张家口浓度较低，其中 NO_2 浓度有北京—天津—唐山与石家庄—邢台—邯郸两个污染中心（图 12.31），并且都呈现冬季高夏季低的季节循环特征，其中 NO_2 的季节规律性最显著（图 12.32）。

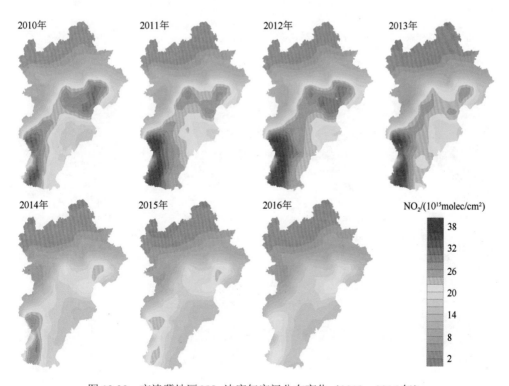

图 12.28　京津冀地区 NO_2 浓度年空间分布变化（2010～2016 年）

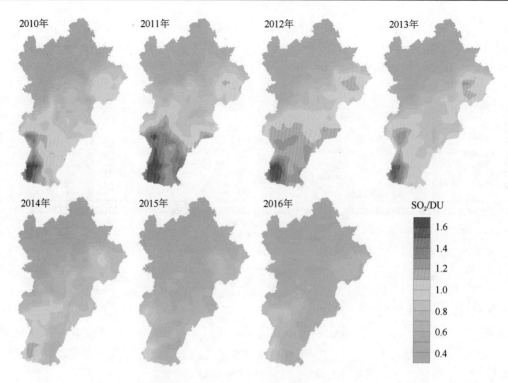

图 12.29　京津冀地区 SO_2 浓度年空间分布变化（2010～2016 年）

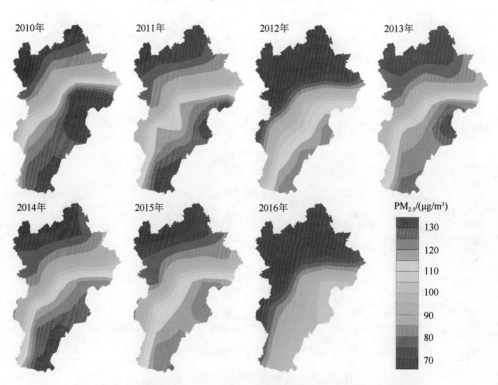

图 12.30　京津冀地区 $PM_{2.5}$ 浓度年空间分布变化（2010～2016 年）

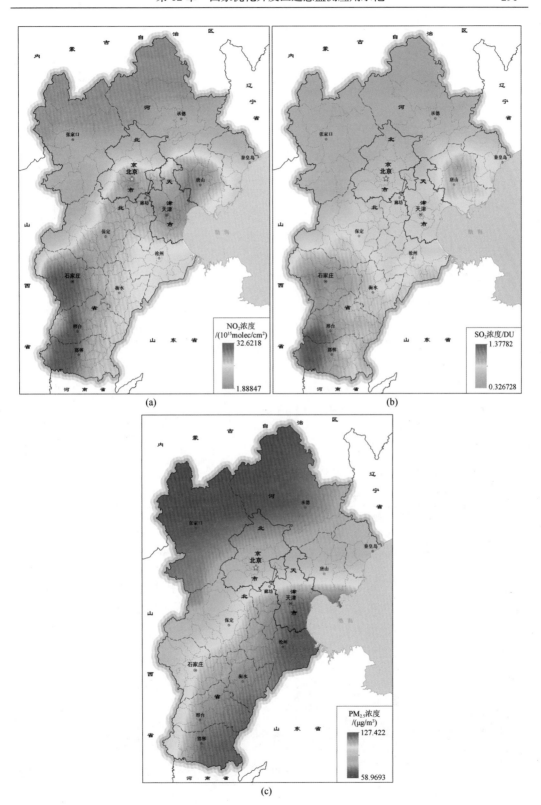

图 12.31　京津冀地区 NO_2（a）、SO_2（b）和 $PM_{2.5}$（c）浓度空间分布（2010～2016 年）

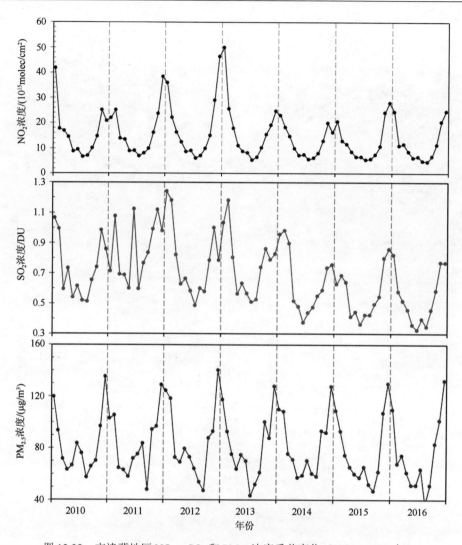

图 12.32　京津冀地区 NO$_2$、SO$_2$ 和 PM$_{2.5}$ 浓度季节变化（2010～2016 年）

　　通过定量分析多年平均 NO$_2$、SO$_2$ 和 PM$_{2.5}$ 浓度变化，其中高值位于邯郸、邢台和石家庄，低值主要分布在张家口和承德（图 12.33），与空间分布结果一致（图 12.31）。这可能与京津冀地区的地形条件和污染企业分布有一定的关系（图 12.34）。

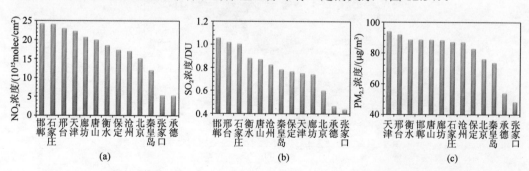

图 12.33　京津冀 13 个地区 NO$_2$（a）、SO$_2$（b）和 PM$_{2.5}$（c）浓度变化（2010～2016 年）

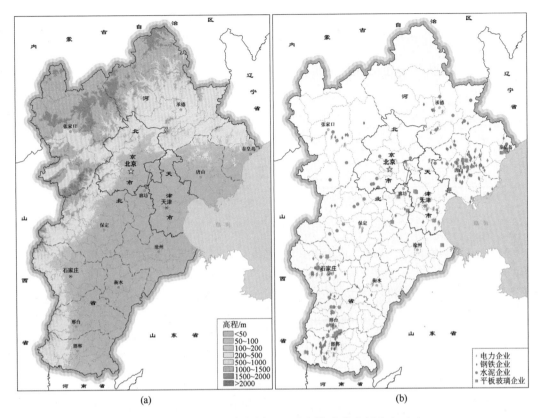

图 12.34　京津冀地区高程图（a）和污染企业空间分布（b）

2. NO₂、SO₂ 和 PM₂.₅ 浓度区域变化差异显著，局部地区仍需加大环境治理力度

　　京津冀 13 个地区的 NO_2 浓度在 2013 年都出现了快速下降趋势，2015 年北京、承德、廊坊这几个区域的 NO_2 浓度出现小幅度上升，这可能与北京 2015 年 11 月和 12 月份的严重雾霾天气有关，几个主要工业地区自 2013 年逐年下降（图 12.35）。而 SO_2 浓度变化规律性不强，北京、石家庄、邯郸、邢台、保定、张家口和承德 2011 年 SO_2 浓度达到最大，以后逐年减少；秦皇岛、沧州、廊坊和衡水 2012 年 SO_2 浓度达到最大，以后逐年减少；天津和唐山的 SO_2 浓度在 2013 年最大，几个主要工业地区的 SO_2 浓度自 2013 年都呈下降趋势，仅有石家庄在 2016 年出现小幅度上升（图 12.36）。13 个地区的 $PM_{2.5}$ 浓度变化不一致，但近两三年都呈下降趋势，几个主要工业地区的 $PM_{2.5}$ 浓度都有了明显的下降，其中唐山自 2010 年以来逐年下降（图 12.37）。

　　总体来说，13 个地区的 NO_2、SO_2 和 $PM_{2.5}$ 浓度整体都呈下降趋势，说明污染物减排效果显著。由于工业发展水平不同，污染气体浓度区域差异性明显。2016 年石家庄、唐山、邯郸、邢台等地区的 NO_2、SO_2 和 $PM_{2.5}$ 浓度明显要高于其他地区，同时这些地区也是下降幅度较大的地区。因此建议当地政府在保持现有减排政策的基础上，继续加大监管力度，改善地区大气环境水平。

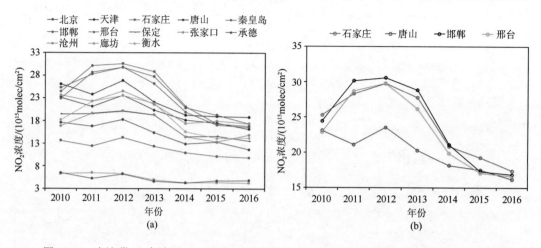

图 12.35　京津冀 13 个地区（a）和主要工业地区（b）NO$_2$ 浓度年变化（2010～2016 年）

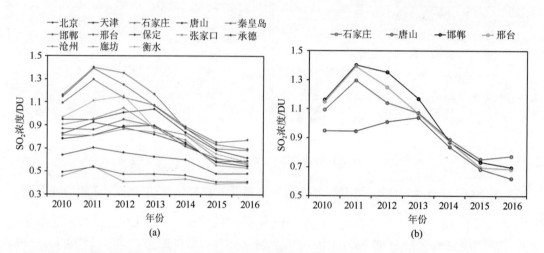

图 12.36　京津冀 13 个地区（a）和主要工业地区（b）SO$_2$ 浓度年变化（2010～2016 年）

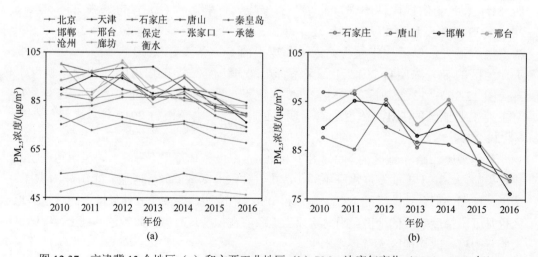

图 12.37　京津冀 13 个地区（a）和主要工业地区（b）PM$_{2.5}$ 浓度年变化（2010～2016 年）

12.5.3　人类活动干扰

随着国家生态文明建设的推进和京津冀协同发展战略的实施，京津冀地区生态环境总体呈现好转趋势。通过 2000～2015 年 MODIS NDVI 数据监测分析，京津冀地区西北生态涵养区植被覆盖呈现整体改善、局部退化的变化趋势，植被改善区域占生态涵养区面积的 87.0%，植被退化区域占 9.1%，表明该地区植被覆盖状况整体逐渐变好。这种变化趋势有利于稳定区域生态系统水源涵养功能，提高区域生态系统生物多样性维护和防风固沙等生态系统服务功能［图 12.38（a）］。从植被类型动态变化方面分析可以看出，2000～2015 年京津冀西北地区已有 1737 km^2 区域实施了退耕还林（草）生态工程，其中退耕还林 1021 km^2，退耕还草 716 km^2，表明该地区退耕还林（草）生态工程成效显著。退耕还林（草）生态工程对于区域生态环境保护与恢复具有重要的生态意义与社会价值［图 12.38（b）］。

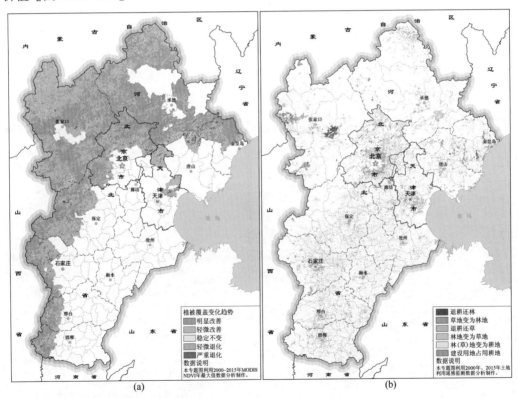

图 12.38　京津冀地区植被覆盖变化（a）、退耕还林（草）(b) 监测图（2000～2015 年）

植被覆盖的局部地区退化主要是由于人类活动干扰造成的地表植被的破坏，如城镇扩张、矿产开采、滑雪场建设等。此外，工业企业肆意排放生产污水对生态环境造成了相当程度负面影响，在一些区域形成大量污水坑。利用高空间分辨率遥感数据，可以精细刻画出局部地区的植被覆盖和水色的动态变化信息，从而反映人类活动对生态系统的影响以及演化进程。

1. 滑雪场建设对当地生态环境造成一定影响，应科学规划、适度开发、集约利用

张家口市崇礼区位于河北省西北部，在《河北省主体功能区规划》中属于省级重点生态功能区，是京张地区重要的生态屏障和水源地。2016 年，被新增为国家级重点生态功能区。崇礼区境内 80% 为山地，被誉为华北地区最理想的天然滑雪区域。2015 年 7 月 31 日，北京携手张家口成功获得 2022 年冬奥会主办权，崇礼被列为雪上项目的主赛场，将承担冬奥会雪上 2 大项 6 分项 50 小项的比赛项目。

利用 2016 年 GF-1、GF-2 号影像，结合 2011 年以来该地区高分辨率遥感数据，开展了张家口崇礼区滑雪场建设情况遥感监测。监测结果如下。

（1）根据 2010 年和 2015 年遥感监测土地利用数据计算分析得出，2010 年崇礼区林地面积为 104502 hm²，占国土面积 44.80%；2015 年为 73716 hm²，占国土面积 31.54%，林地面积减少 13.26%。

（2）利用 2016 年高分遥感影像，崇礼境内共发现滑雪场 9 处，主要分布于崇礼东部山区（图 12.39）；通过与 2011 年前后的高分辨率遥感影像进行对比分析，有 4 处滑雪场属于近年新建，包括太舞滑雪场、富龙滑雪场、云顶滑雪场、新建滑雪场；有 2 处滑雪场进行了扩建，包括万龙滑雪场、长城岭滑雪场；多乐美地、塞北及翠云山滑雪场未见明显变化（图 12.40）；雪道总面积 416.18 hm²，是 2011 年雪道面积的 2.85 倍，新建和扩建的滑雪场雪道面积 270.30 hm²，增长率为 185%（表 12.5）。

图 12.39　崇礼区滑雪场分布图

（3）在 2011～2016 年滑雪场新建扩建过程中，滑雪场雪道建设主要占用林业用地；根据崇礼区政府网公布的太舞、云顶和万龙三大滑雪场规划建成滑雪面积 685 hm^2，将新增滑雪面积 445 hm^2，占 2015 年林地面积的 0.60%；建议冬奥会场馆建设应科学规划、适度开发、集约利用，加大滑雪场及其周边地区的生态环境保护。

太舞滑雪场遥感监测

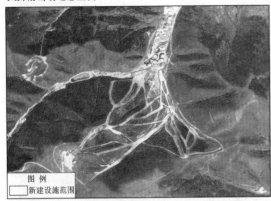

2016年5月29日高分辨率遥感影像

2011年4月18日高分辨率遥感影像

富龙滑雪场遥感监测

2016年5月29日高分辨率遥感影像

2011年4月18日高分辨率遥感影像

银河滑雪场遥感监测

2016年5月29日高分辨率遥感影像

2011年4月18日高分辨率遥感影像

云顶滑雪场遥感监测

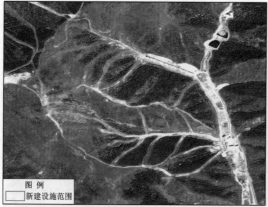

图例
☐ 新建设施范围

2016年5月29日高分辨率遥感影像　　　　　　2011年4月18日高分辨率遥感影像

万龙滑雪场遥感监测

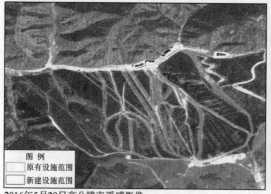
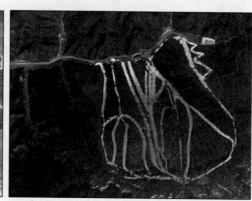

图例
☐ 原有设施范围
☐ 新建设施范围

2016年5月29日高分辨率遥感影像　　　　　　2011年4月18日高分辨率遥感影像

长城岭滑雪场遥感监测

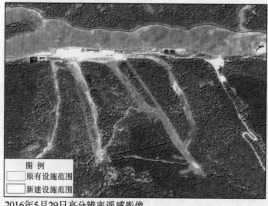

图例
☐ 原有设施范围
☐ 新建设施范围

2016年5月29日高分辨率遥感影像　　　　　　2011年4月18日高分辨率遥感影像

图 12.40　崇礼区新建扩建滑雪场遥感监测图

注：左图为 2016 年 GF-1 号遥感监测结果，右图为 2011 年前后对比影像

表 12.5　崇礼滑雪场遥感解译雪道面积　　　　　　　（单位：hm^2）

序号	滑雪场名称	类型	2011 年雪道面积	2016 年雪道面积
1	太舞滑雪场	新建	0	85.16
2	富龙滑雪场	新建	0	76.30
3	云顶滑雪场	新建	0	54.93
4	新建滑雪场	新建	0	36.37
5	万龙滑雪场	扩建	87.69	100.27
6	长城岭滑雪场	扩建	11.70	16.55
7	多乐美地滑雪场	原有	35.08	35.08
8	塞北滑雪场	原有	4.53	4.53
9	翠云山滑雪场	原有	6.88	6.88
总计			145.88	416.18

2. 局部地区矿山开采活动对生态环境的干扰逐步加强

太行山—燕山水源涵养区局部地区存在矿山开采等人类活动对生态环境的干扰现象。2000~2015 年，承德市境内约 73.92 km^2 山区被开采，毗邻北京的三河市境内约 18.76 km^2 山区被开采（图 12.41）。矿山开采不仅破坏了山区自然生态环境，还会引发滑坡、泥石流等地质灾害。建议当地政府加大管理力度，改善矿区及周边地区生态环境（图 12.42）。

3. 局部地区人为排放造成大量黑臭水体

工业污水坑是由于工业企业未经环保处理向附近坑塘直接排放污水造成的水体污染，在京津冀地区曾有大量污水坑分布，尤其是在天津、廊坊等小型工厂较为集中的地区。由于京津冀地区水资源相对缺乏，地下水超采严重，形成了巨大的地下漏斗。工业污水坑不仅对附近土壤造成污染，影响粮食安全，还会通过渗漏污染地下水，加剧水资源短缺，造成更大的社会安全和生态环境安全。

工业污水中由于不同的离子成分，呈现出不同的水体颜色。高空间分辨率多光谱遥感影像上可以有效反映出这一水体污染状况。通过不同时期的影像对比分析，即可监测工业污水坑的空间分布、演变过程和治理情况。

1）污水坑空间分布遥感监测

利用高分辨率遥感影像对天津、廊坊重点地区进行污水坑监测结果表明，在该区域存在污水坑 23 处，均有不同程度的污染，分布如图 12.43 所示。

2）典型污水坑演进过程动态监测—天津市静海区佟家庄村

利用 2006~2017 年 7 个时期的高分辨率遥感影像对天津市静海区佟家庄村附近污水坑的监测结果如下（图 12.44）。

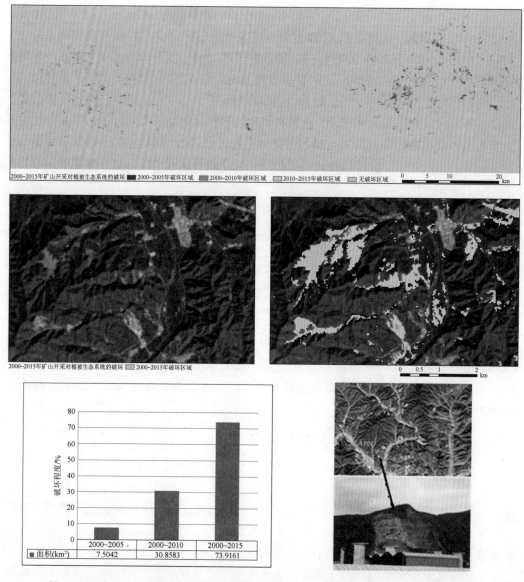

图 12.41　京津冀西北局部地区矿山开采对植被生态系统破坏分析（2000～2015 年）

（1）据报道，佟家庄村附近坑塘为 20 世纪生产队挖土烧砖造成的。2006 年 1 月 27日的遥感影像显示，该处坑塘尚未受到污染。

（2）根据 2013 年 11 月 8 日影像判断，该处坑塘已被污染，东侧坑塘中水体已变为黑色，面积达到 17.38 万 m²。同时，坑塘周边已有企业厂房出现，地图显示为"振华化工厂"。

（3）2014 年 5 月 29 日图像表明，污染情况进一步加剧，面积达 25.12 万 m²，部分水体呈现红褐色。

（4）2015 年 9 月 13 日图像监测表明，污染坑塘有治理迹象，东侧污水坑被分割为多块区域，部分水体污染状况好转，但大部分水域仍处于污染状态。

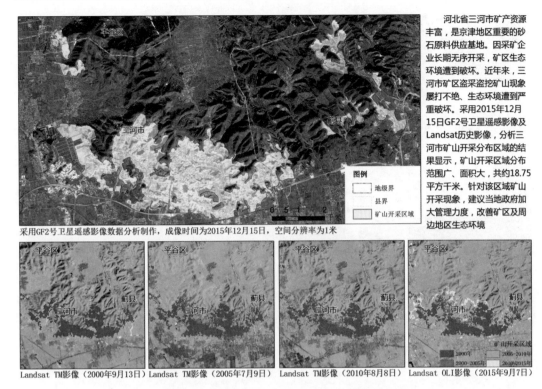

河北省三河市矿产资源丰富,是京津地区重要的砂石原料供应基地。因采矿企业长期无序开采,矿区生态环境遭到破坏。近年来,三河市矿区盗采盗挖矿山现象屡打不绝、生态环境遭到严重破坏。采用2015年12月15日GF2号卫星遥感影像及Landsat历史影像,分析三河市矿山开采分布区域的结果显示,矿山开采区域分布范围广、面积大,共约18.75平方千米。针对该区域矿山开采现象,建议当地政府加大管理力度,改善矿区及周边地区生态环境

采用GF2号卫星遥感影像数据分析制作,成像时间为2015年12月15日,空间分辨率为1米

Landsat TM影像（2000年9月13日）　Landsat TM影像（2005年7月9日）　Landsat TM影像（2010年8月8日）　Landsat OLI影像（2015年9月7日）

图 12.42　河北省三河市矿山开采高分遥感监测

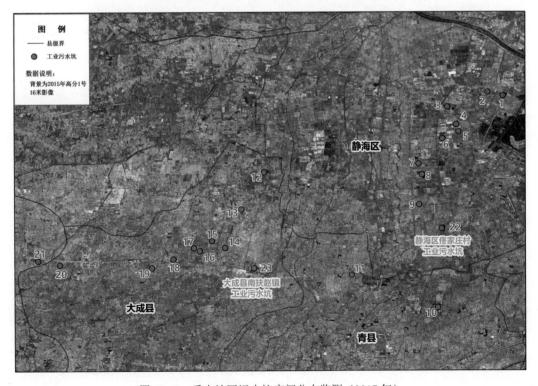

图 12.43　重点地区污水坑空间分布监测（2017 年）

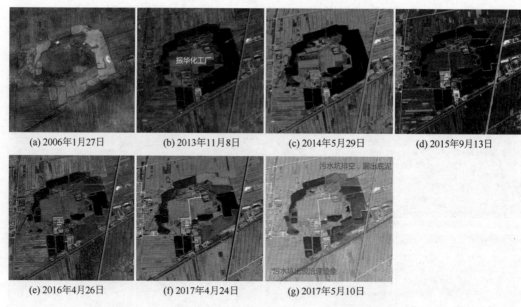

(a) 2006年1月27日　　(b) 2013年11月8日　　(c) 2014年5月29日　　(d) 2015年9月13日

(e) 2016年4月26日　　(f) 2017年4月24日　　(g) 2017年5月10日

图 12.44　天津静海区佟家庄村污水坑演进过程遥感动态监测

（5）2016 年 4 月 26 日影像表明，坑塘污染状况与 2015 年相比无明显变化，依然严重。

（6）2017 年 4 月 24 日影像显示，坑塘污染表现为多种工业废水综合污染，污染水体呈现镉黄、浅绿、蓝黑等多种颜色。

（7）2017 年 5 月 10 日影像监测发现，部分污水坑出现治理迹象，其中东侧污水坑中水体颜色已由蓝黑变为绿色，东北角污水坑污水排空，露出底泥。

3）典型污水坑演进过程动态监测—河北省廊坊市大城县南赵扶镇

利用 2008～2017 年 6 期高分辨率遥感影像对河北省廊坊市大城县南赵扶镇污水坑的监测结果如下（图 12.45）。

（1）南扶赵镇附近坑塘是由于砖厂取土挖掘形成，2008 年 3 月 14 日影像显示砖厂还处于生产状态。

（2）2010 年 10 月 25 日影像监测表明，砖厂生产取土使得坑塘规模进一步扩大，但尚未出现污染状况。

（3）2013 年 10 月 2 日影像显示，砖厂北侧坑塘出现严重污染，水体呈锈红色，废水面积达 15.02 万 m^2；砖厂南侧坑塘水体污染也同时出现，面积为 3.02 万 m^2。

（4）2015 年 9 月 13 日影像显示，受污染坑塘污水出现干涸，部分区域露出被污染土壤。

（5）2016 年 2 月 28 日影像监测表明，砖厂已停止生产，砖窑已被拆除，但坑塘污染状况未见明显好转。

（6）2017 年 4 月 11 日影像监测表明，坑塘污染状况无明显变化，依然严重。

(a) 2008年3月14日　　　(b) 2010年11月29日　　　(c) 2013年10月2日

(d) 2015年9月13日　　　(e) 2016年2月28日　　　(f) 2017年4月11日

图 12.45　河北大城县南赵扶镇污水坑遥感动态监测

第13章 国家重点开发区遥感监测应用示范

中原经济区为国家层面的 18 个重点开发之一。本章围绕中原经济区主体功能定位，结合《中原经济区规划（2012—2020 年）》，利用主体功能遥感监测指标产品及其他辅助数据，从国土空间、新型城镇化、农业撂荒和生态文明建设等方面开展了国家重点开发区遥感监测应用示范。

13.1 区域概况

1. 行政区划

中原经济区位于全国"两横三纵"城市化战略格局中陆桥通道横轴和京广通道纵轴的交汇处，范围包括河南省全境，河北省邢台市、邯郸市，山西省长治市、晋城市、运城市，安徽省宿州市、淮北市、阜阳市、亳州市、蚌埠市，山东省聊城市、菏泽市等 5 省 29 个地级市，以及淮南市潘集区、凤台县和泰安市东平县等 3 个县（区）（图 13.1），面积约 28.9 万 km^2，占全国的 3%。

2. 自然概况

中原经济区地处沿海与中西部结合部，属暖温带—亚热带、湿润—半湿润季风气候，区域年平均气温一般在 6～12℃，地势西高东低，北、西、南三面太行山脉、伏牛山脉、桐柏山脉、大别山脉呈半环形分布，中、东部为华北平原南部，西南部为南阳盆地，山地与平原间差异比较明显（图 13.2）；区域跨越黄河、淮河、海河、长江四大水系，水资源总量丰富。

3. 社会经济

中原经济区作为国家层面重点开发区域，是沿海地区发展的重要支撑，是中部崛起的重要基地，是继"长三角""珠三角""京津冀"3 大经济区之后组合的综合经济区域。根据《中国区域经济统计年鉴——2014 年》（表 13.1），中原经济区 2013 年地区生产总值为 49997.5 亿元，较上一年增长了 8.2%，占国内生产总值的 8.7%。其中，第一产业增加值为 6593.1 亿元，占全国的 11.5%，粮食总产量 10312.5 万 t，占全国的 17.1%；第二产业增加值 27180.7 亿元，占全国的 10.9%；第三产业增加值为 10312.5 亿元，仅为全国的 3.9%。2013 年常住人口总数达到 18109.0 万人，分别占全国的 13.3%。但是城镇化率仅为 43.8%，低于全国的 53.7%。

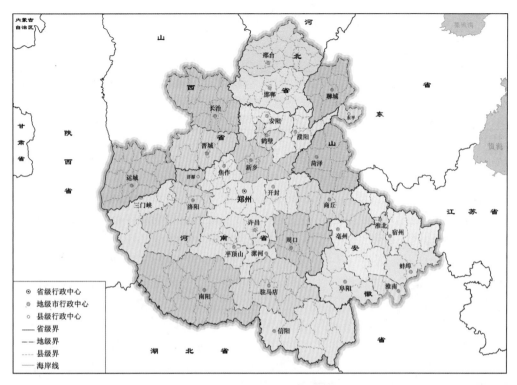

图 13.1　中原经济区行政区划图

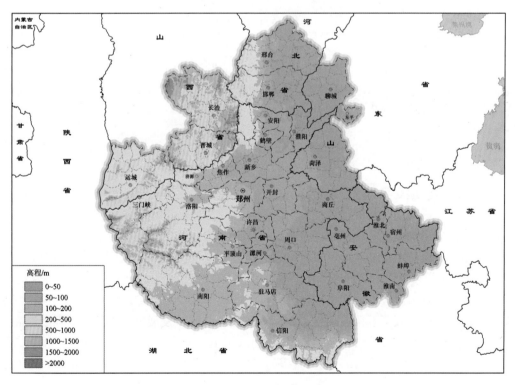

图 13.2　中原经济区地形图

表 13.1　中原经济区主要经济指标

年份	市级行政区划	县级行政区划	常住人口/万人	城镇化率/%	生产总值/亿元	人均生产总值/元	第一产业增加值/亿元	第二产业增加值/亿元	第三产业增加值/亿元	粮食总产量/万t
2011	29	277	17900.2	40.3	41922.0	23419.9	5680.1	23603.9	21367.0	10084.0
2012	29	277	17988.6	41.8	46220.0	25694.0	6119.8	25623.5	25623.5	10287.9
2013	29	279	18109.0	43.8	49997.5	27609.2	6593.1	27180.7	27180.7	10312.5

资料来源：中华人民共和国国家统计局，2014。

4. 功能定位

在《全国主体功能区规划》中，该区域定位为"全国重要的高新技术产业、先进制造业和现代服务业基地，能源原材料基地、综合交通枢纽和物流中心，区域性的科技创新中心，中部地区人口和经济密集区，使之成为支撑全国经济又好又快发展的新的经济增长板块。"2011 年，国务院《关于支持河南省加快建设中原经济区的指导意见》〔国发（2011）32 号〕中指出"建设不以牺牲农业和粮食、生态和环境为代价的新型城镇化、工业化和农业现代化协调发展示范区是中原经济区核心战略定位，实现"三化"协调发展是中原经济区建设的核心任务"。2012 年 11 月，国务院正式批复《中原经济区规划（2012—2020 年）》中："国家重要的粮食生产和现代农业基地，全国"三化"协调发展示范区，全国重要的经济增长板块，全国区域协调发展的战略支点和重要的现代综合交通枢纽，华夏历史文明传承创新区。"

13.2　国土空间统筹

在《全国主体功能区规划》中，重点开发区的发展方向和开发原则之一为"统筹规划国土空间"。规划中提出"适度扩大先进制造业空间，扩大服务业、交通和城市居住等建设空间，减少农村生活空间，扩大绿色生态空间。"

13.2.1　空间开发强度

中原经济区地处我国中心地带，承东启西、连南贯北，是全国"两横三纵"城市化战略格局中陆桥通道和京广通道的交汇区域。在《中原经济区规划（2012—2020 年）》中，明确提出了形成"一核四轴两带"放射状、网络化的空间发展格局。

根据 2015 年中原经济区开发强度遥感监测结果（图 13.3），区域整体开发强度为13.3%，空间分布呈"东高西低"的特征。西部由于受到地形、交通和社会经济发展等因素影响，开发强度较低，如山西省的长治、晋城、运城和河南省的三门峡、洛阳、南阳、信阳等地区，其开发强度均低于 10%。郑州作为区域发展核心，其开发强度最高，2015 年为 25.29%。在区域内开发强度较高的区域主要分布于"沿陇海发展轴""沿京广发展轴""沿济（南）郑（州）渝（重庆）发展轴""沿太（原）郑（州）合（肥）发展轴"等 4 大发展轴。

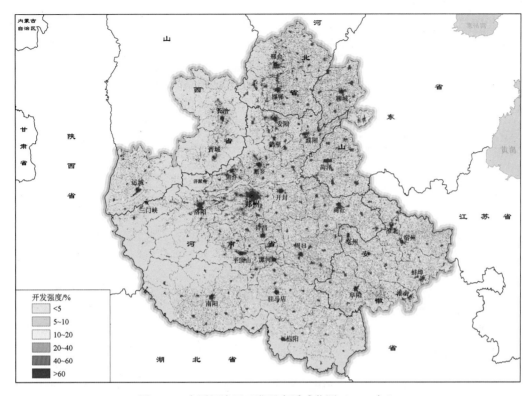

图 13.3　中原经济区开发强度遥感监测（2015 年）

　　利用 2005 年、2010 年和 2015 年共 3 期监测结果分析（图 13.4），中原经济区开发强度在 10 年间呈现稳步增长趋势，2005～2010 年开发强度提高了 1.0%，2010～2015年开发强度提高了 1.3%，开发强度增长速度略低于京津冀地区。其中，城镇建设空间的用地面积 2010～2015 年提高了 80.0%，在总建设空间面积的占比从 2005 年的 13.7%提到了 2010 年的 20.3%；工矿建设空间的用地面积在总建设空间面积中占比最小，2005年为 3.1%，2010 年为 6.4%，2015 年为 6.4%；农村生活空间在总建设空间面积占比最

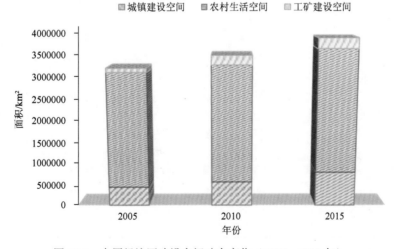

图 13.4　中原经济区建设空间动态变化（2005～2015 年）

高，2010～2015 年分别为 83.1%、77.6%、73.3%，这一现象表明中原经济区在近年来的城镇化发展过程中，农村生活空间得到了一定的控制，但较高的农村生活空间比例也反映了该区域城镇化水平有待进一步提高，农村生活空间整治有较大潜力。

在区域开发强度空间分布上（表 13.2），郑州市在 2005～2010 年开发强度提升较快，从 2005 年的 13.2%提升到了 2015 年的 25.29%，年均增长率超过了 4%，明显高于区域

表 13.2　中原经济区开发强度动态变化统计（2005～2015 年）

区域名称	2005～2010 年		2010～2015 年	
	增长量	增长率	增长量	增长率
邯郸市	1.73%	14.90%	3.60%	27.30%
邢台市	2.48%	25.55%	3.70%	30.30%
长治市	0.47%	14.74%	0.25%	4.08%
晋城市	0.46%	16.13%	2.12%	64.12%
运城市	0.79%	12.92%	0.38%	5.44%
蚌埠市	2.18%	18.00%	0.77%	5.90%
淮北市	2.62%	17.98%	1.69%	10.23%
阜阳市	1.87%	11.18%	0.13%	0.72%
宿州市	1.12%	7.27%	0.72%	4.40%
亳州市	1.41%	8.76%	0.34%	1.92%
聊城市	1.11%	6.45%	0.60%	2.80%
菏泽市	0.86%	4.87%	0.22%	1.14%
郑州市	4.44%	33.62%	7.66%	43.47%
开封市	0.52%	3.43%	0.80%	4.90%
洛阳市	0.43%	8.54%	0.49%	7.77%
平顶山市	0.97%	9.86%	1.13%	10.56%
安阳市	0.51%	4.13%	1.00%	7.30%
鹤壁市	0.68%	5.23%	2.41%	18.38%
新乡市	0.65%	4.55%	1.16%	7.90%
焦作市	1.72%	15.62%	0.83%	6.36%
濮阳市	0.69%	4.02%	1.32%	7.07%
许昌市	1.64%	10.42%	1.03%	6.13%
漯河市	0.31%	1.72%	0.85%	4.30%
三门峡市	0.38%	13.28%	0.31%	8.64%
南阳市	0.11%	1.66%	0.66%	10.07%
商丘市	1.07%	5.53%	2.46%	14.33%
信阳市	0.32%	4.69%	0.05%	0.60%
周口市	0.51%	2.80%	1.28%	7.38%
驻马店市	0.44%	3.92%	0.75%	6.40%
淮南市（潘集区、凤台县）	3.69%	26.59%	1.55%	9.96%
泰安市（东平县）	1.52%	11.95%	0.49%	3.56%
中原经济区	0.99%	9.06%	1.33%	11.11%

内其他区域。这一方面反映了郑州在近年来的快速发展，以及中原经济区内发展核心的地位得到进一步加强。但是，在郑州周边城市，如焦作、新乡、许昌、洛阳、开封等城市开发强度提升均明显低于郑州，甚至低于区域北部的邯郸、邢台、聊城和东部的淮北、阜阳等地区，说明了郑州在区域内的发展带动作用较弱，中原经济区整体的协同发展有待进一步提升。

13.2.2　绿色生态空间

绿色经济发展近年来被提升为国家重要的发展战略。在《全国主体功能区规划》中，国家重点开发区的国土空间统筹明确提出了要"扩大绿色生态空间"。在《中原经济区规划（2012—2020 年）》中，也强调要"落实全国主体功能区规划，加强重要生态功能区生态保护和修复，保障生态安全"。

通过绿色生态空间遥感监测（图 13.5）分析，中原经济区内绿色生态空间主要分布于区域西部的太行山、伏牛山、大别山等山区地带。其中，林地生态空间为 40168.19 km²，占区域生态空间总面积的 62.7%；草地生态空间 17576.60 km²，占区域生态空间总面积的 27.4%；水面、湿地生态空间为 6356.45 km²，占区域生态空间总面积的 9.9%。

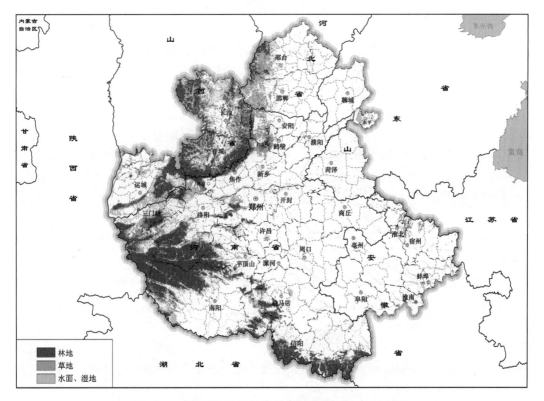

图 13.5　中原经济区绿色生态空间遥感监测（2015 年）

通过中原经济区桐柏大别山地生态区、伏牛山地生态区、太行山地生态区、平原生态涵养区，沿黄生态涵养带、南水北调中线生态走廊和沿淮生态走廊等"四区三带"生态建设，采取巩固和扩大天然林保护、退耕还林等保护措施，使得区域在保持经济发展和建设空间扩大的同时，保持了绿色生态空间面积，2005～2015 年绿色生态空间面积降低了 0.73%。

13.3　新型城镇化发展

2014 年 3 月 16 日，国务院正式颁布《国家新型城镇化规划（2014—2020 年）》，标志着我国正式进入新型城镇化的发展之路。在《国家新型城镇化规划（2014—2020 年）》中指出我国新型城镇化应该是"以人的城镇化为核心，有序推进农业转移人口市民化"的发展之路。中原经济区作为我国重要的粮食主产区，在新型城镇化发展中存在"农村人口多、农业比重大、保粮任务重"的矛盾和挑战。一直以来，中原经济区人口基数大，城镇化水平低。2013 年常住人口总数达到 18109.0 万人，分别占全国的 13.3%，但是城镇化率仅为 43.8%，低于全国的 53.7%。在《中原经济区规划（2012—2020 年）》也提出"加快推进新型城镇化"的发展之路，从而"发挥城市群辐射带动作用，构建大中小城市、小城镇、新型农村社区协调发展、互促共进的发展格局"。

13.3.1　城镇体系分布格局

2015 年，中原经济区包括 29 个地级市、30 个县级市、2077 个镇。利用夜间灯光遥感监测结果可以反映中原经济区城镇体系的空间结构，以及城镇之间的关联体系（图 13.6）。郑州作为中原经济区的核心，其对周边城市具有一定的辐射带动作用，尤其是开封，展现了较强的社会经济关联，为郑汴一体化发展提供了重要的基础。在区域 4 大发展轴中，"沿京广发展轴"和"沿陇海发展轴"区域上，城镇分布密集且城镇间关联较强。而"沿济郑渝发展轴"和"沿太郑合发展轴"区域上，城镇分布相对稀疏且城镇间关联相对较弱。在区域西部的长治、晋城、运城、三门峡、南阳等地区由于受到地形、交通等因素影响，与区域其他部分关联存在明显"断裂"，对于区域协同发展来说需要进一步加强。

按照 2014 年 10 月印发的《国务院关于调整城市规模划分标准的通知》（国发〔2014〕51 号）中关于城市规模的分级，利用《中国城市建设统计年鉴》城区人口数据，对中原经济区城市规模进行分级（表 13.3）。2015 年，中原经济区的 59 个城市中，有特大城市 1 个，Ⅱ型大城市 4 个，中等城市 17 个，Ⅰ型小城市 20 个，Ⅱ型小城市 17 个。

与 2010 年分级结果对比，郑州从Ⅰ型大城市发展为特大城市，提升了城市规模，增强了对周边地区的辐射影响力。中等城市数据量的提升，也使得中原经济区的城镇体系分布趋于均衡。但是区域内缺少Ⅰ型大城市，出现城市等级缺少，且Ⅱ型大城市只有 4 个，占比较少，无法实现与核心城市——郑州共同支撑区域的协同发展。而中原经济区小城市 37 个，占比 62.7%，比重较大，且Ⅱ型小城市的数据低于Ⅰ型小城市，规模序列结构不够平稳。因此，需进一步发展城市的规模，增强城市综合竞争力，完善城镇体系格局。

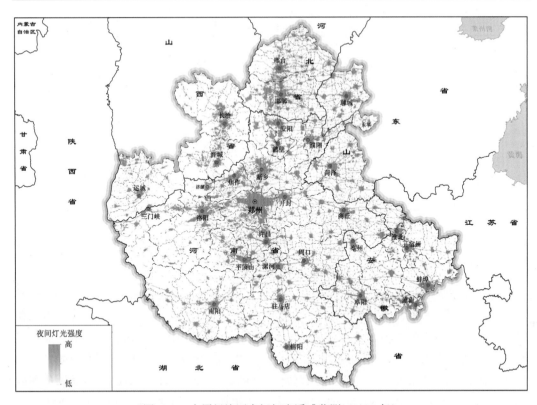

图 13.6　中原经济区夜间灯光遥感监测（2015 年）

表 13.3　中原经济区城市行政区划与规模等级

时间	行政等级		规模等级						
	地级市	县级市	超大城市	特大城市	I 型大城市	II 型大城市	中等城市	I 型小城市	II 型小城市
2010 年	29	30	0	0	1	4	13	23	18
2015 年	29	30	0	1	0	4	17	20	17

　　在城区人口规模变化方面（表 13.4），2010～2015 年中原经济区 59 个城市的城区人口增长了 14.9%，低于全国城市城区人口的增长率（16.5%）。与中原经济区总人口相比，城区人口占比有所上升，2010 年占比为 18.7%，2015 年为 19.7%。表明中原经济区人口在城区集聚程度有所提高，但是低于全国平均水平。在不同等级城市中，郑州作为区域核心城市、唯一的特大城市，城区人口增长了 32.2%，在中原经济区占比也有所上升，2010 年为 16.2%，2015 年为 18.8%。洛阳、邯郸、平顶山和南阳等大城市在 2010～2015 年城区人口数量仅增长了 8.2%，在中原经济区城区总人口占比也由 20.0% 下降至 18.8%，且城区人口密度也 4912 人/km² 下降至 4334 人/km²，表明中等城市人口城镇化发展相对较慢，集聚人口的能力较弱。中小城市的平均城区人口规模基本没有变化，城区总人口的增加主要是由于信阳、濮阳等城市人口规模的增加，由 I 型小城市提升为中等城市。

表 13.4　中原经济区城市人口统计

规模等级	2010 年			2015 年		
	个数	城区面积/km²	城区人口/万人	个数	城区面积/km²	城区人口/万人
特大城市				1	439.07	661.04
I 型大城市	1	439.07	499.93			
II 型大城市	4	1257.26	617.51	4	1541.84	668.25
中等城市	13	2472.47	972.17	17	3393.92	1259.19
I 型小城市	23	2359.41	738.95	20	2005.27	704.99
II 型小城市	18	1289.76	266.72	17	1217.31	262.87
合计	59	7817.97	3095.28	59	8597.41	3556.34

13.3.2　城镇化时空格局

城镇化是人类活动改造自然环境的主要方式之一，它是经济结构、社会结构、生产方式、生活方式的根本性转变，涉及产业的转变、社会结构的调整和转型、基础设施建设与资源环境对它的支撑等多个方面。根据城镇化涉及的领域和城镇化的内涵，通过系统分析，城镇化水平的估算应该包括一个区域的人口、经济、土地这 3 个方面的发展和变化。因此，遵循系统性、完整性、有效性、科学性、可操作性等原则，将城镇化测度归纳到人口、经济、土地 3 个方面，这 3 个方面相互联系又有区别，力求全面准确地反映城镇化进程的综合水平。具体包括以下几个方面（表 13.5）。

表 13.5　城镇化水平评价体系

综合评价体系	一级指标	二级指标
U 城镇化水平	U_1 人口城镇化水平	U_{11} 总人口/万人
		U_{12} 城镇人口比重/%
		U_{13} 二、三产业就业人口比重/%
		U_{14} 人口密度/（人/km²）
		U_{15} 居民地人口密度/（人/km²）
	U_2 经济城镇化水平	U_{21} GDP 总值/万元
		U_{22} 人均 GDP/（元/人）
		U_{23} 人均工业总产值/（元/人）
		U_{24} 二、三产业产值比重/%
		U_{25} 二、三产业 GDP 密度/（万元/km²）
	U_3 土地城镇化水平	U_{31} 居民地面积/km²
		U_{32} 居民地面积比重/%
		U_{33} 人均居民地面积/（m²/人）
		U_{34} 人均园林绿地面积/（m²/人）
		U_{35} 人均道路铺设面积/（m²/人）

（1）人口城镇化指标，主要反映人口向城镇集中的过程，具体包括总人口，城镇/非农人口比重，二、三产业就业人口，人口密度，居民地人口密度。

（2）经济城镇化指标，主要反映经济结构的非农化转变，具体包括 GDP 总值，人均 GDP，人均工业总产值，二、三产业产值比重，二、三产业 GDP 密度。

（3）土地城镇化指标，主要反映地域景观的变化过程，具体包括居民地面积，居民地面积比重，人均居民地面积，人均公共绿地面积，人均道路铺设面积。

结合人口、经济等统计数据与遥感数据，进行评价指标计算和无量纲化处理。依据人口增长、经济发展和土地集约节约在城镇化进程中同等重要的思想，建立综合城镇化水平复合提取模型如式（13.1）所示：

$$U = \sum_{i=1}^{3} W_i U_i \tag{13.1}$$

式中，U_1 为人口城镇化水平；U_2 为经济城镇化水平；U_3 为土地城镇化水平；W_i 为 3 种城镇化水平的权重。

中原经济区城镇化率遥感监测及时空变化结果如图 13.7 和图 13.8 所示。从空间分布上看，中原经济区城镇空间分布呈现十字形状，沿京广线、陇海线分布着中原经济区的主要城市。利用 2010 和 2013 年两期监测结果，分析中原经济区城镇化率变化时空特征，结果显示：2010～2013 区域城镇化率空间分布发生了一定程度变化，城镇化水平有所提升。其中，由于监测期内城市建成区的扩张，经济水平的发展，给原有的城乡结合地区带来快速的城镇化过程，城镇化水平提升要明显高于中心城区。

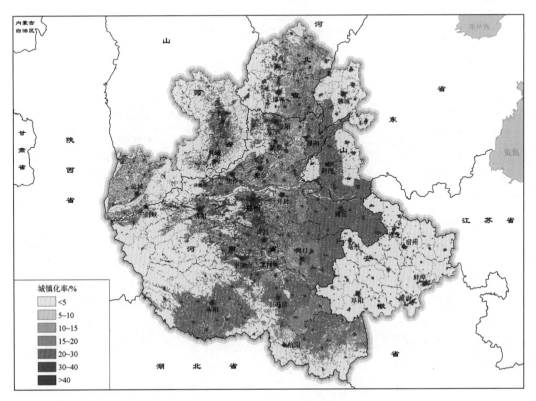

图 13.7　中原经济区城镇化率高分遥感监测（2013 年）

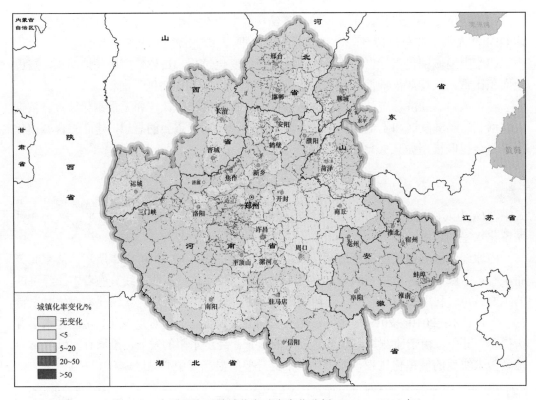

图 13.8　中原经济区城镇化率动态变化分析（2010～2013 年）

13.3.3　城市建成区扩张

城市建成区面积数据对于城市建设、管理和研究具有重大的指导意义。它是判断城市发展规模和阶段的重要指标，是判断城市发展水平的重要依据，是判断城市土地利用效率的基础数据，反映了城市的综合经济实力与现代化水平（胡忆东等，2008）。利用多源遥感数据进行建设用地信息的提取，并利用城市建成区概念中的"实际已成片开发建设"的特征，对所提取的建设用地信息进行修正，进而提取建成区空间分布范围和边界。

城市建成区信息的获取需要可靠的数据支持，传统的信息获取方式已经不能满足实时监测城市建成区变化的需求，遥感区别于以往的常规方法，能够快速、高效、准确地获取城市建成区的信息，遥感已经成为研究城市建成区提取和动态监测的重要手段。建成区地物在遥感影像上表现出不同的空间、纹理和光谱等特征。基于建成区的影像特征，可利用监督分类法、非监督分类法、谱间指数法、面向对象分类法、纹理特征方法、人工神经网络法等方法。谱间指数法是利用不同地物拥有不同波谱信息的特性，建立光谱特征参数，从而提取建成区空间分布信息的方法。

在遥感影像中，城市地区中主要包含了 8 类不同地物：①蓝顶建筑物（主要为企业的厂棚）；②红顶建筑物（主要为农村红瓦房顶，部分为企业厂棚）；③水泥顶建筑物（主要为居民区、道路等）；④裸地；⑤湖泊（人工湖、水库等）；⑥河流；⑦农田（作物覆盖的）；⑧林地。①~③类为城镇用地，⑤~⑥类为水体，⑦~⑧类为植被，通过采样可以获得各地物类型的光谱曲线，如图 13.9 所示。

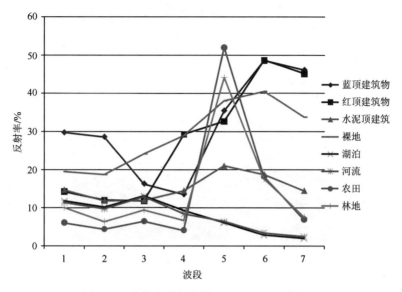

图 13.9　地物光谱曲线图（Landsat OLI 数据）

　　基于郑州市区主要地物类型的光谱曲线分析发现：蓝顶建筑物在 OLI 数据的 2 波段反射率明显高于 3 波段，而红顶和水泥顶的建筑在 2 波段和 3 波段的反射率基本持平，水体和植被则是 2 波段反射率低于 3 波段，因此构建针对蓝顶建筑物的提取指数 $NDBI_{B2-B3}$ 可以有效地提取出蓝顶建筑物以及部分红顶和水泥顶建筑物；红顶和水泥顶的建筑在 OLI 数据的 4 波段明显高于 3 波段，而蓝顶建筑物、水体和植被并不具备这样的光谱走势，因此构建针对红顶和水泥顶建筑物的提取指数 $NDBI_{B4-B3}$ 可以有效地提取出红顶和水泥顶建筑物（包括裸土）。

$$NDBI_{B2-B3} = \frac{OLI_2 - OLI_3}{OLI_2 + OLI_3} \tag{13.2}$$

$$NDBI_{B4-B3} = \frac{OLI_4 - OLI_3}{OLI_4 + OLI_3} \tag{13.3}$$

　　将上述构建的两个指数二值化后求和，构建出针对 OLI 数据的新型建筑物裸土指数 BBI（Build-up areas and Bare land Index）。

$$BBI_{OLI} = \left(\frac{OLI_2 - OLI_3}{OLI_2 + OLI_3} \right)_B + \left(\frac{OLI_4 - OLI_3}{OLI_4 + OLI_3} \right)_B \tag{13.4}$$

　　通过观察分析郑州市区主要地物类型的光谱曲线，对不同地物类型的 BBI_{OLI} 进行计算，只有建成区（包括裸土）才具有正值。利用针对 OLI 数据的新型建筑物指数（BBI_{OLI}）方法对 OLI 数据进行建成区信息提取如图 13.10 所示。

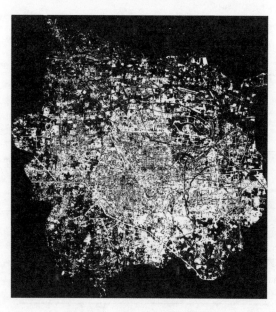

图 13.10　BBI$_{OLI}$ 提取结果图

　　为了定量的评价针对 OLI 数据提出的新型建筑物指数 BBI$_{OLI}$，研究区域随机的选取了 500 个样本点。通过目视解译样本点和本方法得出的结果进行对比（表 13.6），结果表明：针对 OLI 数据，本方法较 NDBI 方法精度更高，建成区信息的平均精度达到 90.41%。

表 13.6　精度对比

	生产者精度/%	用户精度/%	错分误差/%	漏分误差/%	平均精度/%
NDBI	79.41	28.83	71.17	20.59	42.30
BBI$_{OLI}$	90.04	90.79	9.21	9.96	90.41

　　利用新型建筑物指数 BBI$_{OLI}$ 提取方法，选取覆盖中原经济区的遥感影像数据集，开展基于遥感影像的建成区提取，将建成区结果进行空间融合，并通过人机交互解译进行区域修订，形成高精度的中原经济区建成区空间分布结果，如图 13.11 所示。

　　结合城市规模体系，分析中原经济区 59 个城市建成区时空分布格局，统计结果见表 13.7。中原经济区的建成区面积在 2010～2015 年增长了 784.72 km^2，增长率 26.51%，低于全国 30.07% 的增长速率。其中，建成面积增长较快的是以洛阳、邯郸、平顶山和南阳为主的 II 型大城市，平均建成区面积增长率为 33.51%。其次为郑州（2010 年为 I 型大城市，2015 年提升特大城市）建成区面积也有较快的发展，增长了 27.71%。增长较慢的是 II 型小城市，其平均建成区面积增长率为 10.19%。建成区面积比反映了城区范围公共设施、居住设施和市政公用设施等基础设施建设水平，中原经济区整体的建成面积比高于全国平均水平，2015 年达到了 43.56%。其中，郑州作为特大城市、区域发展核心，其建成区面积比增长快，也远高于其他规模的城市，在 2015 年到达了 99.67%，反映了郑州在 2010～2015 年对城市基础设施建设的大力投入，提升了城市的人口承载

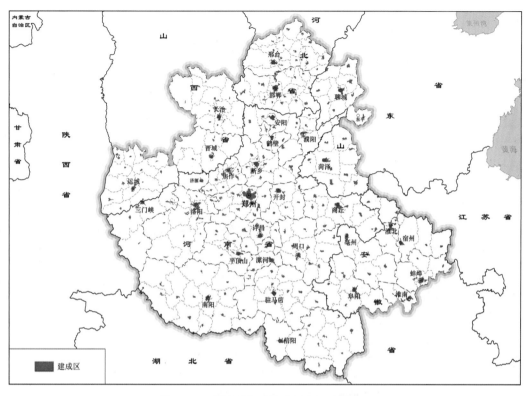

图 13.11 中原经济区建成区空间分布格局

表 13.7 中原经济区城市建成区发展统计

规模等级	2010 年			2015 年		
	建成区面积/km²	建成区面积比/%	人均建成区面积/（km²/万人）	建成区面积/km²	建成区面积比/%	人均建成区面积/（km²/万人）
特大城市				437.6	99.67	0.66
I 型大城市	342.66	78.04	0.69			
II 型大城市	460.61	36.64	0.75	614.94	39.88	0.92
中等城市	1002.1	40.53	1.03	1492.15	43.97	1.19
I 型小城市	839.74	35.59	1.14	872.31	43.50	1.24
II 型小城市	315.52	24.46	1.18	328.35	26.97	1.25
中原经济区	2960.63	37.87	0.96	3745.35	43.56	1.05
全国	40058.01	22.42	1.01	52102.31	27.17	1.13

注：建成区面积比=建成区面积/城区面积；人均建成区面积=建成区面积/城区人口。

能力。在人均建成区面积方面，中原经济区人均建成区面积要略低于全国平均水平，表明中原经济区城市土地集约节约利用程度整体上低于全国平均水平。其中，由于人口集聚效应的影响，随着城市规模的增加，其人均建成区面积也呈现增长趋势。从时序对比上看，只有郑州在 2010~2015 年人均建成区面积有所减少，而其他规模等级的城市人均建成区面积均有所增加，反映了其土地的集约节约利用程度的降低。

13.4　耕地撂荒监测

耕地撂荒现象是中国近 20 年来农村耕地利用过程中出现的又一重大变化。国务院办公厅在 2004 年下发的《关于尽快恢复撂荒耕地生产的紧急通知》和 2008 年下发的《国务院关于促进节约集约用地的通知》中明确指出："我国农业发展又处于一个关键时期，实现粮食增产、农民增收的任务非常重要。目前一些地方存在不同程度的耕地撂荒现象，直接影响当前春耕生产及粮食播种面积的增加。""制止耕地撂荒行为，恢复撂荒地生产，要在摸清情况和原因的基础上，实行分类指导，采取有针对性的措施。"

中原经济区作为我国重要的粮食生产和现代农业基地，其核心定位为实现新型城镇化、工业化和农业现代化协调发展。近年来，随着城镇化和经济的快速发展，中原经济区农村劳动力流失加剧，造成了大量耕地闲置，不再耕作，耕地撂荒现象较为严重。开展耕地撂荒监测，对于摸清农村耕地撂荒现状，评估分析耕地撂荒的空间分布特点，推动农村土地集约节约利用具有重要的现实意义。同时，也可为区域土地流转，实现农业现代化发展提供基础的数据支撑。

13.4.1　监　测　方　法

目前，常用的耕地撂荒监测方法有 3 种：基于遥感目视解译的撂荒地提取方法、基于遥感影像分类的撂荒地提取方法和基于植被指数时间序列特征的撂荒地识别方法。3 种方法对撂荒地的提取效果迥异，各有所长，也各有所缺陷。

1. 基于遥感目视解译的撂荒地提取方法

基于遥感目视解译的撂荒地提取方法属于传统的识别方法。此方法相比于其他方法而言，是正确率最高的方法，但同时也是效率最低的方法，受操作者的主观意识影响大。由于目视解译综合了地物的色调、形状、大小、阴影、纹理、图案、位置和布局等影响特征知识，以及有关地物的专家知识，并结合其他非遥感数据资料进行综合分析和逻辑推理，从而能达到较高的专题信息提取的精度，它是目前业务化生产的一门技术，与非遥感的传统方法相比，具有明显的优势。然而，目视解译工作存在着一定的局限性，主要包括以下几个方面。

（1）目视解译方法要求解译人员具有各种丰富的知识，要求解译者在心理上和生理上对解译工作有一定的灵性和经验。

（2）费事费力，工作效率低下。

（3）主观因素作用大，容易产生误判。

（4）不能完全实现定量描述，与数字时代定量化、模型化、系统化的现实情况难以适应。

在目前的遥感技术水平的基础上，此方法仍然是应用最广的方法，通过此方法提取出来的专题信息仍然是最具有实用价值的。

2. 基于遥感影像分类的撂荒地提取方法

基于影像分类的撂荒地提取方法属于机器自动识别的方法。此方法效率较高，但是精度难以保证。由于撂荒地本身的特征，一般的监督分类方法是将光谱特征不同的地物区别开，遥感影像上颜色越纯的地物越容易区分，颜色越杂的地物越难以区分。而撂荒地就是杂草丛生、混合型极强的地物，因此分类结果并不理想。同时，同物异谱和异物同谱的情况非常普遍，所采用的分类方法也无法区分两种情况，所以提取精度并不高。采用面向对象的影像分类方法，先对影像进行分割，充分利用影像的纹理、光谱和空间特征，在提取出耕地地块的基础上，能取得较好的撂荒地分类结果。因此可以利用遥感影像分类结果作为耕地撂荒识别的参考，人机交互解译提高提取效率。

3. 基于植被指数时间序列特征的撂荒地识别方法

基于植被指数时间序列特征的撂荒地识别方法，在识别效率上很高，而且识别正确率也较高，能够区分耕地撂荒与轮休，也可以对撂荒年限进行定量描述，具有相当的可行性。但是此方法有着很大的局限性，由于 NDVI 对不同地物非常灵敏，如果采样点的像元中夹杂着多种地物，则会对采样点处 NDVI 值产生很大影响，那么，必须要保证采样点所对应的 NDVI 数据产品中的像元必须是纯像元。在研究中，要达到这一点要求是存在一定的困难的，原因如下：

（1）从数据上来说，MODIS 影像的 NDVI 产品空间分辨率较低，很难保证所有的像元都是纯像元，需要精心挑选才能尽可能满足条件。

（2）我国南方土地破碎，地物种类繁多，种植模式多样，这就需要连续的高空间分辨率的数据，这样成本会提高很多。但在我国北方平原，地域所带来的局限也就不会这么明显。

由于遥感数据的空间分辨率和时间分辨率无法同时达到最高水平，这就需要使用高分辨率的遥感数据，因此该方法在大面积范围内进行撂荒地的提取较为有效，可以作为耕地撂荒快速提取的辅助手段。

基于植被指数时间序列特征的撂荒地提取技术流程如图 13.12 所示。首先，通过高分遥感影像，分 3 类采集样本点：耕地点（包括撂荒地）、林地点、建筑用地点。其次，利用示范区内的 MODIS 数据的 NDVI 产品，提取每个样本点的 NDVI 时间序列数据，利用高斯平滑的方法给每个 NDVI 时间序列数据进行去噪处理，得到每个样本点的 NDVI 时间序列曲线。最后，通过分析不同地物类型的时间序列曲线的特征，结合各地物类型（包括撂荒地）的生长特征，以此来提取耕地中的撂荒地，并区分耕地撂荒与轮休。

1）NDVI 高斯平滑的去噪方法

地表土地利用类型的生命周期主要是通过 NDVI 时间序列曲线来表征。在获得NDVI 数据产品之后，选取不同土地利用类型（耕地、荒地、林地、建筑用地）的采样点，通过 IDL 工具，利用样本点的经纬度获得其 11 年间的 NDVI 值，形成一个时间序列。每个样本点的时间序列代表了一种土地利用类型随着时间的发展变化，从而表征其发生发展的周期特征。

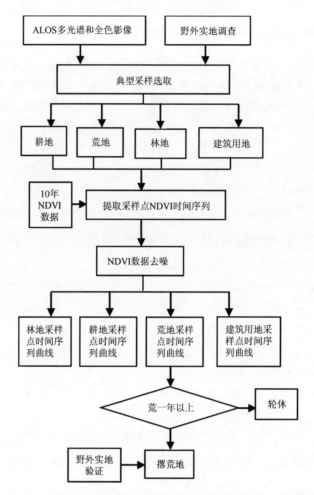

图 13.12　基于植被指数时间序列特征的撂荒地提取技术流程

　　NDVI 经比值处理，可以部分消除与太阳高度角、卫星观测角、地形、云/阴影和大气条件有关的辐照条件变化（大气程辐射）等的影响（赵英时，2003）。但是由于 NDVI 敏感度高，噪声影响仍然很大。高斯平滑对随机噪声的平滑效率很高，而且能保持原数据本身的特征，因此，选择高斯平滑方法对 NDVI 数据进行平滑处理。

　　高斯平滑是利用高斯滤波器对原始数据进行处理。高斯滤波器是一类根据高斯函数的形状来选择权值的线性低通滤波器。低通滤波器的原理是在频域内，经过一定处理，过滤掉原始数据中高频部分，而保留低频的有用信息。由于高斯函数的傅里叶变换仍然是高斯函数，能构成一个在时域和频域都具有平滑性能的低通滤波器。可以通过在时域（或空域）对数据做卷积，或者在频域做乘积来实现高斯滤波。因此，在时空域中将原始数据与高斯函数做卷积就可以达到高斯平滑的效果。

　　对于一个标准差为 σ 的单位幅值高斯函数，它的傅里叶变换也是一个高斯函数，幅值函数为 $\sqrt{2\prod\sigma}$，标准偏差为 $1/\sqrt{2\prod\sigma}$（Kenneth，2007）。由此可见，在空间域里标准差大的高斯函数，在频率域里标准差小；而在频率域里，标准差小的高斯函数，其图形陡峭，函数集中在均值附近，因而与原始数据相乘之后，高频部分被大量的过滤掉。

因此在频率域里标准差小的高斯函数具有更高的平滑效率，也就是说，在空间域里标准差大的高斯函数具有更高的平滑效率。

选择 4 个不同的 σ 值，其中 $\sigma1 < \sigma2 < \sigma3$，对应 4 个不同的高斯函数，对这些连续高斯分布进行采样、量化，并使其模板归一化得到离散的高斯模板，分别为模板【1 7 1】、模板【1 4 7 4 1】、模板【1 2 3 4 3 2 1】，利用这些模板对原始数据做卷积运算，平滑结果如图 13.13 所示。

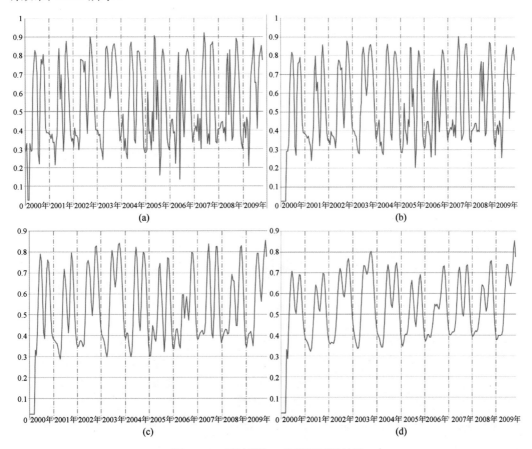

图 13.13　原始图与 3 种模板平滑结果

（a）原始的耕地点的 NDVI 曲线；（b）模板【1 7 1】处理结果；
（c）模板【1 4 7 4 1】处理结果；（d）模板【1 2 3 4 3 2 1】处理结果

通过比较原始图和平滑后的曲线图，可以发现高斯平滑能够消除最主要的噪声，且不丢失重要的信息，曲线能够体现季节性和周期性。

但是逐一比较各模板平滑后的结果，可以发现模板【1 2 3 4 3 2 1】平滑力度最大，模板【1 4 7 4 1】其次。但是比较图 13.13（a）和图 13.13（d），不难发现图 13.13（d）中曲线整体下降了 0.1 左右，这在很大程度上影响了耕地点 NDVI 时间序列曲线的特征。为了平衡平滑力度和有效信息保持率，在本研究中，模板选择了【1 4 7 4 1】。

2）主要土地利用类型的典型样点的时间序列曲线特征分析

利用高斯模板【1 4 7 4 1】对每个样本点的一维 NDVI 数据进行平滑处理，得到主要的土地利用类型的典型样本点的时间序列曲线，如图 13.14 所示，分别为典型耕地、林地、建筑用地、摞荒地的样本点的时间序列曲线。

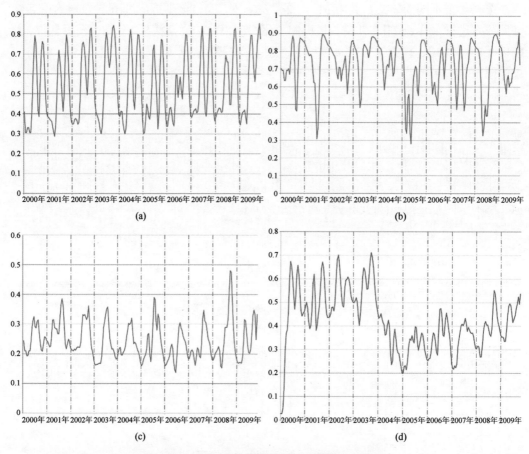

图 13.14   主要地物类型的 NDVI 时间序列曲线
耕地（a）；林地（b）；建筑用地（c）；荒地（d）

在时间序列曲线图中，横轴表示时间推移，纵轴表示 NDVI 值。NDVI 值越高表示植被覆盖度越高，作物生长越茂盛。

图 13.14（a）中，耕地的时间序列曲线 NDVI 值整体较高。每一年中，曲线大致在 3 月出现低谷，6 月出现高峰，8 月再次低谷，10 月再次高峰。这说明该处一年中有两次耕种，分别在 6 月和 10 月逐渐成熟，而且两种农作物茂盛程度相同，生长特征一致。这与当地双季水稻的季节特性相符。另外，图中除了 2006 年和 2008 年之外，其余年份都存在双峰的特性，而这两年都是前半年 NDVI 值大幅降低，说明没有种植作物，而是荒芜了，但是仅仅维持了半年，属于轮休。因此，此处 10 年都种植双季水稻，没有摞荒。

图 13.14（b）中，林地的时间序列曲线 NDVI 值很高，每一年中，曲线在春季有一个低谷，夏季过后 NDVI 值逐渐上升到达峰值。说明该作物是春季开始生长，夏季逐渐繁茂，而且整体植被覆盖度高，这与林地的生长特性相符，同时 10 年内都是林地。

图 13.14（c）中，建筑用地的时间序列曲线 NDVI 值较低，同时曲线在每年的夏季出现了波峰。理论上，建筑用地的 NDVI 值在一年中是不变的，但是在实际的采样点采集的时候，很难得到大面积的纯建筑用地点，总是包含零星植被。此曲线表现的仍然是建筑用地的变情况。2008 年出现了 NDVI 最高值，说明此时植被生长异常茂盛，可能是人为活动导致。

图 13.14（d）中，在前 4 年中，荒地时间序列曲线与图 13.14（a）一致，保持有水稻的双峰特性，但是从 2004 年开始，NDVI 值下降，双峰消失，只有小的波峰，曲线形态近似于图 13.14（c），且 NDVI 值仅略高于图 13.14（c）。说明此地没有再耕种水稻了，而是长有零星植被，荒芜了。而且这种情况维持了 6 年，该地已经满足了撂荒地的条件。

13.4.2　撂荒地分布监测

利用植被指数时间序列特征的撂荒地识别方法，综合多源遥感影像，以中原经济区中的信阳地区为典型区域，开展耕地撂荒遥感监测，形成了信阳地区撂荒地分布系列监测图。

使用遥感影像主要覆盖了信阳市市辖区——平桥区和浉河区，罗山县大部区域，以及驻马店市的确山县和正阳县南部地区。经过统计，影像范围内提取出撂荒地面积总和为 2373504.42 m^2。从撂荒地整体分布图（图 13.15）可看出，信阳地区撂荒地总体分布上呈现北多南少的趋势，主要集中平桥区和罗山县北部。

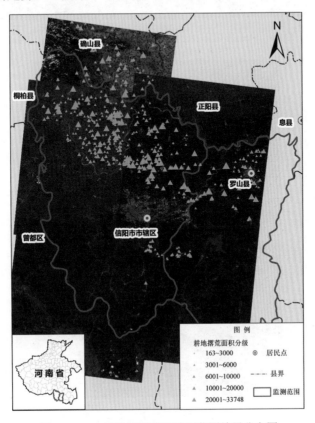

图 13.15　中原经济区信阳地区监测结果分布图

平桥区范围共提取出撂荒地 1662019.53 m² (图 13.16～图 13.18),占总撂荒地面积的 70.02%,共涉及洋河镇、高粱店乡、邢集镇、甘岸街道、彭家湾乡、平昌关镇、长台乡、查山乡、龙井乡、肖王乡、五里店镇、明港镇、胡店乡、肖店乡、王岗乡 15 个乡镇。

图 13.16 河南省信阳市平桥区明港镇撂荒地监测结果分布图

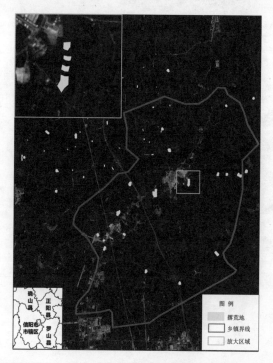

图 13.17 信阳市平桥区洋河镇撂荒地监测结果分布图

图 13.18　信阳市平桥区查山乡摞荒地监测结果分布图

罗山县范围内提取出摞荒地面积为 374415.54 m^2，主要涉及高店乡、尤店乡、东辅乡、楠杆镇、龙山乡、庙仙乡、子路镇、莽张乡、朱堂乡 9 个乡镇（图 13.19～图 13.21）。

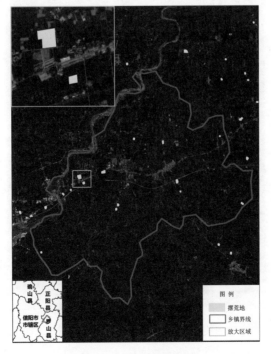

图 13.19　信阳市罗山县楠杆镇摞荒地监测结果分布图

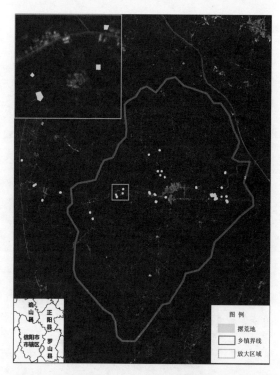

图 13.20　信阳市罗山县朱堂乡撂荒地监测结果分布图

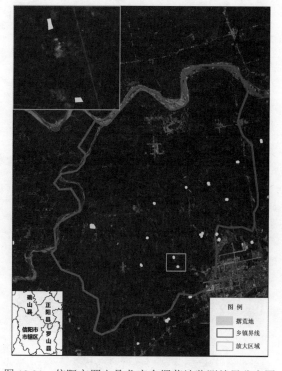

图 13.21　信阳市罗山县尤店乡撂荒地监测结果分布图

13.4.3　撂荒成因分析

1. 城镇经济发展快速，制造业劳动力需求增加，农村劳动力流失

近几十年来，我国城镇化进程加快，经济发展飞速，尤其以手工制造业和房地产建筑业发展最为迅猛，这两个产业均为劳动密集型产业，普通劳动力需求日益增加。这是导致耕地撂荒的最主要的原因，也是最根本的原因。

2. 农村土地经营权流转机制不健全，难以形成有效的流转市场

我国农村土地流转市场严重滞后于土地流转，中介组织匮乏、流转机制不完善，造成土地流转受限。土地流转的成本太高，而土地的收益过低使得农民对土地流转并不感兴趣。

外出务工农民由于缺乏社会保障机制，随时面临失业，回村务农至少能作为最后的保障。农民工就业受到歧视，使土地成为农民最大的生存保障。所以有些农民虽然放弃了耕种土地，但是也不愿意放弃土地的使用权，造成耕地闲置撂荒。

3. 土地征用制度不完善，耕地"征而不用"

信阳属于中原经济区，近年来城镇化发展加速，开发项目增多，对土地到需要日益增长。然而，在某些地方土地征用存在制度不完善和措施不得当的问题。已征收的农村土地由于各种原因"征而不开""开而不发"，闲置多年，形成实际上的耕地撂荒（图 13.22）。

图 13.22　"征而不用"造成的耕地撂荒

4. 风俗习惯造成耕地撂荒

在信阳地区，有些祖坟直接放在耕地当中。大部分坟包周围依然进行耕种，但是有少部分直接将耕地圈作坟地的在农村地区尤为常见，因而也出现了大量的撂荒地（图 13.23）。

图 13.23　坟地占用造成的耕地撂荒

5. 气候与地形影响作物耕种，导致区域内撂荒地分布差异

信阳地区南部以种植水稻为主，耕种状况主要受降水量的控制，如果当年降水不足，则无法种植水稻，导致耕地闲置（图 13.24）。若连年缺水，就产生耕地撂荒。在山地及丘陵地区，耕地破碎，再加之灌溉水平不高，产量较低，使得部分地块闲置，产生撂荒。而北部地势平坦，以种植小麦为主，耕地撂荒较少。

图 13.24　自然环境影响造成的耕地撂荒

6. 交通基础设施条件从不同方面影响撂荒地分布

信阳地区均有丘陵地形分布，由于交通基础设施建设不同的原因，不同区域的交通便利条件也不尽相同。一方面，交通便利更利于农村人口向城镇流动，农民获得经济来源的其他手段也更加丰富，报酬相对农作物收成也更加丰厚。青壮年劳动力依靠便利的交通涌向城镇，耕地撂荒情况也相对更为严重；另一方面，某些交通基础设施（尤其是高速公路）的修建却影响了农作物的生长和收成的运输，造成收成质量不高或运送困难，

耕作成本高而收获低，农民放弃耕种土地（图 13.25）。

图 13.25　交通影响造成的耕地撂荒

由此，可以得知耕地撂荒是由多方面因素引起的，其中以经济原因最为主要。

撂荒地恢复利用也要从多方面进行努力，不仅要从直接的经济政策上做出调整，还要从文化宣传角度对广大农民进行教育，引导他们重新认识耕地，保护耕地。

经济政策上，奖励耕地恢复利用的行为，严惩耕地荒废的行为，改进农村耕作方式和生产工具，提高耕地产量，建设高科技含量的社会主义新农村，保证农村人口经济来源丰富，以此维持农村常住人口。

从文化上进行教育，大力宣传文明农村，注重精神文明。建设资源节约型、环境友好型的新农村。淡化许多不适当的风俗习惯和改变金钱至上人文意识淡薄的思维方式。

13.5　生态文明建设

"保护生态环境"是国家重点开发区发展方向和开发原则之一。在《中原经济区规划（2012—2020 年）》中，也提出要"落实全国主体功能区规划，加强重要生态功能区生态保护和修复，保障生态安全。"

13.5.1　生态系统脆弱性

生态系统脆弱性是指我国全国或区域尺度生态系统的脆弱程度，由沙漠化脆弱性、土壤侵蚀脆弱性、石漠化脆弱性 3 个要素构成，具体通过这 3 个要素等级指标来反映。设置生态系统脆弱性指标的主要目的是为了表征我国全国或区域尺度生态环境脆弱程度的集成性。从 2013 年中原经济区生态系统脆弱性空间分布遥感监测（图 13.26）结果可以看出：区域生态系统脆弱性整体较轻；其中 24.05%的区域为微度脆弱，主要分布于西部的山区；70.45%的区域为轻度脆弱；5.14%的区域为中度脆弱，主要为城市建成区等人类干扰度较高的区域。

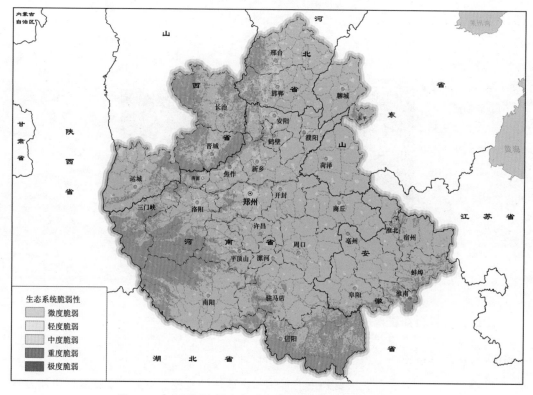

图 13.26 中原经济区生态系统脆弱性空间分布（2013 年）

　　利用 2005 年和 2013 年两期监测结果，分析中原经济区生态系统脆弱性变化时空特征。图 13.27 和表 13.8 是 2005～2013 年生态系统脆弱性动态变化的空间分布格局及统计信息。结果显示，2005～2013 年区域生态系统脆弱性发生了的正逆过程，脆弱性程度整体略有好转。其中，58.50% 的区域生态系统脆弱性程度稍微降低，仅有 1.72% 的区域生态系统脆弱性程度有所提升。生态系统脆弱性变化的空间格局主要受沙漠化土地时空迁移，降水、土壤特性和土地覆盖变化引起的土壤侵蚀变化空间分布的影响。

13.5.2 生态重要性

　　生态重要性是指我国全国或区域尺度生态系统的重要程度，由水源涵养重要性、土壤保持重要性、防风固沙重要性、生物多样性维护重要性、特殊生态系统重要性 5 个要素构成，具体通过这 5 个要素重要程度指标来反映。设置生态重要性指标的主要目的是为了表征我国全国或区域尺度生态系统结构、功能的重要程度。从 2013 年中原经济区生态重要性空间分布遥感监测（图 13.28）结果可以看出：区域生态重要性空间分布分异性较大，这是水源涵养、土壤保持和生物多样性空间分布综合作用的结果。西南部和西北部地区生态系统呈现较高的重要性，东北部地区生态系统重要性较低。17.65% 的区域生态系统重要性高，4.06% 的区域生态系统重要性较高，26.02% 的区域生态系统重要性中等，48.17%的区域生态系统重要性较低，4.10%的区域生态系统重要性低。各市、县/区中，南阳、南阳、三门峡等部分地区生态系统重要性较高，邢台、邯郸等中东部城市地区生态系统重要性较低。

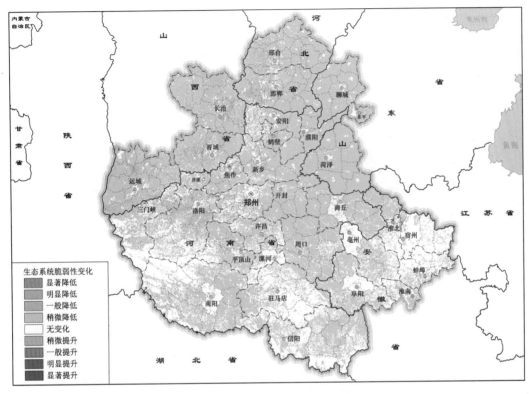

图 13.27　中原经济区生态系统脆弱性变化空间分布（2005～2013 年）

表 13.8　中原经济区生态系统脆弱性变化统计表（2005～2013 年）

变化趋势	面积统计/km²	区域百分比/%
显著降低	218	0.08
明显降低	1329	0.46
一般降低	9753	3.37
稍微降低	169515	58.50
无变化	103995	35.89
稍微增高	3978	1.37
一般增高	905	0.31
明显增高	83	0.03
显著增高	9	0.00

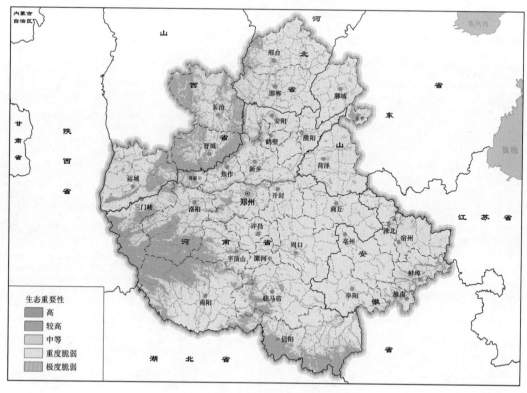

图 13.28　中原经济区生态重要性空间分布（2013 年）

　　利用 2005 年和 2013 年两期监测结果，分析中原经济区生态重要性变化时空特征。图 13.29 和表 13.9 是 2005～2013 年生态重要性动态变化的空间分布格局。结果显示，2005～2013 年年区域变化不显著。其中，78.69%的区域无变化；13.50%的区域生态重要性程度有所降低；7.81%的区域生态重要性程度有所增高。生态重要性程度的变化主要与水源涵养、土壤保持、生物多样性等生态系统功能变化有关，西南部山地地区随着植被恢复和生态改善水源涵养、土壤保持、生物多样性等生态系统功能逐渐增强，生态重要性程度逐渐增加，这对于区域生态环境改善具有重要的现实意义。

13.5.3　大　气　环　境

　　中原经济区人口稠密、经济总量大，改革开放 40 年以来经济得到了快速发展，以资源消耗为主的粗放型增长方式带来的高强度污染排放使得大气污染物排放总量居高不下，区域大气环境形势严峻。2013 年全国大气污染最严重的十大城市中占三席。中原经济区毗邻京津冀、长三角两大经济区，周边区域污染跨区传输明显。随着中部崛起战略的实施，工业化城镇化进程的递进，无疑进一步加大中原经济区城市和区域大气环境污染控制工作的难度。利用 OMI 遥感数据对 2010～2017 年的主要大气污染物 SO_2 和 NO_2 进行检测分析。

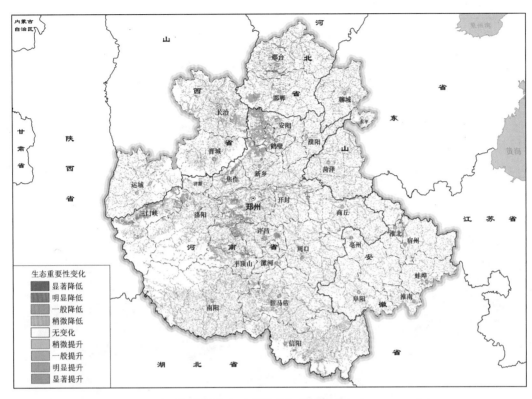

图 13.29　中原经济区生态重要性变化空间分布（2005～2013 年）

表 13.9　中原经济区生态重要性变化统计表（2005～2013 年）

变化趋势	面积统计/km^2	区域百分比/%
显著降低	230	0.08
明显降低	1872	0.65
一般降低	8459	2.92
稍微降低	28564	9.86
无变化	228016	78.69
稍微增高	20560	7.10
一般增高	1496	0.52
明显增高	416	0.14
显著增高	152	0.05

1. 近 7 年 NO$_2$ 和 SO$_2$ 浓度总体呈下降趋势

总体看来，近 7 年中原经济区 NO$_2$ 和 SO$_2$ 浓度呈下降趋势。其中，NO$_2$ 浓度自 2011 年开始逐年下降，2017 年比 2011 年下降 51.2%；SO$_2$ 浓度自 2011 开始年逐年下降，2017 年比 2011 年下降 51.7%（图 13.30）。图 13.31 和图 13.32 从空间分布上对 NO$_2$ 和 SO$_2$ 浓度进行了年际变化分析，其变化结果和图 13.30 一致。

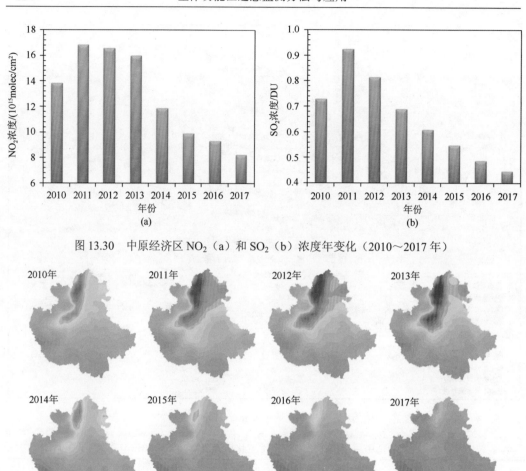

图 13.30 中原经济区 NO_2（a）和 SO_2（b）浓度年变化（2010～2017 年）

图 13.31 中原经济区 NO_2 浓度年空间分布变化（2010～2017 年）

2. NO_2 和 SO_2 浓度空间分布基本一致，都呈现北高南低的区域特征

从空间上来看，中原经济区 NO_2 和 SO_2 浓度均呈现出西北低东南高的空间分布特征（图 13.33），河南、山东北部、河南北部的 NO_2 和 SO_2 浓度较高，安徽、河南南部的 NO_2 和 SO_2 浓度较低。

3. NO_2 和 SO_2 浓度都呈现明显的冬季高夏季低的季节变化特征

从时间上来看，中原经济区 NO_2 和 SO_2 浓度均呈现冬季高夏季低的季节性循环特征，其中 NO_2 的季节性较 SO_2 显著（图 13.34）。

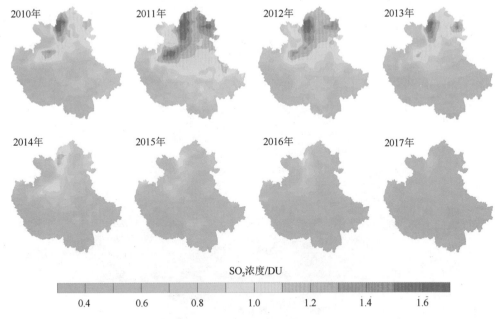

图 13.32　中原经济区 SO_2 浓度年空间分布变化（2010～2017 年）

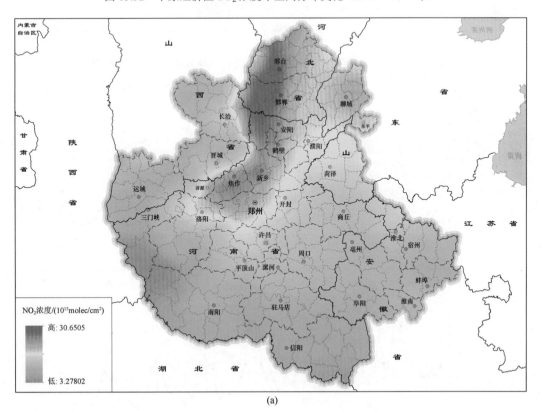

(a)

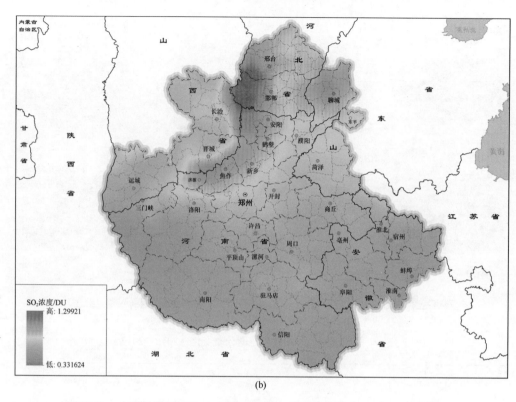

(b)

图 13.33　中原经济区 NO₂（a）和 SO₂（b）浓度空间分布（2010～2017 年）

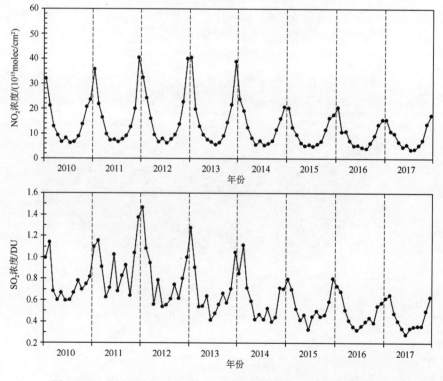

图 13.34　中原经济区 NO₂ 和 SO₂ 浓度季节变化（2010～2017 年）

第 14 章 国家限制开发区遥感监测应用示范

三江源草原草甸湿地生态功能区（以下简称"三江源地区"）属水源涵养型国家限制开发区，是我国重要的生态安全屏障，其径流、冰川、冻土、湖泊等构成的整个生态系统对全球气候变化有巨大的调节作用。同时，三江源地区地处青海省南部，为古丝绸之路的重要组成部分，在我国新丝绸之路经济带建设中具有重要的战略作用。围绕三江源地区主体功能定位，结合丝绸之路经济带建设，利用主体功能监测指标产品及其他辅助数据，从空间结构、生态系统服务功能、水资源时空分布等方面，开展限制开发区遥感监测应用示范。

14.1 示范区概况

1. 行政区划

三江源地区位于我国西部、青藏高原腹地、青海省南部，为长江、黄河和澜沧江的源头汇水区。地理位置为北纬 31°39′～36°12′，东经 89°45′～102°23′，行政区域涉及玉树、果洛、海南、黄南 4 个藏族自治州的 16 个县（泽库县、河南蒙古族自治县、同德县、兴海县、玛沁县、班玛县、甘德县、达日县、久治县、玛多县、玉树县、杂多县、称多县、治多县、囊谦县、曲麻莱县）和格尔木市的唐古拉山镇，总面积 36.3 万 km²，约占青海省总面积的 50.4%（图 14.1）。

2. 自然概况

三江源地区地处青藏高原的腹地（图 14.2），生态环境独特、地形地貌复杂，自然环境类型多样，生物多样性丰富。总的气候特征是热量低、年温差小、日温差大、日照时间长、辐射强烈，风沙大，植物生长期短。全年平均气温一般在–5.6～3.8℃，年平均降水量为 262.2～772.8 mm，年蒸发量为 730～1700 mm。三江源区热量和水分由东南向西北递减，植被的水平带谱和垂直带谱均十分明显，植被空间分布呈明显的高原地带性规律，自东而西（自低而高）依次为山地森林、高寒灌丛草甸、高寒草甸、高寒草原、高寒荒漠，沼泽植被和垫状植被则主要镶嵌于高寒草甸和高寒荒漠之间。目前，该区域主要的生态环境问题是草地退化、冰川湖泊萎缩、生态系统逆向演替等，这些问题导致了黄河、长江流域旱涝灾害的加剧。

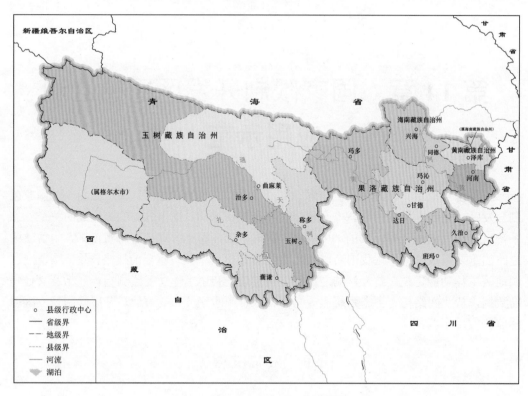

图 14.1　三江源地区行政区划图

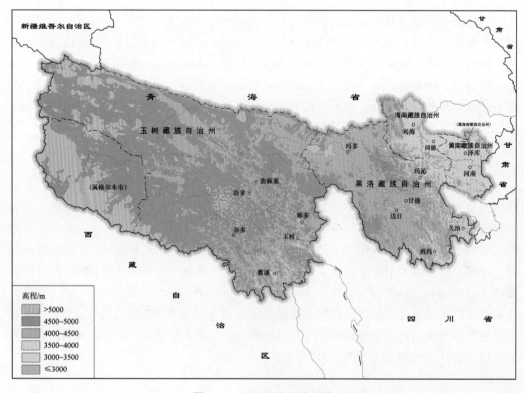

图 14.2　三江源地区地形图

3. 社会经济

三江源地区地广人稀，经济欠发达。根据《青海省统计年鉴—2016》和《中国县域统计年鉴—2016》（表 14.1），2015 年该区域（不含唐古拉山镇数据）年末总人口 84.2 万人，仅占青海省总人口的 14.7%；2015 年地区生产总值为 145.1835 亿元，仅占青海省的 6.0%；人均地区生产总值为 17244 元/人，仅为青海省的 41.8%和全国的 34.5%。经济结构以第一产业为主，农业生产又以牧业为主，牧业占第一产业总值的 81.7%，占地区生产总值的 32.9%。

表 14.1　三江源地区社会经济主要指标统计（2015 年）

区域	年末总人口/人	地区生产总值/万元	第一产业增加值/万元	牧业/万元	第二产业增加值/万元
泽库县	72790	137832	70447	64688	31989
河南蒙古族自治县	38596	129610	63775	62543	32536
同德县	61813	128517	66018	52450	36312
兴海县	79645	225890	68310	50799	104880
玛沁县	47007	154775	19126	15495	72278
班玛县	29500	31368	8905	6821	9957
甘德县	37257	25089	8232	7258	8631
达日县	42012	27795	7673	5796	9617
久治县	26454	31671	9938	7954	8166
玛多县	14982	23189	5168	5168	7796
玉树市	109479	123879	50435	38153	56853
杂多县	60755	105804	47842	20826	32853
称多县	60176	94970	40798	37199	29663
治多县	33641	65198	42475	38280	14542
囊谦县	95164	82867	41871	35111	22785
曲麻莱县	32638	63381	33763	29280	16652
唐古拉山镇	—	—	—	—	—
三江源地区	841909	1451835	584776	477821	495510

注：唐古拉山镇数据暂缺。

4. 功能定位

在国务院批复的《全国主体功能区规划》中，三江源地区属水源涵养型国家限制开发区，是我国重要的生态安全屏障，其径流、冰川、冻土、湖泊等构成的整个生态系统对全球气候变化有巨大的调节作用。

在《全国主体功能区规划》中，三江源地区被列为重点生态功能区之一，针对其"草原退化、湖泊萎缩、鼠害严重，生态系统功能受到严重破坏"等问题，提出了"封育草原、治理退化草原、减少载畜量、涵养水源、恢复湿地、实施生态移民"等发展方向，对于改善和恢复三江源地区生态系统服务功能具有重要作用。

14.2　空间结构遥感监测

在《全国主体功能区规划》中，为保持并提高生态产品供给能力，保障国家生态安全，对于国家重点生态功能区的开发活动提出了要扩大绿色生态空间和保持大片开敞生态空间的要求，另一方面对于开发活动则要求有效控制开发强度，控制人类活动占用空间，以达到"形成点状开发、面上保护的空间结构"的规划目标。

14.2.1　空间开发强度

开发强度反映了区域内人类活动的强度，以及对生态环境的影响程度。在三江源地区，由于人口稀少，经济相对不发达，人类活动相对较弱，通过遥感监测的开发强度也反映了这一特征（图 14.3 和表 14.2）。根据遥感监测结果，2015 年三江源地区开发强度仅为 0.041%。

在空间分布上，开发强度相对较高的地区（>60%）以点状形式分布，主要位于县（市）政府所在地，这一特征符合限制开发区"点状开发"空间结构的要求。在三江源地区内部，开发强度最高的地区为玉树市，2005 年、2010 年和 2015 年开发强度分别为 0.141%、0.157% 和 0.234%；其次为玛沁县，2005 年、2010 年和 2015 年开发强度分别为 0.036%、0.049% 和 0.121%。这两个市、县分别为玉树藏族自治州和果洛藏族自治州的政府所在地。

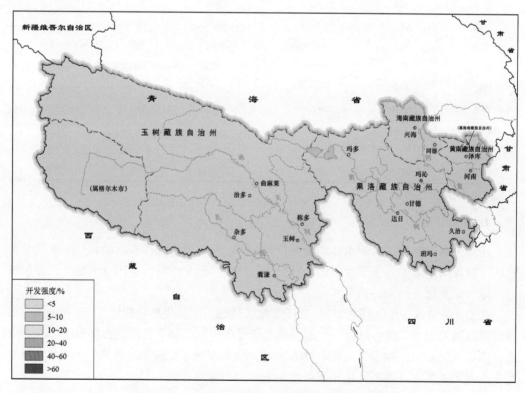

图 14.3　三江源地区开发强度监测结果（2015 年）

表 14.2 三江源地区 2005～2015 年开发强度统计

区域	2005 年/%	2010 年/%	2015 年/%
泽库县	0.018	0.037	0.040
河南蒙古族自治县	0.038	0.056	0.069
同德县	0.140	0.129	0.166
兴海县	0.086	0.084	0.113
玛沁县	0.036	0.049	0.121
班玛县	0.029	0.031	0.046
甘德县	0.038	0.041	0.076
达日县	0.008	0.010	0.024
久治县	0.017	0.018	0.041
玛多县	0.006	0.006	0.022
玉树市	0.141	0.157	0.234
杂多县	0.004	0.004	0.015
称多县	0.044	0.045	0.083
治多县	0.003	0.003	0.005
囊谦县	0.086	0.083	0.114
曲麻莱县	0.007	0.005	0.014
唐古拉山镇	0.000	0.000	0.000
三江源地区	0.022	0.024	0.041

在时序变化上，三江源地区开发强度从 2005 年的 0.022%增长至 2015 年的 0.041%，增长率为 86.4%，这与当地社会经济发展有着密切关系。2005～2015 年间，三江源地区人口增长了 29.6%，地区生产总值增长了 274.3%，其中二、三产业比重也由 46.1%提高至 59.7%。2010～2015 年开发强度的增长（70.9）要明显高于 2005～2010 年（9.1%），与重点生态功能区 "开发强度得到有效控制" 的规划目标存在一定差距。

14.2.2 人类活动占用空间

人类活动占用空间主要由城镇建设空间（服务业、交通、城市居住、公共设施等）、工矿建设空间、农村生活空间和农业生产空间等部分组成。基于遥感监测的土地利用数据，开展三江源地区的城镇建设空间、工矿建设空间、农村生活空间和农业生产空间等人类活动占用空间监测，结果如图 14.4 和表 14.3 所示。

根据遥感监测结果，三江源地区人类活动占用空间水平较低，2015 年仅占行政面积的 3.06%。其中，主要为农业生产空间，占比为 86.75%；其次为农村生活空间为 6.01%；城镇建设空间和工矿建设空间分别占比为 4.81%和 2.43%。同时，结合 2015 年三江源地区社会经济数据，城镇人口占比 16.95%，第一产业增加值占地区生产总值的 40.28%，表明三江源地区城镇化率低，以农业生产为主。2005～2015 年，三江源地区人类活动占用空间水平有所增长，增长率为 10.95%，未达到重点生态功能区 "人类活动占用的空间控制在目前水平" 的规划目标。这其中，城镇建设用地面积增长为 32.52 km^2，增长

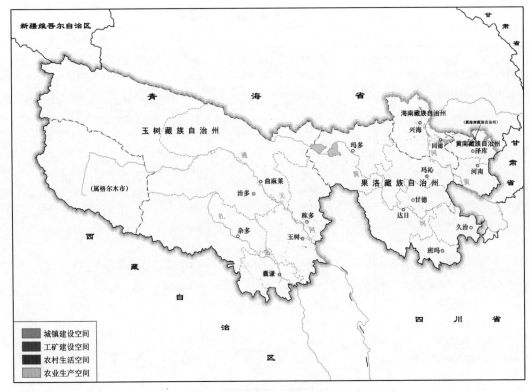

图 14.4　三江源地区人类活动占用空间分布（2015 年）

率为 272.06%；工矿建设用地面积增长为 17.86 km^2，增长率为 220.22%。表明了 2005~2015 年三江源地区城镇化水平有所提高。农村生活空间增长 12.60 km^2，增长率为 24.41%；农业生产空间面积增长为 42.46 km^2，增长率为 4.80%，但是农业生产空间在 2005~2015 年呈现出先增后减的现象（图 14.5）。这也表明了在近年来，三江源地区"退耕还草"等生态修复工程有所成效。

在空间格局上（图 14.6），人类活动占用空间主要分布在东部的同德、兴海和中部的玉树、称多和囊谦等县（市）。2005~2015 年，各区域人类活动占用空间水平均有所增加。但是同德、泽库两县在 2010~2015 年人类活动占用面积略有降低，主要是由于农业生产空间面积的降低。

14.2.3　绿色生态空间

三江源地区是我国重要的生态功能区，是全球大江大河、冰川、雪山及高原生物多样性最集中的地区之一，保有大片的开敞生态空间。2015 年遥感监测结果表明（图 14.7 和表 14.4），林地、草地、水面、湿地等绿色生态空间面积为 28.28 万 km^2，占区域面积的 80.91%。其中，草地面积为其主要组成部分，占比 88.74%；林地面积占 4.93%，主要分布为东部的同德、玛沁、班玛和中部的玉树、囊谦等部分地区；水面、湿地面积占比为 6.32%，主要分布于区域西北部的治多、玛多、曲麻莱和唐古拉山等部分地区。

表 14.3　三江源地区 2005～2015 年人类活动占用空间统计

（单位：km²）

区域	2005 年					2010 年					2015 年				
	城镇建设空间	工矿建设空间	农村生活空间	农业生产空间	合计	城镇建设空间	工矿建设空间	农村生活空间	农业生产空间	合计	城镇建设空间	工矿建设空间	农村生活空间	农业生产空间	合计
泽库县	0.86	0.00	0.32	54.16	55.34	2.11	0.00	0.32	71.97	74.40	2.27	0.07	0.30	70.92	73.56
河南蒙古族自治县	2.05	0.00	0.56	0.00	2.61	3.25	0.00	0.58	0.00	3.83	3.95	0.00	0.72	0.00	4.67
同德县	0.86	0.00	5.61	373.22	379.69	0.81	0.00	5.18	409.81	415.80	0.82	0.85	6.00	407.12	414.79
兴海县	2.87	0.44	6.96	168.58	178.85	2.86	0.46	6.73	168.48	178.53	5.80	1.01	6.69	169.38	182.88
玛沁县	3.91	0.00	0.94	2.49	7.34	5.57	0.00	0.92	2.69	9.18	8.85	4.98	2.26	2.59	18.68
班玛县	0.46	0.00	1.32	26.18	27.96	0.46	0.00	1.44	25.84	27.74	1.00	0.00	1.80	25.03	27.83
甘德县	0.54	0.00	2.25	0.00	2.79	0.52	0.20	2.45	0.00	2.97	1.09	0.16	4.31	0.00	5.56
达日县	0.69	0.00	0.56	0.00	1.25	0.72	0.00	0.54	0.00	1.46	1.60	0.82	1.12	0.00	3.54
久治县	0.43	0.00	0.96	0.00	1.39	0.45	0.00	0.99	0.00	1.44	0.68	0.21	2.49	0.00	3.38
玛多县	1.04	0.00	0.49	0.00	1.53	1.02	0.00	0.43	0.00	1.45	1.06	1.64	2.74	0.00	5.44
玉树市	2.66	6.17	12.48	90.07	111.38	2.64	8.45	12.53	89.54	113.16	10.60	9.53	15.09	87.08	122.30
杂多县	0.44	0.00	1.01	0.05	1.50	0.48	0.00	1.05	0.05	1.58	2.93	1.48	1.06	0.17	5.64
称多县	0.42	0.51	5.53	55.56	62.02	0.43	0.50	5.65	55.74	62.32	2.56	3.06	6.59	52.01	64.22
治多县	0.19	0.21	1.90	0.00	2.30	0.18	0.20	1.99	0.00	2.37	0.77	1.21	2.12	0.00	4.10
囊谦县	0.90	0.16	9.27	114.35	124.68	0.85	0.14	9.06	114.72	124.77	4.27	0.15	9.39	112.82	126.63
曲麻莱县	0.58	0.62	1.45	0.00	2.65	0.56	0.00	1.43	0.00	1.99	3.17	0.80	1.53	0.00	5.50
唐古拉山镇	0.00	0.00	0.00	0.00	0.00	0.00	0.00	0.00	0.00	0.00	0.00	0.00	0.00	0.00	0.00
三江源地区	18.90	8.11	51.61	884.66	963.28	22.91	9.95	51.29	938.84	1022.99	51.42	25.97	64.21	927.12	1068.72

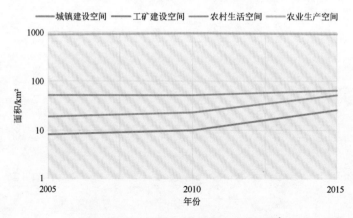

图 14.5　三江源地区人类活动占用变化

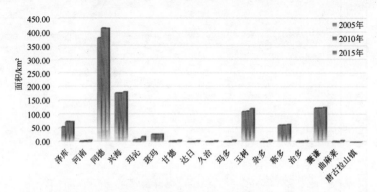

图 14.6　三江源地区人类活动占用空间分区域统计

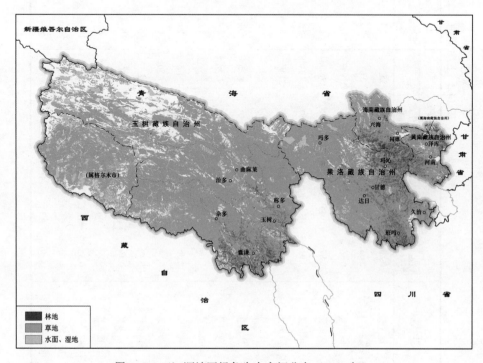

图 14.7　三江源地区绿色生态空间分布（2015 年）

表 14.4　三江源地区 2005~2015 年绿色生态空间统计

（单位：km²）

区域	2005 年				2010 年				2015 年			
	林地	草地	水面、湿地	合计	林地	草地	水面、湿地	合计	林地	草地	水面、湿地	合计
泽库县	643.22	5012.71	26.41	5682.34	643.35	5083.68	24.20	5751.23	620.07	5092.03	24.88	5736.98
河南蒙古族自治县	962.99	5331.97	33.95	6328.91	956.33	5345.75	34.36	6336.44	944.68	5217.62	33.89	6196.19
同德县	1041.35	2726.96	42.56	3810.87	1040.18	3102.70	43.00	4185.88	1047.85	3109.36	41.41	4198.62
兴海县	1108.12	8219.45	98.71	9426.28	1106.47	9361.41	116.13	10584.01	1105.99	9358.51	121.31	10585.81
玛沁县	2139.16	9071.30	248.95	11459.40	2140.70	9084.17	248.32	11473.19	2140.98	9082.24	240.45	11463.67
班玛县	1469.15	4413.97	19.52	5902.63	1470.79	4427.90	19.35	5918.04	1465.11	4480.45	20.42	5965.98
甘德县	944.24	5902.60	59.91	6906.75	944.98	5899.21	58.03	6902.22	947.67	5904.16	53.65	6905.48
达日县	404.75	13147.30	109.55	13661.60	403.76	13031.40	110.77	13545.93	404.11	13643.07	121.14	14168.32
久治县	874.96	7010.87	44.81	7930.63	868.52	6646.10	49.51	7564.13	868.21	6653.60	48.58	7570.39
玛多县	93.78	17174.41	1766.27	19034.46	93.61	17300.96	1864.02	19258.59	93.53	21572.19	1933.32	23599.04
玉树市	1271.06	12348.34	84.90	13704.30	1269.30	12315.74	74.89	13659.93	1272.51	12383.46	77.35	13733.32
杂多县	220.07	30346.89	706.98	31273.93	220.58	30337.91	713.26	31271.75	213.11	31339.26	840.79	32393.16
称多县	224.04	11801.52	116.29	12141.85	224.06	11816.08	117.06	12157.20	222.88	13717.54	117.89	14058.31
治多县	28.65	43420.20	5241.34	48690.19	28.28	43396.62	5247.75	48672.65	28.19	43292.30	5458.74	48779.23
囊谦县	2501.62	7874.64	104.87	10481.13	2498.91	7872.00	115.13	10486.04	2487.90	7971.31	114.48	10573.69
曲麻莱县	88.19	21295.67	1237.87	22621.73	88.31	21296.24	1212.24	22596.79	86.30	28247.34	1198.28	29531.92
唐古拉山镇	1.49	30525.47	7393.08	37920.04	1.46	30512.89	7428.60	37942.95	1.48	29901.70	7438.86	37342.04
三江源地区	14016.81	235624.24	17335.96	266977.01	13999.59	236830.76	17476.62	268306.97	13950.57	250966.14	17885.44	282802.15

2005～2015 年，三江源地区绿色生态空间有所增长，增长率5.92%。其中增长主要在 2010 年之后，2010～2015 年增长为 5.40%。在空间分布上，除河南、久治和唐古拉山镇等部分地区外，其他县（市）绿色生态空间均有所增长（图 14.8）。

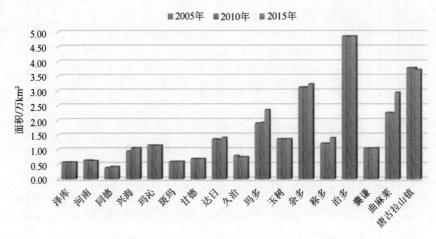

图 14.8　三江源地区绿色生态空间分区域统计

14.3　生态系统服务功能遥感监测

监测与评价生态系统服务功能不仅是揭示生态系统水源涵养、水土保持、防风固沙、生物多样性维护等重要生态服务功能状态的需要，还有利于掌握生态系统变化过程和规律，从而正确引导国家或区域生态功能区政策和管理措施的制定与实施，以实现增强生态系统服务功能和改善生态环境质量的目标。在《全国主体功能区规划中》，对重点生态功能区提出了"生态服务功能增强，生态环境质量改善"的规划目标。结合长时间序列的遥感数据，以及其他观测和统计数据，开展重点生态功能区的生态系统服务功能监测，可为重点生态功能区管理措施制定和实施效果评价提供科学的参考依据。

14.3.1　空　间　格　局

图 14.9 显示了三江源地区生态系统服务功能指数 ESFI 2005 年和 2010 年监测结果的空间分布格局。从图 14.9 中可知，三江源地区生态系统服务功能表现出明显的自东南向西北逐渐递减的地带性空间格局，这主要受植被覆盖、土地荒漠化、年降水量等指标的空间格局影响和控制。

东南部地区气候环境相对湿热，灌丛、草地等植被盖度较高，植被年累积干物质量较大，受荒漠化威胁程度较小，因而生态系统服务功能较大；西北部地区海拔高、温度低、降水少，严酷的自然环境制约了植被生长，促使风沙活动频繁，土地荒漠化程度高，生态系统脆弱，生态服务功能较小；同时，西北部分地区由于冰川、湖泊、高原湿地分布，使生态系统具有较高的水源涵养功能，也成为三江源西北部最重要的生态安全屏障。

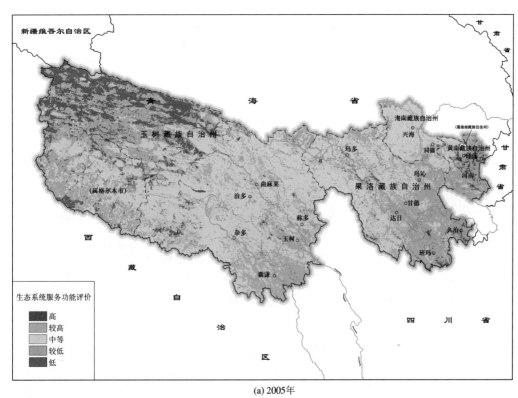

(a) 2005年

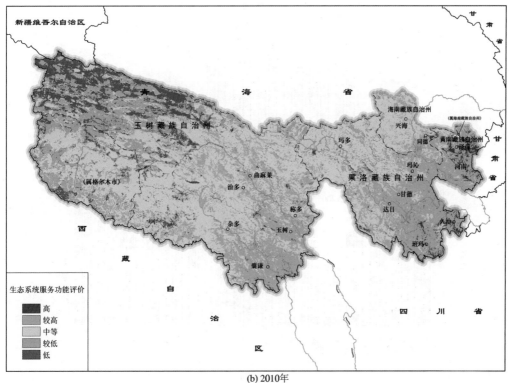

(b) 2010年

图 14.9　三江源地区生态系统服务功能指数 ESFI 空间分布格局（2005~2010）

从三江源地区生态系统服务功能指数 ESFI 图像统计直方图（图 14.10）可以看出，虽然区域是我国重要的生态环境安全和区域可持续发展的生态屏障，但实际监测显示的区域生态系统服务功能整体水平并不高，表明区域生态系统十分脆弱。

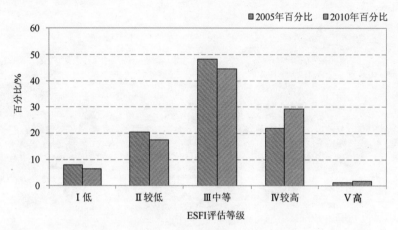

图 14.10   三江源地区生态系统服务功能指数 ESFI 评估等级分布（2005～2010）

按生态系统类型分区统计结果表明 [图 14.11（a）]，针叶林、草甸沼泽、灌丛、农田、草原、水体、无植被区、荒漠类型的 ESFI 值依次减小，针叶林、草甸沼泽、灌丛、农田、草原、水体的 ESFI 值好于区域平均状况，无植被区、荒漠类型的 ESFI 值差于区

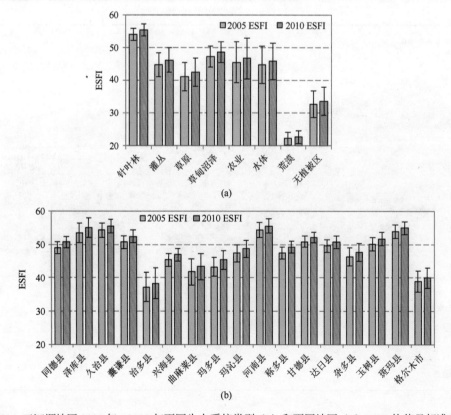

图 14.11   三江源地区 2005 年、2010 年不同生态系统类型（a）和不同地区（b）ESFI 均值及标准差分布

域平均状况。同时，监测结果表现了各生态系统类型分区内部 ESFI 差异性，农田生态系统内部 ESFI 标准差最大，为 12.5；针叶林内部 ESFI 标准差最小，为 3.75。按行政区划统计分析表明 [图 14.13（b）]，有 9 个县 ESFI 值好于该区平均状况（ESFI 两年均值为 48.6）。其中 ESFI 指数最高的为河南县，两年均值为 55；治多县 ESFI 指数最小，两年均值为 37.8。各行政区划内部，治多县内部 ESFI 标准差最大，为 9；达日县内部 ESFI 标准差最小，为 3.2。

14.3.2 时 序 变 化

图 14.12 显示了三江源地区 2005～2010 年生态系统服务功能指数（ESFI）变化的空间分布格局。监测结果显示，2005～2010 年，97% 的地区 ESFI 增加，增加平均幅度为 1.32，表明过去 5 年三江源地区生态系统服务功能总体呈现好转趋势。特别是在黄河源区玛多县（a 地点）、同德县（b 地点）、治多县（c 地点）区域内，ESFI 增加趋势明显。此外，有部分小地点，ESFI 呈减小趋势，如图 14.12 中所示 d、e、f 等 3 个地点。

根据图 14.12 具体分析可知。

（1）a、b 地点位于黄河源地，ESFI 增加趋势显著。从各指标值 2005～2010 年变化分析可知，FVC、NPP 增加是引起该地点 ESFI 增加的主要原因。区域生态建设工程实施以来，气候变化和人工增雨使区域降水量增加，进而使得植被生产力提高。尤其是该地点作为退化草地治理和恢复工程的重点开展区域，植被生态状况得到明显好转（Shao et al.，2010）。

（2）c 地点位于那仁郭勒河上游地区，ESFI 呈现线状增加特征，这主要是由于 2010 年那仁郭勒河水网密度较 2005 年显著增加。

（3）d 地点位于黄河源地冬给措纳湖区域，ESFI 呈减小趋势。已有研究表明（李晖等，2010），过去 30 年来，冬给措纳湖水域面积逐渐减少，湖泊呈现萎缩变化趋势。特别是 2005～2010 年，冬给措纳湖东南部湿地大面积退化或消失，导致该地点水网密度减小，ESFI 减小明显。

（4）e 地点位于长江源地错仁德加湖区域，ESFI 减小趋势明显。2005～2010 年，错仁德加湖水域面积减小，导致该地点水网密度减小，ESFI 减小明显。

（5）f 地点位于长江源头各拉丹冬雪山冰川区域，ESFI 减小趋势明显。据资料报道（姜辰蓉，2010），在气候变暖背景下，2005～2010 年，长江源头各拉丹冬地区冰川总体上呈现出明显的退缩趋势。其中，覆盖区域最大的冰川退缩速率最明显，其冰川面积下降趋势每年达 11.1 km^2。冰川面积减小，致使该地点水网密度减小，ESFI 减小明显。

按生态系统类型分区统计结果表明 [图 14.13（a）]，灌丛、草原、草甸沼泽类型的 ESFI 增加较大，荒漠和无植被区的 ESFI 值增加较小；按行政区划统计分析表明[图 14.13（b）]，有 9 个县 ESFI 值好于该区平均状况（ESFI 两年均值为 48.6）。其中玛多县 ESFI 指数增长最高，5 年间平均增加了 2.1；格尔木区 ESFI 指数增长最小，5 年间平均增加了 1。

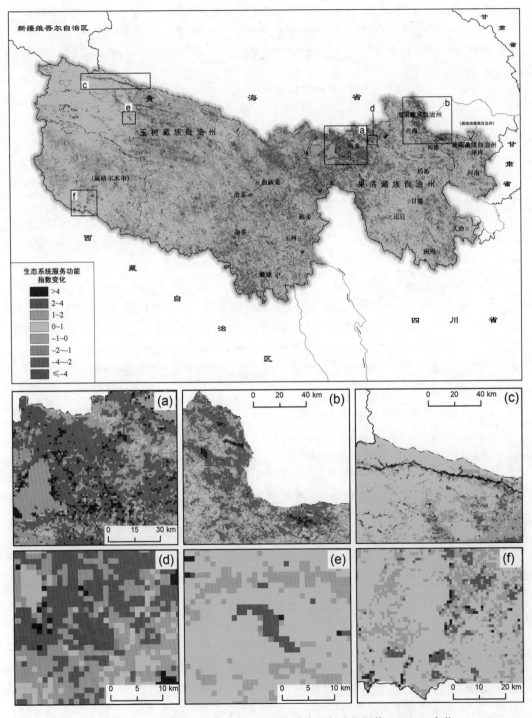

图 14.12　三江源地区 2005～2010 年生态系统服务功能指数（ESFI）变化

图中 a、b、c 3 个地点 ESFI 显著增加，d、e、f 3 个地点 ESFI 显著减少

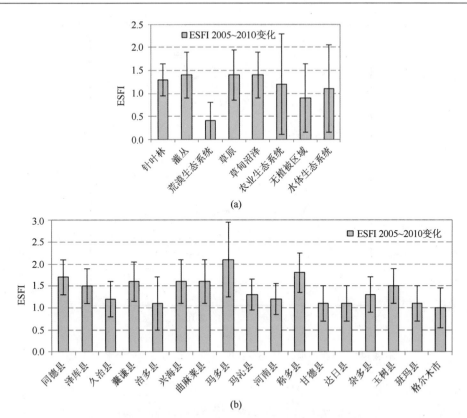

图 14.13　不同生态系统类型（a）、不同地区（b）ESFI 2005～2010 年变化均值及标准差分布

14.3.3　响 应 分 析

　　三江源地区生态系统服务功能的变化趋势是气候、畜牧和生态建设等自然和人为活动综合作用的结果。已有研究表明（邵全琴等，2010；Shao et al.，2010），1975～2007年三江源地区年平均温度上升趋势明显［图 14.14（a）］，且 2004 年以来增温更为明显；年降水量总体呈下降趋势［图 14.14（b）］；结合气象资料分析和已有研究成果，认为自2004 年以来三江源地区进入了一个暖湿周期，有利于生态系统的恢复。2004 年区域生态建设工程实施以来，三江源区地区气候变化和人工增雨导致区域降水量增加，使得植被生产力提高，草地的理论载畜量有所增加；生态移民与减畜工作使得三江源地区的家畜数量明显减少，草地现实载畜量明显下降；退化草地的治理和恢复工程的实施，尤其是在玛多等沙化严重的黄河流域地区的开展重点工程，使得治理区生态状况明显好转（邵全琴等，2010）。

　　研究结果表明，三江源地区 2005～2010 年生态系统服务功能总体增强，区域生态环境状况逐渐好转。研究结果反映了气候变化、生态建设等自然和人为活动对三江源地区生态系统变化的影响，表明三江源重点生态功能区在规划实施过程中取得了初步生态环境效益。

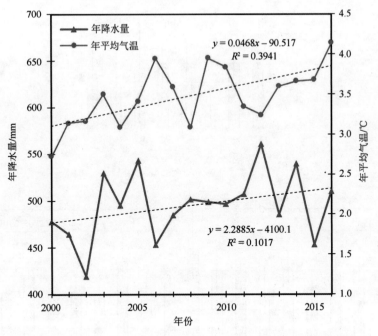

$$y = 0.0468x - 90.517$$
$$R^2 = 0.3941$$

$$y = 2.2885x - 4100.1$$
$$R^2 = 0.1017$$

图 14.14　　三江源地区 1975～2007 年年平均温度和年降水量变化

14.4　生态系统恢复遥感监测

三江源地区是长江、黄河、澜沧江的发源地，素有"中华水塔"之称，是我国江河中下游地区和东南亚国家生态环境安全和区域可持续发展的生态屏障；同时，三江源地区也是生态系统最敏感的地区之一。近几十年来，由于自然和人类活动的双重作用，发生了草原退化、湖泊萎缩、鼠害严重等变化，生态系统功能受到严重破坏。为了保障长江、黄河流域和澜沧江下游各国的生态安全，满足国家可持续发展的需要，三江源被列为国家级自然保护区，并规划实施了《三江源自然保护区生态保护和建设总体规划》，取得了显著的生态恢复效应。在《全国主体功能区规划》中，三江源地区被列为重点生态功能区之一，提出了封育草原、治理退化草原、减少载畜量、涵养水源、恢复湿地、实施生态移民等发展方向，对于改善和恢复三江源地区生态系统服务功能具有重要作用。

14.4.1　植被覆盖与退耕还草

基于 2000～2015 年 MODIS NDVI 数据监测分析的结果显示，三江源地区范围内植被好转区域占 62.6%，植被退化区域占 33.8%，表明 2000～2015 年三江源地区植被覆盖呈现整体好转趋势，退牧还草工程成效显著，生态保护与恢复状况良好（图 14.15）。

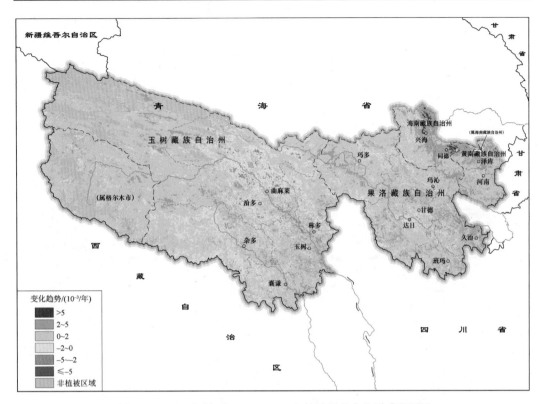

图 14.15　三江源地区 2000～2015 年植被覆盖变化遥感监测图

基于 2000～2015 年土地利用数据监测分析的结果显示：三江源地区退耕还草面积共计 63 km²，其他用地变为草地面积共计 22223 km²，退耕还林面积共计 12 km²，其他用地变为林地面积共计 1229 km²，草地面积净增加 3298 km²，表明 2000～2015 年三江源地区退耕还林（草）工程成效显著（图 14.16）。

此外，基于 GF1、GF2 号遥感数据对重点区域进行了监测与分析。以泽库县为例，监测结果显示，2013～2015 年，泽库县草地恢复状况呈现良好变化趋势，2015 年植被覆盖好于 2013 年（图 14.17）。

14.4.2　生态移民工程监测

为了保护三江源地区的生态环境，2005 年，我国政府在这一区域设立国家级自然保护区，投资 75 亿元实施生态环境保护与建设工程。生态移民是此项工程中重要内容之一，规划确定生态移民任务 10140 户、55773 人，目前已全部完成移民工作。

基于 GF2 号遥感数据对重点区域监测的结果显示，生态移民工程实施以来，原来分散的、以放牧为生的牧民居住环境，已经转变为新的城镇生活居住环境。这些移民群众在政府的帮助下，住上了砖瓦房，喝上了自来水，农村新型合作医疗参合率和小学生入学率都达到了 100%（图 14.18）。

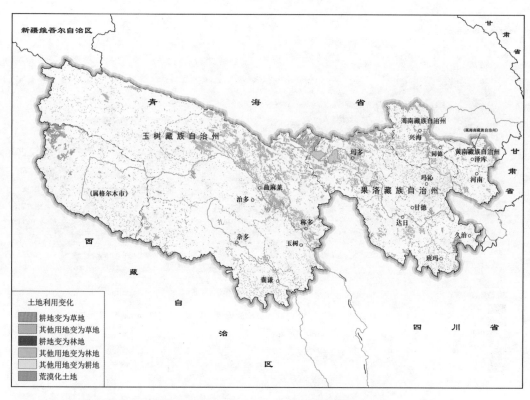

图 14.16 三江源地区退耕还林（草）变化遥感监测图（2000～2015 年）

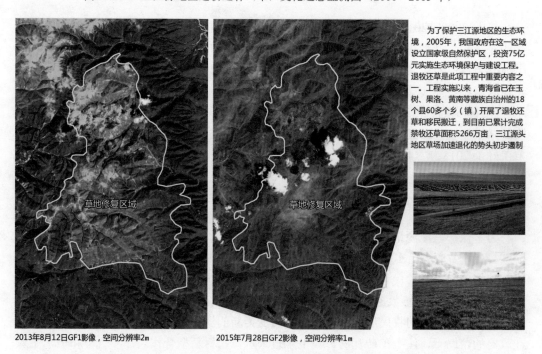

2013年8月12日GF1影像，空间分辨率2m   2015年7月28日GF2影像，空间分辨率1m

为了保护三江源地区的生态环境，2005年，我国政府在这一区域设立国家级自然保护区，投资75亿元实施生态环境保护与建设工程。退牧还草是此项工程中重要内容之一。工程实施以来，青海省已在玉树、果洛、黄南等藏族自治州的18个县60多个乡（镇）开展了退牧还草和移民搬迁，到目前已累计完成禁牧还草面积5266万亩，三江源头地区草场加速退化的势头初步遏制

图 14.17 三江源地区泽库县草地恢复状况高分遥感监测图

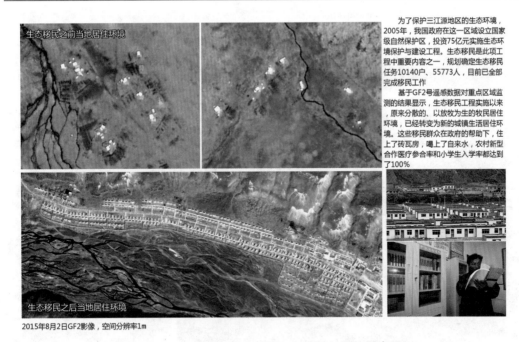

为了保护三江源地区的生态环境，2005年，我国政府在这一区域设立国家级自然保护区，投资75亿元实施生态环境保护与建设工程。生态移民是此项工程中重要内容之一，规划确定生态移民任务10140户、55773人，目前已全部完成移民工作

基于GF2号遥感数据对重点区域监测的结果显示，生态移民工程实施以来，原来分散的、以放牧为生的牧民居住环境，已经转变为新的城镇生活居住环境。这些移民群众在政府的帮助下，住上了砖瓦房，喝上了自来水，农村新型合作医疗参合率和小学生入学率都达到了100%

2015年8月2日GF2影像，空间分辨率1m

图 14.18　三江源地区生态移民工程建设高分遥感监测图

14.4.3　生态保护与恢复主要面临的问题

三江源地区退牧还草、退耕还林（草）、沙漠化防治等生态工程仍面临艰巨任务。基于 GF2 号遥感数据对重点区域监测的结果显示，虽然三江源地区草场加速退化的势头初步遏制，但也有局部地区出现草原草地退化（图 14.19）、沙漠化现象（图 14.20）。

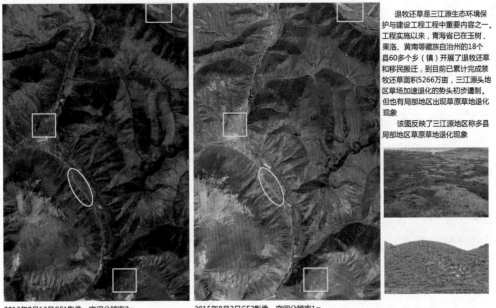

退牧还草是三江源生态环境保护与建设工程工程中重要内容之一。工程实施以来，青海省已在玉树、果洛、黄南等藏族自治州的18个县60多个乡（镇）开展了退牧还草和移民搬迁，到目前已累计完成禁牧还草面积5266万亩，三江源头地区草场加速退化的势头初步遏制。但也有局部地区出现草原草地退化现象

该图反映了三江源地区称多县局部地区草原草地退化现象

2013年8月13日GF1影像，空间分辨率2m　　　　2015年8月2日GF2影像，空间分辨率1m

图 14.19　三江源地区称多县草原草地退化状况高分遥感监测图

实施生态保护与建设工程以来,虽然三江源地区草场加速退化的势头初步遏制,但也有局部地区出现草原草地退化、沙漠化等现象。该图反映了玛多县境内黄河两岸草地沙漠化状况,可以清楚地看出草地沙漠化程度较重

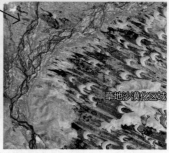

2013年8月12日GF1影像   2015年8月22日GF2影像

图 14.20   三江源地区玛多县草地沙漠化状况高分遥感监测图

因此,建议在今后的生态保护工程中重点对这些区域的生态环境问题进行治理与改善。

14.5   水资源时空分布遥感监测

三江源地区是长江、黄河、澜沧江的发源地,地处青藏高原腹地,是我国海拔最高的天然湿地与湖泊分布区,是我国淡水资源的重要补给地,有"中华水塔"之称,属于水源涵养型国家限制开发区。其水储量变化也将直接关系到源区的生态平衡,科学地分析和评估其水储量变化趋势对于该地区的气候变化研究和预报、生态环境保护、生态功能维持具有很重要的意义。

14.5.1   水储量空间格局分析

为了分析整个三江源流域 GRACE 水储量变化的空间分布,求取空间上每个点的2003~2013 年水储量年平均变化,利用 ArcGIS 内插法成图,获得了 2003~2013 年三江源 GRACE 年水储量变化空间分布图;同时根据上述的方法,获得长江源、澜沧江源和黄河源三个不同流域 GRACE 水储量和 GPCC 降雨距平值的时间序列图 。

从图 14.21 中可以看出,2002~2013 年三江源地区水储量变化的整体情况,三江源地区年水储量变化范围在−0.38~1.66 cm/a,空间分布上西部、北部地区呈明显的增多趋势,而南部的澜沧江区域、东部的黄河流域则有减少趋势。从图 14.22 中可以看到,长江源流域水储量变化和三江源整个流域变化趋势相一致，都表现为增长趋势，黄河源流域没有显著变化，而在 2011～2013 年有增长的趋势，澜沧江源流域 2009 年、2010 年水储量的下降导致 2003～2010 年水储量有下降的趋势，而从 2011 年起也有上升的趋势。而 GPCC 降雨变化上三者没有特别明显的差异，不过在 2009 年，黄河源、澜沧江源降雨都明显偏少，而在长江源流域反而是明显的增多，这也导致了这 3 个地区水储量变化的差异性。

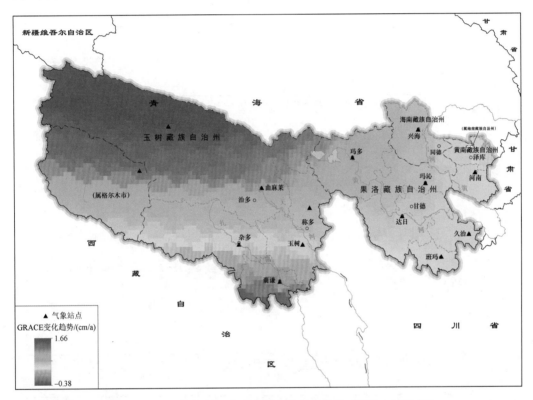

图 14.21　三江源 GRACE 年水储量变化空间分布（2003～2013 年）

长江源流域，新疆、青海、西藏交界附近水储量增长的现象在相关文献中多次描述到，其中水储量变化空间分布主要受降雨的影响，该空间分布规律同该地区降雨空间分布相一致：徐维新等（2012）研究结果表明，三江源地区的干湿状况在北部和南部、东部和西部地区存在显著的空间差异，北部表现湿润趋势，南部和西部呈变干趋势。李珊珊等（2012）利用三江源区的 12 个气象站数据也得出同样的结论，空间上三江源区绝大部分的降水量呈增长趋势，表现为北高南低、东西差异明显。

导致长江源流域 GRACE 水储量变化的明显的地域差异的原因还有很多。长江源区海拔较高，冰川资源丰富（分布着各拉丹冬冰川、阿尼玛卿冰川、冰龙玲冰川等冰川），还有诸多高原湖泊，该地区海拔较高，气候严寒，同时河网密集分布，长江源头西北部的塔里木盆地海拔较低，冬季冻结量小于夏季融化量，容易导致洪水发生，由于渗透原因该地区整体水储量也会随之增加（孙倩等，2014）。同时由于该地区人口密度较小，农业、工业用水也较少，该地区平均气温也较低，这也是导致该地区水储量增长的原因之一。

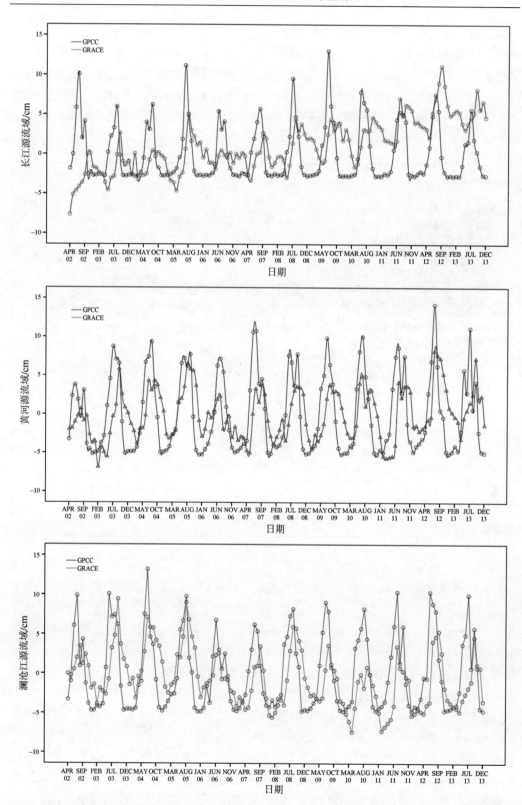

图 14.22　长江源、黄河源、澜沧江源 GRACE 等效水高和 GPCC 降雨距平值比较（2002～2013 年）

而澜沧江源流域和黄河源流域在夏秋季节降水量同长江源相比，并没有特别明显的差异，但在冬季这两个区域的降水量要比长江源地区则有明显的减少。同时，这两个区域地势相较于长江源头流域较为平坦，平均温度较高，人类活动较多，水资源消耗相较于长江源流域也较多；2006 年、2009 年三江源流域内的大旱，对黄河源、澜沧江源有较显著的影响，而对地势较高的西北部长江源流域则影响较小，这些原因都导致了这个区域水储量变化呈下降的趋势。

近年来有关三江源地区"冰川消融"的报道越来越多（金姗姗等，2013），冰川融水这也可能是导致三江源西北部水储量增加的原因之一，而人类活动较为密集的南部和东部则减少，三江源地区的生态环境状况依然不容乐观，仍需要社会各界加大重视并增加环境改善的扶持力度。

从图 14.23 可以看出，春季水储量变化范围在–8.5～0.6 cm，三江源整个区域内水储量呈减少趋势，春季是冬季到夏季的一个过渡，南部水储量减少的趋势放缓，同时西北部水储量增加的幅度也变小，西北地区和东部南部依然表现出明显的空间差异性。而夏季整个区域水储量则开始增加，变化范围为 1.6～6.5 cm/a，而且可以发现东部的黄河流域、南部的澜沧江流域增幅比西部北部要大，夏季降雨的多少直接影响了三江源地区水储量的变化。因此南部降雨充沛水储量增幅明显，而西北部海拔较、高降水较少所以水储量增幅较小。

6～9 月是降雨比较集中的月份，占全年降水量的 69.8%～85.7%（中国气象局2003～2013），但由于 GRACE 水储量变化的滞后性，所以反倒秋季是全年水储量增加最明显的季度。三江源区整个区域范围内均有普遍的水储量增加，变化范围为 6.0～8.5 cm/a。冬季呈现较明显的空间差异，变化范围为–7.5～3.7 cm/a，南部的囊谦县和东部的班玛县、久治县附近水储量呈明显地减少趋势，这是冬季降水较少而较多消耗所致；而西北部的沱沱河附近则仍有增加的趋势。

14.5.2 水储量时序变化分析

为分析三江源流域 2002～2013 年 12 年间 GRACE、土壤水和降雨数据随时间变化的规律，通过上述的方法获得三江源地区 GRACE、水文模型及 GPCC 降水距平值时间序列（图 14.24）。

基于 SPSS 分析 GRACE 与水文模型、降雨数据的相关性，在不考虑由于 GRACE水储量变化滞后于降雨现象的情况下，GRACE 与 CPC、GPCC 的相关系数仅为 0.250、0.284，而考虑两个月左右的延迟，GRACE 和 CPC、GPCC 的相关系数分别为 0.620、0.668。但是与 GLDAS 模型的相关性不好，一方面是因为三江源地区特殊的地理状况，GLDAS 水文模型所获取的等效水高和 GRACE 水储量变化等效水高表征的物理量不同；另一方面是因为 GLDAS 水文模型的使用范围所致。

从图 14.25 中可以看出，GRACE、CPC、GPCC 都表现出明显的季节性规律，而GLDAS 的季节性变化规律较弱。同时，GRACE 与 CPC 水文模型结果具有一致性，但也可以看到两者之间明显的差异性，这种差异可能是由于水文模型不够完善，考虑因子不够全面，因而未能正确的反演水储量变化规律所致（许民等，2013）。

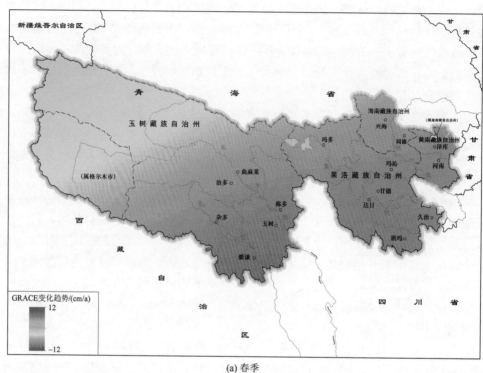

(a) 春季

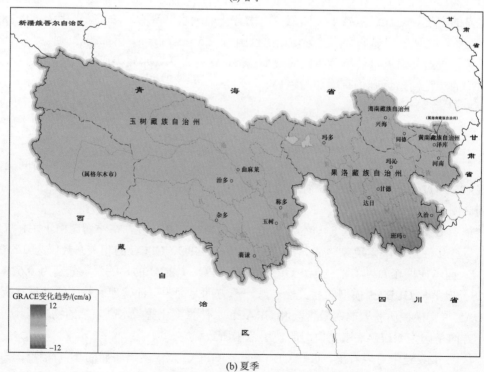

(b) 夏季

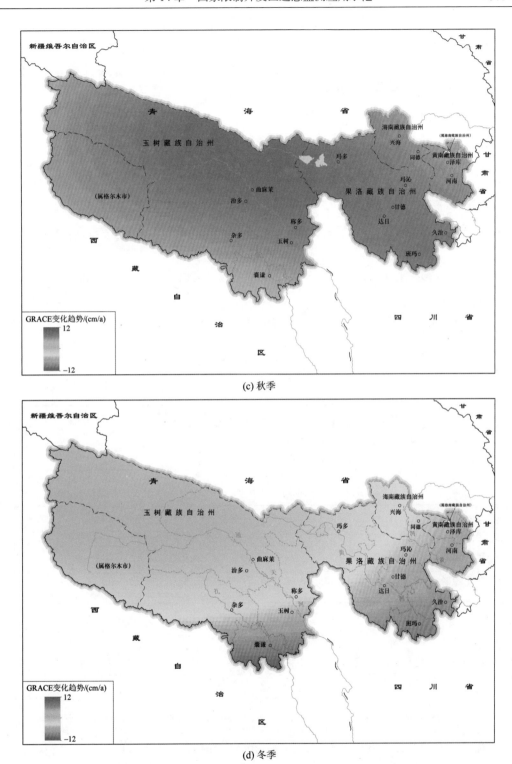

(c) 秋季

(d) 冬季

图 14.23　三江源地区春夏秋冬水储量变化空间分布（2003～2013 年）

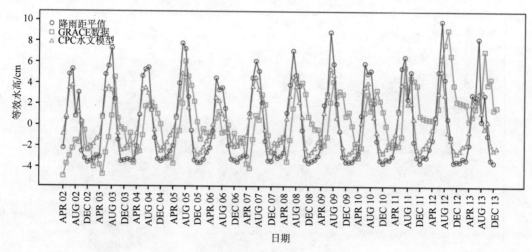

图 14.24　GRACE、水文模型和 GPCC 等效水高比较（2002～2013 年）

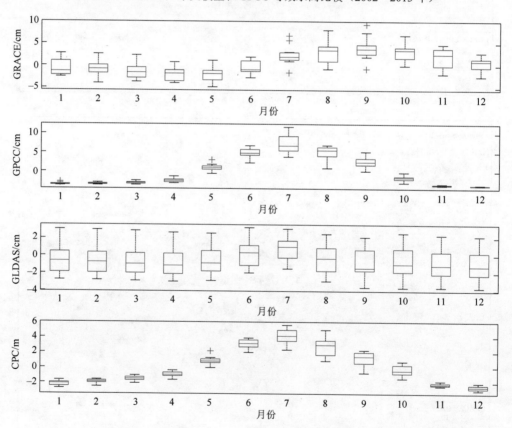

图 14.25　三江源地区 2003～2013 年 GRACE、GPCC、GLDAS、CPC 月数据箱线图

为进一步确定 GRACE、水文模型和 GPCC 降雨数据的一致性，以及等效水高月变化规律，基于 2002～2013 年各个月数据绘制了其月变化箱线图。从图 14.25 中可以看出，降雨数据、GRACE 数据、CPC 数据各个年份的数据一致性较好，而 GLDAS 数据在三江源地区受其模型因素的影响，各个月份的变化范围较大，数据的质量不好。

同时，可以发现 GPCC、CPC 数据的峰值一般在 7 月，而 GRACE 数据峰值则一般出现在 8～9 月。

所以，GRACE 等效水高较于 CPC、GPCC 有 1～2 个月的滞后，滞后主要是由于 CPC 水文模型为地面气象和水文模拟数据，对降水量、温度和土壤湿度等要素相对敏感，降雨的入渗、挥发需要一定的时间周期，而当月的 GRACE 反演的水储量变化则包含了上一个月的降雨信息，所以在时间上都要有一定的延迟（王杰等，2012）

利用 GRACE 水储量月变化数据也能反映三江源流域干旱状况，2006 年青海省的平均气温是 1961 年以来的历史最高，同时该年降水明显减少，是历史上罕见的干旱年份（中国气象局 2003～2013）。2009 年的青海平均气温与 2006 年并列为 1961 年来的历史最高，但由于该年降雨充沛，所以水储量没有明显变化。从图 14.25 上可以看到，2006 年全年水储量变化范围仅为–1.85～1.20 cm，而且全年仅有 6、7 月份出现正值，分别为 0.48 cm、1.20 cm，其余月份都是负值，即水储量处于亏损状态。与此现象一致的是降水距平值的变化，该年夏季的降水距平值相较于同期也有明显地降低，该年降水距平值极大值出现在 6 月，仅为 4.48 cm，明显低于 2005 年 7 月的 7.78，以及 2007 年 7 月份的 6.09 cm。

为研究三江源地区季节性变化规律，基于 2003～2013 年 GRACE 数据求取每个月份的水储量变化均值（缺值取相邻内插），其中三江源流域面积为 35000 km²。三江源地区属于典型的高原陆地性气候，干湿两季分明，每年 11 月到翌年 4 月份河流封冻，最小流量出现在大地冻结的 12 月到翌年 1 月，从每年的 6 月份开始一直到 10 月份，该地区的暖季受西南季风影响产生热气压，水气丰富，降水量多（齐冬梅等，2013）。

表 14.5　2002～2014 逐月水储量变化平均值

月份	平均增长量/cm	增加储水量/亿 m³
1	–0.57198	–2.00
2	–0.87874	–3.08
3	–1.31644	–4.61
4	–1.94371	–6.80
5	–1.93608	–6.78
6	–0.35046	–1.23
7	2.37677	8.32
8	3.038624	10.64
9	3.989288	13.96
10	3.126015	10.94
11	2.020184	7.07
12	0.609568	2.13
总量	8.163042	28.57

从表 14.5 中可以看出，上半年整个三江源地区水储量呈负增长趋势，而在下半年呈增长趋势，表现出明显地差异。而从每年 10 月份到翌年的 5 月份，GRACE 水储量变化呈递减趋势，并且在 11～12 月之间有一个明显地减少，到次年的 5 月份达到水储量变化的一个最小值，平均等效水高减少了为 1.93 m，相当于水储量减少了 6.78 亿 m³；从每年的 6 月份开始，GRACE 水储量变化呈增长趋势，并在 9 月份达到了最大值，等效水高增加了 3.98 cm，相当于水储量增加了 13.96 亿 m³。这一现象，要比该地区径流随时间变化晚 1～2 个月左右，但变化规律是一致的（王菊英，2007）。

第15章　国家禁止开发区遥感监测应用示范

围绕国家禁止开发区的功能定位和管制原则，结合《太湖风景名胜区总体规划（2001—2030年）》等相关规划，选择太湖风景名胜区和祁连山自然保护区作为示范区，从太湖水环境、景区开发建设和矿采迹地、水电设施等方面，开展了国家禁止开发区遥感监测应用示范。

15.1　太湖风景名胜区遥感监测

太湖风景名胜区是1982年经国务院首批批准的国家级风景名胜区，是我国长江经济带中的重要区域，对长江经济带的转型升级具有不可忽视的重要作用。在国务院批复的《全国主体功能区规划》中，属禁止进行工业化城镇化开发的国家禁止开发区，其功能定位是"我国保护自然文化资源的重要区域"。

2016年7月21日，经国务院同意，住房城乡建设部批复了《太湖风景名胜区总体规划（2001—2030年）》（"住房城乡建设部关于太湖风景名胜区总体规划的函"建城函[2016]154号）。太湖风景名胜区总面积为902.23 km²，其中景区陆域面积为390.79 km²，太湖水域面积为511.44 km²；核心景区面积146.43 km²，占景区陆域面积的37.47%。在总体规划中，对于太湖风景名胜区的保护提出了"维护风景名胜资源的真实性和完整性"和"严禁开山采石、滥伐林木、污染水体、损毁文物古迹等行为"的要求。

据《太湖风景名胜区总体规划（2001—2030）》《太湖风景名胜区总体规划（修编）（2001—2030）》，太湖风景名胜区区域位置为北纬31°00′43″～31°41′11″，东经119°30′52″～120°53′00″。景区涉及江苏省的苏州市、常熟市、无锡市及宜兴市等地市，共包括木渎、石湖、光福、东山、西山、甪直、同里景区、虞山、梅梁湖、蠡湖、锡惠、马山和阳羡景区等13个景区和无锡市的泰伯庙、泰伯墓2个独立景点组成（图15.1）。

15.1.1　太湖水环境治理成效遥感监测

太湖是我国的第3大淡水湖，在淡水供给、水产品养殖等各个方面具有重要的作用，是长江三角洲地区的重要水源地，同时也给周边地区提供了丰富的旅游资源。太湖风景名胜区的规划与建设正是依托太湖山水名胜之精华，"以平山远水为自然景观特征，以典型吴越文化和江南水乡风光为资源要素，自然景观与人文景观并重，是融风景游赏、休闲游憩、科普研究等功能于一体的天然湖泊型国家级风景名胜区"。

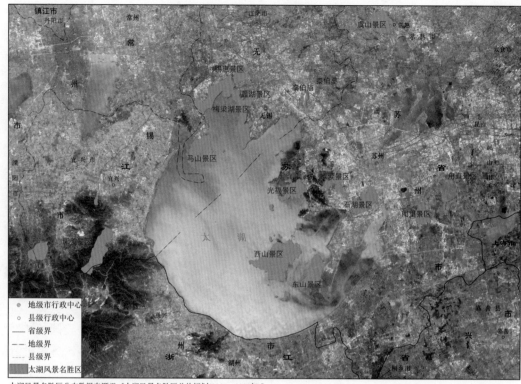

太湖风景名胜区分布数据来源于《太湖风景名胜区总体规划(2001—2030年)》

图 15.1　太湖风景名胜区分布示意图

　　而近 10 年来，随着太湖周边地区经济的快速发展，太湖水体受到了不同程度的污染，尤其是水体富营养化程度日益严重，大部分水体处于中度、甚至是极度富营养状态。蓝藻水华暴发事件时有发生，不仅严重影响了周边地区的社会经济发展，对旅游发展也带了极大的负面效应。因此，利用遥感数据开展高频次、高分辨率的水环境监测具有重要的社会意义。

　　2007 年 5 月底暴发的太湖水危机，引起了党中央、国务院的高度重视和社会各界的广泛关注。按照国务院要求，为保障人民群众饮水安全，改善太湖水环境质量，国家发展和改革委员会同有关部门和地方紧急编制了《太湖流域水环境综合治理总体方案》（以下简称《方案》）。2008 年 5 月，国务院正式批复并付诸实施。《方案》分两期实施，近期为2007~2012 年，远期为 2013~2020 年，基准年为 2005 年。2013 年 12 月 30 日，经国务院领导圈阅同意，国家发展和改革委员会、环保部、住建部、水利部和农业部联合印发了《太湖流域水环境综合治理总体方案（2013 年修编）》（以下简称《总体方案修编》，发改地区〔2013〕2684 号）。《总体方案修编》体现了建设美丽中国和构建生态文明社会的总体要求，对促进太湖流域可持续发展和维护人民群众根本利益意义重大。《总体方案修编》明确，要深入推进太湖流域水环境综合治理，坚持高标准、严要求，统筹规划，标本兼治，突破重点的治理原则，以保障饮用水安全为基点，着力推进产业结构和工业布局调整，着力加强面源污染治理，着力改善环湖生态环境，着力健全管理体制和责任机制。力争到 2020年，使污染物排放量得到大幅削减，水环境质量得到较大改善，努力修复湖泊生态系统，提高湖泊健康水平，实现流域经济社会和环境协调发展，为全国湖泊治理提供有益经验。

以太湖风景名胜区的自然景观保护为出发点，以太湖水体叶绿素 a 浓度、透明度、悬浮物浓度、水温、浊度等水质参数、综合富营养化指数（TLI）的遥感监测为主要技术手段，开展了太湖地区蓝藻水华的高精度、高频次、大面积的快速监测（图 15.2）。

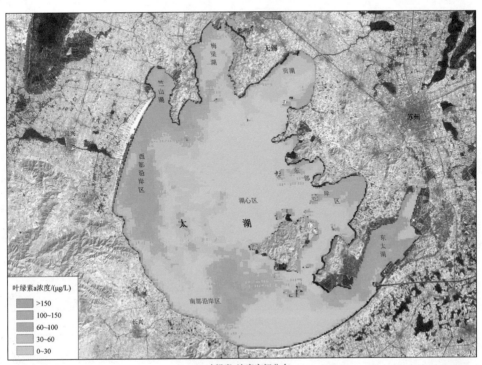

(a) 叶绿素a浓度空间分布

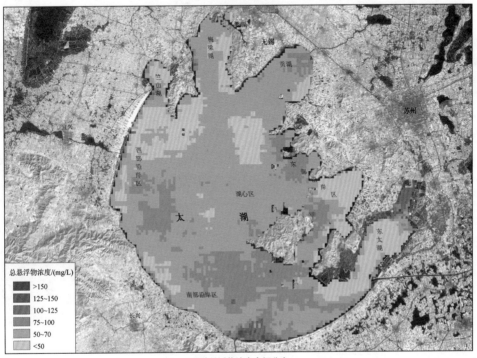

(b) 总悬浮物浓度空间分布

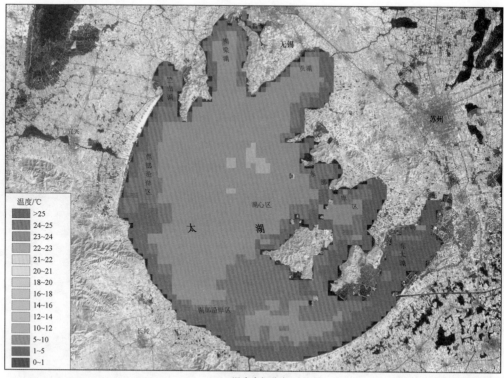

(c) 温度空间分布

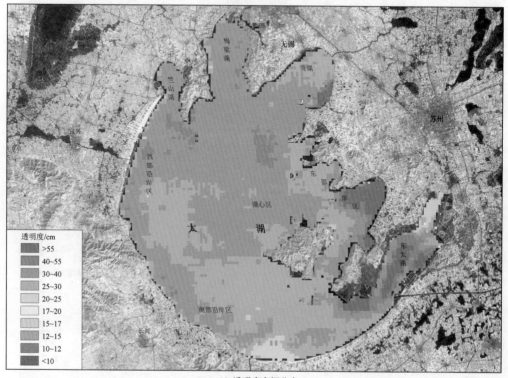

(d) 透明度空间分布

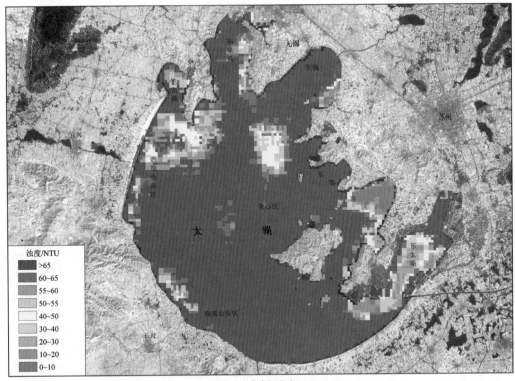

(e) 浊度空间分布

利用2015年6月12日MODIS影像制作

图 15.2　太湖水质参数分布图（2015 年 6 月 12 日）

监测结果表明：在水质治理工程和压产减排决策共同作用下太湖水体富营养化程度总体上有所改善，表现为太湖总氮、总磷，由"十五"期间的中度富营养化状态改善为轻度富营养化；但局部区域高密度蓝藻堆积区仍为中—重度富营养化，仍存在严重的蓝藻生态安全威胁（图 15.3、图 15.4）。

（1）通过 2010～2015 年遥感监测的叶绿素 a 浓度结果表明，太湖各个湖区藻类浓度变化不一，竺山湾下降了 12%，梅梁湾下降了 6%，西部沿岸区下降了 4%，贡湖湾降低了 39%，南部沿岸区下降 29%了，湖心区下降了 20%，东部沿岸区和东太湖下降了 95%（图 15.5）。

（2）蓝藻大量聚集在竺山湾、梅梁湾、西部沿岸区和贡湖湾等区域，一旦长期驻留，受高温影响，极易腐烂变臭，发生严重的蓝藻水华灾害事件，对太湖沿岸取水口、风景名胜产生潜在的生态安全威胁。受蓝藻水华暴发影响，位于梅梁湖、竺山湾、贡湖湾的取水口，位于竺山湾、梅梁湾之间的马山景区、环绕梅梁湾的梅梁湖景区、位于梅梁湾顶部的蠡湖景区都将直接产生严重影响；其他区域的取水口和景区直接影响不大。

（3）建议针对太湖不同区域的水质环境特征，采取相应措施。其中，筑山湾、梅梁湾、西部沿岸区的蓝藻水华依然严重，藻类浓度波动范围大，降低趋势不显著，对水源地、周边环境的潜在威胁需保持高度关注；贡湖湾、湖心区、东部沿岸区和东太湖，有较为明显的改善，需要进一步加强环境治理措施，加强监测，防止反弹。

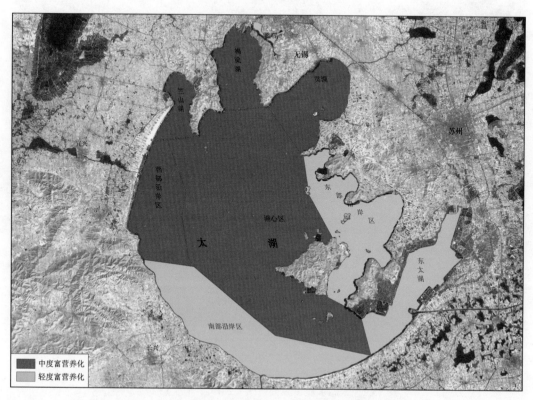

图 15.3 2015 年太湖水体生态分区及其富营养化评价图

图 15.4 6 年间太湖综合营养评指数变化（2010~2015 年）

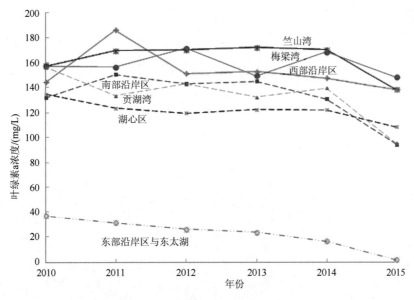

图 15.5　不同湖区 6 年间的蓝藻叶绿素 a 浓度变化（2010～2015 年）

15.1.2　太湖蓝藻水华动态监测

2017 年 5 月太湖暴发蓝藻水华，引起了党中央、国务院的高度重视和社会各界的广泛关注。利用 MODIS、Landsat、GF-4 等卫星遥感数据，开展了蓝藻水华动态监测，制作并发布了《太湖蓝藻水华状况遥感监测与评估信息简报》12 期，为国家发展与改革委员会业务工作开展提供重要的信息支撑。

针对 2017 年 5 月太湖蓝藻水华事件，在 5 月 10 日、11 日、13 日、16 日、17 日、18 日、21 日、26 日、27 日、31 日等天气、数据适宜的条件下，开展蓝藻水华状况遥感监测与评估。

1. 2017 年 5 月 10 日之前

蓝藻水华生长过程及发展趋势：2017 年 3 月 7 日，太湖蓝藻水华聚集首先出现于西南太湖区域，与往年相比，稍有提前；4 月，随着温度逐渐升高，在东南风的作用下，蓝藻水华逐渐向北扩散，生物量快速增大（图 15.6），4 月 22 日蓝藻水华大面积暴发，经统计，高密度蓝藻水华聚集面积约 879.9 km^2；5 月，蓝藻水华进一步大量繁殖、聚集，在 5 月 6 日再次大面积爆发，经统计，高密度蓝藻水华聚集面积已经达到 1496.6 km^2，5 月 10 日，受风浪影响，水华面积稍微下降。监测结果表明，2017 年太湖蓝藻水华首次聚集较往年稍有提前，且蓝藻生物量的扩张态势非常迅猛，在不利的水文气象条件下，极有可能发生较大规模的蓝藻水华灾害，对当地的市政、供水、环保、旅游等造成不利影响，需要密切关注。

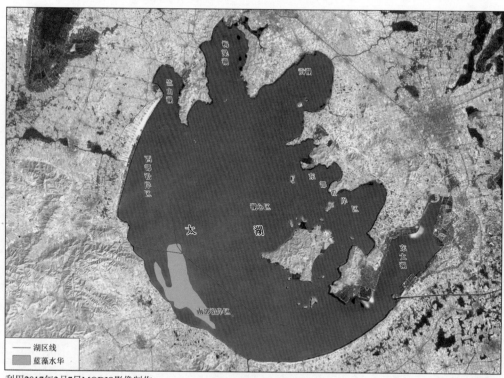

利用2017年3月7日MODIS影像制作

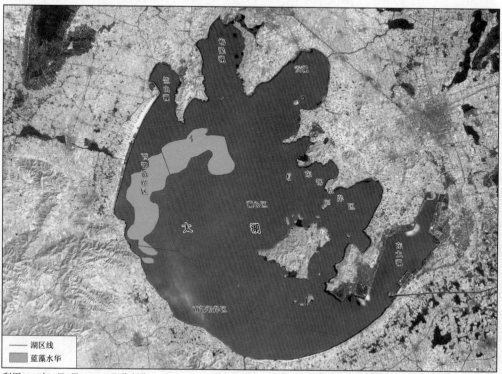

利用2017年4月2日MODIS影像制作

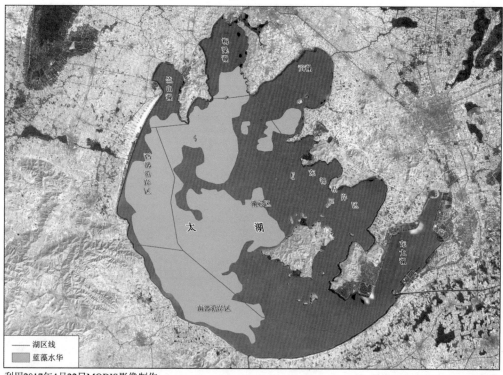

利用2017年4月22日MODIS影像制作

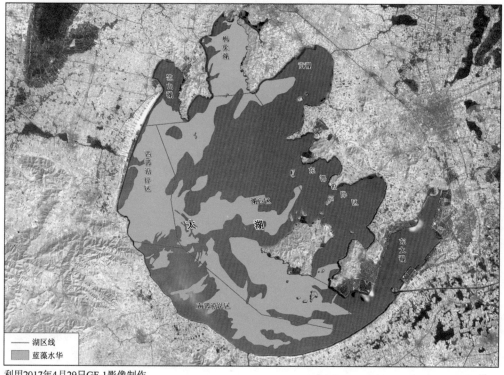

利用2017年4月29日GF-1影像制作

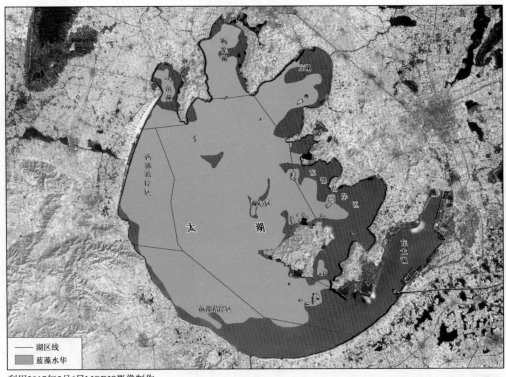

利用2017年5月6日MODIS影像制作

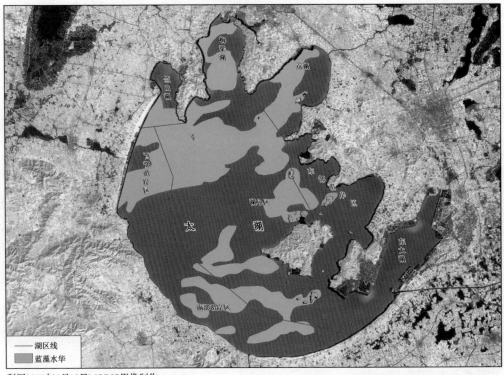

利用2017年5月10日MODIS影像制作

图 15.6 太湖蓝藻水华生态及空间迁移特征（2017 年 3 月 7 日～5 月 10 日）

2. 2017 年 5 月 11 日

2017 年 5 月 11 日太湖蓝藻水华面积（图 15.7），相对 5 月 10 日有轻微反弹，达到 958.04 km²，继续保持在高位；受风浪驱动，蓝藻水华逐渐向西北方向迁移，目前主要聚集在湖心区至太湖西部、北部沿岸的广大区域，形成大片密集分布的蓝藻水华覆盖，太湖沿岸及湖中的市政取水口（梅梁湖、贡湖等区域）水质，将受高密度的蓝藻水华污染的直接威胁，需要密切关注。

利用2017年5月11日MODIS影像制作

图 15.7   太湖不同区域的蓝藻水华分布状况（2017 年 5 月 11 日）

截至 5 月 11 日下午两点，迁移过程中的高密度太湖蓝藻水华主要分布于西部沿岸区、竺山湾、梅梁湖、贡湖湾和湖心区；南部沿岸区和东部沿岸区仅有少量蓝藻水华影响；东太湖水质良好，无高密度蓝藻水华聚集（图 15.8）。受水华影响最严重的区域，其中湖心区高密度蓝藻水华约占 494.63 km²，西部沿岸区 188.48 km²，贡湖 79.59 km²，梅梁湖 72.85 km²，竺山湾 37.5 km²；稍微受影响的南部沿岸区 75.42 km²，东部沿岸区 9.56 km²；东太湖，完全不受影响。

3. 2017 年 5 月 13 日

受太湖地区 5 月 12 日降雨以及风浪的持续性影响，2017 年 5 月 13 日，大量的太湖蓝藻水华下沉，表现为蓝藻水华面积的大幅下降，水华面积约 421.09 km²（图 15.9）。

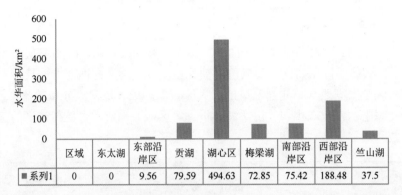

区域	东太湖	东部沿岸区	贡湖	湖心区	梅梁湖	南部沿岸区	西部沿岸区	竺山湖
■系列1	0	0	9.56	79.59	494.63	72.85	75.42	188.48	37.5

图 15.8 太湖不同区域的蓝藻水华面积分布状况（2017 年 5 月 11 日）

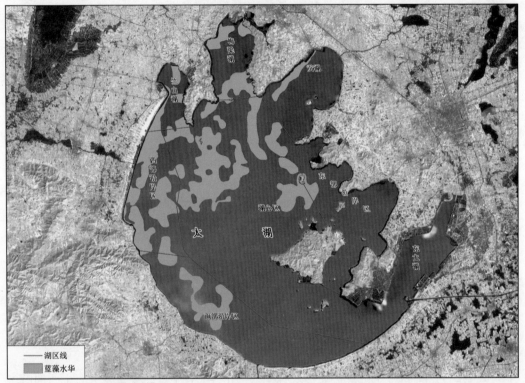

利用2017年5月13日MODIS影像制作

图 15.9 太湖不同区域的蓝藻水华分布状况（2017 年 5 月 13 日）

5 月 13 日，蓝藻水华主要分布湖心区至太湖西部、北部的广大区域，形成多处较为分散的蓝藻水华密集区（图 15.10）：主要分布于湖心区、南部沿岸区的北半部、西部沿岸区、竺山湾、梅梁湖和贡湖湾；东部沿岸区的北缘仅有少量蓝藻水华影响；东太湖水质良好，无高密度蓝藻水华聚集。受水华影响最严重的区域，其中湖心区高密度蓝藻水华约占 194.68 km²，西部沿岸区 98.24 km²，梅梁湖 38.19 km²，竺山湾 20.81 km²，贡湖 12.45 km²，南部沿岸区 49.97 km²，东部沿岸区 6.74 km²，东太湖，完全不受影响。

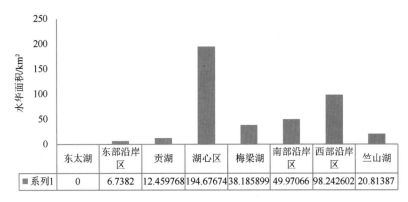

图 15.10　太湖不同区域的蓝藻水华面积分布状况（2017 年 5 月 13 日）

4. 2017 年 5 月 14 日

2017 年 5 月 14 日下午，太湖水面风浪增大，蓝藻下沉，相对于 5 月 14 日上午，蓝藻水华面积大幅降低，水华面积约 152.29 km² （图 15.11）。

利用2017年5月14日GF—4影像制作

图 15.11　太湖不同区域的蓝藻水华分布状况（2017 年 5 月 14 日）

5 月 14 日下午，蓝藻水华主要分布于太湖西部、北部区域，仅仅形成分散的小片蓝藻水华密集区（图 15.12）。具体分布情况为：湖心区北部有少量蓝藻水华密集区；最大的一片蓝藻水华密集区分布于西部沿岸区；两片小面积的蓝藻水华分布于梅梁湖内部；贡湖湾西北岸边缘有少量蓝藻水华条带；东部沿岸区、东太湖，水质良好，无高密度蓝藻水华聚集。湖心区高密度蓝藻水华 16.46 km²，西部沿岸区 88.83 km²，梅梁湖 24.49 km²，竺山湾 1.0 km²，贡湖 5.13 km²，南部沿岸区 16.38 km²，东部沿岸区和东太湖，未受影响。

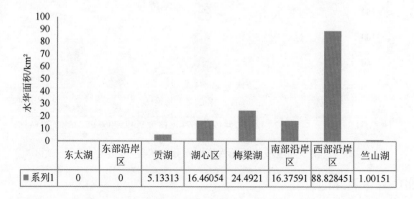

	东太湖	东部沿岸区	贡湖	湖心区	梅梁湖	南部沿岸区	西部沿岸区	竺山湖
■ 系列1	0	0	5.13313	16.46054	24.4921	16.37591	88.828451	1.00151

图 15.12　太湖不同区域的蓝藻水华面积分布状况（2017 年 5 月 14 日）

5. 2017 年 5 月 16 日

2017 年 5 月 16 日下午，太湖蓝藻水华面积约 952.78 km²，相对于 5 月 14 日有较大增加（图 15.13）。5 月 16 日下午，蓝藻水华主要分布于太湖湖心、西部、西南部区域，形成大片的蓝藻水华密集区（图 15.14）。具体分布情况为：湖心区、西部沿岸区为大量

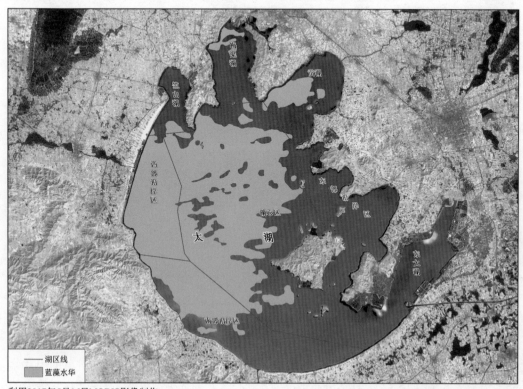

利用2017年5月16日MODIS影像制作

图 15.13　太湖不同区域的蓝藻水华分布状况（2017 年 5 月 16 日）

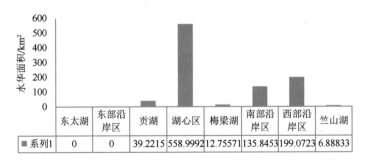

	东太湖	东部沿岸区	贡湖	湖心区	梅梁湖	南部沿岸区	西部沿岸区	竺山湖
■系列1	0	0	39.2215	558.9992	12.75571	135.8453	199.0723	6.88833

图 15.14   太湖不同区域的蓝藻水华面积分布状况（2017 年 5 月 16 日）

的蓝藻水华密集区；南部沿岸区的北半部为蓝藻水华密集区；梅梁湖北部分布一片小面积的蓝藻水华区；贡湖湾南端分布一片蓝藻水华密集区；东部沿岸区、东太湖，水质良好，无高密度蓝藻水华聚集。湖心区高密度蓝藻水华 559.00 km²，西部沿岸区 199.07 km²，梅梁湖 12.76 km²，竺山湾 6.89 km²，贡湖 39.22 km²，南部沿岸区 135.85 km²，东部沿岸区和东太湖，未受影响。

6. 2017 年 5 月 17 日

2017 年 5 月 17 日中午，太湖蓝藻水华面积约 533.39 km²，相对于 5 月 16 日的 952.78 km² 有明显下降（图 15.15）。5 月 17 日中午，蓝藻水华主要分布与湖心区、西部

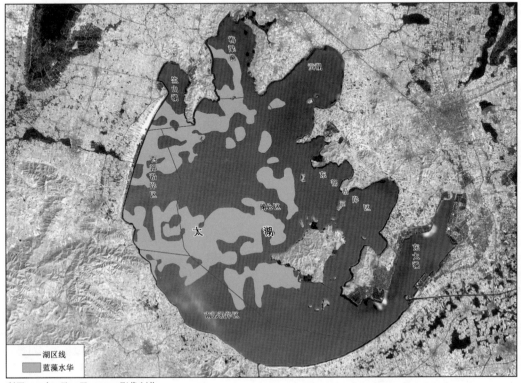

利用2017年5月17日MODIS影像制作

图 15.15   太湖不同区域的蓝藻水华分布状况（2017 年 5 月 17 日）

沿岸区、南部沿岸区、竺山湾和梅梁湖部分区域。具体分布情况为：湖心区，蓝藻水华密集分布于湖心区中部和北部；西部沿岸区，蓝藻水华主要分布于南北两端；南部沿岸区，蓝藻水华主要分布于北端区域；竺山湾的南端与西部沿岸区交界处，蓝藻水华密集成片；梅梁湖与湖心交界处，蓝藻水华密集，在梅梁湖的中心区域，形成南北延伸的蓝藻水华条带。湖心区高密度蓝藻水华 339.26 km²，西部沿岸区 106.75 km²，梅梁湖 25.83 km²，竺山湾 17.64 km²，贡湖 4.05 km²，南部沿岸区 39.86 km²，东部沿岸区和东太湖，未受影响（图 15.16）。

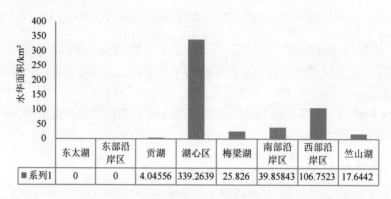

图 15.16　太湖不同区域的蓝藻水华面积分布状况（2017 年 5 月 17 日）

7. 2017 年 5 月 18 日

利用 AQUA 卫星 MODIS 数据对 2017 年 5 月 18 日太湖蓝藻水华状况进行了遥感监测。遥感监测结果表明：与 5 月 17 日（中午 12：30）相比，太湖蓝藻水华面积明显下降，从 5 月 17 日的 533.39 km² 下降到 146.70 km²（图 15.17）。

5 月 18 日下午，蓝藻水华主要分布于太湖湖心区、西部沿岸区、竺山湾。具体分布情况为：湖心区，位于湖心中部的蓝藻水华呈条带状分布，北西走向，延伸至西部沿岸区；西部沿岸区，蓝藻水华主要分布于西部沿岸区中段和北端；竺山湖区域，蓝藻水华小面积密集成片，集中于竺山湖南端与西部沿岸区交界处；南部沿岸区、东部沿岸区、梅梁湖、贡湖、东太湖无明显的蓝藻水华密集。湖心区高密度蓝藻水华面积约 105.11 km²，西部沿岸区约 31.37 km²，竺山湖约 10.21 km²（图 15.18）。

8. 2017 年 5 月 21 日

利用 AQUA 卫星 MODIS 数据对 2017 年 5 月 21 日太湖蓝藻水华状况进行了遥感监测。遥感监测结果表明：太湖未见大片的蓝藻水华密集区，蓝藻水华从 5 月 18 日的 146.70 km² 下降到 5 月 21 日的 6.29 km²（图 15.19）。

5 月 21 日下午，蓝藻水华仅见于西部沿岸区，其他区域未见明显的蓝藻水华密集区。具体分布情况为：西部沿岸区，蓝藻水华主要分布于西部沿岸区中段的湖边；湖心区、竺山湖、南部沿岸区、东部沿岸区、梅梁湖、贡湖、东太湖无明显的蓝藻水华分布。西部沿岸区蓝藻水华面积，约 6.29 km²（图 15.20）。

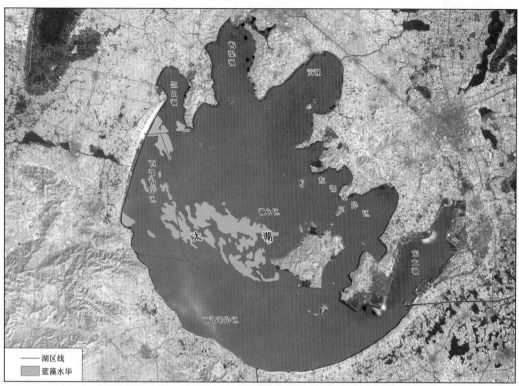

利用2017年5月18日MODIS影像制作

图 15.17　太湖不同区域的蓝藻水华分布状况（2017 年 5 月 18 日）

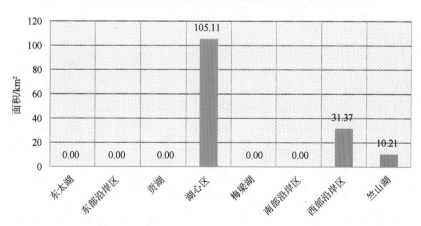

图 15.18　太湖不同区域蓝藻水华面积分布状况（2017 年 5 月 18 日）

9. 2017 年 5 月 26 日

5 月 26 日，利用 AQUA 卫星 MODIS 数据（过境时间：下午 12：30 分；空间分辨率：250 m）对太湖蓝藻水华状况进行了遥感监测。遥感监测结果表明：太湖重新出现大片的蓝藻水华密集区，蓝藻水华从 5 月 21 日的 6.29 km² 上升到 5 月 26 日的 679.74 km²（图 15.21）。

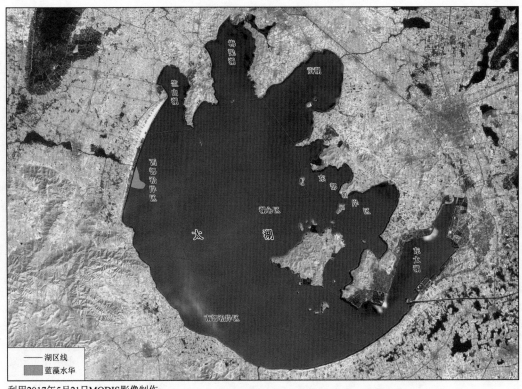

利用2017年5月21日MODIS影像制作

图 15.19　太湖不同区域的蓝藻水华分布状况（2017 年 5 月 21 日）

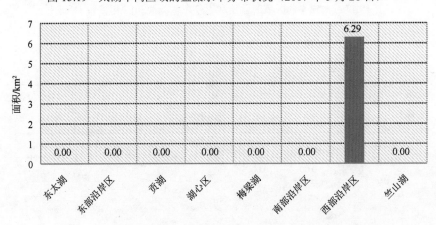

图 15.20　太湖不同区域蓝藻水华面积分布状况（2017 年 5 月 21 日）

5 月 26 日下午，太湖再次出现大片高密度蓝藻水华密集区，蓝藻水华主要分布于湖心区、梅梁湖及南部沿岸区等 3 个区域，其他区域未见或者仅有少量蓝藻水华密集。具体分布情况为：湖心区，蓝藻水华密集分布于湖心区的中部、北部以及邻近南部沿岸区的区域；梅梁湖，除了西北和西南的角落没有蓝藻水华之外，其余区域几乎完全被高密度蓝藻水华占领；南部沿岸区，蓝藻水华主要分布在中部地段。湖心区高密度蓝藻水华面积约 481.32 km^2，梅梁湖约 79.50 km^2，竺山湖约 0.17 km^2，贡湖约 11.76 km^2，南部沿岸区约 95.88 km^2，东部沿岸区约 11.10 km^2（图 15.22）。

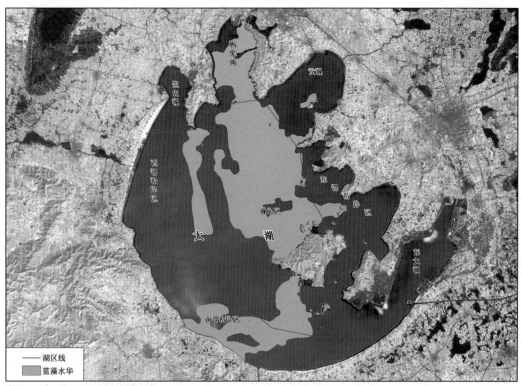

利用2017年5月26日MODIS影像制作

图 15.21　太湖不同区域的蓝藻水华分布状况（2017 年 5 月 26 日）

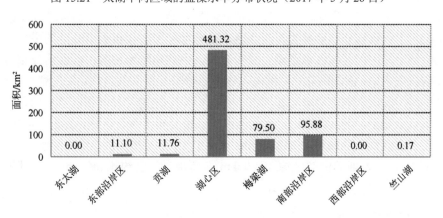

图 15.22　太湖不同区域蓝藻水华面积分布状况（2017 年 5 月 26 日）

10. 2017 年 5 月 27 日

5 月 27 日，利用 TERRA 卫星 MODIS 数据（过境时间：上午 11：35 分；空间分辨率：250 m）对太湖蓝藻水华状况进行了遥感监测。遥感监测结果表明：太湖蓝藻水华面积下降，从 5 月 26 日的 679.74 km^2 下降到 5 月 27 日的 374.48 km^2（图 15.23）。

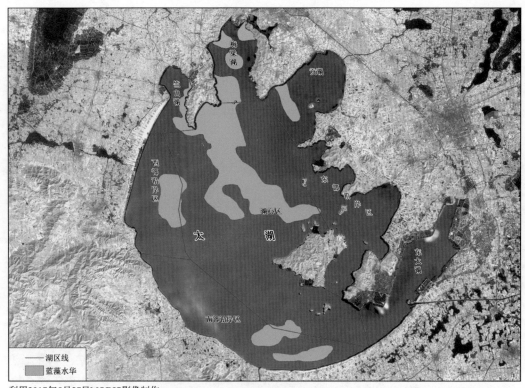

利用2017年5月27日MODIS影像制作

图 15.23　太湖不同区域的蓝藻水华分布状况（2017 年 5 月 27 日）

　　5 月 27 日上午，太湖蓝藻水华面积下降，空间分布基本稳定，蓝藻水华主要分布于湖心区、梅梁湖及南部沿岸区，并轻微扩展到竺山湾、贡湖湾，其他区域未见或者仅有少量蓝藻水华。具体分布情况为：湖心区，蓝藻水华密集分布于湖心区的中部、北部以及邻近南部沿岸区的区域；梅梁湖，只有北部，中部和西南角落，不连续分布着四处面积较大的蓝藻水华；南部沿岸区，蓝藻水华主要分布在其东部地段，邻近湖心区交界处；西部沿岸区，蓝藻水华主要分布在西部沿岸区与湖心区的交界地带；竺山湾，有少量蓝藻水华条带分布于岸边；贡湖湾，有蓝藻水华条带分布于湾口区域，邻近湖心区。其中，湖心区高密度蓝藻水华面积约 218.62 km²，梅梁湖约 44.75 km²，竺山湖约 13.57 km²，贡湖约 15.91 km²，西部沿岸区约 39.30 km²，南部沿岸区约 42.06 km²，东部沿岸区约 0.25 km²（图 15.24）。

11. 2017 年 5 月 31 日

　　5 月 31 日，利用 AQUA 卫星 MODIS 数据（过境时间：下午 12：45 分；空间分辨率：250 m）对太湖蓝藻水华状况进行了遥感监测。遥感监测结果表明：太湖蓝藻水华面积稍有上升，从 5 月 27 日的 374.48 km² 上升到 5 月 31 日的 563.76 km²（图 15.25）。

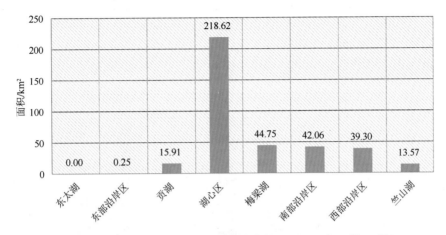

图 15.24　太湖不同区域蓝藻水华面积分布状况（2017 年 5 月 27 日）

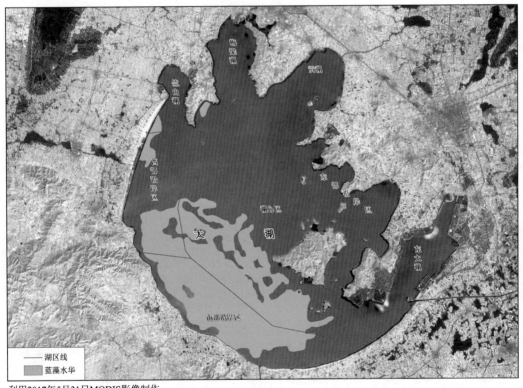

利用2017年5月31日MODIS影像制作

图 15.25　太湖不同区域的蓝藻水华分布状况（2017 年 5 月 31 日）

　　5 月 31 日下午,太湖蓝藻水华面积稍有上升;蓝藻水华大幅度迁移到太湖南部区域,蓝藻水华主要分布于湖心区、南部沿岸区及西部沿岸区,其他区域未见或者仅有少量蓝藻水华。具体分布情况为：湖心区,蓝藻水华密集分布于湖心区的西南部,邻近南部沿岸区、西部沿岸区的区域;南部沿岸区,蓝藻水华完全占据了南部沿岸北部、中部区域,仅其最南端和最东端无蓝藻水华分布;西部沿岸区,蓝藻水华主要分布在西部沿岸区与湖心区、南部沿岸区的交界地带,并且在邻近竺山湾的西部沿岸区北端附近有蓝藻水华条带分布；竺山湾，与西部沿岸区的交界区域有少量蓝藻水华。其中，湖心区高密度蓝藻水华面积约 252.74 km²，竺山湖约 4.97 km²，西部沿岸区约 72.86 km²，南部沿岸区约 233.19 km²（图 15.26）。

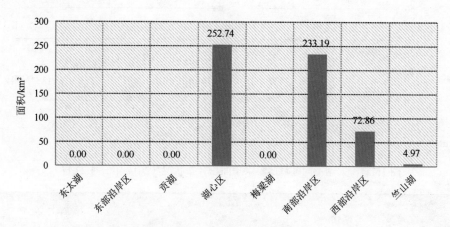

图 15.26　太湖不同区域蓝藻水华面积分布状况（2017 年 5 月 31 日）

12. 2017 年 5 月太湖蓝藻水华爆发过程

2017 年 3 月 7 日以来，太湖蓝藻水华面积变化情况如图 15.27 所示。由于太湖氮磷营养极其丰富，长期处于中度富营养化以上，从春季（3 月份）开始随着季节推移和温度上升逐渐增多，在 5 月 6 日蓝藻水华达到最大。蓝藻水华的迁移、聚集、消失、再现受风浪控制，风大则消沉于水下，风小则出露水面；5 月 6 日之后蓝藻水华面积表现为大幅度波动，隐伏于水中，随风浪迁移，在微风条件下，极易在局部区域高密度堆积。同时由于夏季高温，高密度水华堆积区的蓝藻大量死亡，产生异味、排出毒素，产生严重的水华灾害。

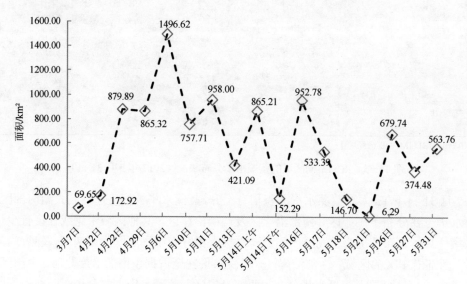

图 15.27　太湖蓝藻水华面积变化情况（2017 年 3 月以来）

此次蓝藻水华爆发充分说明，虽然经过各方共同努力，太湖治理初见成效，但目前太湖水质向好的态势尚不稳定，太湖水质根本性好转的"拐点"还没有出现。而且，经过前几年高强度投入、大规模治理后，太湖水质改善的"边际效应"开始出现，即使同样多的治理投入，水质改善的效果也不会像前几年那样明显。因此，太湖治理任重道远，随着地区经济社会的发展变化和治理工作的不断深入，太湖治理面临着一些亟待解决的新情况和新问题。

15.1.3　太湖风景名胜区开发建设遥感监测

在《全国主体功能区规划》中，规定了在国家禁止开发区域内"严格控制人为因素对自然生态和文化自然遗产原真性、完整性的干扰"的保护措施。在 2016 年批复的《太湖风景名胜区总体规划（2001—2030 年）》，将景区划分为一级保护区（核心景区——严格禁止建设范围）、二级保护区（严格限制建设范围）和三级保护区（限制建设范围），并针对不同区域特征制订了相应的保护措施。

结合《全国主体功能区规划》和《太湖风景名胜区总体规划（2001—2030 年）》，利用 2013～2015 年 GF-1、GF-2 卫星在轨数据，对太湖风景名胜区的开发建设情况开展了遥感监测。通过高分遥感监测结果与《太湖风景名胜区总体规划（2001—2030 年）》比对分析，在 2013～2015 年太湖风景名胜区规划保护范围内有多处开发活动（表 15.1）。其中，在梅梁湖景区的规划核心景区范围，有 1 处围湖施工（图 15.28）；在石湖景区、东山景区、马山景区、阳羡景区的规划景区（非核心景区）范围内存在 6 处开发建设活动（图 15.29～图 15.32）；在石湖景区、西山景区、蠡湖景区的规划保护地带范围内，有 3 处开发建设活动（图 15.33～图 15.35）。根据《全国主体功能区规划》对于风景名胜区保护要求和《太湖风景名胜区总体规划（2001—2030 年）》中对于不同区域内人类开发活动的规范，对于上述开发活动应核对其合规性，从而加强对景区自然生态和文化自然遗产原真性、完整性的保护。

表 15.1　太湖风景名胜区开发建设活动遥感监测结果

序号	景区名称	所处区域类型	开发活动描述
1	梅梁湖景区	规划核心景区	白旄湾围湖施工 1 处，面积为 0.55 km²
2	马山景区	规划景区（非核心景区）	胥山景点附近进行景区设施、居民区等开发建设，面积为 0.89 km²
			灵山景点附近景区设施建设 1 处，面积为 0.05 km²
			圣旨岭附近新增居住建筑 4 处，面积为 0.09 km²
			太湖国际高尔夫俱乐部新增设施建筑 3 处，面积为 0.13 km²
3	石湖景区	规划景区（非核心景区）	石湖西侧新增建设人工景观 1 处，面积为 0.68 km²
4	东山景区	规划景区（非核心景区）	三山岛小姑山附近改扩建码头 1 处，面积为 0.03 km²
5	阳羡景区	规划景区（非核心景区）	玉女潭景点西南新增居住建筑 1 处，面积为 0.08 km²
6	石湖景区	规划保护地带	石湖东侧规划保护地带内新增居住建筑 1 处，面积为 0.43 km²
7	蠡湖景区	规划保护地带	北祁头地区改造建设 1 处（包括新增居民区改造、改建广场），面积为 0.19 km²
8	西山景区	规划保护地带	金庭镇城镇建设用地开发 6 处，面积为 0.73 km²

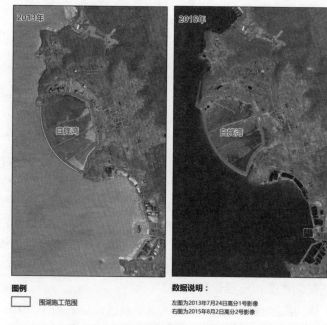

图 15.28 梅梁湾景区围湖施工高分遥感监测

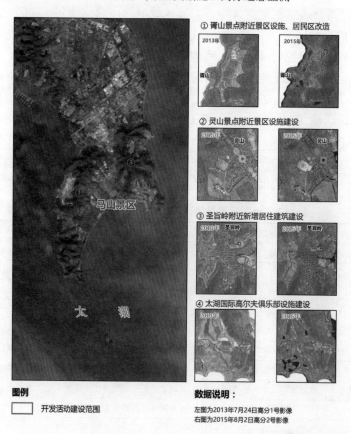

图 15.29 马山景区规划景区（非核心景区）开发建设高分遥感监测

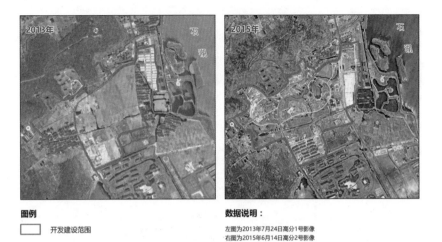

图例
□ 开发建设范围

数据说明：
左图为2013年7月24日高分1号影像
右图为2015年6月14日高分2号影像

图 15.30　石湖景区规划景区（非核心景区）开发建设高分遥感监测

图例
□ 开发建设范围

数据说明：
左图为2013年7月24日高分1号影像
右图为2015年8月2日高分2号影像

图 15.31　东山景区规划景区（非核心景区）开发建设高分遥感监测

图例
□ 开发建设范围

数据说明：
左图为2013年7月4日高分1号影像
右图为2015年2月7日高分2号影像

图 15.32　阳羡景区规划景区（非核心景区）开发建设高分遥感监测

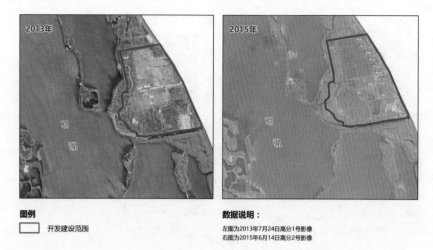

图例
☐ 开发建设范围

数据说明：
左图为2013年7月24日高分1号影像
右图为2015年6月14日高分2号影像

图 15.33 石湖景区规划保护地带开发建设高分遥感监测

图例
☐ 开发建设范围

数据说明：
左图为2013年7月24日高分1号影像
右图为2015年8月2日高分2号影像

图 15.34 蠡湖景区规划保护地带开发建设高分遥感监测

图例
☐ 开发建设范围

数据说明：
左图为2013年7月24日高分1号影像
右图为2015年8月2日高分2号影像

图 15.35 西山景区规划保护地带开发建设高分遥感监测

15.2　甘肃祁连山国家级自然保护区遥感监测

祁连山是我国西部重要生态安全屏障,是黄河流域重要水源产流地,是我国生物多样性保护优先区域,我国 1988 年批准设立了甘肃祁连山国家级自然保护区。2010 年,在国务院颁布的《全国主体功能区规划》中,将甘肃祁连山国家级自然保护区列入国家禁止开发区域名录。

长期以来,祁连山局部生态破坏问题十分突出,违法违规开发矿产资源问题特别严重,部分水电设施违法建设、违规运行,受到党中央、国务院的高度重视。2017 年 7 月,中办、国办就甘肃祁连山国家级自然保护区生态环境问题发出通报,强调坚决把生态文明建设摆在全局工作的突出地位抓紧抓实抓好,为人民群众创造良好生产生活环境。

为了明确祁连山国家级自然保护区矿产资源开发活动、水电设施建设与运行的数量、面积、空间分布特征,基于 2016~2017 年 GF-2 号遥感数据(空间分辨率 1 m),辅以其他遥感数据(1 m),对甘肃祁连山国家级自然保护区矿产资源、水电设施开发建设活动进行了监测。

15.2.1　矿产开采迹地遥感监测

甘肃祁连山国家级自然保护区位于甘肃省境内祁连山北坡中、东段,地跨武威、金昌、张掖 3 市的凉州、天祝藏族自治县、古浪、永昌、甘州、山丹、民乐、肃南裕固族自治县 8 县(区)(图 15.36)。

其矿产资源开采迹地(包括矿坑、堆渣地、矿产品堆集地、生活地、交通配套前往地)总体分布特征如下。

(1)目前存在矿产资源开采迹地总数量约 973 处,总面积约 55.4 km^2(图 15.37)。

(2)矿采迹地数量按区县分布(图 15.38):肃南县 336 个,天祝县 202 个,山丹县 64 个,永昌县 42 个,凉州区 19 个,古浪县 17 个,甘州区 14 个,民乐县 0 个,保护区以外区县 279 个。

(3)矿采迹地面积按区县分布(图 15.39、图 15.40):肃南县 21.9 km^2,天祝县 6.9 km^2,古浪县 2.9 km^2,甘州区 1.9 km^2,山丹县 1.7 km^2,凉州区 1.4 km^2,永昌县 0.8 km^2,民乐县 0 km^2,保护区以外区县 17.9 km^2。

(4)矿采迹地主要分布于祁连山北坡与山前冲积平原的连接区、北坡低山沟谷区,祁连山北坡低山向高山过渡的沟谷区也有零星分布。

长期以来大规模的探矿、采矿活动,影响了保护区生态环境,造成了保护区局部植被破坏、水土流失、地表塌陷。图 15.41 反映了 2001~2016 年 MODIS NDVI 数据空间变化趋势,红色区域表示 NDVI 减少,植被呈现退化趋势。与矿采迹地空间分布数据叠加结果表明(图 15.42),植被变化一方面受气候影响,但矿山资源开发活动加剧了植被退化趋势,NDVI 变化呈减少趋势的区域与矿采迹地分布具有空间相似性,表明采矿活动影响了保护区生态环境,造成了局部植被破坏。

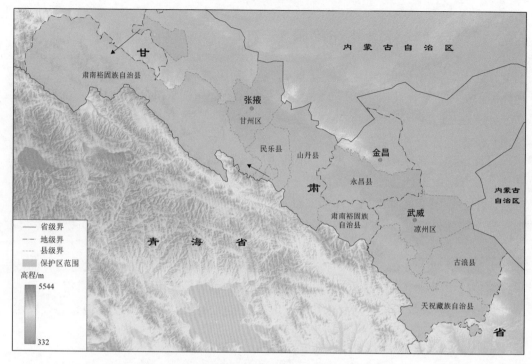

图 15.36　甘肃祁连山国家级自然保护区分布图

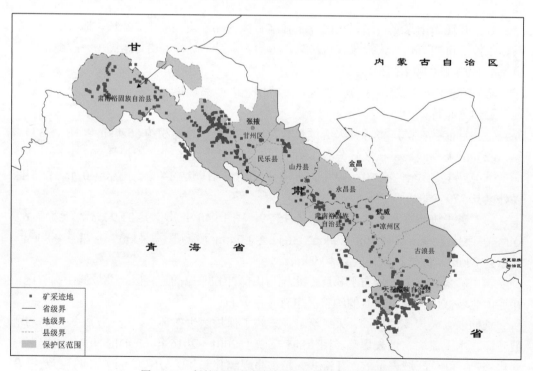

图 15.37　保护区及其邻近地区矿采迹地空间分布

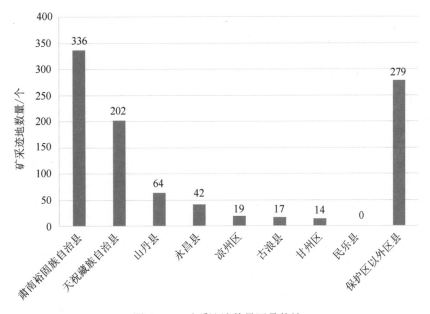

图 15.38　矿采迹地数量区县统计

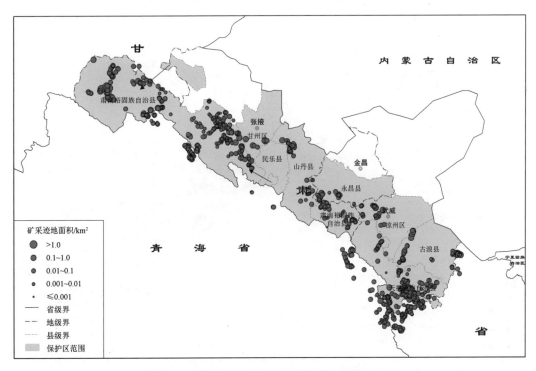

图 15.39　保护区及其邻近地区矿采迹地面积分布

针对甘肃祁连山国家级自然保护区矿产资源违法、违规开发行为，基于高分遥感监测结果，提出以下几点建议。

（1）建议当地政府对违法、违规进行矿产资源开发的行为进行严肃查处，坚决禁止在自然保护区内进行矿产资源开发活动，严格保护生态环境，大力促进生态文明建设。

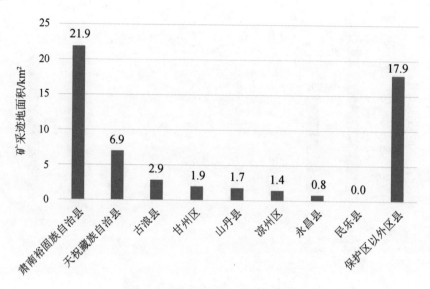

图 15.40 矿采迹地面积按区县统计

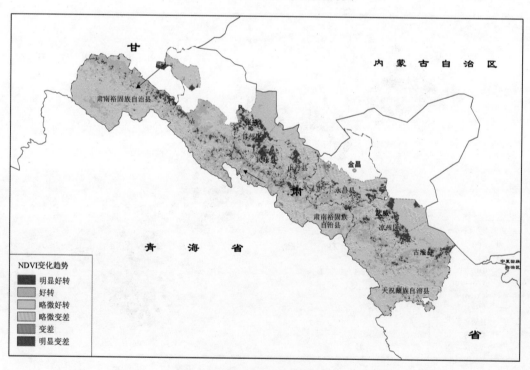

图 15.41 保护区植被变化趋势空间分布（2001～2016 年）

（2）建议结合祁连山国家公园体制试点，建设祁连山生态环境保护的法律体系和管理机制，界定生态保护红线，严格依法管理，建立多元化生态补偿机制，完善生态绩效考核机制。

（3）建议规划和实施祁连山生态系统整体保护与系统修复工程，建立生态保护科技支撑体系和生态环境监测网络，结合空—天—地一体化监测手段，开展祁连山生态环境变化监测、调查和评估。

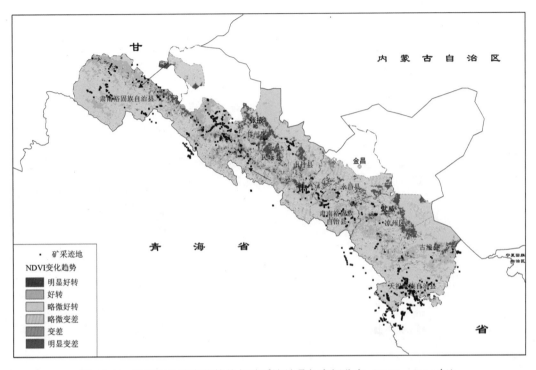

图 15.42　保护区植被变化趋势与矿采迹地叠加空间分布（2001～2016 年）

15.2.2　水电设施建设总体分布特征

甘肃祁连山国家级自然保护区水电设施（包括水库电站、水库坝体、水库及引水渠、调节池等）开发建设总体分布特征如下。

（1）甘肃祁连山国家级自然保护区目前存在水电设施约 142 处（图 15.43）。

（2）水电设施数量按区县分布（图 15.44）：肃南县分布最多，共 43 处。其他区县分布数量依次为：天祝县 20 处，凉州区 13 处，山丹县 10 处，民乐县 7 处，永昌县 5 处，古浪县 5 处，甘州区 1 处，保护区以外区县 38 处。

（3）水电设施主要分布于祁连山区域黑河、石羊河、疏勒河等流域的干流、支流河谷地区。

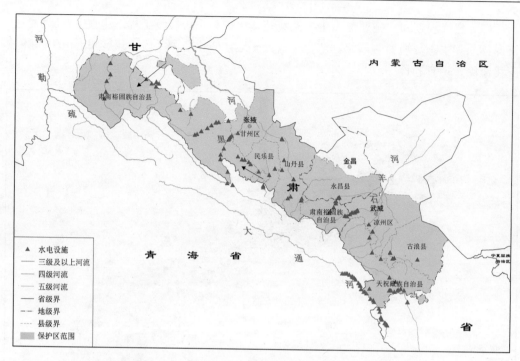

图 15.43　保护区及其邻近地区水电设施空间分布

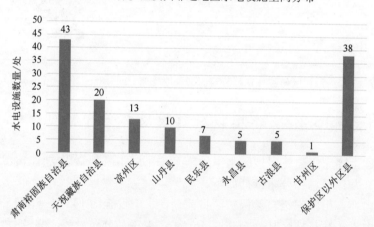

图 15.44　矿采迹地按区县统计

第16章 省级主体功能区遥感监测
应用示范

2010 年 12 月，国务院印发《全国主体功能区规划》，并要求尽快组织完成省级主体功能区规划编制工作，调整完善财政、投资、产业、土地、农业、人口、环境等相关规划和政策法规，建立健全绩效考核评价体系，全面做好规划实施的各项工作。

海南省人民政府根据《全国主体功能区规划》和《国务院关于推进海南国际旅游岛建设发展的若干意见》(国发[2009] 44 号)、中国共产党海南省第六次代表大会报告、《海南省人民政府办公厅关于开展全省主体功能区规划编制工作的通知》(琼府办[2007] 58 号)，并于 2013 年 12 月下发《海南省人民政府关于印发海南省主体功能区规划的通知》(琼府（2013）89 号)。根据《海南省主体功能区规划》，规划范围为海南省陆地国土空间以及内水和行政管辖海域，是推进形成海南岛主体功能区的基本依据，是科学开发国土空间的行动纲领和远景蓝图，是国土空间开发的战略性、基础性和约束性规划。

围绕省级主体功能区监测评价和海南省社会经济发展定位，结合海南省主体功能区规划，利用主体功能监测指标产品及其他辅助数据，从综合监测指标、旅游岛开发建设、热带雨林保护、红树林保护等方面，开展省级主体功能区遥感监测应用示范。

16.1　示范区概况

1. 行政区划

海南省，简称"琼"，位于中国最南端。全省行政区域包括海南岛、西沙群岛、中沙群岛、南沙群岛的岛礁及其海域（图 16.1）。根据《海南统计年鉴—2016》，海南省下辖 27 个市、县（区），其中 3 个地级市、6 个县级市、4 个县、6 个民族自治县、8 个区，196 个乡镇（含街道办事处），见表 16.1。

2. 自然概况

海南全省陆地（主要包括海南岛和西沙、中沙、南沙群岛）总面积 3.54 万 km^2，海域面积约 200 万 km^2。海南岛是仅次于台湾岛的中国第二大岛，海南省是中国国土面积（含海域）第一大省。

海南岛处于热带北缘，属于热带季风气候，有明显的干湿季。全岛热量丰富，全年暖热，年平均温度 23.0℃～25.5℃，夏无酷热，冬无严寒。光、热资源充足，年日照时间长达 1750～2650 小时，光照率为 50%～60%，雨量充沛，年平均降水量 1639 mm 左右，但受东南季风及东北季风影响，有明显的雨季和旱季，且雨量时空分极不均匀。

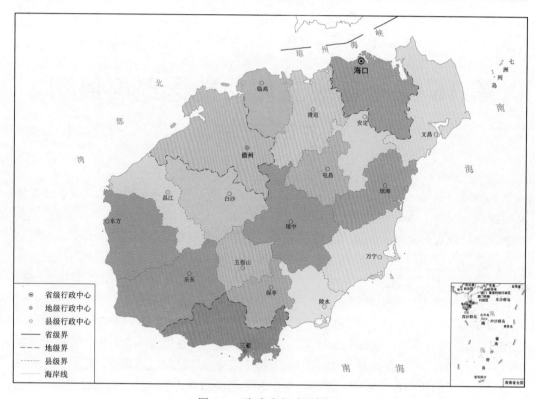

图 16.1　海南省行政区划图

表 16.1　海南省行政区划

地区	行政区域土地面积/km²	地级市	县级市	县	民族自治县	市辖区数	乡（镇）
全省总计	**35354**	**3**	**6**	**4**	**6**	**8**	**196**
海口市	2305	1				4	22
三亚市	1915	1				4	
三沙市	· 13	1					
五指山市	1131		1				7
文昌市	2485		1				17
琼海市	1710		1				12
万宁市	1884		1				12
定安县	1196			1			10
屯昌县	1232			1			8
澄迈县	2076			1			11
临高县	1317			1			10
儋州市	3394		1				16
东方市	2256		1				10
乐东黎族自治县	2766				1		11
琼中黎族苗族自治县	2704				1		10
保亭黎族苗族自治县	1167				1		9
陵水黎族自治县	1128				1		11
白沙黎族自治县	2117				1		11
昌江黎族自治县	1620				1		8

海南岛全岛呈现中高周边低的地势，以五指山为中心，四周由山地、丘陵、台地和平原组成具有明显梯级结构的环形地貌（图 16.2）。由于地形影响，东部地区湿润，西部沿海地区干燥。岛内大多数山脉海拔在 500～800 m，其中有 81 座山峰海拔高于 1000 m，五指山、吊罗山、鹦哥岭等山峰海拔超过 1500 m（江海声，2006）。

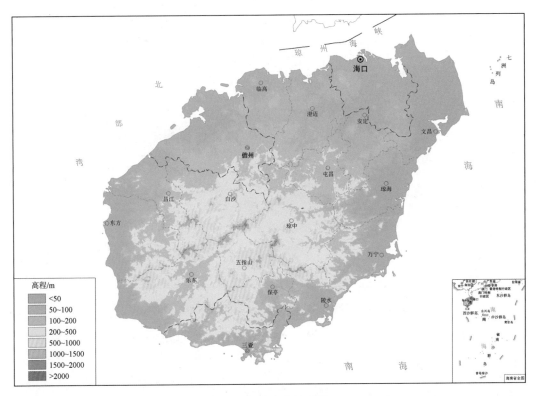

图 16.2　海南岛地形图

3. 社会经济

海南 1998 年建省办经济特区以来，经济社会发展取得显著成就。根据《海南统计年鉴—2016》，2015 年全省年末常住人口 910.82 万人，城镇人口比例为 55.12%。地区生产总值（GDP）3702.8 亿元，比上年增长 7.8%。其中，第一产业增加值 855.82 亿元，增长 5.3%；第二产业增加值 875.13 亿元，增长 6.5%；第三产业增加值 1971.81 亿元，增长 9.6%。三次产业增加值占地区生产总值的比重分别为 23.1：23.6：53.3。按年平均常住人口计算，全省人均地区生产总值 40818 元，按现行平均汇率计算为 6554 美元，比上年增长 6.9%。

4. 省级主体功能区划

根据《海南省主体功能区规划》，海南省国土空间主要划分重点开发区、限制开发区和禁止开发区 3 种类型（图 16.3）。其中，禁止开发区分布在重点开发区域、限制开发区域内，主要为国家级、省级的自然保护区、森林公园、风景名胜区和文物保护区。重点开发区域、限制开发区按行政辖区划分，分为以下主要类型。

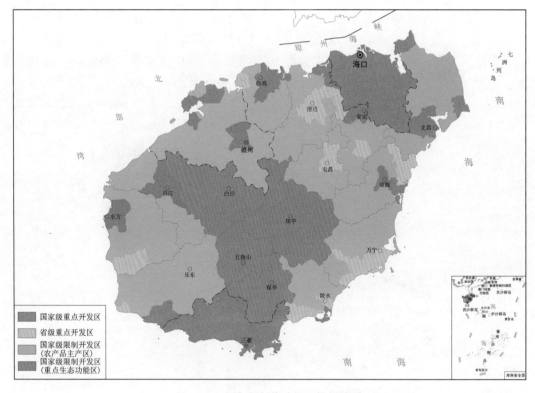

图 16.3　海南省主体功能区规划总图

（1）国家级重点开发区，区域范围为海口市、三亚市、洋浦经济开发区（含三都镇）的全部辖区（市县域辖区）和文昌文城镇、龙楼镇、铺前镇，琼海加积镇、博鳌镇，陵水黎安镇，乐东九所镇，东方八所镇，昌江石碌镇、叉河镇，儋州白马井镇、那大镇、木棠镇，临高临城镇、博厚镇，澄迈老城镇，定安定城镇共 17 个镇（图 16.3）。

（2）省级重点开发区，区域范围为琼海长坡镇、潭门镇，万宁万城镇、兴隆镇、东澳镇、礼纪镇，陵水椰林镇、新村镇、英州镇，乐东的莺歌海镇，东方的板桥镇，临高的新盈镇、调楼镇，澄迈金江镇、永发镇，定安龙门镇，屯昌屯城镇共 17 个镇（图 16.3）。

（3）国家级农产品主产区，区域范围为文昌、琼海、万宁、陵水、乐东、东方、昌江、儋州、临高、澄迈、定安、屯昌等 12 个市县除重点开发镇以外的辖区（图 16.3）。

（4）国家级重点生态功能区，区域范围为五指山、保亭、琼中、白沙全辖区组成的国家限制开发区海南岛中部山区热带雨林生态功能和三沙市（三沙市管辖西沙群岛、中沙群岛、南沙群岛的岛礁及其海域，其主体功能区规划另行编制实施）以及本岛外岛滩、岛屿、海岸线变化（图 16.3）。

16.2　省级主体功能区综合监测评价

依据主体功能区综合监测技术流程，选择可利用土地资源、自然灾害危险性、生态系统脆弱性、生态系统重要性、人口集聚度、经济发展水平和交通优势度等指标，从发展潜力、资源环境承载力和开发密度等 3 个方面对海南岛陆地国土空间进行综合评价。

16.2.1　可利用土地资源

1. 监测结果

根据可利用土地资源遥感监测技术流程，通过适宜建设用地面积、已有建设用地面积、基本农田面积等指标计算，开展海南可利用土地资源遥感监测和丰度评价，评价结果见图 16.4 和表 16.2。

2010 年海南岛可利用土地资源共 2632.66 km²，占区域面积 7.8%。参照可利用土地资源面积分级标准，按照行政区域进行丰度分级评价，结果显示仅儋州市可利用土地资源总量丰富，海口、文昌等 6 个市（县）可利用土地资源总量较丰富，三亚、琼海等 6 个市（县）可利用土地资源总量中等，白沙和屯昌 2 个县可利用土地资源总量较缺乏，五指山、保亭和琼中 3 个市（县）可利用土地资源总量缺乏。

2013 年海南岛可利用土地资源共 1557.26 km²，占区域面积 4.6%。丰度分级结果显示，儋州和文昌 2 个市可利用土地资源总量较丰富，海口、澄迈、临高和东方 4 个市（县）可利用土地资源总量中等，三亚、琼海等 8 个市（县）可利用土地资源总量较缺乏，五指山、保亭、琼中和白沙 4 个市（县）可利用土地资源总量缺乏。

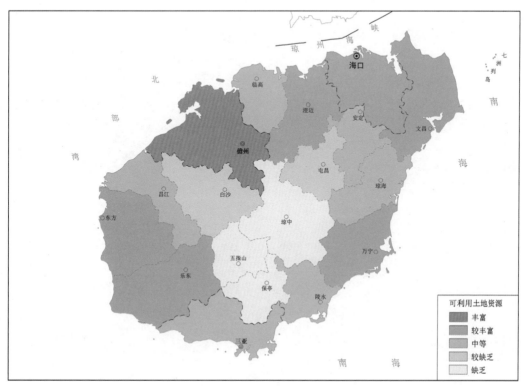

(a) 2010年

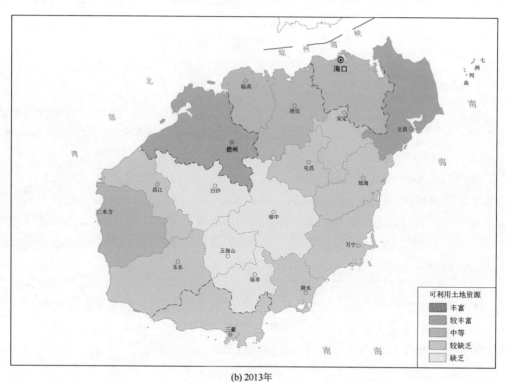

(b) 2013年

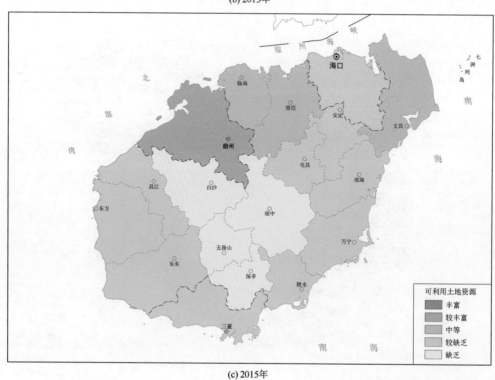

(c) 2015年

图16.4 海南岛2010年、2013年、2015年可利用土地资源遥感监测

表16.2　可利用土地资源分市（县）统计情况（2010～2015 年）

县市名称	2010 年		2013 年		2015 年	
	面积/km²	占区域比例/%	面积/km²	占区域比例/%	面积/km²	占区域比例/%
海口市	196.49	8.98	111.41	5.09	92.35	4.22
三亚市	132.79	7.04	83.17	4.41	82.95	4.4
五指山市	29.62	2.58	13.23	1.15	13.23	1.15
琼海市	147.60	8.77	72.03	4.28	72.03	4.28
儋州市	359.54	11.1	217.23	6.71	217.53	6.72
文昌市	277.05	11.76	174.86	7.42	146.67	6.22
万宁市	156.52	8.59	79.97	4.39	79.97	4.39
东方市	261.76	11.56	105.74	4.67	85.70	3.78
定安县	119.29	10.16	82.94	7.06	82.97	7.07
屯昌县	72.22	5.74	55.87	4.44	55.87	4.44
澄迈县	168.72	8.2	118.74	5.77	118.74	5.77
临高县	140.90	10.93	106.46	8.26	106.46	8.26
白沙黎族自治县	71.03	3.3	33.74	1.57	33.74	1.57
昌江黎族自治县	136.83	8.62	78.07	4.92	78.07	4.92
乐东黎族自治县	194.22	7.04	95.53	3.46	95.50	3.46
陵水黎族自治县	105.83	9.28	73.33	6.43	72.82	6.39
保亭黎族苗族自治县	26.27	2.3	23.14	2.03	23.14	2.03
琼中黎族苗族自治县	35.98	1.34	31.81	1.18	31.81	1.18
合计	2632.66	7.78	1557.26	4.60	1489.54	4.40

2015 年海南岛可利用土地资源共计 1489.54 km²，占岛内陆地面积 4.4%。丰度分级结果显示，儋州市可利用土地资源总量较丰富，文昌、澄迈和临高 3 个县市（县）可利用土地资源总量中等，海口、三亚等 10 个市（县）可利用土地资源总量较缺乏，五指山、保亭、琼中和白沙 4 个市（县）可利用土地资源总量缺乏。

2. 动态变化分析

2010～2015 年，海南岛可利用土地资源减少量较大县市主要分布在沿海经济较为发达地区，以沿海平原地区县市为主；减少量较小的县市主要分布在中部山区，其可利用土地资源总量也相对缺乏（图 16.5，表 16.3）。

（1）随着海南省经济发展，海南岛可利用土地资源持续减少，2010～2013 年减少幅度大于 2013～2015 年。结果显示，2010～2015 年海南岛可利用土地资源共减少了 1143.1 km²，其中 2010～2015 年减少了 1075.4 km²，2013～2015 年增加了 67.7 km²，前者减小幅度远大于后者。

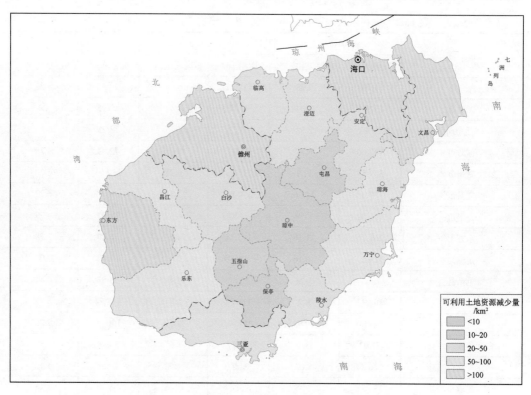

图 16.5　海南岛可利用土地资源分区县变化分布

表 16.3　可利用土地资源变化特征分市（县）统计情况（2010～2015 年）

县市名称	2010～2013 年		2013～2015 年		2010～2015 年	
	变化量/km²	变化率/%	变化量/km²	变化率/%	变化量/km²	变化率/%
海口市	−85.1	−43.3	−19.1	−17.1	−104.1	−53.0
三亚市	−49.6	−37.4	−0.2	−0.3	−49.8	−37.5
五指山市	−16.4	−55.4	—		−16.4	−55.4
琼海市	−75.6	−51.2	—		−75.6	−51.2
儋州市	−142.3	−39.6	0.3	0.1	−142.0	−39.5
文昌市	−102.2	−36.9	−28.2	−16.1	−130.4	−47.1
万宁市	−76.5	−48.9	—		−76.5	−48.9
东方市	−156.0	−59.6	−20	−19.0	−176.1	−67.3
定安县	−36.4	−30.5	—		−36.3	−30.5
屯昌县	−16.4	−22.6	—		−16.4	−22.6
澄迈县	−5	−29.6	—		−5	−29.6
临高县	−34.4	−24.4	—		−34.4	−24.4
白沙黎族自治县	−37.3	−52.5	—		−37.3	−52.5
昌江黎族自治县	−58.8	−42.9	—		−58.8	−42.9
乐东黎族自治县	−98.7	−50.8	—		−98.7	−50.8
陵水黎族自治县	−32.5	−30.7	−0.5	−0.7	−33.0	−31.2
保亭黎族苗族自治县	−3.1	−11.9	—		−3.1	−11.9
琼中黎族苗族自治县	−4.2	−11.6	—		−4.2	−11.6
合计	−1075.4	−40.8	−67.7	−4.3	−1143.1	−43.4

（2）从总量上看，海南岛 18 个市（县）可利用土地资源量空间分布格局变化不明显。结果显示，2010~2013 年、2013~2015 年两个时期，海南岛可利用土地资源总量最高的 2 个县市均为儋州市、文昌市，而可利用土地资源总量最低的 4 个市（县）均为白沙县、琼中县、保亭县、五指山市。从可利用土地资源面积占区域比例来看，2010 年排名最高的 3 个县市分别是文昌市、东方市、儋州市，排名最低的 2 个县市分别是保亭县、琼中县；2013 年可利用土地资源面积占区域比例排名最高的 3 个县市分别是临高县、文昌市、定安县，排名最低的 2 个县市分别是琼中县、五指山市；2015 年可利用土地资源面积占区域比例排名最高的 3 个县市分别是临高县、定安县、儋州市，排名最低的 2 个县市分别是琼中县、五指山市。

（3）海南岛可利用土地资源变化区域差异性明显。5 年间，海南岛 18 个县市中东方市、儋州市、文昌市、海口市减少量较大，减少面积均大于 100 km^2，减少幅度分别达到 67.3%、39.5%、47.1%、53.0%，而保亭县、琼中县可利用土地资源量减少较小，5 年内减少面积均小于 5 km^2，减少幅度分别为 11.9%、11.6%；从时间上来看，2010~2013 年、2013~2015 年两个时期，海口市、三亚市、文昌市、东方市、陵水县可利用土地资源均呈逐渐减少趋势，儋州市可利用土地资源呈先减少后增加趋势，其余县市可利用土地资源减少主要发生在 2010~2013 年，2013~2015 年变化趋势不明显。

16.2.2　自然灾害危险性

1. 监测结果

海南岛主要灾害包括热带气旋、暴雨、干旱等，其中热带气旋所引发的洪水为主要自然灾害。根据自然灾害危险性遥感监测技术流程，通过对区域洪水灾害危险性、干旱灾害危险性和地震灾害危险性复合，开展自然灾害危险性遥感监测，评价结果见图 16.6 和表 16.4。

根据监测结果，2010 年受到洪水灾害的影响，西南部的三亚、乐东、东方和昌江 4 个市（县）自然灾害危险性为中等级别，中部的五指山、万宁、儋州等 7 个市（县）自然灾害危险性位较低程度，东北部的海口、文昌、澄迈等 7 个市（县）自然灾害危险性为低等级。

2013 年，东北部的海口、文昌、澄迈 7 个市（县）自然灾害危险性较低，其他 11 个市（县）自然灾害危险性为低等级。

2015 年，仅海口市自然灾害危险性较低，其他地区自然灾害危险性均为低等级。

2. 动态变化分析

利用 2010~2015 年两期监测结果，分析海南岛自然灾害危险性变化时空特征，如图 16.7 所示。结果显示，2010~2015 年区域自然灾害危险性变化显著，危险性程度整体逐渐降低。其中，中部地区由较低等级转变为低等级，西南部地区由中等等级转变为低等级，增高的地区仅为位于东北部的海口市，其余地区危险性程度未发生变化。自然灾害危险性变化的空间分布格局主要与洪涝、旱灾、地震等自然灾害发生的频次、强度大小在空间分布上的位置相关。

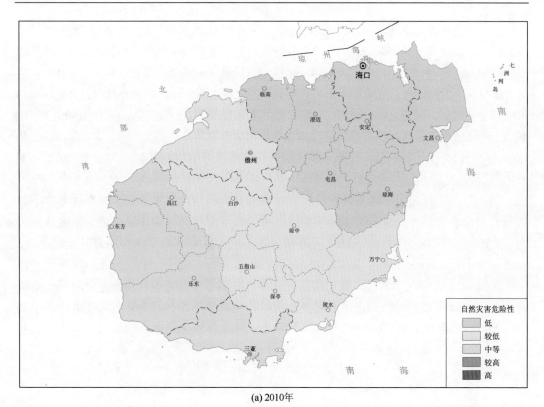

(a) 2010年

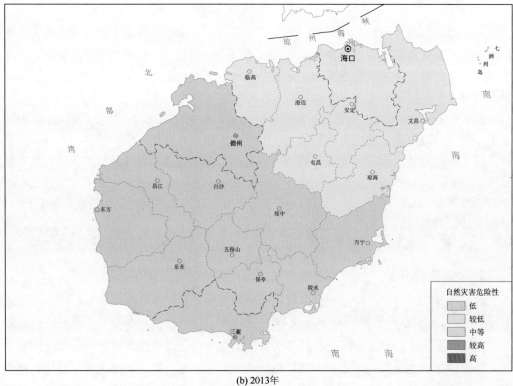

(b) 2013年

(c) 2015年

图 16.6　海南岛 2010 年、2013 年、2015 年自然灾害危险性遥感监测

表 16.4　不同监测期海南岛各县市自然灾害等级（2010～2015 年）

县市名称	自然灾害等级		
	2010 年	2013 年	2015 年
海口市	低	较低	较低
三亚市	中等	低	低
五指山市	较低	低	低
琼海市	低	较低	低
儋州市	较低	低	低
文昌市	低	较低	低
万宁市	较低	低	低
东方市	中等	低	低
定安县	低	较低	低
屯昌县	低	较低	低
澄迈县	低	较低	低
临高县	低	较低	低
白沙黎族自治县	较低	低	低
昌江黎族自治县	中等	低	低
乐东黎族自治县	中等	低	低
陵水黎族自治县	较低	低	低
保亭黎族苗族自治县	较低	低	低
琼中黎族苗族自治县	较低	低	低

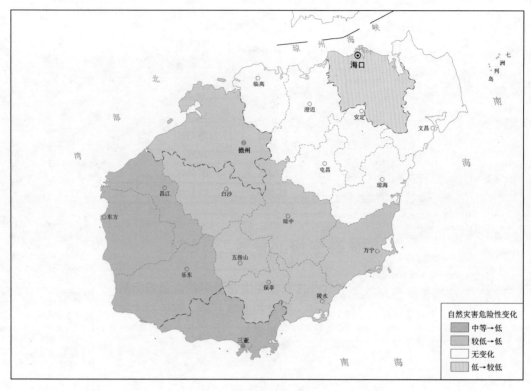

图 16.7　海南岛自然灾害危险性动态变化（2010～2015 年）

16.2.3　生态系统脆弱性

1. 监测结果

根据生态系统脆弱性遥感监测技术流程，通过复合土壤侵蚀脆弱性、土地沙化脆弱性等评价指标，开展海南岛生态系统脆弱性遥感监测，评价结果见图 16.8 和表 16.5。

监测结果表明，2010 年海南生态系统脆弱性以略脆弱和不脆弱为主，略脆弱区域面积占比为 39.4%，不脆弱面积占比为 33.4%；一般脆弱面积占比为 18.4%；较脆弱和脆弱等级分别占比为 7.7% 和 1.2%，主要分布于文昌、安定、琼海、陵水等部分地区。

2013 年，海南生态系统脆弱性为不脆弱区域面积占比为 38.0%；略脆弱的区域面积占比为 45.0%；一般脆弱区域面积占比为 12.6%；较脆弱区域面积占比为 3.9%；脆弱区域面积占比为 0.5%，主要分布于文昌、安定、琼海等部分地区生。

2015 年，海南岛生态系统脆弱性遥感监测结果表明，其绝大部分区域脆弱性等级为不脆弱和略脆弱，面积占比分别为 40.3% 和 45.9，共计 86.2%；一般脆弱性区域面积占比为 12.6%；而较脆弱区域面积占比仅为 1.2%，主要分布于文昌、海口等部分地区。

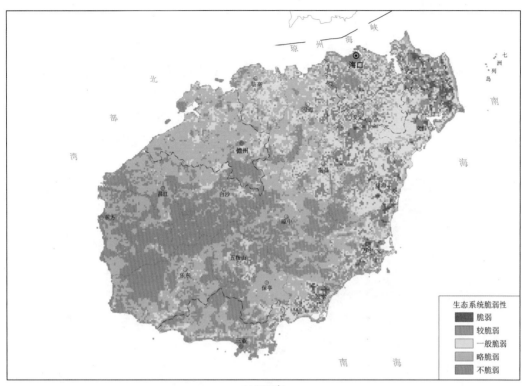

(a) 2010年

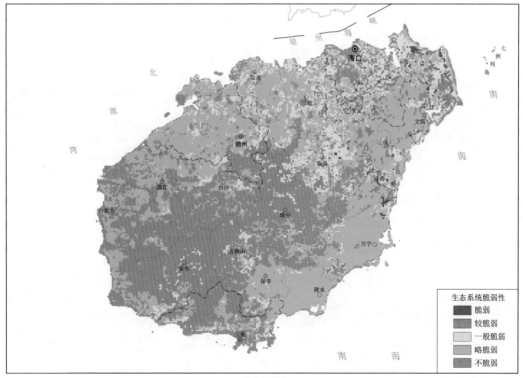

(b) 2013年

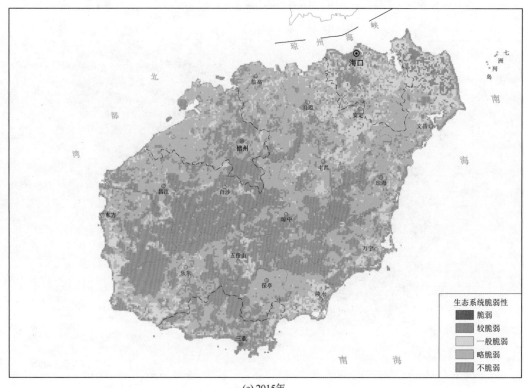

(c) 2015年

图 16.8 海南岛 2010 年、2013 年、2015 年生态系统脆弱性遥感监测

表 16.5 海南岛生态系统脆弱性分级统计结果（2010～2015 年）

生态系统脆弱性等级	2010 年		2013 年		2015 年	
	面积/km²	面积百分比/%	面积/km²	面积百分比/%	面积/km²	面积百分比/%
脆弱	398	1.2	164	0.5	0	0
较脆弱	2589	7.7	1296	3.9	415	1.2
一般脆弱	6186	18.4	4246	12.6	4249	12.6
略脆弱	13242	39.4	15146	45.0	15427	45.9
不脆弱	11231	33.4	12794	38.0	13555	40.3
合计	33646	100	33646	100	33646	100

2. 动态变化分析

利用 2010～2015 年两期监测结果,分析海南岛生态系统脆弱性变化时空特征。图 16.9 是 2010～2015 年生态系统脆弱性动态变化的空间分布格局。结果显示,2010～2015 年区域生态系统脆弱性发生了较大变化,脆弱性程度整体逐渐好转。生态系统脆弱性程度减小的区域主要分布在区域东北部,而生态系统脆弱性程度增大的区域主要分布在区域西南部沿海,区域中部内陆地区变化较小,区域整体生态系统脆弱性程度减小区域远大于生态系统脆弱性程度增大区域。生态系统脆弱性变化的空间格局主要受沙漠化土地时空迁移,降水、土壤特性和土地覆盖变化引起的土壤侵蚀变化空间分布的影响。

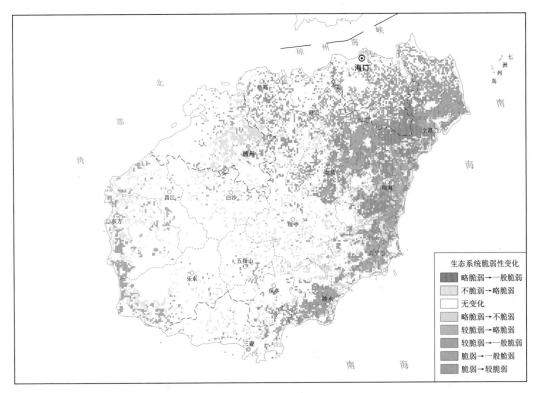

图 16.9　海南岛生态系统脆弱性动态变化空间分布格局（2010～2015 年）

表 16.6 为 2010～2015 年生态系统脆弱性动态变化转移矩阵。结果显示，2010～2015年，212 km² 面积由脆弱程度转换为较脆弱程度，186 km² 面积由脆弱程度转换为一般脆弱程度，2028 km² 面积由较脆弱程度转换为一般脆弱程度，362 km² 面积由较脆弱程度转换为略脆弱程度，4691 km² 面积由一般脆弱程度转换为略脆弱程度，2972 km² 面积由略脆弱程度转换为不脆弱程度。与此同时，546 km² 面积由略脆弱程度转换为一般脆弱程度，641 km² 面积由不脆弱程度转换为略脆弱程度。总体而言，生态系统脆弱性程度逐渐增强的地区占区域总面积 3.6%，生态系统脆弱性程度逐渐减小的地区占区域总面积 31.0%，65.4%的地区生态系统脆弱性程度没有变化。这表明，2010～2015 年生态系统脆弱性发生了较大的变化，脆弱性程度整体逐渐好转。这主要是受沙漠化土地时空迁移，降水、土壤特性和土地覆盖变化引起的土壤侵蚀动态变化的影响。

表 16.6　生态系统脆弱性动态变化转移矩阵（2010～2015 年）（单位：km²）

生态系统脆弱性程度	不脆弱	脆弱	较脆弱	略脆弱	一般脆弱
不脆弱	10589.4	—	1	2963.11	1.75
较脆弱	—	212	200.45	1	1
略脆弱	640.33	—	361.32	9733.74	4691.37
一般脆弱		186	2026.54	544.42	1492.09

16.2.4　生态重要性

1. 监测结果

海南岛森林生态系统丰富，生物种类繁多，其生态重要性主要表现为水源涵养、土壤保持和生物多样性等方面。根据生态重要性遥感监测技术流程，通过复合水源涵养重要性、土壤保持重要性和生物多样性重要性等评价指标，开展海南岛生态重要性遥感监测，评价结果见图 16.10 和表 16.7。

监测结果表明，2010 年海南岛生态重要性以等级高区域为主，面积占比为 36.2%，主要分布于中部的五指山、琼中等部分地区；较高等级区域面积占比为 14.6%；中等等级区域面积占比为 10.2%；较低等级区域面积占比 19%；低等级区域面积占比为 19.9%，主要分布于海口、文昌等沿海地区。

2013 年，生态重要性遥感监测结果中，等级高区域面积最大，面积占比为 31.8%，主要分布于中部的五指山、琼中等部分地区；较高等级区域面积占比为 17.1%；中等等级区域面积占比为 11.3%；较低等级区域面积占比 21.4%；低等级区域面积占比为 18.3%，主要分布于海口、文昌等沿海地区。

(a) 2010年

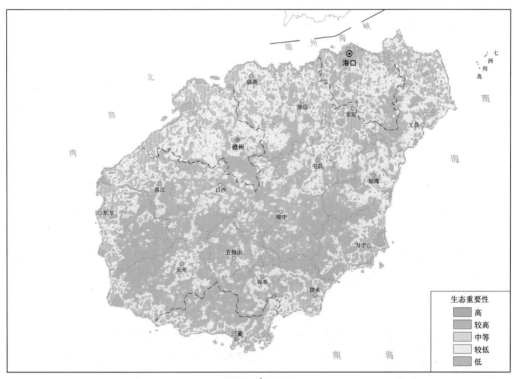

(b) 2013年

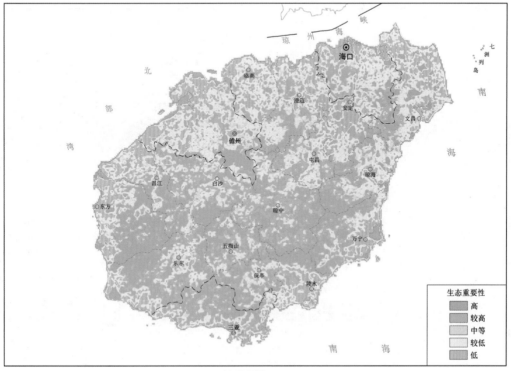

(c) 2015年

图 16.10 海南岛 2010 年、2013 年、2015 年生态重要性空间分布格局

表 16.7 海南岛生态重要性分级统计结果（2010～2015 年）

生态重要性等级	2010 年		2013 年		2015 年	
	面积/km²	面积百分比/%	面积/km²	面积百分比/%	面积/km²	面积百分比/%
高	12196	36.2	10714	31.8	10714	31.8
较高	4923	14.6	5768	17.1	5768	17.1
中等	3423	10.2	3791	11.3	3791	11.3
较低	6392	19	7210	21.4	7210	21.4
低	6712	19.9	6163	18.3	6163	18.3
合计	33646	100	33646	100	33646	100

根据生态重要性遥感监测结果，2015 年海南岛生态重要性等级高区域面积最大，面积占比为 31.8%，主要分布于中部的五指山、琼中等部分地区；较高等级区域面积占比为 17.1%；中等等级区域面积占比为 11.3%；较低等级区域面积占比 21.4%；低等级区域面积占比为 18.3%，主要分布于海口、文昌等沿海地区。

2. 动态变化分析

利用 2010～2015 年两期监测结果，分析海南岛生态重要性变化时空特征。图 16.11 是 2010～2015 年生态重要性动态变化的空间分布格局。结果显示，2010～2015 年区域生态重要性程度发生了较大的正逆转化过程，生态重要性程度增加的区域主要分布于西

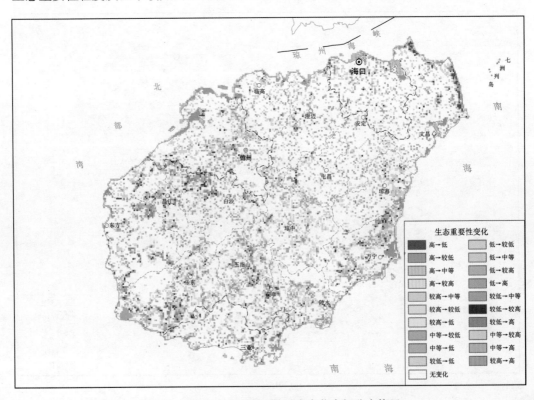

图 16.11 海南岛生态重要性动态变化空间分布格局

部、中部草地、林地覆盖的地区，生态重要性程度减小的区域主要分布于北部和中南部的城镇地区。生态重要性程度的变化主要与水源涵养、土壤保持、生物多样性等生态系统功能变化有关，中部、南部地区随着植被恢复和生态改善水源涵养、土壤保持、生物多样性等生态系统功能逐渐增强，生态重要性程度逐渐增加，这对于区域生态环境改善具有重要的现实意义。

表 16.8 是 2010～2015 年生态重要性动态变化转移矩阵。结果显示，1916 km² 面积由高等级重要性转换为较高等级，832 km² 面积由较高等级重要性转换为中等等级，863 km² 面积由中等重要性转换为较低等级，858 km² 面积由较低等级重要性转换为低等级；与此同时，生态重要性由低等级重要性向高等级逆转的范围和面积也较大，854 km² 面积由较高等级重要性转换为高等级，647 km² 面积由中等重要性转换为较高等级，641 km² 面积由较低等级重要性转换为中等等级，1182 km² 面积由低等级重要性转换为较低等级。总体而言，生态重要性程度逐渐增大的地区占区域总面积 14.7%，生态重要性程度逐渐减小的地区占区域总面积 19.1%，66.2%的地区生态重要性程度没有变化。这表明，2010～2015 年生态重要性程度发生了正逆转化过程，生态重要性程度减小的地区面积大于生态重要性程度增大的地区，区域生态重要性程度总体降低。这主要与水源涵养、土壤保持、生物多样性等生态系统功能变化有关。

表 16.8　生态重要性动态变化转移矩阵（2010～2015 年）　　（单位：km²）

	低	较低	中等	较高	高
低	4904	1182	228	212	257
较低	858	4243	641	323	363
中等	124	863	1567	647	232
较高	128	422	832	2701	854
高	175	546	550	1916	8900

16.2.5　人口集聚度

1. 监测结果

根据人口密度遥感监测技术流程，通过复合人口统计数据、土地利用数据和夜间灯光数据等多元数据，开展海南人口密度遥感监测，评价人口集聚空间分布格局见图 16.12 和表 16.9。监测结果显示，海南人口密度空间分异性大，受城市布局、交通、地理环境（地形起伏、水资源）等因素的影响，主要聚集于环岛沿海地区，特别是城镇和平原地区，如海口、三亚等地区；而中部地区人口密度相对较低，如白沙县、琼中县地区人口密度相对很低。

2010 年，海南人口密度等级高的区域面积占比为 7.6%，人口密度较高区域的面积占比为 11%，人口密度中等区域的面积占比为 14.4%，人口密度较低区域的面积占比为 18%，人口密度低区域的面积占比为 49.0%。

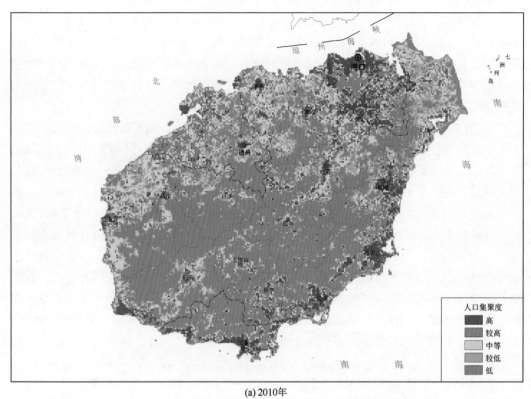

(a) 2010年

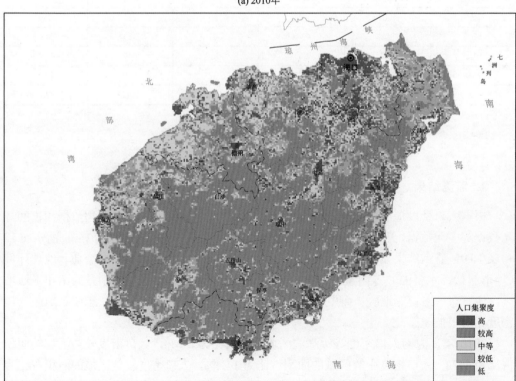

(b) 2013年

图 16.12   海南岛 2010 年、2013 年人口密度空间分布格局

表 16.9　海南岛人口密度（千米格网）分级统计结果（2010～2013 年）

人口密度等级	2010 年		2013 年	
	面积/km²	面积百分比/%	面积/km²	面积百分比/%
高	2559	7.6	2378	7.1
较高	3715	11	2488	7.4
中等	4829	14.4	4797	14.3
较低	6073	18	6988	20.8
低	16470	49	16995	50.5
合计	33646	100	33646	100

　　2013 年，海南人口密度等级高的区域面积占比为 7.1%，人口密度较高区域的面积占比为 7.4%，人口密度中等区域的面积占比为 14.3%，人口密度较低区域的面积占比为 20.8%，人口密度低区域的面积占比为 50.5%。

2. 动态变化分析

　　利用 2010～2013 年两期监测结果，分析海南岛人口集聚度变化时空特征。图 16.13 是 2010～2013 年人口集聚度动态变化的空间分布格局。结果显示，2010～2013 年区域人口集聚度空间分布发生了较大变化。人口集聚度增加的区域主要分布于城市建成区中心，人口集聚度减小的区域主要分布于城市建成区外围及农村。总体而言，人口集聚度

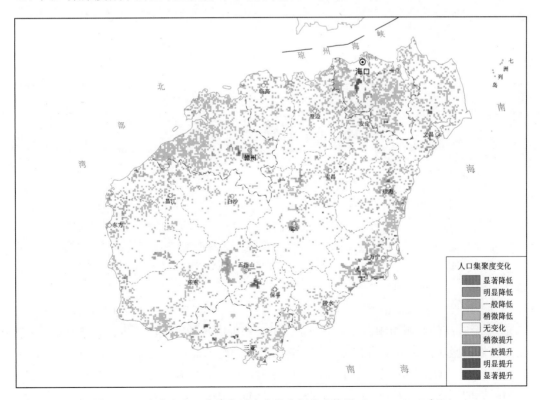

图 16.13　海南岛人口集聚度动态变化空间分布格局（2010～2013 年）

增加的区域小于人口集聚度减少的区域,但是人口总量增加,说明人口集聚度逐渐增大,这主要受人口数量变化、人口流动和区域经济、城市化发展的影响。随着城市化进程的推进,海南岛城镇中心人口密度增加,而郊区、农村人口密度减少,表明人口在城镇发展中从郊区、农村向城镇中心迁移的空间特征,这与近几年海南岛各县市大力推进建成区住宅、商业、基础设施等建设和发展密切相关。

利用 2010~2013 年监测结果,分析海南岛人口集聚度动态变化特征。表 16.10 是2010~2013 年人口集聚度动态变化统计。结果显示,2010~2013 年期间,人口集聚度逐渐增大的地区占区域总面积 3.90%,其中人口集聚度稍微提升的区域占 0.36%,人口集聚度一般提升的区域占 0.17%。人口集聚度等级有所降低的区域占总面积的 14.70%,其中人口集聚度稍微降低的区域占 13.88%,人口集聚度一般降低的区域占 0.62%。此外,81.40%的区域人口聚集度没有变化。

表 16.10　人口集聚度动态变化统计(2010~2013 年)

变化类型	面积统计/km²	区域百分比/%
显著降低	12	0.04
明显降低	55	0.16
一般降低	210	0.62
稍微降低	4669	13.88
无变化	27388	81.40
稍微提升	1084	3.22
一般提升	121	0.36
明显提升	56	0.17
显著提升	51	0.15

16.2.6　经济发展水平

1. 监测结果

根据 GDP 密度遥感监测技术流程,通过复合 GDP 统计数据、产业结构、土地利用数据和夜间灯光数据等多元数据,开展海南岛 GDP 密度遥感监测,评价经济发展水平空间分布格局见图 16.14 和表 16.11。监测结果显示,海南经济较发达区域主要分布于环岛区域,特别是海口、三亚中心城市经济发展水平最高;如中部地区经济发展水平较低,特别是部分山地地区。

监测结果显示,2010 年海南经济发展水平高、GDP 密度高的区域面积占比为 1.3%,GDP 密度较高的区域面积占比为 6.2%,GDP 密度中等的区域面积占比为 5.5%,GDP 密度较低的区域面积占比为 33.6%,GDP 密度低的区域面积占比为 53.5%。

2013 年,海南经济发展水平高、GDP 密度高的区域面积占比为 1.7%,GDP 密度较高的区域面积占比为 7.1%,GDP 密度中等的区域面积占比为 8.8%,GDP 密度较低的区域面积占比为 39.8%,GDP 密度低的区域面积占比为 42.6%。

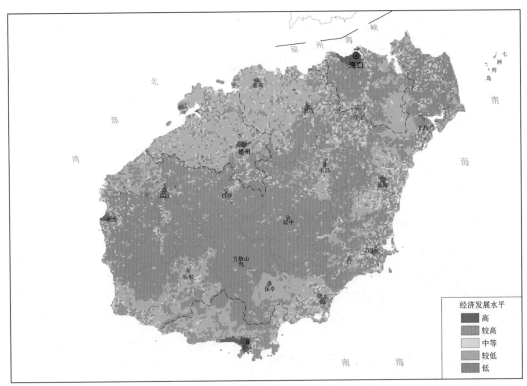

(a) 2010年

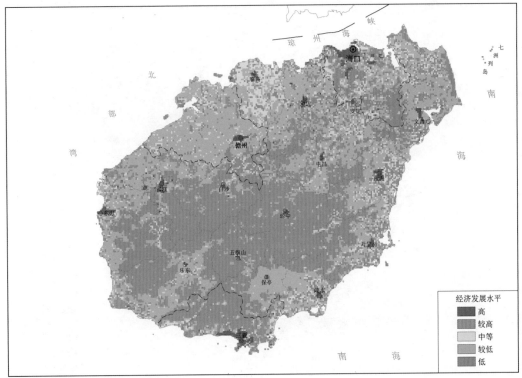

(b) 2013年

图 16.14　海南岛 2010 年、2013 年 GDP 密度空间分布格局

表 16.11　海南岛 GDP 密度（千米格网）分级统计结果（2010～2013 年）

GDP 密度等级	2010 年		2013 年	
	面积/km²	面积百分比/%	面积/km²	面积百分比/%
高	432	1.3	567	1.7
较高	2081	6.2	2396	7.1
中等	1835	5.5	2951	8.8
较低	11290	33.6	13382	39.8
低	18008	53.5	14350	42.6
合计	33646	100	33646	100

2. 动态变化分析

利用 2010～2013 年两期监测结果，分析海南岛经济发展水平变化时空特征。图 16.15 是 2010～2013 年经济发展水平动态变化的空间分布格局。结果显示，2010～2013 年区域经济发展水平空间分布发生了较大变化，经济发展水平大幅度提升。GDP 增加的区域主要分布于城镇地区和农产品主产区，尤其是海口市、三亚市、万宁市等国家及省级重点开发区的城镇地区 GDP 增加幅度较大；GDP 减小的区域主要分布于海口市、三亚市、万宁市的耕地、林地密集地区。经济发展水平是农业、工业和服务业发展的综合体现，重点开发区城镇地区 GDP 的快速增长对于拉动海南岛整体经济增长有重要意义。

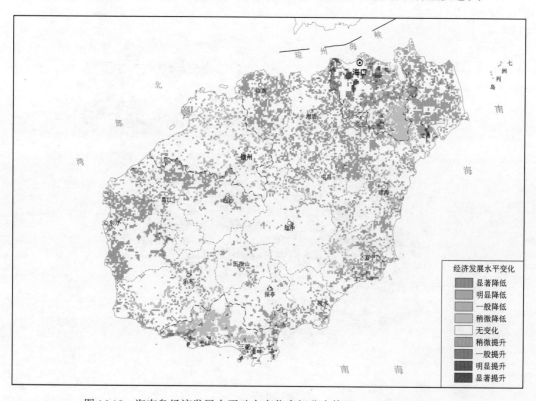

图 16.15　海南岛经济发展水平动态变化空间分布格局（2010～2013 年）

利用 2010～2013 年监测结果，分析海南岛经济发展水平动态变化特征。表 16.12 是 2010～2013 年经济发展水平动态变化统计。结果显示，2010～2013 年期间，经济发展水平逐渐增大的地区占区域总面积 21.96%，其中经济发展水平稍微提升的区域占 20.09%，经济发展水平一般提升的区域占 1.27%，由经济发展水平明显提升的区域占 0.37%。经济发展水平等级有所降低的区域占总面积的 7.00%，其中经济发展水平稍微降低的区域占 6.63%。此外，71.04% 的区域经济发展水平没有变化。

表 16.12　经济发展水平动态变化统计表（2010～2013 年）

变化类型	面积统计/km²	区域百分比/%
显著降低	1	0.00
明显降低	11	0.03
一般降低	112	0.33
稍微降低	2231	6.63
无变化	23903	71.04
稍微提升	6761	20.09
一般提升	428	1.27
明显提升	125	0.37
显著提升	74	0.22

16.2.7　交通优势度

1. 监测结果

根据交通优势度遥感监测技术流程，通过综合交通网络密度、交通干线影响度和区位优势度等评价指标，开展海南交通优势度遥感监测，评价结果见图 16.16 和表 16.13。受到海南岛地理位置的特殊性和地形分布特征，海南岛交通优势度分布呈现"四周高、中心低"和"南北两个枢纽"的特征。

监测结果显示，2010 年海南岛各区域交通优势度空间分布为：海口和三亚交通优势度高，文昌和儋州交通优势度较高，临高、澄迈和安定等 5 个市（县）交通优势度中等，琼海、万宁和昌江等 5 个市（县）交通优势度较低，中部山区的五指山、琼中、白沙和屯昌 4 个市（县）交通优势度低。

2013 年海南岛各区域交通优势度空间分布为：海口和三亚交通优势度高，文昌、安定、澄迈和儋州 4 个市（县）交通优势度较高，琼海、万宁和临高 5 个市（县）交通优势度中等，白沙、屯昌和昌江等 5 个市（县）交通优势度较低，中部山区的五指山和琼中交通优势度低。

2015 年海南岛各区域交通优势度空间分布为：海口和三亚交通优势度高，文昌、陵水和儋州等 6 个市（县）交通优势度较高，琼海、昌江和乐东等 8 个市（县）交通优势度中等，中部山区的五指山和琼中交通优势度低。

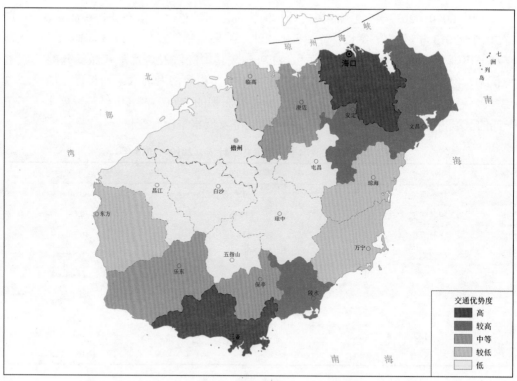

(a) 2010年

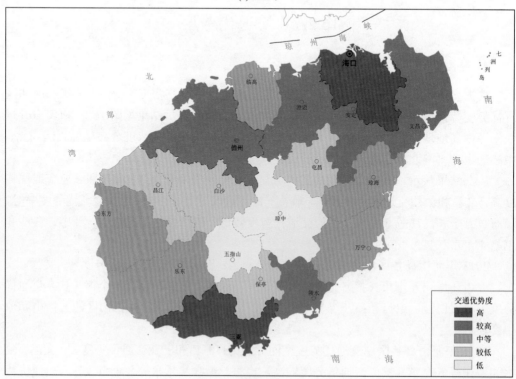

(b) 2013年

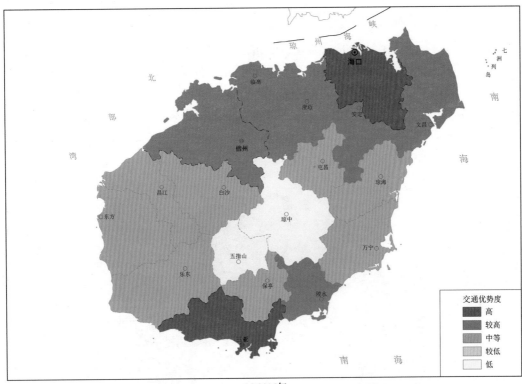

(c) 2015年

图 16.16　海南岛 2010 年、2013 年、2015 年交通优势度空间分布格局

表 16.13　海南岛各县市交通优势度（2010～2015 年）

县市名称	交通优势度		
	2010 年	2013 年	2015 年
海口市	高	高	高
三亚市	高	高	高
五指山市	低	低	低
琼海市	较低	中等	中等
儋州市	低	较高	较高
文昌市	较高	较高	较高
万宁市	较低	中等	中等
东方市	较低	中等	中等
定安县	较高	较高	较高
屯昌县	低	较低	中等
澄迈县	中等	较高	较高
临高县	较低	中等	较高
白沙黎族自治县	低	较低	中等
昌江黎族自治县	低	较低	中等
乐东黎族自治县	中等	中等	中等
陵水黎族自治县	较高	较高	较高
保亭黎族苗族自治县	中等	较低	中等
琼中黎族苗族自治县	低	低	低

2. 动态变化分析

利用 2010~2015 年两期监测结果，分析海南岛交通优势度变化时空特征。结果显示（图 16.17），2010~2015 年区域交通优势度空间分布发生了很大变化，交通优势度水平大幅提升，这与环岛高速公路、环岛铁路的快速发展密切相关。环岛高速公路、铁路的建设和运营对于区域交通设施的完整、交通优势的提升发挥了巨大作用。

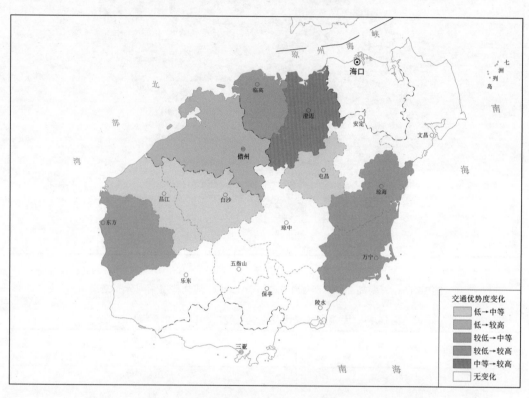

图 16.17　海南岛交通优势度动态变化空间分布格局（2010~2015 年）

利用 2010~2015 年监测结果，分析海南岛交通优势度动态变化特征。结果显示，2010~2015 年 18 个县市中 9 个县市交通优势度提升，其中 3 个县市由低等级经济发展水平转换为中等等级，1 个县市由低等级经济发展水平转换为较高等级，3 个县市由较低等级经济发展水平转换为中等等级，1 个县市由较低等级经济发展水平转换为较高等级，1 个县市由中等等级经济发展水平转换为较高等级。总体而言，2010~2015 年区域交通优势度水平大幅提升，这与海南岛环岛高速公路、环岛铁路的快速发展密切相关。

16.3　旅游岛开发建设

海南独特的地理位置和良好的生态环境，为其带来了丰富的旅游资源，被国内外旅游者誉为健康岛、生态岛、安全岛、度假岛等。2009 年 12 月，《国务院关于推进海南国际旅游岛建设发展的若干意见》（以下简称《意见》）正式印发。2010 年，国家发展和改革委员会批复海南省人民政府报送的《海南国际旅游岛建设发展规划纲要（2010—2020）》（批复文号：发改社会〔2010〕1249），标志着海南国际旅游岛建设上升为国家战略。规划纲要指出，"作为国家的重大战略部署，我国将在 2020 年将海南初步建成世界一流海岛休闲度假旅游胜地，使之成为开放之岛、绿色之岛、文明之岛、和谐之岛。"热带滨海旅游休闲度假区、热带雨林公园等优质旅游项目带动了当地旅游经济的快速发展。据统计，2015 年海南接待过夜旅游人数 4492.95 万人次，比上年增长 10.7%，旅游总收入 543.37 亿元，增长 12.0%。

16.3.1　主要旅游资源空间分布

根据《海南国际旅游岛建设发展规划纲要（2010—2020）》和《海南省主体功能区规划》，海南省构建了"六大组团"为主体的旅游业战略格局（图 16.18）。

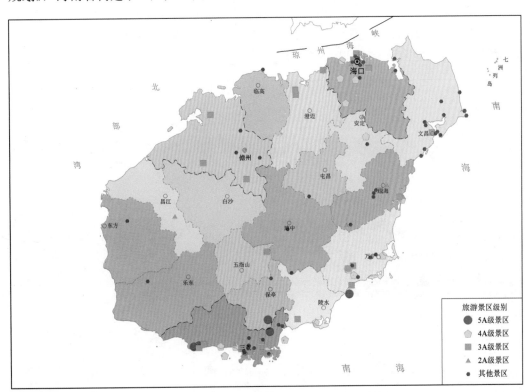

图 16.18　海南岛主要旅游景点空间分布

（1）北部组团。包括海口、文昌、定安、澄迈三市县，面积 7965 km²，占海南岛面积 23.37%。

（2）南部组团。包括三亚、陵水、保亭、乐东三县，面积 6955 km²，占海南岛面积 20.41%。

（3）中部组团。包括五指山、琼中、屯昌、白沙四市县，面积 7184 km²，占海南岛面积 21.07%。

（4）东部组团。包括琼海、万宁两市，面积 3576 km^2，占海南岛面积 10.49%。

（5）西部组团。包括儋州、临高、昌江、东方四市县和洋浦经济开发区，面积 8407 km^2，占海南岛面积 24.66%。

（6）海洋组团。包括海南省授权管辖海域和西沙、南沙、中沙群岛。

16.3.2　空间开发强度时空格局

海南岛中间高四周低，以五指山、鹦哥岭为隆起核心，最高处 1867 m，向外围逐级下降，由山地、丘陵、台地、平原构成环状圈层地貌，梯级结构明显。而地形因素是开发建设的硬约束，海南岛外围的平原地形更适宜进行工业、城市建设。利用遥感监测的开发强度空间分布（图 16.19）也表明，海南岛呈现出临海开发强度高、内陆开发强度低，西部北部开发强度高、中部东部南部开发强度低的分布特征。根据《海南省主体功能区规划》，国家重点开发区大多分布在海南岛西北部，国家限制开发区大多分布在海南岛中部、南部，海南岛西部北部开发强度高、中部东部南部开发强度低的分布特征与海南岛的主体功能区划分情况基本吻合。

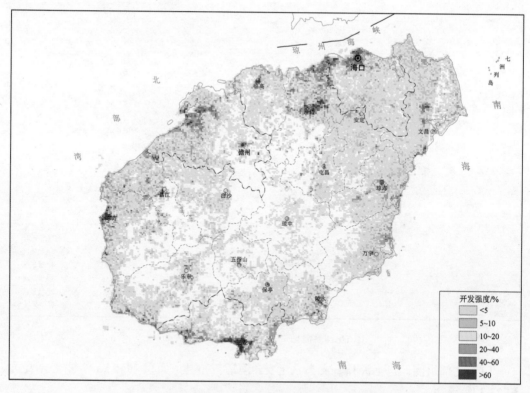

图 16.19　海南岛开发强度遥感监测（公里格网）

为了更直观地了解海南岛各功能区的开发强度分布情况，将海南岛建设用地结果图与海南省主体功能区划分总图结合，得到基于功能区类型的开发强度强弱评价图（图16.20）。

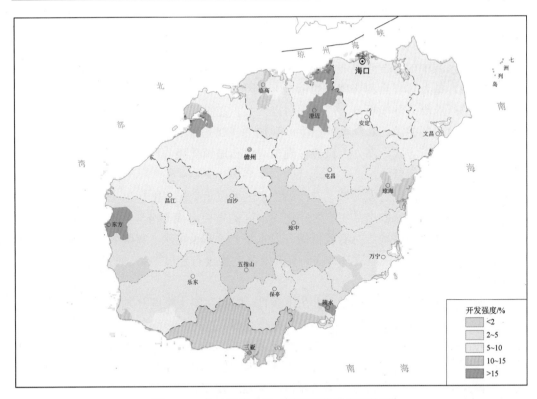

图 16.20　海南岛分主体功能区开发强度评价图

海南省的国家级、省级重点开发区域位于全国"两横三纵"城市化战略格局中沿海通道纵轴的最南端，是海南省重要的人口和经济密集区。

国家重点开发区中，洋浦经济开发区、八所镇、老城镇开发强度最高，分别达到30.2%、17.8%及 23.9%；区域内部主要城市中，海口市开发强度为 7.5%，三亚市开发强度为 10.1%；龙楼镇、加积镇、临城镇、石碌镇开发强度处于中等偏高水平，7.5%～13.5%不等；而铺前镇、文城镇的开发强度相对较低，全岛范围内处于中等水平，分别为 6.5%、6.6%。省级重点开发区中，金江镇开发强度较高，达到 15.7%；长坡镇、调楼镇的开发强度处于中等水平，分别达到 5.9%、5.6%；其余各镇、县的开发强度较低，如板桥镇开发强度为 1.8%，龙门镇开发强度为 2.7%，屯城镇开发强度为 3.7%。

上述数据表明重点开发区区域开发强度整体较高，尤其是在海口市、三亚市及其周边地区。这是因为海口市和三亚市是海南省两座中心城市，"加快推进具有海南特色的城镇化"是海南省的发展重点，目的是以海口为中心建设省会经济圈、支持三亚建设成为世界级热带滨海度假旅游城市。

国家限制开发区域（重点生态功能区）是国家生物多样性维护类重点生态功能区，是热带雨林、热带季雨林的原生地，我国小区域范围内生物物种十分丰富的地区之一，也是我国最大的热带植物园和最丰富的物种基因库之一，是海南主要江河源头区、重要水源涵养区，具有十分重要的生态功能。

该区域中，白沙、琼中、五指山、保亭 4 个地区的开发强度均处于较低水平。白沙、保亭两区域的开发强度略高于琼中和五指山，达到 2.2%，琼中开发强度为 0.5%，五指山市开发强度为 1.1%。

可见该区域中的开发强度非常低，这是因为该区域的功能定位是保障国家生态安全的重要区域，是人与自然和谐相处的示范区。国家对各类开发活动进行严格管制，实行更加严格的产业准入环境标准，严把项目准入关，在不损害生态系统功能的前提下，因地制宜地适度发展旅游、农林牧产品生产和加工、观光休闲农业等产业，并且通过教育移民和生态移民等方式，部分人口转移到工业化和城镇化重点区域。这一系列措施使得该区域的开发强度较低。

海南省的国家限制开发区域（农产品生产区）位于全国"七区二十三带"农业战略格局的最南端，是国家农产品主产区华南主产区的重要组成部分。

该区域大部分地区均维持着较低的开发水平，乐东、陵水、兴隆农场、万宁市、琼海市、屯昌县、定安县、澄迈县、临高县开发强度均没有超过 5%；儋州开发强度较高，达到 6.5%。

由于该区域具备良好的热带农业生产条件，国家在国土空间开发中限制进行大规模高强度工业化城镇化开发，因此整体开发强度较低。

在海南岛"双核一环"为主体的城市化战略格局中，"儋州—洋浦地区"作为城镇化重点培育地区承担着推进城镇发展的重任，因此虽然儋州市位于农产品生产区内，但是由于儋州工业园区的存在导致了儋州市开发强度较高。

综合而言，海南岛各主体功能区开发强度大体上符合《海南岛主体功能区规划》中的区域划分要求。开发强度较高的地区大多位于国家重点开发区和省级重点开发区中，国家限制开发区域内的地区开发强度大多处于中等偏下、较低水平。

16.3.3　空间开发强度变化分析

2013 年颁布的《海南省主体功能区规划》中展示了以县市为单位的 2010 年海南岛国土开发强度评价图（图 16.21），统计出 2010 年海南岛的开发强度为 8.99%，且提出了需要在 2020 年前将开发强度控制在 10.1% 之内的指标。本小节中，将以上一小节中得到的 2014 年海南岛开发强度空间分布结果制作 2014 年海南岛国土开发强度的评价图，然后与 2010 年海南岛国土开发强度评价图进行对比分析。

首先在 ArcGIS 中将海南岛县界图作为输入栅格数据对 2014 年海南岛开发强度空间分布结果进行分区统计，得到 2014 年海南岛各县市开发强度评价图（图 16.22）。

将 2010 年的结果与 2014 年海南岛各县市土地开发强度评价图进行对比发现，五指山市、琼中黎族苗族自治县、白沙黎族自治县、保亭黎族苗族自治县等中部地区开发强度仍然处于较低水平，较 2010 年相比无明显变化；东部陵水黎族自治县、万宁市、琼海市、定安县等地区开发强度属于中等水平，较 2010 年相比也没有明显变化；海口市、文昌市保持着较高的开发强度；澄迈县的开发强度和 2010 年相比有所提高，而三亚市和儋州市的开发强度有较大程度的提高；海南西南部地区的东方市、昌江、乐东等地区开发强度有略微增长。

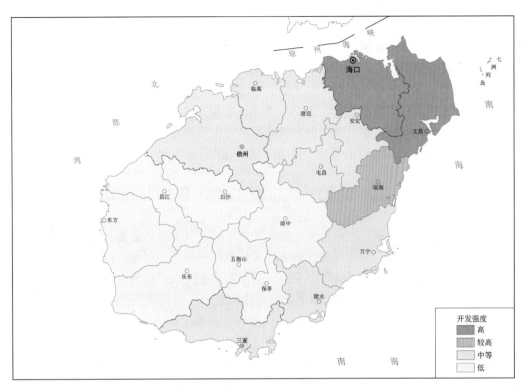

图 16.21　海南岛 2010 年国土开发强度评价图

资料来源：海南省主体功能区规划

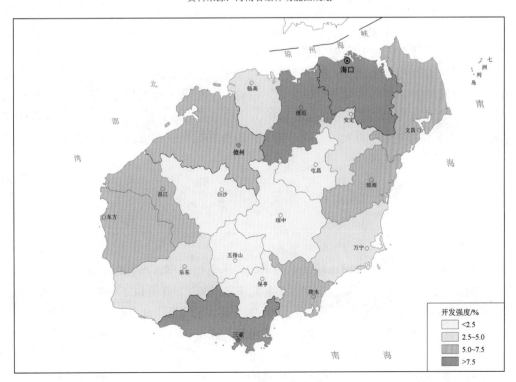

图 16.22　海南岛各县市开发强度遥感评价图

综合而言，从 2010～2014 年，沿海区域的开发强度维持着较高水平；海南岛中部、东部地区开发强度维持了较低的水平；北部地区开发强度维持着中等偏高的水平；西南地区开发强度有略微增长；儋州市和三亚市的开发强度增长较为明显。

儋州市的开发强度增长较快，上一小节中已经针对儋州市存在儋州工业园区并承担推进城镇发展的重任的情况进行了说明。而三亚市作为"双核一环"为主体的城市化战略格局中的一核，被支持建设成为世界级热带滨海度假旅游城市，其中还存在三亚创意产业园等产业园区，因此近年来处于高速发展的过程中。

16.4　中部山区热带雨林生态功能区保护状况遥感监测

在 2013 年发布的《海南省主体功能区规划》中，中南部热带雨林生态功能区为国家生物多样性维护类重点生态功能区，区域范围包括五指山、保亭、琼中、白沙等市县的全部辖区，其功能定位为"保障国家生态安全的重要区域，实现人与自然和谐相处的示范区"。该区域是热带雨林和热带季雨林原生地之一，也是我国热带天然林保存面积最大的地区，不仅具有丰富的生物多样性，同时也是整个海南的"保安林"，在涵养水源、保持水土、调节气候、维护生态平衡等方面具有十分重要的意义。

在 20 世纪 50 年代初，海南热带雨林约有 1800 万亩，约占海南岛面积的 25.5%。但是，伴随经济的发展和采伐技术的提高，海南岛热带雨林的覆盖率一度以惊人的速度在剧减，到 20 世纪 80 年代末仅剩下 7.2%。为阻止热带雨林破坏状况进一步恶化，海南省政府 1994 年发布的《海南省林地保护条例》明确规定全面停止采伐热带天然林以来，加大对破坏天然林行为的查处和打击力度。2000 年，全国实行天然林保护工程，建设生态公益林，停止天然林资源的采伐利用，并加以恢复和保护。大力营造水源涵养林和水土保持林，减少水土流失，防灾减灾。海南省 20 年前就开始停止对热带雨林的采伐，并采取措施对破坏的区域进行恢复，目前森林面积蓄积量明显提高。同时，天保工程一期工作已经结束，需要对现有雨林保护工作的成果进行总结，并与预期目标相比较，评价各种措施实施效果，为天保工程二期工作的开展提供技术支持，并为海南省中南部主体功能区规划中各项政策的制订与实施提供依据。

16.4.1　热带雨林空间分布

1. 提取方法

热带雨林是海南岛热带雨林植被中发育较好的典型类型，森林群落稠密、常绿，无季相变化，广泛分布于海南岛东南、中南和西南部 700～900 m 以下的低地，如吊罗山、牛上岭、三角山、兴隆山、白马岭和五指山 700 m 以下的低山地带。由于原始热带雨林分布范围极广、地处偏远、山高谷深、无路可行，人工调查实施起来人力消耗较大，时间周期长，而且精度无法保证。遥感影像具有覆盖范围广、时间周期短、费用低等优点，被广泛应用到森林信息提取。基于热带雨林的光谱特征及分布特征，选择高精度的分类方法，对多期遥感影像进行分类，确定雨林的分布范围及动态变化情况；采用遥感手段进行动态监测，分析热带雨林保护工程各阶段雨林的保护状况。

　　基于遥感影像的光谱特征、空间特征、纹理特征等，寻找目标地物的某种内在的相似性，通过建立分类规则，将目标地物与其他地物区分，实现对目标地物的信息提取。然而，由于信息量的不足、异物同谱等问题，导致地物之间可分性减小、自动提取难度加大。尤其是人工林、灌木林等地面覆盖物，其光谱特征与热带雨林极其相似。因此，需要结合其他相关数据，如地形图、坡度坡向图、数字高程图等地理数据，通过不同来源特征信息相互叠加，有效增加地物特征，使地物分类的语义规则更加清晰，可读性也更强，从而提升分类精度。

　　海南岛热带雨林一般分布在坡度小于 45°且海拔较高的山区，从低地雨林到山地雨林垂直分布，因此坡度与高程可以作为划分雨林与其他地物的标准。坡度的阈值就设为 0°与 45°，海南岛上丘陵与台地的海拔在 100 m 以上，山地雨林生长在海拔较高的山地，其高程也低于 1300 m，高程的阈值就设为 100 m 与 1300 m。

　　归一化植被指数对绿色植物的生长状态和空间分布密度反应敏感，若地表是岩石或裸土，NDVI 值接近 0；当地表区域为水体、云或雪时，此时近红外波段值较红光波段值小，所以整个 NDVI 的值是负值；若有植被覆盖，NDVI 为正值，而且 NDVI 越高，其植被覆盖程度也越大。热带雨林内的树木高大茂密而且终年常绿，雨林的群落特征复杂，乔木层、灌木层、草木层与层间植物交错生长，植被覆盖度极高，对应 NDVI 值远大于其他地物类型。为区分雨林与非植被土地覆盖类型，选取 NDVI 进行划分。首先统计目视解译热带雨林范围内 NDVI 的均值 μ 与标准差 γ，取 $\mu+\gamma$ 与 $\mu-\gamma$ 分别为热带雨林 NDVI 的阈值。

　　但受土壤背景的影响较大，NDVI 适用于作物生长早期或植被覆盖度较低的区域，对高植被区灵敏度较低。为了减小土壤背景噪声的影响，选用土壤调整植被指数 MSAVI，用来区分原始热带雨林与人工林。MSAVI 阈值的选取方法与 NDVI 相同，取 $\mu+\gamma$ 与 $\mu-\gamma$ 分别为热带雨林 MSAVI 的阈值。

　　绿度分量是由缨帽变换得到的，与影像中绿色植物的生物量及覆盖率密切相关，热带雨林中植被的生物量远大于其他地物，而且植被覆盖率几乎达到饱和，因此可以借助绿度分量较好地区分热带雨林植被与其他土地覆盖物。其中 GVI 阈值的选取方法与 NDVI 相同，取 $\mu+\gamma$ 与 $\mu-\gamma$ 分别为热带雨林 GVI 的阈值。

　　基于上述的分类规则，建立用于海南岛中南部山区地物的分类识别专家系统，实现热带雨林分布信息的提取。1995～2013 年，热带雨林空间分布如图 16.23 所示。

　　对 1995 年、2000 年、2004 年、2009 年及 2013 年 5 期分类结果进行精度评价，热带雨林的分类精度如表 16.14。从表 16.14 中可以看出，在这 5 期分类结果中热带雨林的制图精度与用户精度都高于 90%。结果表明，可以利用遥感影像对海南岛热带雨林的分布情况进行实时的动态监测，弥补了海南岛热带雨林详细分布图缺失的遗憾，同时为调热带雨林资源的调查提供了新手段、新方法。

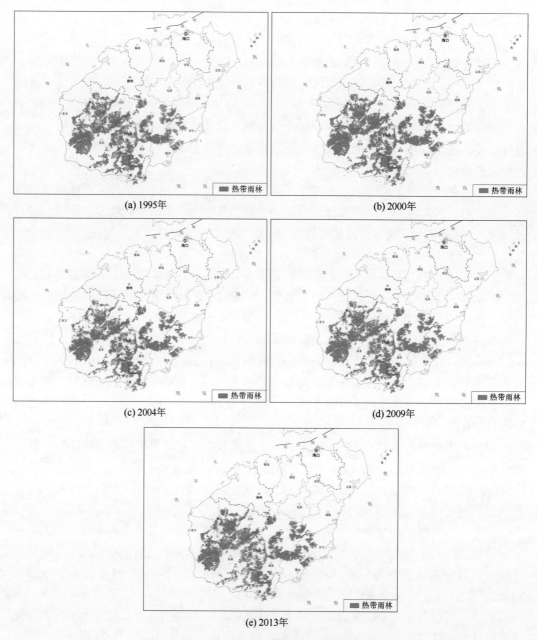

(a) 1995年 　　　　　　　　　　 (b) 2000年

(c) 2004年 　　　　　　　　　　 (d) 2009年

(e) 2013年

图 16.23　海南岛热带雨林分布图

表 16.14　1995～2013 年 5 期影像的分类精度

年份	错分率/%	漏分率/%	制图精度/%	用户精度/%
1995	7.85	2.82	97.18	92.05
2000	6.92	2.44	97.56	93.08
2004	4.00	3.43	96.57	96.00
2009	8.9	2.58	97.42	91.08
2013	8.9	3.75	96.25	91.08

2. 热带雨林分布特征

由热带雨林的分布特征可以看出热带雨林中各类雨林的分布与高程密切相关，结合海南岛的海拔特征，将海拔划分为几个等级，分析各等级内热带雨林面积的分布规律。海南岛的高拔是 0~1800 m，岛上台地的平均海拔为 100 m。同时，植物学家关注的是海拔 300 m 以上地区热带雨林的分布状况，据高程达等（2011）对海南岛热带雨林的研究，热带雨林是广泛分布于海南岛东南、中南和西南部 700~900 m 以下的低地地带，热带山地雨林主要分布在吊罗山、五指山、尖峰岭、黎母岭和霸王岭等林区海拔 700~1300 m 的山地，季雨林主要分布于海南的东方市和乐东县两盆地边缘的山麓上。因此，将研究区内的高程划分为 5 个高度带，其节点分别为 100 m、300 m、700 m、900 m、1300 m。

分高度带统计热带雨林的面积及所占比例，如表 16.15、表 16.16 所示。由表中可以看出，分布在 300~700 m 高度带中的面积最大，约为 6.3 万 ha，占总面积的 55%左右，其次是 100~300 m 高度带，约占总面积的 20%，在 1300 m 以上的区域，热带雨林较少分布，全岛大概有 6000 ha，占热带雨林总面积的比例不足 1.5%。对 1995~2013 年近二十年来，大于 1300 m 与 900~1300 m 高度带中，热带雨林面积占总面积的比例基本不变，变化最大的高度带是 100~300 m，其次是 300~700 m，说明海拔越低，人类对热带雨林的影响程度越大，海拔越高，人类活动对热带雨林的影响几乎为 0。

表 16.15　分高度带统计热带雨林的面积　　　　（单位：ha）

高程	1995 年	2000 年	2004 年	2009 年	2013 年
100~300 m	108637.8	89702.01	77403.06	103131.6	96689.7
300~700 m	247683.4	255325.4	247386.7	264859.3	253365.2
700~900 m	59518.26	63341.55	64969.29	66404.25	60427.53
900~1300 m	49137.93	49691.88	50788.26	49849.29	48484.89
>1300 m	6159.69	6118.65	6186.87	5852.61	6063.39

表 16.16　分高度带统计热带雨林的面积所占的比例　　　　（单位：%）

高程	1995 年	2000 年	2004 年	2009 年	2013 年
100~300 m	23.06	19.32	17.33	21.04	20.79
300~700 m	52.57	55.01	55.38	54.04	54.48
700~900 m	12.63	13.65	14.54	13.55	12.99
900~1300 m	10.43	10.71	11.37	10.17	10.43
>1300 m	1.31	1.32	1.38	1.19	1.30

由于热带雨林均分布在坡度小于 35°的平缓地区，并参照统一的坡度划分标准，将研究区内的坡度划分为 5 级，分析研究区内热带雨林面积在各级坡度中的比例及分析趋势。对坡度的划分结果为 0°~5°，为平坡；5°~15°，为缓坡；15°~25°，为斜坡；25°~35°，为陡坡；35°~45°，为急坡；>45°为险坡。

分坡度统计热带雨林的面积及所占的比例，如表 16.17。由表中可以看出，分布在 16°~25°斜坡分区中热带雨林面积最大，占总面积的 41%，分布在 6°~15°缓坡分区中热带雨林面积位居第二，约占总面积的 34%，在 >45° 的险坡上，热带雨林的面积占总面积的比例不足 0.5%，在 36°～45° 的急坡上，雨林面积占总面积的比例约为 3%，比例也是很小，因此在急坡以上几乎没有热带雨林的存在。由坡度内面积占热带雨林总面积比例的变化趋势线中可以看出，5°～15°、15°～25° 的缓坡与斜坡上热带雨林变化最活跃，在这个区域内最容易受到人类活动影响，且影响程度最严重。坡度再大区域雨林变化的程度远远低于平缓区域。因此在进行热带雨林保护时，着重关注平缓区域的雨林保护与修复工作。

表 16.17　分坡度统计热带雨林的面积　　　　　　（单位：ha）

坡度/(°)	1995 年	2000 年	2004 年	2009 年	2013 年
0～5	20995.83	1512.9	1515.42	1533.6	1227.33
6～15	163608.7	13742.1	13774.95	14372.1	12939.48
16～25	192339.5	77442.3	77633.64	82592.55	77476.77
26～35	77129.82	192723	188639	204853.3	194891.2
36～45	13844.07	158178	146983.4	165315.6	158397.8
>45	1541.97	19319.2	17205.75	19889.46	19106.1

表 16.18　分坡度统计热带雨林的面积所占比例　　　　　　（单位：%）

坡度/(°)	1995 年	2000 年	2004 年	2009 年	2013 年
0～5	4.47	4.17	3.86	4.07	4.12
6～15	34.85	34.17	32.97	33.84	34.13
16～25	40.97	41.63	42.32	41.93	42.00
26～35	16.43	16.73	17.42	16.91	16.70
36～45	2.95	2.97	3.09	2.94	2.79
>45	0.33	0.33	0.34	0.31	0.26

3. 热带雨林分布范围动态变化分析

从 1995～2013 年 5 期热带雨林空间分布图中可以看出，海南岛上的热带雨林主要生长在中南部山区，如五指山市、保亭黎族苗族自治县、琼中黎族苗族自治县、白沙黎族自治县等，在东方市、乐东县、昌江黎族自治县、陵水黎族自治县、三亚市、万宁市也有分布。而且这 20 年来热带雨林的分布范围基本没有变化，但是从对比图中发现，雨林斑块边缘的清晰度在不断减弱。这是由于人为因素对热带雨林的干扰，大片的热带雨林被破坏，雨林面积以惊人的速度减少。在乐东县与三亚市交界处的热带雨林斑块尤为明显，到 2013 年，这块雨林大部分区域都被破坏，甚至消失，雨林斑块形状变得支离破碎。在热带雨林集中分布的区域，许多斑块消失，原本连片的雨林斑块中出现了空隙，而且有增大的趋势。所有的热带雨林分布区在不同程度上受到人类活动的干扰，雨林的优势性在逐渐减弱，其生态系统也遭到破坏。

海南岛热带雨林资源的破坏已经引起政府的重视，从 1994 年就颁布了一系列保护热带雨林的措施，同时人类对原始雨林的保护意识也在不断提高，大量被破坏的雨林被保护起来,经过近 20 年恢复,雨林中的树木及其生态系统渐渐恢复到被破坏之前的状态。与此同时,海南许多林场的工作性质由曾经的伐木变成护树造林,成片的人工林被栽种在被破坏的热带雨林中。由于人工林的生长速度较快,部分被破坏的热带雨林斑块在恢复,其面积也在逐渐扩大。不过从整体上看,热带雨林的状况仍在不断恶化。

从海南岛热带雨林分布的数量变化特征上分析雨林的保护状况,1995~2013 年各县市热带雨林的面积如表 16.19 所示。

表 16.19 各县市热带雨林面积统计 (单位: ha)

市县名称	1995 年	2000 年	2004 年	2009 年	2013 年
儋州市	2202.57	2181.42	2001.66	1589.95	1909.89
白沙	49308.6	48311.4	44485.43	43453.02	54086.4
琼中县	56439.4	64257.4	61479.31	59818.66	64493.8
昌江县	34819.4	32531	33778.26	37343.70	38408.4
琼海	4220.73	4937.13	4272.865	3982.73	4140.09
万宁	22496.1	29171.4	26428.87	25289.30	24770.9
五指	50808.6	48212.2	48062.96	48452.89	44298.8
东方	55043.4	50336.3	50620.55	55175.72	55882
乐东	75731.7	71652	73103.21	72102.18	67294
保亭	34891.3	35695.7	36783.45	36377.84	34230.3
陵水	22638.7	22694.4	23503.93	21948.13	23064.8
三亚市	60312.4	52059.8	51180.28	51578.86	46268.6

由表 16.19 中可以看出,乐东县热带雨林的面积有 7 万 ha 左右,在所有县市中面积最多,占整个海南岛热带雨林总面积的 16%左右;其次是琼中县,有 6 万 ha,占海南岛热带雨林总面积的 13%左右。从 1995~2013 年,乐东县与琼中县境内热带雨林的面积一直稳居第一、第二。近 20 年来,大部分县市内热带雨林的面积呈减少趋势,说明热带雨林的状况在恶化,仍需要加强对雨林资源的保护。也有部分县市的雨林面积是增加的,如昌江县、东方市等,这是因为当地林业部门对破坏的雨林进行人工修复,这与前面对热带雨林空间分布趋势的分析是一致的。

下面从全局的角度分析海南岛中南部热带雨林总面积的变化情况,其中 1995~2013 年热带雨林总面积如表 16.20 所示,热带雨林面积的柱状图如图 16.24 所示。

表 16.20 1995~2013 年热带雨林总面积

时间	1995 年	2000 年	2004 年	2009 年	2013 年
雨林面积/万 ha	46.89129	46.20402	45.57008	45.7113	45.8848

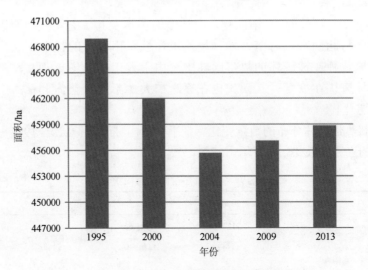

图 16.24　热带雨林面积的柱状图

　　由柱状图可以直观的看出，1994～2005 年热带雨林的面积在不断减小，2004 年海南岛热带雨林的面积最小。2004 年后，热带雨林的面积逐渐增加。对面积变化的速率，本书引入动态度的概念用来表示热带雨林总面积变化的速度，其动态度的计算公式为

$$V = \frac{A_e - A_h}{A_h} \times \frac{1}{T_e - T_h} \times 100\% \qquad (16.1)$$

式中，V 为热带雨林面积变化的速率，即动态度；A_h、A_e 分别表示初始、结束时间对应的雨林面积；T_h、T_e 分别表示初始与结束的时间。由公式计算得到相邻时间热带雨林变化的动态度，如表 16.21 所示。

表 16.21　热带雨林变化的动态度

时间	1995～2000 年	2000～2004 年	2004～2009 年	2009～2013 年
动态度	−0.29313333	−0.274409023	0.061977508	0.07591209

　　由动态度数据及趋势图中可以看出，近 20 年热带雨林面积变化的动态度都小于 1%，说明热带雨林变化的动态度较小。1995～2000 年，雨林变化的动态度呈负值，且绝对值大于 2000～2004 年的动态度，说明热带雨林总面积在减小，而且减小的幅度也是呈下降趋势。尽管 1994 年就停止对热带雨林的砍伐，但是执行的力度还是不够有效，热带雨林的状况仍在恶化，但是恶化速度有所减弱。2000 年全面实施天然林保护工程，大量的保护实施，热带雨林得到一定程度的保护，但是成效不是立竿见影的，直到 2004 年，热带雨林的面积仍在减小。2004～2013 年，热带雨林动态度变为正值，说明热带雨林保护措施的效果具有滞后性。2004～2013 年动态度的值远小于 1995～2004 年的动态度，说明热带雨林恢复后面积增加的速率远小于雨林被破坏时减小的速率。因此热带雨林一旦遭到破坏是较难恢复的。

16.4.2　热带雨林景观格局分析

热带雨林景观（forest landscape）是以热带雨林生态系统为主体的景观，也包括热带雨林在景观整体格局和功能中发挥重要作用的其他类型的景观 。在未受到人类干扰前，原始的热带雨林是一个连续、完整的个体。由于人类活动的干扰，大面积的雨林树木被砍伐，森林景观逐渐演变成农田、灌丛草地、城镇、乡村、裸地，不同类型的景观要素交错镶嵌构成具有极高丰富度和复杂度的景观类型，热带雨林的景观多样性就多表现为片段化和破碎化。

热带雨林破碎化使森林景观由简单、均质、连续趋向复杂、异质和不连续的过程，进而导致生态系统服务功能减弱、物种多样性丧失，从某种意义上讲是森林退化过程的体现。景观破碎化导致了热带森林景观格局的改变，热带森林斑块在空间上的重新配置以及空间几何特征的变化，对具有不同功能特征的物种组在景观中的维持、分布等产生了深远的影响。

景观指数从各个不同的方面反映了景观结构的特点，将抽象的景观结构特点进行了量化，为景观的理论研究和实践创造了有利条件。景观指数按照研究尺度的不同分为 3 个级别，景观格局指数分为斑块水平指数（描述斑块面积、形状、边界特征）、斑块类型指数（描述斑块类平均面积、平均形状指数等）和景观水平指数（描述整体景观的多样性指数、多样性指数、均度指数等）。随着森林生态系统景观结构和功能研究的不断深入，采用景观格局指数对森林景观破碎化的研究也日趋成熟。

选取 1995 年、2000 年、2004 年、2009 年、2013 年的海南岛研究区内的景观分类图，从斑块水平与景观格局水平选取景观指数对热带雨林的完整性及优势度。

1. 斑块水平指数及其变化

在景观类型水平的尺度上，同一类包括了多个斑块，可以利用一些统计学指标，如平均值和方差来表示景观指数。选取斑块数、边界密度、面积加权的平均斑块分形指数。

1）斑块数

斑块数主要描述景观要素斑块结构复杂程度，在一定程度上反映人为活动对景观要素类型的影响，是对景观异质性和破碎度的简单表述，因此，常用来表征景观或生境的破碎化。在斑块数与景观破碎度呈正相关关系，景观要素类型的斑块数越大，其破碎化程度越高，斑块数越小，则破碎度较小。

$$NP = n_i \tag{16.2}$$

式中，n_i 代表同一景观要素斑块数。

从表 16.22 中可以清晰看出，热带雨林的斑块数 1995～2004 年逐年增加，说明热带雨林的破碎度增强，雨林被破坏情况越来越严重，到 2004 年前后，雨林被破坏情况最严重。2004～2013 年，热带雨林被破坏状况得到改善，景观斑块数也在减少，雨林破碎化程度减轻。由于雨林的破坏与生长都需要一定的时间，通过雨林的景观状态体现热带雨林的保护状况大约有 4～5 年的滞后，2000 年海南省实施的天然林全面保护政策的成效在 2004 年体现。由雨林景观斑块数的变化趋势图（图 16.25）可以明显看出，天保工程的措施使热带雨林保护状况得到一定的改善。

表 16.22　1995～2013 年热带雨林斑块数

时间	1995 年	2000 年	2004 年	2009 年	2013 年
NP/个	4097	4514	5054	4016	4448

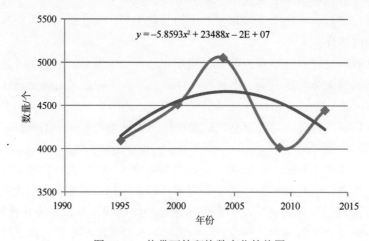

图 16.25　热带雨林斑块数变化趋势图

2）边界密度

边界密度用来表示景观类型斑块形状的简单程度，由景观中所有斑块边界总长度除以斑块总面积，即单位面积上斑块周长，单位是 m/ha。边界密度越大，单位面积上的边界长度越长，斑块形状的复杂程度越大。反之，形状越简单。斑块的边界密度，一方面反映了斑块的优势度，边界密度大的斑块在景观中所占的比例也相对较大；另一方面，斑块边缘密度是对景观要素边界复杂程度的描述，边缘密度越大，景观要素边界被割裂程度越大；边缘密度越小，景观要素边界保存较完整，连通性越高，人为干扰程度越低。

$$\mathrm{ED} = \frac{\sum_{j=1}^{m} e_{ij}}{A} \times 10^{6} \tag{16.3}$$

式中，e_{ij} 代表景观类型 i 的总边缘长度；ED 的单位是 m/ha。

表 16.23 表明热带雨林的边界密度变化始终处于一个相对较大的范围内，说明海南岛热带雨林景观在近 20 年变化相对明显。边界密度反映斑块的优势度，雨林边界密度的值一直处于较高水平，说明热带雨林景观的优势度较高。同时，边界密度表征斑块形状的复杂程度，其值越大，斑块形状越复杂，边界被割裂程度越高，人为干扰程度越大，雨林的保护状况有待提升。从边界密度变化趋势中可以看出（图 16.26），边界密度从 1995～2004 年也是呈上升趋势，雨林景观破碎化程度越来越高，人为因素对热带雨林的干扰程度较高，对雨林的保护措施有待加强。2004 年后雨林破碎程度有所减弱，保护状况得到改善，但雨林景观状态仍达不到 1995 年的状况，雨林被破坏后的修复周期较大，

且存在滞后性。从变化程度上来看，1995～2004 年边界密度增长的速率较快，而 2005 年边界密度减小的速率较慢，说热带雨林极其容易被破坏，一旦破坏后较难恢复。因此，尽可能减少雨林被破坏的机会，同时努力寻找恢复雨林的方法，保护珍贵的雨林资源。

表 16.23　1995～2013 年热带雨林边界密度　　　　　　（单位：m/ha）

时间	1995 年	2000 年	2004 年	2009 年	2013 年
ED	37.9203	46.2369	51.3862	50.6673	39.0265

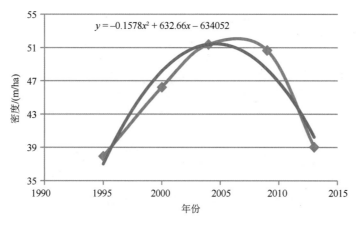

图 16.26　热带雨林边界密度变化趋势图

3）面积加权的平均斑块分形指数（AWMPFD）

AWMPFD 利用维理论来测量斑块和景观的空间形状复杂性，是反映景观格局总体特征的重要指标，它在一定程度上也反映了人类活动对景观格局的影响。AWMPFD 的取值范围为 1～2，若值为 1，那么斑块的形状就接近正方形或圆形；若值达到 2，那景观斑块就属于周长最复杂的类型。同时，分数维指标与空间尺度和格网分辨率密切相关，在一定尺度下可反映区域内景观斑块的不规则程度和复杂程度，斑块越不规则、越复杂，其分维越大，反之亦然。因此，受人类活动干扰小的自然景观的分数维值高，而受人类活动影响大的人为景观的分数维值低。

$$\text{AWMPFD} = \sum_{i=1}^{m}\left[\left(\frac{2\ln 0.25 p_i}{\ln a_i}\right)\left(\frac{a_i}{A}\right)\right] \qquad (16.4)$$

式中，a_i 为斑块 i 的面积；p_i 为选中斑块 i 的概率。

热带雨林的 AWMPFD 值接近 2（表 16.24），雨林斑块间的自相似性较弱，彼此之间无规律，说明海南岛的热带雨林景观受人类的干扰相对较小，似自然性较高。但从 1995～2013 年来看（图 16.27），热带雨林斑块的 AWMPFD 值呈减少趋势，人类活动对热带雨林造成了影响，尤其是 1995～2005 年，分形指数急剧减小，人类对于热带雨林的破坏活动加强，斑块间的复杂度减小。2005 年后，热带雨林保护措施的作用逐渐显现出来，景观破碎化程度改善。从拟合曲线的趋势中发现，2005 年并不是雨林被破坏最严重的时候，而大致 2003～2004 年是 AWMPFD 值最低点，即热带雨林景观状况最糟糕的阶段。此后，热带雨林慢慢恢复，景观格局缓慢变好。

表 16.24　1995～2013 年热带雨林面积加权的平均斑块分形指数

时间	1995 年	2000 年	2004 年	2009 年	2013 年
AWMPFD	1.818905	1.806641	1.758348	1.823712	1.83351

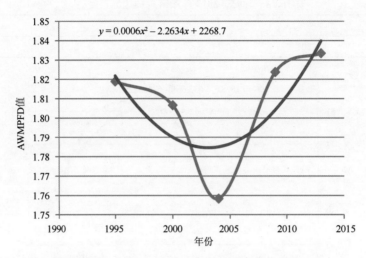

$y = 0.0006x^2 - 2.2634x + 2268.7$

图 16.27　面积加权的平均斑块分形指数变化趋势图

2. 景观全局指数及其变化

在景观全局水平上，将所有斑块视为一个研究对象，反映不同时期景观整体的动态变化情况。本书选取蔓延度指数、香农均匀度指数。

1）蔓延度指数（CONTAG）

CONTAG 指标描述的是景观里不同斑块类型的团聚程度或延展趋势。由于该指标包含空间信息，是描述景观格局的最重要的指数之一。一般来说，高蔓延度值说明景观中的某种优势斑块类型形成了良好的连接性；反之则表明景观是具有多种要素的密集格局，景观的破碎化程度较高。当蔓延度趋于 0 时，景观要素最大地破碎化和间断分布，景观异质性越高，受干扰程度越强；当蔓延度接近 100，景观要素最大聚集在一起。

$$CONTAG = \left[1 + \frac{\sum_{k=1}^{m}\sum_{k=1}^{m}\left[\frac{g_{ik}}{\sum_{k=1}^{m} g_{ik}} \times \left[\ln p_i \left(\frac{g_{ik}}{\sum_{k=1}^{m} g_{ik}} \right) \right] \right]}{2\ln m} \right] \times 100 \qquad (16.5)$$

式中，g_{ik} 为基于双倍法的景观要素 i 和景观要素 k 之间节点数。

蔓延度与景观类型中斑块的团聚度或延展度呈正相关性，表中雨林景观的蔓延度值在 60 以上（表 16.25），说明热带雨林景观是少数几个大斑块团聚而成的，斑块之间的聚集度较强。从蔓延度变化趋势图中可以清楚看出（图 16.28），1995～2005 年蔓延度值呈逐年减少的态势，直到 2005 年其值降低到最低点，说明热带雨林斑块之间团聚程度减弱，斑块之间的连接性降低，雨林的破碎化程度增强，2005 年达到历史最低点。2005 年后蔓延度值缓慢增大，雨林斑块间的团聚程度逐渐增强，被破坏的情况得到改善。2010 年后蔓延度值又略微变小，雨林景观的团聚度有所减弱，因此需要人类将保护热带雨林资源作为一项长久的事业来做。

表 16.25　1995～2013 年热带雨林蔓延度指数

时间	1995 年	2000 年	2004 年	2009 年	2013 年
CONTAG	69.2314	65.0172	60.8818	67.5005	65.71

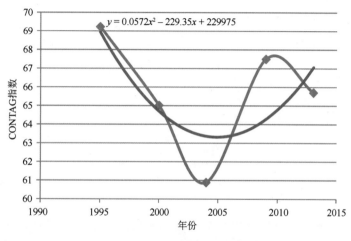

图 16.28　热带雨林蔓延度指数变化趋势图

2）香农均匀度指数

SHEI 是香农多样性指数除以给定景观丰度下的最大可能多样性，其取值范围为 0～1。 SHEI 与优势度指标之间可以相互转换，两者相加为 1，当 SHEI 值较小时优势度一般较高，可以反映出景观受到一种或少数几种优势拼块类型所支配；SHEI 趋近 1 时优势度低，说明景观中没有明显的优势类型且各拼块类型在景观中均匀分布。同时，SHEI 对景观中各拼块类型非均衡分布状况较为敏感，可用来在比较和分析不同景观或同一景观不同时期的多样性与异质性变化，当景观破碎化程度越高，其不定性的信息含量也越大，计算出的 SHDI 值也就越大。

$$\mathrm{SHEI} = -\sum_{i=1}^{m}(P_i\ln P_i)\,/\,\ln m \qquad (16.6)$$

式中，P_i 为选中斑块 i 的概率。

热带雨林景观的 SHEI 值几乎都在 0.5 以下（表 16.26），说明雨林在各土地利用类型景观中占绝对优势，且近 20 年，SHEI 值的变化幅度较小，景观结构较稳定。1995～

2005 年，SHEI 值在增加，说明热带雨林景观的优势度在减小，各类型斑块间的差异性减弱，景观整体受人为干扰程度增强，热带雨林的破碎化程度提高。2005 年景观格局得到改善，渐渐有所恢复。从 SHEI 变化的趋势图中可以看出（图 16.29），SHEI 与各景观指数有大致相同的变化趋势，雨林状况恶化速度大于雨林的恢复速度，而且按照目前的恢复速度，2015 年热带雨林的景观状况无法恢复至 20 年前的状态。

表 16.26　1995～2013 年热带雨林香农均匀度指数

时间	1995 年	2000 年	2004 年	2009 年	2013 年
SHEI	0.397	0.4686	0.5403	0.4317	0.4507

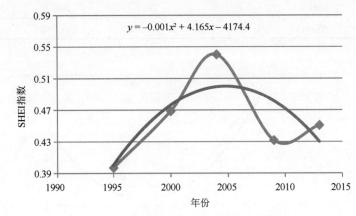

图 16.29　热带雨林香农均匀度指数变化趋势图

3. 景观格局变化分析

对海南岛热带雨林不同时期的景观指数进行比较分析，发现热带雨林景观改变的内在趋势，以解释 1995～2013 年人类活动对雨林景观的影响，从而为今后天然林保护工程各项措施的制订提供依据。

从各类景观指数来看，海南岛中南部热带雨林景观整体上完整性较好，雨林斑块间团聚度高，破碎化程度较低，并在各景观类型中占优势。如面积加权的平均斑块分形指数均大于 1.5，说明海南岛的热带雨林景观受人类的干扰相对较小，似自然性较高；蔓延度指数均大于 60，说明热带雨林景观是少数几个大斑块团聚而成的，斑块之间的聚集度较强。

从景观指数变化趋势图中，热带雨林的景观格局的变化趋势基本上是一致的，1994～2004 年，雨林的景观格局呈现破碎化程度加剧；2004～2013 年，经过长时间段的天然林保护措施的实施，被破坏的热带雨林得到一定的恢复，斑块数减少、边缘密度减小、蔓延度增加，雨林斑块间的复杂性增强，受人类干扰的程度减小，热带雨林景观更趋近自然状态。从景观指数的拟合曲线中可以发现，2003～2004 年是热带雨林景观格局由坏变好的一个转折点。热带雨林保护工作初显成效，雨林景观格局状况逐渐得到改善。但是，雨林恢复的速度远小于被破坏的速度，说明热带雨林被破坏是不可逆的，因此要珍惜宝贵的热带雨林资源，阻止破坏雨林的行为，并积极采取措施恢复雨林资源。

16.4.3　热带雨林健康状况评价

1. 评价模型

对热带雨林健康状况的研究是为了保护现有的雨林资源，提高热带雨林生态系统的整体质量及其生态服务功能，实现热带雨林资源的可持续发展。对森林生态系统健康状况的评价一般集中在森林健康胁迫因子、组织、活力、承载力及恢复力方面。Rapport 等（1998）提出的体现森林完整性、稳定性和功能性的组织活力恢复力模型，被专家学者广泛使用。其森林生态系统健康公式为 $HI = V \cdot O \cdot R$，HI 代表森林生态系统健康指数，V 为活力，O 为组织结构，R 为系统恢复力。活力是指根据养分循环和生产力所能够测量的能量和物质，与生产力、生物量等指标密切相关。植被的结构主要分为几何结构和生态结构。恢复力是指由于外界压力使植被遭到破坏，当压力消失情况下植被逐步自行恢复的能力。

参考活力组织恢复力模型（VOR 模型），并结合热带雨林的生态特点与现有的遥感技术，选择了活力结构状态模型（VOS 模型），来评价热带雨林的健康状况。

$$FHI = \omega_1 V + \omega_2 O + \omega_s S \tag{16.7}$$

式中，FHI 为热带雨林生态系统健康指数；V 为活力指数；O 为结构指数；S 为状态指数；ω_1、ω_2、ω_s 分别为 V、O、S 的权重。其中选择与雨林生产力及生物量相关性较高的归一化植被指数 NDVI、垂直植被指数 PVI、花青素反射指数 ARI2、增强植被指数 EVI 作为反映雨林活力的评价指标；选取归一化绿度指数 NDGI、与叶面积指数密切相关的比值植被指数 RVI 来表征热带雨林的生态结构；选用植被覆盖率 Pc、土壤调整植被指数 MSAVI 来反映雨林的几何结构；通过归一化衰败植被指数 NDSVI、大气阻抗植被指数 MVI5、水分含量指数来反映热带雨林的状态。

2. 评价结果分析

利用自然断点法对热带雨林健康指数进行分级，共分为 5 级，每一级对应雨林的健康程度为非常健康、健康、较健康、亚健康、不健康。由热带雨林健康指数分布图中可以发现，尖峰岭、霸王岭、鹦哥岭、黎母岭、五指山与吊罗山周围热带雨林的健康等级是非常健康，与海南省五大热带雨林保护区的分布一致。健康等级较高的雨林大多数分布在海南岛中部山区，斑块中间区域的健康状态比边缘区域更好，研究区中下部区域内的热带雨林多处于亚健康状态。霸王岭周边区域的热带雨林多数处于不健康状态，原因是由于高强度的人为干扰，尽管土地利用类型是热带雨林，但其内部已经遭到严重破坏，林分质量较差，需要采取更多措施保护热带雨林资源，提高热带雨林的林分质量。

根据评价结果（图 16.30），健康程度在较健康级别以上的雨林面积约有 2700 km^2，占总面积的 58.3%；处于亚健康状态的雨林面积约为 1240 km^2，占总面积的 26.7%；处于不健康状态的雨林面积约为 690 km^2，占总面积的 14.9%。因此，海南岛热带雨林的健康程度不高，热带雨林的保护工作仍然任重到远。

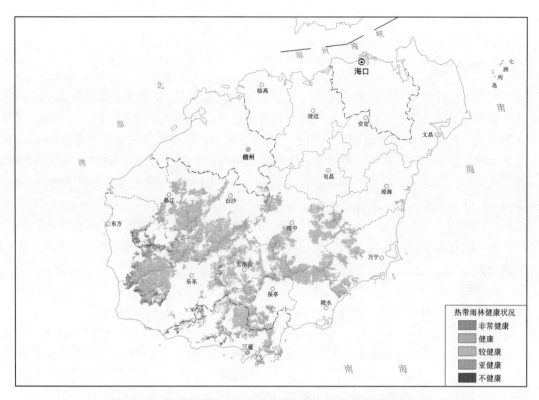

图 16.30　海南岛内陆地区生态环境状况——热带雨林健康状况

16.5　沿海地区红树林生态系统遥感监测

　　海南岛红树林资源丰富,在 20 世纪 50 年代红树林面积近 1 万 ha(莫燕妮等,2002)。由于不合理开发、围垦造田、乱砍滥伐等人为干扰使红树林遭到严重破坏,据 2002 年全国红树林资源调查报告与 2007~2010 年海南省统计年鉴显示,海南省现有红树林面积 3930.3 ha,占全国红树林面积的 17.9%。海南红树林分布于北部、南部和西部 10 个市县沿海一带河口港湾的滩涂上。其中,在海口市、文昌市、澄迈县、儋州市和三亚市等 5 市县分布集中,占全省红树林面积的 98.5%。海南岛的红树植物共有真红树 12 科 15 属 26 种,半红树科 13 属 14 种,占中国红树植物区系的 96.11%,几乎包括了我国红树植物的全部种类。海南省主要红树林自然保护区包括东寨港国家级红树林自然保护区和清澜港省级红树林自然保护区。

　　海南东寨港国家级自然保护区于 1980 年 1 月经广东省人民政府批准建立,成立了中国第一个红树林保护区。1986 年 7 月 9 日经国务院审定晋升为国家级自然保护区。1992 年被列入《关于特别是作为水禽栖息地的国际重要湿地公约》组织中的国际重要湿地名录。海南东寨港国家级自然保护区属于近海及海岸湿地类型中的红树林沼泽湿地,主要保护对象为红树林及水鸟。区内生长着全国成片面积最大、种类齐全、保存最完整的红树林,共有红树植物 16 科 32 种,其中水椰、红榄李、海南海桑、卵叶海桑、拟海桑、木果楝、正红树、尖叶卤蕨为珍贵树种。本区主要红树林群落有木榄群落、海莲群落、角果木群落、白骨壤群落、秋茄群落、红海榄群落、水椰群落、卤蕨群落、桐花树群落、榄李群落、红海榄与角果木群落、角果木与桐花群落、海桑+秋茄群落。据初步统计，海南东寨港国家级自然保护区有鸟类 159 种，其中珍稀濒危、属国家二级保护鸟类有黄嘴白鹭、黑脸琵鹭、白琵鹭和黑嘴鸥、小苇千干鸟等 16 种。《中日保护候鸟及其栖息环境协定》所列 227 种候鸟中，东寨港有 75 种；《中澳保护候鸟及其栖息环境协定》所列 81 种候鸟中，东寨港有 35 种。保护区内有鱼类记录 57 种，其中大多具有较高经济价值，如鳗鲡、石斑鱼、鲈鲷鱼等；有大型底栖动物 92 种，主要有沙蚕、泥蚶、牡蛎、蛤、螺、对虾、螃蟹等，具有较高的经济和食用价值。东寨港湾滩涂水域宽阔，总共面积达 5400 km^2。

　　海南清澜港红树林，由于处于文昌八门湾的清澜港后港湾，也称为八门湾红树林、后港湾红树林等。八门湾红树林与东寨港红树林是海南省两处著名的红树林景观，有"海上森林公园"之美称，是世界上海拔最低的森林。该保护区面积达 2948 ha，有林面积达 2732 ha。管辖范围包括冯家港、铺前港等。该保护区于 1981 年批建，原为县级，后已升格为省级自然保护区。该保护区的总保护面积虽然不及东寨港保护区，但林木面积大，而且树林年龄长，许多林相显示了原生林的特征。如有海莲林树龄达百年以上，调查中有的胸径达 1.2 m，林内结构复杂，有不少附生植物和藤本植物飞架其间。保护区范围内除了有同东寨港基本相同的红树植物种类外，还有独特的成片正红树林子，沿着霞村的岸边形成雄伟的景观。木果棟在这里可以看到小片的群落。木果棟的蛇状呼吸根在这里有典型的表现。海桑属的 4 个种，即海桑、杯尊海桑、大叶海桑和海南海桑在这里都有自然分布，其笋状呼吸根形成这些种类的明显特色。小花老鼠勒在东寨港自然群落中并不多见，而在该保护区的潮沟滩涂林缘却常见它与其他红树植物伴生。海芒果、海漆等红树植物也较东寨港的自然群落中容易发现。显然这里的种类多样性优于东寨港，具有较优势的典型性和稀有性，因而具有较大的潜在的科研意义。

16.5.1　红树林空间分布

1. 提取方法

　　选取近期 SPOT-5、Landsat-8、"高分一号"遥感影像，分别应用 ENVI 5.1 软件中最大似然法、支持向量机和面向对象 3 种经典遥感影像分类方法对海南省东寨港地区的红树林群落进行提取，提取结果如图 16.31 所示。

　　遥感图像分类精度评价体系中，通常用 kappa 系数和混淆矩阵总体精度来评价图像整体分类质量，然而在遥感单类地物提取问题中，感兴趣的主类地物通常是稀少的，如本章中红树林面积仅占研究区面积的 1%左右，导致非感兴趣区的分类精度会严重影响最终的评价因子，此时像 kappa 系数这样将所有像元引入提取精度评价标准显然是不合适的，Koukoulas 论证了 kappa 系数在这类问题中的局限性。数据挖掘中针对此类不平衡的分类问题引入精度（precision）和召回率（recall）度量，而 Hellden 综合遥感图像分类质量评价中的制图精度与用户精度提出了 Mean Accuracy，其本质是用制图精度与用户精度取代数据挖掘中的精度与召回率，其计算公式如下：

$$MeanAccuracy = \frac{2 \times 用户精度 \times 制图精度}{用户精度 + 制图精度}$$

（16.8）

其中，

$$用户精度 = \frac{正确分类面积}{提取结果面积} \quad 制图精度 = \frac{正确分类面积}{参考专题图面积}$$

（16.9）

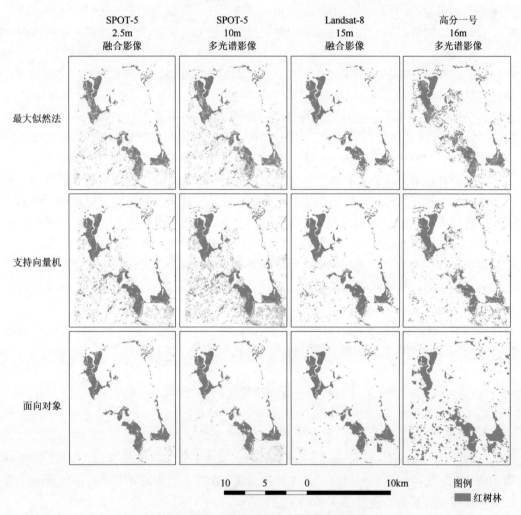

图 16.31　东寨港地区红树林提取结果

表 16.27　红树林提取精度评价（SPOT-5 融合影像提取结果）

提取方法	提取面积/ha	用户精度/%	制图精度/%	平均精度/%
最大似然法	13.95	88.05	76.73	82.00
支持向量机	19.21	77.93	93.53	85.02
面向对象	14.91	95.97	89.36	92.55

表 16.28　红树林提取精度评价（SPOT-5 多光谱影像提取结果）

提取方法	提取面积/ha	用户精度/%	制图精度/%	平均精度/%
最大似然法	15.12	80.25	75.81	77.97
支持向量机	21.64	69.16	93.52	79.52
面向对象	14.25	93.27	83.01	87.84

表 16.29　红树林提取精度评价（Landsat-8 融合影像提取结果）

提取方法	提取面积/ha	用户精度/%	制图精度/%	平均精度/%
最大似然法	12.33	94.71	72.93	82.41
支持向量机	16.92	82.01	86.66	84.27
面向对象	14.90	88.40	82.28	85.23

表 16.30　红树林提取精度评价（高分一号多光谱影像提取结果）

提取方法	提取面积/ha	用户精度/%	制图精度/%	平均精度/%
最大似然法	17.72	69.89	77.34	73.43
支持向量机	17.76	70.07	77.75	73.71
面向对象	22.01	53.92	74.13	62.43

表 16.27～表 16.30 显示了利用用户精度、制图精度以及平均精度对研究区红树林遥感提取精度进行评价的结果，得出以下结论。

（1）红树林具有明显的植被光谱特征，与水体、裸地等地物能够明显区分，但与其他植被在可见光和近红外波段差异较小，仅在短波红外波段具有可分性，因此短波红外波段信息可作为红树林提取的特征光谱信息。

（2）各方法的比较中，最大似然法和 SVM 分类方法在红树林提取问题上的 F 值相近，但由于分类原理的不同，最大似然法偏向欠提取，而 SVM 偏向过提取。面向对象方法改善了基于像元分类中斑块破碎的现象，且提取结果中红树林边界更加清晰，有利于进一步解译。

（3）各数据源的比较中，红树林提取精度主要受到特征光谱信息量和空间信息量的影响。在特征光谱信息量方面，Landsat-8 共有 7 个波段，并且有两个短波红外波段，特征光谱信息较多，较适合使用最大似然法和 SVM 分类方法提取红树林。而空间信息量反映在空间分辨率上，2.5 m 空间分辨率的 SPOT-5 融合影像使用面向对象分类方法可达到 92.55% 的分类精度。

基于上述红树林提取方法，选择海南岛全岛 Landsat8 影像，使用 SVM 监督分类方法，参数选择核函数为遥感影像最适合的高斯径向基函数，Gamma 系数为类别的倒数，即 0.143 为较优解，提取得到海南全岛红树林信息。

2. 海南岛红树林近 30 年总体变化特征

1）海南岛红树林面积变化特征

红树林斑块总面积能够直接反映海南省红树林的总体变化情况，1987～2013 年海南岛红树林总面积变化为剧烈震荡，且总体呈下降的趋势，具体如图 16.32 所示。根据遥感解译结果，1987 年海南岛红树林总面积为 3229.29 ha，至 2001 年红树林面积减少至 2931.68 ha，在 14 年间减少了 297.61 ha；2005 年红树林面积增长至 3140.91 hm^2，4 年间增加了 209.23 ha；2013 年红树林面积回落 3022.76 ha，8 年间减少了 118.15 ha。从 1987 年起近 30 年间红树林总面积减少 206.53 ha，年均减少 7.94 hm^2，年均减少率为 0.3%，但低于世界红树林总面积年均 0.7% 的减少率。

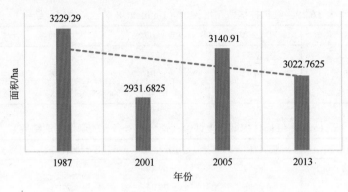

图 16.32　海南岛 1987～2013 年红树林面积变化

2）海南岛红树林斑块数量变化特征

在红树林总面积减少的同时，海南岛红树林的斑块数量也有减少的趋势，如图 16.33 所示，由 1987 年的 1051 块下降至 2013 年的 1013 块，下降幅度为 3.6%，但期间振幅达到 54.8%，尤其是 2001～2005 年斑块数量由 1314 块下降至 738 块，下降幅度为 43.8%，年均下降幅度为 13.4%。研究表明，海南岛红树林景观的破碎化是引起景观特征变化的主要原因，并对生物多样性与生态系统间能量流动等将产生重要影响。

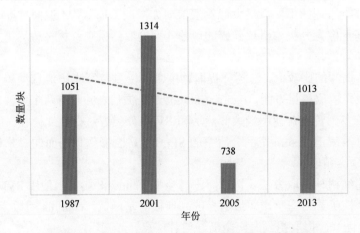

图 16.33　海南岛 1987～2013 年红树林斑块数量变化

16.5.2　红树林景观格局监测与评价

参照《湿地公约》中湿地的定义，将海南岛滨海湿地范围缩减至海南岛北部沿海

3.5 km 缓冲区内。另外，国家林业局制定的《中国湿地分类标准》（GB/T 24708-2009）中，将湿地划分为 4 大类 26 种类型，根据研究区的景观特征并结合研究需要，将海南岛海滨湿地景观分为自然湿地和人工湿地两大类，如表 16.31 所示，其中自然湿地包括红树林、潮间带光滩与浅海水域 3 类；人工湿地包括养殖塘；非湿地类型为裸地、耕地以及草地。

表 16.31　研究区景观类型划分表

1 级	2 级	3 级	分类编码	说明
湿地	自然湿地	浅海水域	101	最低潮位时为水域
		潮间带光滩	102	最低潮位时露出水面的滩涂
		红树林	103	最低潮位时露出水面且长有红树植物
	人工湿地	养殖塘	201	以水产养殖为主要目的而修建的人工湿地
非湿地	非湿地	裸土地	301	地表土质覆盖，植被覆盖度低于 5%
		耕地	401	种植农作物的土地
		草地	501	指已生长草本植物为主，覆盖度在 5% 以上的各类草地

不同的景观类型在维护生物多样性、保护物种、完善整体景观体系功能、促进景观结构自然演替等方面具有差异性；同时，不同景观类型抵抗外界干扰的能力也不同。因此，对一个区域进行景观空间格局的动态分析研究，能够揭示此区域生态状况及空间变化特征，也能够了解该区域土地利用演变的趋势，从而分析发生这些变化的驱动因子和发展趋势，为将来的规划提供参考。

景观多样性常用 Shannon-Wiener 指数、Simpson 指数、优势度、景观均匀度等指标来描述，它是表征景观的重要指标，对反映景观的功能有重要意义。本书采用基于 Shannon-Wiener 指数的景观多样性指数和景观均匀度指数作具体分析。均匀度是描述景观里不同景观类型的分配均匀程度。景观多样性指数的大小取决于景观所包含的景观类型的多少和各景观要素类型间面积的差异，景观类型越多，景观多样性越大；景观类型的面积差异越大，景观多样性越小。Shannon-Wiener 指数的计算公式如下：

$$H = -\sum_{i=1}^{S} P_i \ln P_i \tag{16.8}$$

式中，H 为多样性指数；S 为景观类型数目；P_i 为第 i 种景观中景观面积占总面积的比例。

均匀度指数的计算公式如下：

$$E = \frac{H}{H_{max}} * 100\% \tag{16.9}$$

基于 1987 年、2001 年、2005 年、2013 年 4 期红树林景观格局提取结果可知（图 16.34），海南岛景观多样性保持相对稳定，Shannon 指数仅从 1987 年的 1.48 降至 2013 年的 1.46，均匀度指数从 1987 年的 0.648 减少为 2013 年的 0.637，下降幅度分别为 1.4% 和 1.7%，振幅分别为 5.9% 和 9.6%，但线性拟合的结果表示在较大的时间尺度上海南岛红树林区域的景观多样性仍然在缓慢上涨。这些数据充分说明，从 1987~2013 年的近

30 年里，研究区景观异质化程度上升，同时景观结构保持较好的多样性。

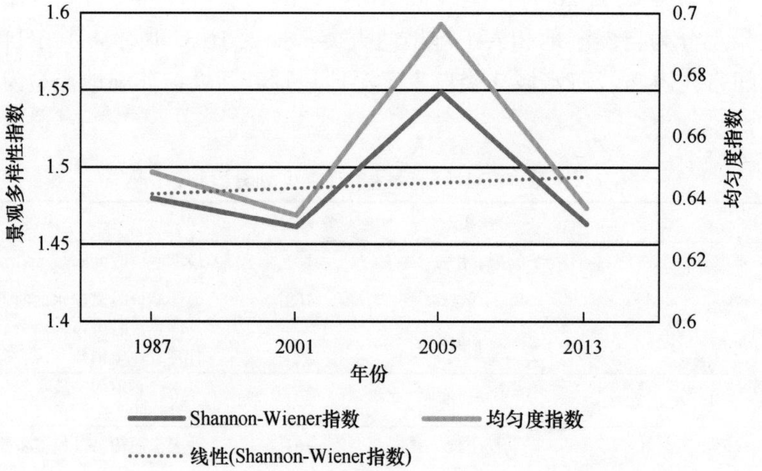

图 16.34　海南岛近 30 年红树林区域景观多样性指数

16.5.3　红树林变化驱动力分析

1. 海南岛红树林动态变化分析

对各个时期转化矩阵中与红树林相关的转化信息提取、汇总并进行分析，如表 16.32 所示。1987~2001 年红树林累计净减少 297.6 ha，其中由红树林减少主要是转变为草地 280.63 ha，转变为养殖塘 572.91 ha，转变为潮间带光滩 226.34 ha，而增加情况主要是 208.33 ha 草地、96.66 ha 耕地、139.88 ha 养殖塘与 421.68 ha 光滩转变为红树林。2001~2005 年，红树林总面积增加了 209.22 ha，主要是由养殖塘转变而来，其他主要转入包括草地 198.74 ha、耕地 199.75 ha，仍有一部分红树林转变为草地、养殖塘和潮间带光滩。

表 16.32　红树林与周边景观的转入和转出情况　　　　（单位：ha）

景观类型	1987~2001 年		2001~2005 年		2005~2013 年	
	转出	转入	转出	转入	转出	转入
红树林	2029.54	2029.54	2282.12	2282.12	2262.17	2262.17
草地	280.63	208.33	305.27	198.74	218.11	267.28
水域	1.06	32.69	0.05	11.19	40.31	8.28
裸土	72.41	2.91	16.88	9.08	26.45	11.44
耕地	46.41	96.66	28.19	199.75	143.42	136.60
养殖塘	572.91	139.88	154.89	392.46	386.10	240.64
潮间带光滩	226.34	421.68	144.29	47.58	64.35	96.36
总计	3229.29	2931.69	2931.69	3140.91	3140.91	3022.77
增长	−297.60		209.22		−118.14	
增长率	−9.2%		7.1%		−3.8%	

2005～2013 年红树林减少 118.14 ha，主要转变是红树林净转变为养殖塘 145.46 ha。在 1987～2013 年近 30 年的时间里，海南岛红树林呈减少的趋势，其中红树林面积增加主要为耕地与潮间带光滩转变而来，而减少主要是转化为草地与养殖塘。

红树林是珍贵稀少的物种，在全岛研究区内所占全部景观面积的比例尚不足 1%，观察全岛红树林分布已十分困难，以全岛尺度观察红树林的转化空间分布并不可行，因此本书并没有对全岛尺度的红树林转化空间分布进行讨论，转化为对两个重点保护区的转化空间分布进行讨论。

海南省东寨港国家级红树林保护区与清澜港省级红树林保护区是海南岛主要的红树林分布地，因此对这两大保护区内红树林的转化情况和驱动力分析对海南省红树林保护与管理有十分重要的参考意义。

1）东寨港国家级红树林保护区

东寨港红树林的面积变化以及景观状态如图 16.35 所示，从中可以看出，1987～2001 年，东寨港东南部演州村附近靠港湾的滩涂大片生长红树林，同时靠近内陆的草地也有部分转变为红树林，中部调妃村将一片养殖塘恢复为红树林［图 16.35（a）］；2001～2005 年，南部三江农场附近红树林退化为草地与耕地，但演州村红树林进一步向海扩张［图 16.35（b）］；2005～2013 年东寨港红树林变化主要是演州村靠近内陆的红树林退化成草地较为严重，导致整个东寨港红树林面积下降，演丰镇附近部分草地转化为红树林，另外有零星耕地转化为红树林［图 16.35（c）］。

2）清澜港省级红树林保护区

图 16.36 反映出清澜港地区 1987～2013 年的红树林变化的具体情况。1987～2001 年，红树林面积锐减，主要为东北部将部分红树林改为养殖塘后引发附近红树林退化为裸地和光滩，而东南部靠近内陆的红树林也有部分退化为草地，西北部有大片红树林改为养殖塘。2001～2005 年，西北部红树林遭进一步破坏，有部分靠近港湾的红树林被改为养殖塘，而部分靠近内陆的红树林被围垦成为耕地，但南部东郊镇入海口有大片草地转化为红树林。2005～2013 年，在国家政策影响下，清澜港保护区内大片养殖塘重新转化为红树林区域，东北部皇岭村附近也有部分草地被转化为红树林。

由海南岛两大保护区红树林的变化趋势可以推断出，在 1987～2001 年，虽然保护区已经成立，但国家对红树林的重视程度不高，红树林的增长主要是靠自然繁殖，向海岸线靠拢，同时部分红树林被改为养殖塘，或者受到影响退化成为草地、裸地与光滩。2001～2005 年，由前一阶段推动的趋势已经有减缓趋势，但仍存在部分毁林行为。2005～2013 年，由于国家对红树林保护出台一系列管理条例，退耕还湿成为主要旋律，养殖塘也有部分退还为红树林湿地，但仍有部分地区的红树林依照惯性继续退化。

2. 养殖塘对红树林的影响

由于沿海地区人口密度普遍较高，导致红树林的生存环境急剧恶化。而红树林退化最主要的原因则是与人类相关的景观类型不断扩张。世界粮农组织 FAO 在 2007 年的调查中显示，美国红树林减损的主要原因是红树林区围垦、人工表面扩张和航道开发。在海南，红树林较多分布于避风港湾间，且附近无主要航道与大型港口，因此人类对红树林退化主要的影响在于围垦。

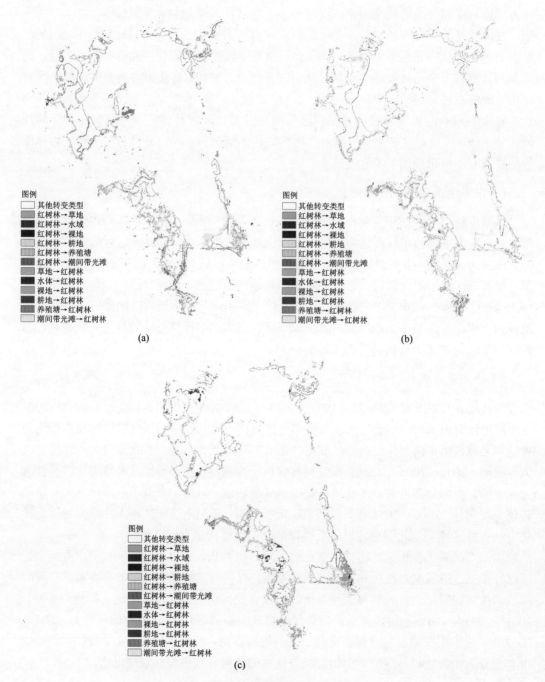

图 16.35　东寨港区域红树林变化空间分布

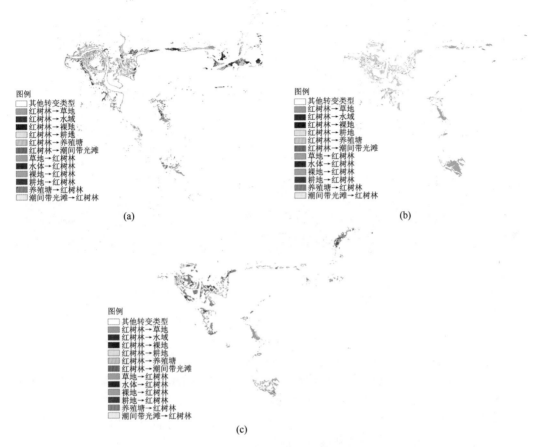

图 16.36 清澜港区域红树林变化空间分布

过去近 30 年，海南沿海红树林主要被开垦为养殖塘。根据表 16.29 可知，海南岛在 1987～2013 年总共有 340.92 ha 红树林被围垦为养殖塘，其中最显著的围垦毁林时段为 1987～2001 年，这是由于 1992 年我国开始实施以市场为主导的经济政策，投入少利润高的养殖业才开始起步。20 世纪 90 年代时，政府也出台了一些红树林保护的法律法规，包括《中华人民共和国森林法》《中华人民共和国海洋环境保护法》《海南省红树林保护规定》等，虽然这些法律法规禁止了非法砍伐红树林活动，但沿海养殖的利润使得一部分人不顾法律法规仍然进行红树林区域养殖塘的扩张占用。

1996 年 1 月，海南省委二届四次全会正式提出了"一省两地"产业发展战略，建成"新兴工业省"的目标使得海南沿海工业进入发展快车道，沿海市县对海岸景观的改造也更加剧烈，导致红树林面临严峻的生存威胁。基于文昌市清澜港 1987 年与 2013 年 Landsat 卫星影像可以发现（图 16.37），除了清澜港东部大量的养殖池的直接占用，东部沿岸红树林也有部分在研究期间消失。红树林区域退化主要是由两个间接因素造成的。首先文昌市市区面积扩大，并且市区位于文昌江红树林上游，导致市区排放的工业与生活污水直接流经红树林区域，导致红树林的生存水域水质恶化。另外，八门湾出海口处由于兴建港口，导致出海口变窄，阻碍了清澜港内海水与外界流通海水之间的交换，使得湾内船只停泊带来的大量工业污染难以排出。

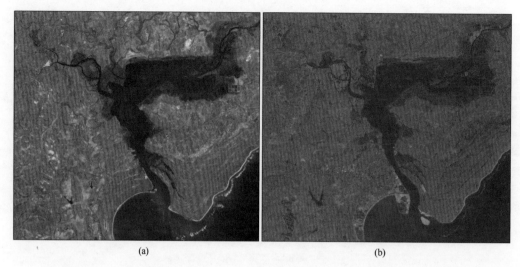

图 16.37　文昌市清澜港地区 1987 年（a）与 2013 年（b）Landsat 卫星影像对比

　　虽然很多学者在研究时得出的结论为养殖塘增加对红树林主要造成负面的影响，其影响主要为围垦砍伐与养殖废水。但也有学者对此观点提出了不同意见，认为红树林的增加与养殖池的扩展同步（贾明明，2014）。本书选取海南省儋州市新英港内红树林变化进行研究，如图 16.38 所示，1987 年新英湾红树林面积为 162.5 ha，到 2013 年红树林面积增长至 259.3 ha，而此时湾内已有接近 1/3 的水域被扩展为养殖池。斑块扩张主要形成在湾内靠海区域，因此认为是自然生长，新英港有北门江等两条淡水河入海口，自然环境适宜红树林生长，因此本书仅认为养殖塘对红树林有一定催化作用。Feller 等（2003）认为水产养殖时产生的养殖废水中含有丰富的磷和氮，可以作为营养物质被红树林吸收。但养殖废水浓度达到一定程度后会形成污染，进而成为红树林生长的抑制因素。

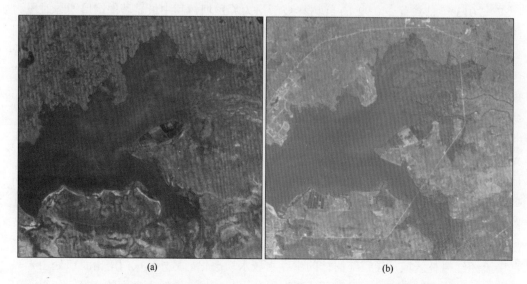

图 16.38　新英港地区 1987 年（a）与 2013 年（b）Landsat 卫星影像对比

3. 红树林斑块破碎化驱动力分析

海南岛红树林的斑块密度略有下降，表明红树林斑块呈破碎化发展趋势，而破碎化是红树林生长的最大威胁。图 16.39 为新盈农场附近红树林受人类活动影响 30 年前后破碎化状况对比，由此可看出人类活动对红树林的影响程度。红树林斑块的破碎化主要有以下 3 个方面。

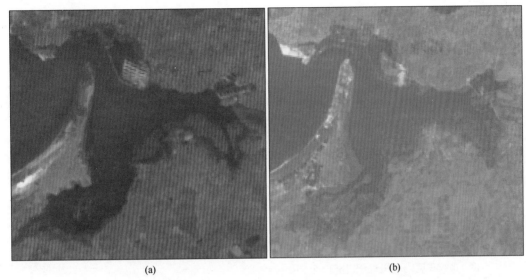

(a)　　　　　　　　　　　　　　　　(b)

图 16.39　新盈港地区 1987 年（a）与 2013 年（b）Landsat 卫星影像对比

（1）红树林湿地中生长有一些可以食用的海鲜种类，如弹涂鱼、血鳗、锯缘青蟹等，为附近居民提供最直接的经济收入。当地居民在红树林区捕捞海产品的行为被称之为"采海"，频繁的"采海"对红树林幼苗、枝干和根都有极大的损伤。

（2）红树林群落下层水域中蕴涵了丰富的有机质，吸引大量的鱼虾蟹贝等海洋动物组成红树林生态群落，为家禽提供了丰富的食物，然而家禽进入红树林群落后会对脆弱娇嫩的林木幼苗产生极大的损伤。

（3）红树林林区风景优美，观赏价值高，林区内经常设立栈道、码头等公共设施，致使红树林斑块被破坏。

参 考 文 献

安兴琴, 陈玉春, 吕世华. 2004. 兰州市冬季 SO_2 大气环境容量研究. 高原气象, 23(1): 110~115.

曹丽琴, 李平湘, 张良培. 2009. 基于 DMSP/OLS 夜间灯光数据的城市人口估算——以湖北省各县市为例. 遥感信息, (1): 83~87.

曹文莉, 张小林, 潘义勇, 等. 2012. 发达地区人口、土地与经济城镇化协调发展度研究. 中国人口·资源与环境, 22(2): 141~146.

曹艳萍, 南卓铜. 2011a. GRACE 重力卫星数据的水文应用综述. 遥感技术与应用, 26(5): 543~553.

曹艳萍, 南卓铜. 2011b. 利用 GRACE 重力卫星监测黑河流域水储量变化. 遥感技术与应用, 26(6): 719~727.

常军, 顾万龙, 竹磊磊. 2010. 河南省水资源量分布特征及对降水变化的响应. 人民黄河, (7): 78~79.

陈百明. 2001. 中国农业资源综合生产能力与人口承载能力. 北京: 气象出版社.

陈昌笃. 1997. 中国生物多样性国情研究报告. 北京: 中国环境出版社.

陈述彭. 1995. 地球信息科学与区域持续发展. 北京: 测绘出版社.

陈潇潇, 朱传耿. 2007. 试论主体功能区对我国区域管理的影响. 经济问题探索, (12): 21~25.

陈燕红, 潘文斌, 蔡芫镔. 2007. 基于 RS/GIS 和 RUSLE 的流域土壤侵蚀定量研究——以福建省吉溪流域为例. 地质灾害与环境保护, 18(3): 5~10.

程砾瑜. 2008. 基于 DMSP/OLS 夜间灯光数据的中国人口分布时空变化研究. 北京: 中国科学院研究生院硕士学位论文.

丁建丽. 2002. 基于 NDVI 的绿洲植被生态景观格局变化研究. 地理学与国土研究, 18(1): 23~26.

丁于思. 2010. 湖南主体功能区建设研究. 长沙: 中南大学博士学位论文.

丁志伟. 2014. 中原经济区"三化"协调发展的状态评价与优化组织. 郑州: 河南大学博士学位论文.

董飞, 刘晓波, 彭文启, 等. 2014. 地表水水环境容量计算方法回顾与展望. 水科学进展, 25(3): 451~463.

董鸣飞. 1985. 海南省生态环境质量分析与综合评价. 广州: 中山大学出版社.

董文, 张新, 陈华斌. 2011. 河北省自然灾害危险性分析及其在主体功能区划评价中的应用. 自然灾害学报, 20(3): 99~104.

段金龙. 2013. 水土资源分布的多样性格局、时空变化及关联分析. 郑州: 郑州大学博士学位论文.

范丽丽, 沙海飞, 勇逢. 2012. 太湖湖体水环境容量计算. 湖泊科学, 24(5): 693~697.

方光亮, 鲁成树. 2012. 主体功能区划可利用土地资源的探讨——以芜湖市为例. 测绘与空间地理信息, 35(8): 164~166.

冯领香, 冯振环. 2013. 脆弱性视角下京津冀都市圈自然灾害特性分析. 自然灾害学报, 22(4): 101~107.

冯平, 魏兆珍, 李建柱. 2013. 基于下垫面遥感资料的海河流域水文类型分区划分. 自然资源学报, (8): 1350~1360.

傅伯杰, 刘世梁, 马克明. 2001. 生态系统综合评价的内容与方法. 生态学报, 21(11): 1885~1892.

傅伯杰, 周国逸, 白永飞, 等. 2009. 中国主要陆地生态系统服务功能与生态安全. 地球科学进展, 24(6): 571~576.

高程达, 杨克仁, 张超, 等. 2011. 热带雨林的生态特点和保护对策. 热带地理, 1(31): 113~118.

高江波, 周巧富, 常青, 等. 2009. 基于 GIS 和土壤侵蚀方程的农业生态系统土壤保持价值评估——以京津冀地区为例. 北京大学学报(自然科学版), 45(1): 150～157.

高志强, 刘纪远, 庄大方. 1999. 基于遥感和 GIS 的中国土地资源生态环境质量同人口分布的关系研究. 遥感学报, 3(1): 66～70.

葛美玲, 封志明. 2009. 中国人口分布的密度分级与重心曲线特征分析. 地理学报, 64(2): 202～210.

顾康康, 刘景双, 王洋, 等. 2008. 辽中地区矿业城市生态系统脆弱性研究. 地理科学, 28(6): 759～764.

顾万龙, 王记芳, 竹磊磊. 2010. 1956～2007 年河南省降水和水资源变化及评估. 气候变化研究进展, 6(4): 277～283.

关元秀, 刘高焕. 2001. 区域土壤盐渍化遥感监测研究综述. 遥感技术与应用, 16(1): 40～44.

郭腾云, 徐勇, 马国霞, 等. 2009. 区域经济空间结构理论与方法的回顾. 地理科学进展, 28(1): 111～118.

国家发展和改革委员会. 2015. 全国及各地区主体功能区规划. 北京: 人民出版社.

国家环保总局. 2006. 生态环境状况评价技术规范(试行).

国家统计局国民经济综合统计司, 国家统计局农村社会经济调查司. 2015. 中国区域经济统计年鉴-2014. 北京: 中国统计出版社.

国家自然科学基金委员会. 2014. 科学基金网络信息系统(ISIS). http: //isisn.nsfc.gov.cn/egrantweb/. 2018-10-20

国务院. 2006. 中华人民共和国国民经济和社会发展第十一个五年规划纲要. http://politics.people.com. cn/GB/1026/4208451.html.2017-5-25.

国务院. 2010. 国务院关于印发全国主体功能区规划的通知(国发〔2010〕46 号). http: //www.gov.cn/zwgk/ 2011-06/08/content_1879180.htm. 2018-10-10.

国务院. 2010.《全国主体功能区规划》. http://www.gov.cn/zhengce/content/2011-06/08/content 1441.htm. 2017-5-25.

国务院. 2011. 中华人民共和国国民经济和社会发展第十二个五年规划纲要. http://theory.people.com.cn/ GB/14163131.html.2017-8-1.

国务院. 2016. 中华人民共和国国民经济和社会发展第十三个五年规划纲要. http://www.xinhuanet. com//politics/2016lh/2016-03/17/c_1118366322.htm.2017-8-6.

韩惠, 刘勇, 刘瑞雯. 2000. 中国人口分布的空间格局及其成因探讨. 兰州大学学报(社会科学版), 28(4): 16～21.

韩向娣, 周艺, 王世新, 等. 2012. 基于夜间灯光和土地利用数据的 GDP 空间化. 遥感技术与应用, 27(3): 396～405.

何报寅, 张海林, 张穗, 等. 2002. 基于 GIS 的湖北省洪水灾害危险性评价. 自然灾害学报, 11(4): 84～89.

何江, 张馨之. 2007. 中国区域人均 GDP 增长速度的探索性空间数据分析. 统计与决策, (22): 72～74.

侯秀娟, 王利. 2009. 基于 GIS 的辽宁省可利用土地资源综合评价. 国土与自然资源研究, (2): 39～41.

胡焕庸. 1983. 论中国人口之分布. 北京: 科学出版社.

胡顺光, 张增祥, 夏奎菊. 2010. 遥感石漠化信息的提取. 地球信息科学学报, 12(6): 870～879.

胡忆东, 吴志华, 熊伟, 等. 2008. 城市建成区界定方法研究——以武汉市为例. 城市规划, 32(04): 88-91+96.

环境保护部. 2015. 生态环境状况评价技术规范. http://www.huiguo.net.CN/news/show/id/8381.2018-12-10.

黄麟, 邵全琴, 刘纪远. 2011. 近30年来青海省三江源区草地的土壤侵蚀时空分析. 地球信息科学学报, 12(1): 12～21.

黄佩. 2010. 四川省地表水资源的时空分布研究. 成都: 成都理工大学硕士学位论文.

黄思铭. 1998. 刚性约束: 生态综合评价考核指标体系研究. 北京: 科学出版社.

黄耀欢, 杨小唤, 刘业森. 2007. 人口区划及其在人口空间化中的 GIS 分析应用——以山东省为例. 地球信息科学, 9(2): 49~54.

黄耀裔, 陈文成. 2009. 时态 GIS 的应用——以福建省 GDP 演变为例. 测绘与空间地理信息, 32(3): 121~127.

黄莹, 包安明, 陈曦, 等. 2009a. 新疆天山北坡干旱区 GDP 时空模拟. 地理科学进展, 28(4): 494~502.

黄莹, 包安明, 陈曦, 等. 2009b. 基于绿洲土地利用的区域 GDP 公里格网化研究. 冰川冻土, 31(1): 158~165.

黄真理, 李玉粱, 李锦秀, 等. 2004. 三峡水库水环境容量计算. 水利学报, (3): 7~14.

贾慧聪, 曹春香, 马广仁, 等. 2011. 青海省三江源地区湿地生态系统健康评价. 湿地科学, 09(3): 209~217.

贾明明. 2014. 1973~2013 年中国红树林动态变化遥感分析. 北京: 中国科学院研究生院(东北地理与农业生态研究所)博士学位论文.

贾绍凤, 周长青, 燕华云, 等. 2004. 西北地区水资源可利用量与承载能力估算. 水科学进展, 15(6): 801~807.

江东. 2007. 人文要素空间化研究进展. 甘肃科学学报, 19(2): 91~94.

江海声. 2006. 海南吊罗山生物多样性及其保护. 广州: 广东科技出版社.

江红南, 徐佑成, 赵睿. 2007. 于田绿洲土壤盐渍化遥感监测研究. 干旱区研究, 24(2): 168~173.

姜辰蓉. 2010. 遥感数据显示: 长江源头冰川在退缩. 新华每日电讯: 北京. p. 2.

蒋卫国, 李京, 李加洪, 等. 2005. 辽河三角洲湿地生态系统健康评价. 生态学报, 25(3): 408~414.

金峰, 杨浩, 蔡祖聪, 等. 2001. 土壤有机碳密度及储量的统计研究. 土壤学报, 38(4): 522~528.

金凤君, 王成金, 李秀伟. 2008. 中国区域交通优势的甄别方法及应用分析. 地理学报, 63(8): 787~798.

金姗姗, 张永红, 吴宏安. 2013. 近 40 a 长江源各拉丹冬冰川进退变化研究. 自然资源学报, 28(012): 2095~2104.

井涌. 2008. 区域水资源总量计算方法分析. 水文, (5): 76~77.

赖敏, 吴绍洪, 戴尔阜, 等. 2013. 生态建设背景下三江源自然保护区生态系统服务价值变化. 山地学报, 31(1): 8~17.

雷莹, 江东, 杨小唤. 2007. 水资源空间分布模型及 GIS 分析应用. 地球信息科学, 9(5): 64~69.

李晖, 肖鹏峰, 冯学智, 等. 2010. 近 30 年三江源地区湖泊变化图谱与面积变化. 湖泊科学, 22(6): 862~873.

李苗苗. 2003. 植被覆盖度的遥感估算方法研究. 北京: 中国科学院研究生院硕士学位论文.

李珊珊, 张明军, 汪宝龙, 等. 2012. 近 51 年来三江源区降水变化的空间差异. 生态学杂志, 31(10): 2635~2643.

李双成, 吴绍洪, 戴尔阜. 2005. 生态系统响应气候变化脆弱性的人工神经网络模型评价. 生态学报, 25(3): 621~626.

李玮, 王利. 2009. 辽宁省主体功能区人口集聚度分析. 科技信息, (31): 2212~2222.

李文辉, 余德清. 2002. 岩溶石山地区石漠化遥感调查技术方法研究. 国土资源遥感, (1): 34~37.

李雯燕, 米文宝. 2008. 地域主体功能区划研究综述与分析. 经济地理, 28(3): 357~361.

李雅箐. 2011. 农村经济统计数据空间化研究. 北京: 首都师范大学硕士学位论文.

李永华. 2009. 甘肃省主体功能区划中的生态系统重要性评价. 兰州: 兰州大学硕士学位论文.

梁大圣, 赵荣, 刘兴万, 等. 2010. 格网 GDP 空间分布更新模型研究. 测绘科学, 35(6): 155~157.

梁海燕, 邹欣庆. 2006. 海口湾沿岸风暴潮风险评估. 海洋学报, 27(5): 22~29.

廖顺宝, 孙九林. 2003. 基于 GIS 的青藏高原人口统计数据空间化. 地理学报, (01).

廖一兰, 王劲峰, 孟斌, 等. 2007. 人口统计数据空间化的一种方法. 地理学报, 62(10): 1110~1119.

刘春梅. 2013. 基于 GIS 和 AHP 的农业水资源空间分析——以曾都区为例. 武汉: 华中师范大学农业硕士学位论文.

刘红辉, 江东, 杨小唤, 等. 2005. 基于遥感的全国 GDP 1 km 格网的空间化表达. 地球信息科学, 7(2): 120～123.

刘纪远, 邵全琴, 樊江文. 2009. 三江源区草地生态系统综合评估指标体系. 地理研究, 28(2): 273～283.

刘纪远, 岳天祥, 鞠洪波. 2006. 中国西部生态系统综合评估. 北京: 气象出版社.

刘纪远, 岳天祥, 王英安, 等. 2003. 中国人口密度数字模拟. 地理学报, 58(1).

刘纪远, 张增祥, 徐新良, 等. 2009. 21 世纪初中国土地利用变化的空间格局与驱动力分析. 地理学报, 64(12): 1411～1420.

刘纪远, 张增祥, 庄大方. 2003. 20 世纪 90 年代中国土地利用变化时空特征及其成因分析. 地理研究, 22(1): 1～12.

刘建军. 2002. 基于遥感和 GIS 的巢湖流域生态系统健康评价. 北京: 中国科学院地球化学研究所博士学位论文.

刘静伟, 王振明, 谢富仁. 2010. 京津唐地区地震灾害和危险性评估. 地球物理学报, 53(2): 318～325.

刘敏超, 李迪强, 温琰茂. 2005. 三江源地区生态系统生态功能分析及其价值评估. 环境科学学报, 25(9): 1280～1286.

刘明华, 董贵华. 2006. RS 和 GIS 支持下的秦皇岛地区生态系统健康评价. 地理研究, 25(5): 930～938.

刘睿文, 封志明, 杨艳昭, 等. 2010. 基于人口集聚度的中国人口集疏格局. 地理科学进展, 29(10): 1171～1177.

刘艳芳. 2006. 经济地理学. 北京: 科学出版社.

刘洋, 金凤君, 甘红. 2005. 区域水资源空间匹配分析. 辽宁工程技术大学学报(自然科学版), 24(5): 657～660.

刘耀林, 李纪伟, 侯贺平, 等. 2014. 湖北省城乡建设用地城镇化率及其影响因素. 地理研究, 33(1): 132～142.

刘振乾, 刘红玉, 吕宪国. 2001. 三江平原湿地生态脆弱性研究. 应用生态学报, 12(2): 241～244.

柳源. 2003. 中国地质灾害(以崩, 滑, 流为主)危险性分析与区划. 中国地质灾害与防治学报, 14(1): 95～99.

卢飞, 游为, 范东明, 等. 2015. 由 GRACE RL05 数据反演近 10 年中国大陆水储量及海水质量变化. 测绘学报, 44(2): 160～167.

路紫. 2010. 中国经济地理. 北京: 高等教育出版社.

吕红山. 2005. 基于地震动参数的灾害风险分析. 北京: 中国地震局地球物理研究所博士学位论文.

罗仁朝, 王德. 2008. 基于聚集指数测度的上海市流动人口分布特征分析. 城市规划学刊, (4): 81～86.

马国斌, 蒋卫国, 李京, 等. 2012. 中国短时洪涝灾害危险性评估与验证. 地理研究, 31(1): 34～44.

梅安新, 彭望禄, 秦其明, 等. 2001. 遥感导论. 北京: 高等教育出版社.

孟庆香. 2006. 基于遥感, GIS 和模型的黄土高原生态环境质量综合评价. 西安: 西北农林科技大学博士学位论文.

莫燕妮, 庚志忠, 王春晓. 2002. 海南岛红树林资源现状及保护对策. 热带林业, 01: 46～50.

牟风云, 张增祥, 迟耀斌, 等. 2007. 基于多源遥感数据的北京市 1973～2005 年间城市建成区的动态监测与驱动力分析. 遥感学报, 11(2): 257～268.

聂高众, 高建国. 2002. 中国未来 10—15 年地震灾害的风险评估. 自然灾害学报, 11(1): 68～73.

牛叔文, 李永华, 马利邦, 等. 2009. 甘肃省主体功能区划中生态系统重要性评价. 中国人口资源与环境, 19(3): 119～124.

欧阳志云, 王效科. 1999. 中国陆地生态系统服务功能及其生态经济价值的初步研究. 生态学报, 19(5): 607～613.

潘爱民, 刘友金. 2014. 湘江流域人口城镇化与土地城镇化失调程度及特征研究. 经济地理, 5: 63～68.

彭建, 王仰麟, 吴健生, 等. 2007. 区域生态系统健康评价——研究方法与进展. 生态学报, 27(11).

齐冬梅, 张顺谦, 李跃清. 2013. 长江源区气候及水资源变化特征研究进展. 高原山地气象研究, 33(4): 89～96.

钱跃东, 王勤耕. 2011. 针对大尺度区域的大气环境容量综合估算方法. 中国环境科学, 31(3): 504～509.

邵全琴, 赵志平, 刘纪远, 等. 2010. 近 30 年来三江源地区土地覆被与宏观生态变化特征. 地理研究, 29(8): 1139～1451.

申文明, 张建辉, 王文杰, 等. 2004. 基于 RS 和 GIS 的三峡库区生态环境综合评价. 长江流域资源与环境, 13(2): 159～162.

盛绍学, 石磊, 刘家福, 等. 2010. 沿淮湖泊洼地区域暴雨洪涝风险评估. 地理研究, (3): 416～422.

史纪安, 刘玉华, 师江澜. 2006. 江河源区生态环境质量综合评价. 陕西西北农林科技大学学报(自然科学版), 34(10): 61～66.

史培军. 1995. 中国自然灾害, 减灾建设与可持续发展. 自然资源学报, 10(3): 267～278.

舒宁, 马洪超, 孙和利. 2004. 模式识别的理论与方法. 武汉大学出版社. 78～79.

宋琳, 董春, 胡晶, 等. 2006. 基于空间统计分析与 GIS 的人均 GDP 空间分布模式研究. 测绘科学, (4): 123～125.

宋永昌, 生态学, 由文辉, 等. 2000. 城市生态学. 上海: 华东师范大学出版社.

苏桂武, 高庆华. 2003. 自然灾害风险的分析要素. 地学前缘, 10: 272～279.

孙峰华, 李世泰, 杨爱荣, 等. 2007. 2005 年中国流动人口分布的空间格局及其对区域经济发展的影响. 经济地理, 26(6): 974～977.

孙家波. 2014. 基干知识的高分辨率遥感影像耕地自动提取技术研究. 北京: 中国农业大学博士学位论文.

孙久文, 彭薇. 2007. 主体功能区建设研究评述. 中共中央党校学报, 11(6): 67～70.

孙倩, 塔西甫拉提·特依拜, 丁建丽, 等. 2014. 利用 grace 数据监测中亚地区陆地水储量动态变化的研究. 天文学报, 55(6): 498～511.

孙世洲. 1981. 《中华人民共和国植被图》(1: 4000000)简介. 植物生态学报, 5(1): 79.

孙威, 张有坤. 2010. 山西省交通优势度评价. 地理科学进展, 29(12): 1562～1569.

孙玉军, 王效科, 王如松. 1999. 五指山保护区生态环境质量评价研究. 生态学报, (03): 77～82.

谭丽荣, 陈珂, 王军, 等. 2011. 近 20 年来沿海地区风暴潮灾害脆弱性评价. 地理科学, 31(9): 1111～1117.

汤国安, 杨昕. 2006. ArcGIS 地理信息系统空间分析实验教程. 北京: 科学出版社.

田永中, 陈述彭, 岳天祥, 等. 2004. 基于土地利用的中国人口密度模拟. 地理学报, 59(2): 283～292.

万君, 周月华, 王迎迎. 2007. 基于 GIS 的湖北省区域洪涝灾害风险评估方法研究. 暴雨灾害, 26(4): 328～333.

王耕, 丁晓静, 高香玲, 等. 2010. 大连市主要自然灾害危险性评价. 地理研究, 29(12): 2212～2222.

王建生, 钟华平, 耿雷华, 等. 2006. 水资源可利用量计算. 水科学进展, 17(4): 549～553.

王杰, 黄英, 曹艳萍等. 2012. 利用 GRACE 重力卫星观测研究近 7 年云南省水储量变化. 节水灌溉, 5: 1～5.

王金南, 逯元堂, 周劲松, 等. 2006. 基于 GDP 的中国资源环境基尼系数分析. 中国环境科学, (1): 111～115.

王菊英. 2007. 青海省三江源区水资源特征分析. 水资源与水工程学报, 18(1): 91～94.

王丽婧, 郭怀成, 刘永, 等. 2005. 邛海流域生态脆弱性及其评价研究. 生态学杂志, 24(10): 1192～1196.

王启优, 陈文, 冯小燕. 2008. 省级主体功能区规划中可利用量水资源指标测算探讨. 甘肃科技, 24(21): 145～148.

王强, 包安明, 易秋香. 2012. 基于绿洲的新疆主体功能区划可利用水资源指标探讨. 资源科学, 34(4): 613~619.

王让会, 樊自立. 2001. 干旱区内陆河流域生态脆弱性评价——以新疆塔里木河流域为例. 生态学杂志, 20(3): 63~68.

王涛, 吴薇. 1998. 沙质荒漠化的遥感监测与评估: 以中国北方沙质荒漠化区内的实践为例. 第四纪研究, (2): 108~118.

王雪梅, 李新, 马明国. 2004. 基于遥感和 GIS 的人口数据空间化研究进展及案例分析. 遥感技术与应用, (05).

王雅文. 2008. 基于 GIS 的辽宁省人口集聚度评价研究. 大连: 辽宁师范大学硕士学位论文.

魏后凯. 2007. 对推进形成主体功能区的冷思考. 中国发展观察, (3): 28~30.

魏兆珍, 李建柱, 冯平. 2014. 土地利用变化及流域尺度大小对水文类型分区的影响. 自然资源学报, (7): 1116~1126.

翁永玲, 宫鹏. 2006. 土壤盐渍化遥感应用研究进展. 地理科学, 26(3): 369~375.

吴良镛, 武廷海. 2003. 从战略规划到行动计划——中国城市规划体制初论. 城市规划, (12): 13~17.

吴蓉, 卢燕宇, 王胜, 等. 2017. 1961—2010 年安徽省大气环境容量系数变化特征分析. 气候变化研究进展, 13(6).

吴万贞, 周强, 于斌, 等. 2009. 三江源地区土壤侵蚀特点. 山地学报, 27(6): 683~687.

吴威, 曹有挥, 曹卫东, 等. 2011. 长三角地区交通优势度的空间格局. 地理研究, 30(12): 2199~2208.

吴薇. 1997. 沙漠化遥感动态监测的方法与实践. 遥感技术与应用, 12(4): 14~20.

奚秀梅. 2006. 塔里木胡杨林保护区水资源及植被分布关系研究. 乌鲁木齐: 新疆大学硕士学位论文.

夏军. 1999. 区域水环境及生态环境质量评价: 多级关联评估理论与应用. 武汉: 武汉水利电力大学出版社.

肖寒, 欧阳志云, 赵景柱, 等. 2000. 海南岛生态系统土壤保持空间分布特征及生态经济价值评估. 生态学报, 20(4): 552~558.

肖桐, 王军邦, 陈卓奇. 2010. 三江源地区基于净初级生产力的草地生态系统脆弱性特征. 资源科学, 32(2): 323~330.

谢高地, 鲁春霞, 冷允法, 等. 2003. 青藏高原生态资产的价值评估. 自然资源学报, 18(2): 189~196.

谢高地, 鲁春霞, 肖玉, 等. 2003. 青藏高原高寒草地生态系统服务价值评估. 山地学报, 21(1): 50~55.

谢礼立, 陶夏新, 左惠强. 1995. 基于 GIS 和 AI 的地震灾害危险性分析与信息系统. 自然灾害学报, 4: 1~6.

邢乐林, 李辉, 刘冬至, 等. 2007. 利用 GRACE 时变重力场监测中国及其周边地区的水储量月变化. 大地测量与地球动力学, 27(4): 35~37.

徐广才, 康慕谊, 贺丽娜, 等. 2009. 生态脆弱性及其研究进展. 生态学报, 29(5): 2578~2588.

徐静. 2011. 多源多尺度遥感土壤侵蚀对比分析的探索性研究. 北京: 北京林业大学硕士学位论文.

徐维新, 古松, 苏文将, 等. 2012. 1971~2010 年三江源地区干湿状况变化的空间特征. 干旱区地理, 35(1): 46~55.

徐勇, 汤青, 樊杰, 等. 2010. 主体功能区划可利用土地资源指标项及其算法. 地理研究, 29(7): 1223~1232.

徐雨清, 王兮之, 梁天刚. 2000. 遥感和地理信息系统在半干旱地区降雨-径流关系模拟中的应用. 遥感技术与应用, 15(1): 28~31.

许民, 叶柏生, 赵求东. 2013. 2002~2010 年长江流域 GRACE 水储量时空变化特征. 地理科学进展, 32(1): 68~77.

许民, 叶柏生, 赵求东, 等. 2013. 利用 GRACE 重力卫星监测新疆天山山区水储量时空变化. 干旱区研究, 30(3): 404~411.

许朋琨, 张万昌. 2013. GRACE 反演近年青藏高原及雅鲁藏布江流域陆地水储量变化. 水资源与水工程学报, (1): 23~29.

许启慧, 范引琪, 井元元, 等. 2017. 1972—2013 年河北省大气环境容量的气候变化特征分析. 高原气象, 36(6).

薛东剑, 何政伟, 陶舒, 等. 2011. "5.12" 震后区域地质灾害危险性评价研究. 地球科学进展, 26(3): 311~318.

薛文博, 付飞, 王金南, 等. 2014. 基于全国城市 $PM_{2.5}$ 达标约束的大气环境容量模拟. 中国环境科学, 34(10): 2490~2496.

闫庆武, 卞正富, 张萍, 等. 2011. 基于居民点密度的人口密度空间化. 地理与地理信息科学, 27(5): 95~98.

阎伍玖, 沈炳章, 方元升, 等. 1995. 安徽省芜湖市区域农业生态环境质量的综合研究. 自然资源, (2): 39~45.

杨改河, 王德祥, 冯永忠. 2008. 江河源区生态环境演变与质量评价研究. 北京: 科学出版社.

杨洪晓, 卢琦. 2003. 生态系统评价的回顾与展望——从北美生态区域评价到新千年全球生态系统评估. 中国人口.资源与环境, (01): 94~99.

杨杰军, 王琳, 王成见, 等. 2009. 中国北方河流环境容量核算方法研究. 水利学报, 40(2): 194~200.

杨小唤, 江东, 王乃斌, 等. 2002. 人口数据空间化的处理方法. 地理学报, 57(B12): 70~75.

杨小唤, 王乃斌, 江东, 等. 2002. 基于空间分析方法的人口空间分布区划. 地理学报, 57(增刊): 76~81.

杨秀梅. 2008. 基于 GIS 的地质灾害危险性评估. 兰州: 兰州大学硕士学位论文.

叶亚平, 刘鲁君. 2000. 中国省域生态环境质量评价指标体系研究. 环境科学研究, (03): 33~36.

易玲, 熊利亚, 杨小唤. 2006. 基于 GIS 技术的 GDP 空间化处理方法. 甘肃科学学报, (2): 54~58.

殷杰. 2011. 中国沿海台风风暴潮灾害风险评估研究. 上海: 华东师范大学博士学位论文.

游松财, 李文卿. 1999. GIS 支持下的土壤侵蚀量估算. 自然资源学报, 14(1): 62~68.

于东升, 史学正, 孙维侠, 等. 2005. 基于 1∶100 万土壤数据库的中国土壤有机碳密度及储量研究. 应用生态学报, 16(12): 2279~2283.

于欢, 孔博, 陶和平, 等. 2012. 四川省自然灾害危险度综合评价与区划. 地球与环境, 40(3): 397~404.

于君宝, 刘景双, 王金达. 2003. 长春市城市用水需求与可利用水资源潜力分析. 水土保持学报, 17(5): 81~84.

袁明瑞, 诸葛玉平, 刘蕊. 2011. 基于 AHP 法的泰安市生态系统脆弱性模糊评价. 环境科学与技术, 34(2): 173~177.

曾垂卿. 2010. 中国人口密度时空分布遥感研究. 北京: 中国科学院研究生院硕士学位论文.

翟宁, 王泽民, 鄂栋臣. 2009. 基于 GRACE 反演南极物质平衡的研究 极地研究, 21(1): 43~47.

张春山, 张业成, 马寅生. 2003. 黄河上游地区崩塌, 滑坡, 泥石流地质灾害区域危险性评价. 地质力学学报, 9(2): 143~153.

张春山, 张业成, 张立海. 2004. 中国崩塌, 滑坡, 泥石流灾害危险性评价. 地质力学学报, 10(1): 27~32.

张虹. 2008. 三峡库区(重庆段)自然灾害危险性综合评价. 重庆师范大学学报(自然科学版), 25(1): 25~28.

张会, 张继权, 韩俊山. 2005. 基于 GIS 技术的洪涝灾害风险评估与区划研究. 自然灾害学报, 14(6): 141~146.

张莉, 冯德显. 2007. 河南省主体功能区划分的主导因素研究. 地域研究与开发, 26(2): 30~34.

张起明, 林小惠, 胡梅. 2011. 江西省可利用土地资源空间分布特征分析. 中国人口·资源与环境, 21(12): 135~138.

张善余. 2003. 中国人口地理. 北京: 科学出版社.

张爽. 2006. 贝叶斯专家系统分类器中专家知识的自动提取研究与应用. 北京: 清华大学工学硕士学位论文.

张玮, 陈基伟, 刘雯, 等. 2009. 上海市主体功能区划分中可利用土地资源评价. 上海地质, (3): 32~34.

张文兴, 姜晓艳, 张菁. 2009. 沈阳市降水对水资源的影响及对策. 气象与环境学报, (3): 24~29.

张仙娥, 刘妞, 仇亚琴. 2015. 沂沭泗流域年降水和年地表水资源量演变趋势. 南水北调与水利科技, 13(1): 24~28.

张新, 刘海炜, 董文, 等. 2011. 省级主体功能区划的交通优势度的分析与应用. 地球信息科学学报, 13(2): 170~176.

张学珍, 朱金峰. 2013. 1982~2006 年中国东部植被覆盖度的变化. 气候与环境研究, 18(3): 365~374.

张业成, 胡景江. 1995. 中国地质灾害危险性分析与灾变区划. 地质灾害与环境保护, 6(3): 1~13.

张媛媛. 2012. 1980~2005 年三江源区水源涵养生态系统服务功能评估分析. 北京: 首都师范大学硕士学位论文.

张增祥, 赵晓丽, 汪潇. 2012. 中国土地利用遥感监测. 北京: 星球地图出版社.

赵峰, 张怀清, 刘华, 等. 2011. 福建漳江口红树林湿地保护区遥感监测及保护分析. 西北林学院学报, 26(001): 160~165.

赵洪涛, 李霞, 王得楷, 等. 2009. 甘肃省主要自然灾害危险性评价研究. 甘肃科学学报, 21(1): 85~87.

赵军, 杨东辉, 潘竟虎. 2010. 基于空间化技术和土地利用的兰州市 GDP 空间格局研究. 西北师范大学学报(自然科学版), 46(5): 92-96+102.

赵庆良, 许世远, 王军, 等. 2008. 沿海城市风暴潮灾害风险评估研究进展. 地理科学进展, 26(5): 32~40.

赵时英. 2003. 遥感应用分析原理与方法. 北京: 科学出版社.

赵士洞. 2001. 新千年生态系统评估——背景、任务和建议. 第四纪研究, (04): 330~336.

赵士洞, 张永民, 赖鹏飞. 2007. 千年生态系统评估报告集: (一). 北京: 中国环境科学出版社.

赵艳霞, 何磊, 刘寿东, 等. 2007. 农业生态系统脆弱性评价方法. 生态学杂志, 26(5): 754~758.

赵跃龙, 张玲娟. 1998. 脆弱生态环境定量评价方法的研究. 地理科学, 18(1): 73~79.

中国科学院植物研究所. 1979. 中华人民共和国植被图. 北京: 中国地图出版社.

中国自然资源数据库. 2010. 中国 2000 年 1 平方公里人口. http: //www.naturalresources.csdb.cn/2015-7-25.

中华人民共和国国家统计局. 2014. 中国统计年鉴—2014. http: //www.stats.gov.cn/tjsj/ndsj/2014/indexch.htm. 2018-7-15.

钟凯文, 黎景良, 张晓东. 2007. 土地可持续利用评价中 GDP 数据空间化方法的研究. 测绘信息与工程, 32(3): 10~12.

钟敏, 段建宾, 许厚泽, 等. 2009. 利用卫星重力观测研究近 5 年中国陆地水量中长空间尺度的变化趋势. 科学通报, (9): 1290~1294.

周成虎, 万庆, 黄诗峰. 2000. 基于 GIS 的洪水灾害风险区划研究. 地理学报, 55(1): 15~24.

周刚, 雷坤, 富国, 等. 2014. 河流水环境容量计算方法研究. 水利学报, 45(2): 227~234.

周宏飞, 张捷斌. 2005. 新疆的水资源可利用量及其承载能力分析. 干旱区地理, 28(6).

周华荣. 2000. 新疆生态环境质量评价指标体系研究. 中国环境科学, (02): 150~153.

周宁, 郝晋珉, 邢婷婷, 等. 2012. 黄淮海平原地区交通优势度的空间格局. 经济地理, 32(8): 91~96.

周为峰, 吴炳方. 2006. 基于遥感和 GIS 的密云水库上游土壤侵蚀定量估算. 农业工程学报, 21(10): 46~50.

周艺, 徐晨娜, 王世新, 等. 2016. 丝绸之路经济带中国段后备可利用水土资源空间分布格局研究. 长江流域资源与环境, 25(9): 1328~1338.

周艺, 朱金峰, 刘文亮, 等. 2017. 国家主体功能区遥感监测图集. 北京: 中国地图出版社.

朱冰冰, 李占斌, 李鹏, 等. 2010. 草本植被覆盖对坡面降雨径流侵蚀影响的试验研究. 土壤学报, 47(3): 401~407.

朱传耿, 顾朝林, 马荣华, 等. 2001. 中国流动人口的影响要素与空间分布. 地理学报, 56(5): 549~560.

朱传耿, 马晓冬, 孟召宜, 等. 2007b. 地域主体功能区划理论·方法·实证. 北京: 科学出版社.

朱传耿, 仇方道, 马晓冬. 2007a. 地域主体功能区划理论与方法的初步研究. 地理科学, 27(2): 136~141.

朱金峰. 2011. 巴丹吉林沙漠边缘地区近 20 年土地沙漠化遥感监测研究. 兰州: 兰州大学硕士学位论文.

朱万泽, 范建容, 王玉宽, 等. 2009. 长江上游生物多样性保护重要性评价——以县域为评价单元. 生态学报, 29(5): 2603~2611.

朱文明, 陶康华. 2000. 长江三角洲城镇空间格局与区域经济相关分析. 城市研究, (1): 12~15.

卓莉, 陈晋, 史培军, 等. 2005. 基于夜间灯光数据的中国人口密度模拟. 地理学报, 60(2): 266~276.

Agency E E. 1998. Europe's environment: the second assessment. http://www._docin.com/P_1359389102.html.

Amaral S, Monteiro A M V, Camara G, et al. 2006. DMSP/OLS night-time light imagery for urban population estimates in the Brazilian Amazon. International Journal of Remote Sensing, 27(5-6): 855~870.

Anselin L. 1998. Exploratory spatial data analysis in a geocomputational environment. Geocomputation, a primer. Wiley, New York: 77~94.

Assessment M E. 2005. Ecosystems and human well-being. Washington, DC: Island Press.

Awange J L, Gebremichael M, Forootan, E, et al. 2014. Characterization of Ethiopian mega hydrogeological regimes using GRACE, TRMM and GLDAS datasets. Advances in Water Resources, 74: 64~78.

Briggs D J, Gulliver J, Fecht D, et al. 2007. Dasymetric modelling of small-area population distribution using land cover and light emissions data. Remote Sensing of Environment, 108(4): 451~466.

Capistrano D. 2005. Ecosystems and Human Well-Being: Multiscale Assessments: Findings of the Sub-Global Assessments Working Group. Washington, DC: Island Press.

Chen J, Wilson, C, Tapley B. 2006. Satellite gravity measurements confirm accelerated melting of Greenland ice sheet. Science, 313(5795): 1958~1960.

Clarke J I, Rhind D W, Becket C, et al. 1992. Population data and global environmental change. Barcelona Spain International Social Science Council Human Dimensions of Global Environmental Change Programme.

Costanza R, d'Arge R., De Groot R, et al. 1997. The value of the world's ecosystem services and natural capital. nature, 387(6630): 253~260.

Dobson J E, Bright E A, Coleman P R, et al. 2000. LandScan: a global population database for estimating populations at risk. Photogrammetric Engineering and Remote Sensiny, 66: 849~857.

Doll C N H, Muller J P, Morley J G. 2006. Mapping regional economic activity from night-time light satellite imagery. Ecological Economics, 57(1): 75~92.

Doraiswamy P C, Sinclair T R, Hollinger S, et al. 2005. Application of MODIS derived parameters for regional crop yield assessment. Remote Sensing of Environment, 97(2): 192~202.

Durieux L, Lagabrielle E, Nelson A. 2008. A method for monitoring building construction in urban sprawl areas using object-based analysis of Spot 5 images and existing GIS data. ISPRS Journal of Photogrammetry and Remote Sensing, 63(4): 399~408.

Ebener S, Murray C, Tandon A, et al. 2005. From wealth to health: modelling the distribution of income per capita at the sub-national level using night-time light imagery. International Journal of Health Geographics, (4): 1~17.

Elvidge C D, Baugh K E, Dietz J B, et al. 1999. Radiance Calibration of DMSP-OLS Low-Light Imaging Data of Human Settlements. Remote Sensing of Environment, 68(1): 77~88.

Elvidge C D, Baugh K E, Kihn E A, et al. 1997. Relation between satellite observed visible-near infrared emissions, population, economic activity and electric power consumption. International Journal of Remote Sensing, 18(6): 1373~1379.

Elvidge C D, Cinzano P, Pettit D R, et al. 2007. The Nightsat mission concept. International Journal of Remote Sensing, 28(12): 2645~2670.

Elvidge C D, Erwin E H, Baugh K E, et al. 2009b. Overview of DMSP Nightime Lights and Future Possibilities. http://www.docin.com/p-924961637.html.2018-11-1.

Elvidge C D, Imhoff M L, Baugh K E, et al. 2001. Night-time lights of the world: 1994~1995. Isprs Journal of Photogrammetry and Remote Sensing, 56(2): 81~99.

Elvidge C D, Sutton P C, Ghosh T, et al. 2009a. A global poverty map derived from satellite data. Computers & Geosciences, 35(8): 1652~1660.

Elvidge C D, Ziskin D, Baugh K E, et al. 2009. A Fifteen Year Record of Global Natural Gas Flaring Derived from Satellite Data. Energies 2(3): 595~622.

Feller I C, Whigham D F, McKee K L, et al. 2003. Nitrogen limitation of growth and nutrient dynamics in a disturbed mangrove forest, Indian River Lagoon, Florida. Oecologia, 134(3): 405~414.

Franke J, Roberts D A, Halligan K, et al. 2009. Hierarchical Multiple Endmember Spectral Mixture Analysis(MESMA)of hyperspectral imagery for urban environments. Remote Sensing of Environment, 113(8): 1712-1723.

Frappart F, Seoane L, Ramillien G, et al. 2013. Validation of GRACE-derived terrestrial water storage from a regional approach over South America. Remote Sensing of Environment, 137: 69~83.

Friedl M A, Sulla-Menashe D, Tan B, et al. 2010. MODIS Collection 5 global land cover: Algorithm refinements and characterization of new datasets. Remote Sensing of Environment, 114(2010): 168~182.

Ghosh T, Anderson S, Powell R L, et al. 2009. Estimation of Mexico's Informal Economy and Remittances Using Nighttime Imagery. Remote Sensing, 1(3): 418~444.

Ghosh T, Powell R, Elvidge C D. 2010. Shedding light on the global distribution of economic activity. The Open Geography Journal, (3): 148~161.

Hamdaoui O, Naffrechoux E. 2008. Sonochemical and photosonochemical degradation of 4-chlorophenol in aqueous media. Ultrasonics Sonochemistry, 15(6): 981~987.

Hansen M C, DeFries R S. Townshend J R G, et al. 2002. Towards an operational MODIS continuous field of percent tree cover algorithm: examples using AVHRR and MODIS data. Remote Sensing of Environment, 83(1-2): 303~319.

Huang J K, Rozelle S. 1995. Environmental-stress and grain yields in China. American Journal of Agricultural Economics, 77(4): 853~864.

Jun M J. 2004. A metropolitan input-output model: Multisectoral and multispatial relations of production, income formation, and consumption. Annals of Regional Science, 38(1): 131~147.

Kenneth Keng C W. 2006. China's Unbalanced Economic Growth. Journal of Contemporary China, 15(46): 183~214.

Kenneth R C. 2007. Digital Image Processing(Second Edition). 阮秋奇译. 北京: 电子工业出版社.

Klosterman E R, Lew A A. 1992. TIGER products for planning. Journal of the American Planning Association, 58(3): 379~385 .

Krotkov N A, McClure B, Dickerson R R, et al. 2008. Validation of SO_2 retrievals from the Ozone Monitoring Instrument over NE China. Journal of Geophysical Research-Atmospheres, 113(D16).

Lamsal L N, Krotkov N A, Celarier E A, et al. 2014. Evaluation of OMI operational standard NO_2 column retrievals using in situ and surface-based NO_2 observations. Atmospheric Chemistry and Physics, 14(21): 11587~11609.

Leichenko R, O'Brien K. 2008. Environmental Change and Globalization: Double Exposures. New York: Oxford University Press.

Levelt P F, Van den Oord G H J, Dobber M R, et al. 2006. The Ozone Monitoring Instrument. Ieee Transactions on Geoscience and Remote Sensing, 44(5): 1093~1101.

Liu J, Liu M, Tian H, et al. 2005. Spatial and temporal patterns of China's cropland during 1990-2000: an analysis based on Landsat TM data. Remote Sensing of Environment, 98(4): 442~456.

Liu J G, Diamond J. 2005. China's environment in a globalizing world. Nature, 435(7046): 1179~1186.

Lo C P. 2002. Urban Indicators of China from Radiance-Calibrated Digital DMSP-OLS Nighttime Images. Annals of the Association of American Geographers, 92(2): 225~240.

Lu D S, Hetrick S, Moran E. 2010. Land cover classification in a complex urban-rural landscape with QuickBird imagery. Photogrammetric Engineering and Remote Sensing, 76(10): 1159~1168.

Moran E F. 2010. Land cover classification in a complex urban-rural landscape with QuickBird imagery. Photogrammetric engineering and remote sensing, 76(10): 1159.

NASA. LAADS Web. http: //ladsweb.nascom.nasa.gov/index.html.2018-11-10.

NASA. MODIS Web. http: //modis.gsfc.nasa.gov/.2018-10-28.

Ned Levine & Associates, CrimeStat. 2017. A Spatial Statistics Program for the Analysis of Crime Incident Locations, Houston, TX, and the National Institute of Justice, Washington, DC.

NGDC. Version 4 DMSP/OLS Nighttime Lights Time Series. http: //www.ngdc.noaa.gov/dmsp/download.html. 2018-7-20.

Parker D C, Manson S M, Janssen M A, et al. 2003. Multi-Agent Systems for the Simulation of Land-Use and Land-Cover Change: A Review. Annals of the Association of American Geographers, 93(2): 314~337.

Pu R, Landry S. 2012. A comparative analysis of high spatial resolution IKONOS and WorldView-2 imagery for mapping urban tree species. Remote Sensing of Environment, 124: 516~533.

Rapport D J, Costanza R, McMichael A J. 1998. Assessing ecosystem health. Trends in Ecology & Evolution, 13(10): 397~402.

Remer L A, Kaufman Y J, Tanre D, et al. 2005. The MODIS aerosol algorithm, products, and validation. Journal of the Atmospheric Sciences, 62(4): 947~973.

Shao Q, Zhao Z, Liu J, et al. 2010. The characteristics of land cover and macroscopical ecology changes in the Source Region of Three Rivers in Qinghai-Tibet plateau during last 30 years. in Geoscience and Remote Sensing Symposium(IGARSS), 2010 IEEE International.

Shi X, Yu D, Warner E, et al. 2004. Soil database of 1: 1, 000, 000 digital soil survey and reference system of the Chinese genetic soil classification system. Soil Survey Horizons, 45(4): 129-136.

Sutton P C. 1997. Modeling population density with night-time satellite imagery and GIS. Computers, Environment and Urban Systems, 21(3-4): 227~244.

Sutton P C. 2003. A scale-adjusted measure of "Urban sprawl" using nighttime satellite imagery. Remote Sensing of Environment, 86(3): 353~369.

Sutton P C, Costanza R. 2002. Global estimates of market and non-market values derived from nighttime satellite imagery, land cover, and ecosystem service evaluation. Ecological Economics, 41(3): 509~527.

Sutton P C, Elvidge C D, Ghosh T. 2007. Estimation of Gross Domestic Product at Sub-national Scales Using Nighttime Satellite Imagery. International Journal of Ecological Economics and Statistics, 8: 5~21.

Sutton P C. Roberts D, Elvidge C, et al. 2001. Census from Heaven: an estimate of the global human population using night-time satellite imagery. International Journal of Remote Sensing, 22(16): 3061~3076.

Swank W T, CrossleyJr D A. 1988. Forest hydrology and ecology at Coweeta Ecological studies. New York: Springer.

Swenson S C, Milly P. 2006. Climate model biases in seasonality of continental water storage revealed by satellite gravimetry. Water Resources Research, 42(3): 1326~1332.

Swenson S, Yeh J F, Wahr J, et al. 2006. A comparison of terrestrial water storage variations from GRACE with in situ measurements from Illinois. Geophysical Research Letters, 33(16): 627~642.

Tapley B D, Bettadpur S, Ries J C, et al. 2004. GRACE measurements of mass variability in the Earth system. Science, 305(5683): 503~505.

Tian Y, Yue T, Zhu L, et al. 2005. Modeling population density using land cover data. Ecological Modelling, 189(1-2): 72~88.

Tobler W, Deichmann U, Gottsegen J, et al. 1996. World population in a grid of spherical quadrilaterals. International Journal of Population Geography, 3(3): 203~225.

Trevisan M., Padovani L., Capri E. 2000. Nonpoint-source agricultural hazard index: a case study of the province of Cremona, Italy. Environmental Management, 26(5): 577~584.

Tucker C J, Pinzon J E, Brown M E. 2004. Global Inventory Modeling and Mapping Studies(GIMMS). http:// glcf.umiacs.umd.edu /data/gimms/index.shtml. 2017-11-3.

Velicogna I, Wahr J. 2006. Measurements of time-variable gravity show mass loss in Antarctica. Science, 311(5768): 1754~1756.

Vivek Kwatra A S, Irfan Essa, Greg Turk, et al. 2003. Graphcut Textures: Image and Video Synthesis Using Graph Cuts. Proc. ACM Transactions on Graphics, SIGGRAPH . 22, (3): 277~286.

Wahr J, Molenaar M, Bryan F. 1998. Time variability of the Earth's gravity field: Hydrological and oceanic effects and their possible detection using GRACE. Journal of Geophysical Research-Solid Earth, 103(B12): 30205~30229.

Walz R. 2000. Development of environmental indicator systems: experiences from Germany. Environmental Management, 25(6): 613~623.

Yuri Boykov, V K. 2004. An Experimental Comparison of Min-Cut/Max-Flow Algorithms for Energy Minimization in Vision. IEEE Transactions on Pattern Analysis and Machine Intelligence(PAMI), (26), 9: 1124~1137.

Zaitchik B F, Rodell M, Reichle R H. 2008. Assimilation of GRACE terrestrial water storage data into a Land Surface Model: Results for the Mississippi River basin. Journal of Hydrometeorology, 9(3): 535~548.

Zeng C, Zhou Y, Wang S, et al. 2011. Population spatialization in China based on night-time imagery and land use data. International Journal of Remote Sensing, 32(24): 9599~9620.

Zhao M, Heinsch F A, Nemani R R, et al. 2005. Improvements of the MODIS terrestrial gross and net primary production global data set. Remote Sensing of Environment, 95(2): 164~176.

Zhao Z, Liu J, Shao Q. 2010. Characteristic analysis of land cover change in nature reserve of Three River's Source Regions. Scientia Geographica Sinica, 30(3): 415~420.

Zhuo L, Ichinose T, Zheng J, et al. 2009. Modelling the population density of China at the pixel level based on DMSP/OLS non-radiance-calibrated night-time light images. International Journal of Remote Sensing 30(4): 1003~1018.